U0170295

"十四五"时期国家重点出版物出版专项规划项目
食品科学前沿研究丛书

未来食品科学与技术

刘元法　陈　坚　主编

科学出版社
北　京

内 容 简 介

本书以未来食品发展趋势和需求为核心，聚焦食品科技创新和未来食品体系，分别从食品组学、食品合成生物学、食品感知科学、食品精准营养、食品纳米技术、食品增材制造、食品工业机器人、食品安全区块链、未来食品安全风险防范技术与策略九个方面入手，系统全面地介绍了未来食品领域的相关科学与先进技术，为推动我国未来食品高科技、高质量、全球化发展提供理论与技术支撑。

本书可供未来食品领域的从业人员、科研工作者，以及食品、生物、医学、化学、材料、计算机等相关专业教师和学生参考使用。

图书在版编目（CIP）数据

未来食品科学与技术/刘元法，陈坚主编. —北京：科学出版社，2021.6
（食品科学前沿研究丛书）
“十四五”时期国家重点出版物出版专项规划项目
ISBN 978-7-03-066869-1

Ⅰ. ①未…　Ⅱ. ①刘…　②陈…　Ⅲ. ①食品科学　Ⅳ. ①TS201

中国版本图书馆 CIP 数据核字（2020）第 222917 号

责任编辑：贾　超　程雷星 / 责任校对：杜子昂
责任印制：赵　博 / 封面设计：东方人华

科学出版社 出版
北京东黄城根北街 16 号
邮政编码：100717
http://www.sciencep.com

北京建宏印刷有限公司印刷

科学出版社发行　各地新华书店经销

*

2021 年 6 月第　一　版　开本：720 × 1000　1/16
2024 年 7 月第四次印刷　印张：24 1/2
字数：480 000

定价：198.00 元

（如有印装质量问题，我社负责调换）

本书编委会

主　编： 刘元法　陈　坚

编　委（以姓名汉语拼音为序）：

陈　卫　丁　甜　范柳萍　李兆丰

刘　龙　刘东红　毛丙永　孙崇德

孙秀兰　王书军　谢云飞　徐勇将

臧明伍　张　愍　张德权　钟　芳

前　言

从茹毛饮血，到刀耕火种，再到大规模种植畜牧与机械化生产，食品始终承载着人们对美好生活的愿景，与人类命运休戚相关。伴随着气候变化、人口增长、能源危机等带来的生存风险，以及人们生活水平和物质需求的提高，全球食品面临的挑战日益严峻。食品行业发展新常态催生出“安全、营养、方便、个性化”的产品新需求和“智能、节能、环保、可持续”的产业新追求。消费习惯和消费结构的转变升级对食品科学技术和食品产业体系提出了更高的要求。在此背景下，未来食品将引领食品产业发展的方向。

未来食品科学作为一门新兴的前沿交叉学科，以食品组学、食品合成生物学、食品感知科学、营养学、材料科学等为基石，依托新一代信息技术、颠覆性生物技术、革命性新材料技术、人工智能技术、先进制造技术，为食物供给和质量、安全和营养、方便和美味等问题提供了有效的解决途径。多学科与新技术的深度交叉融合、相辅相成，既是未来食品产业发展的标志和必要条件，又为该产业的迅速成长提供了强有力的支撑。未来食品的蓬勃发展对世界食品科学基础研究的深化、食品领域创新技术的开发、食品新兴业态的构创，以及全球食品产业结构优化和健康持续发展发挥着巨大的助推作用。

《未来食品科学与技术》以未来食品及其相关学科和高新技术为对象，结合最新研究成果和产业动态，围绕前沿食品科学理论、先进食品制造科技、未来食品安全评控与风险防范策略等方面的研究进展、工业化应用及发展趋势进行总结和探讨。全书共 10 章。第 1 章主要概述了未来食品当前面临的机遇挑战和产业发展动向；第 2～4 章分别介绍了食品组学、食品合成生物学、食品感知科学三大未来食品科学的发展历程、研究进展，以及在功能食品、细胞工厂、人造食品等领域的应用；第 5 章针对食品精准营养、结合组学等先进技术及企业实例，深入介绍了个性化精准营养的靶向设计、实现途径和制造技术；第 6～9 章从原理、方法、实际应用和发展方向等方面分别介绍了食品纳米技术、食品增材制造、食品工业机器人、食品安全区块链四类未来食品先进技术；第 10 章重点介绍了未来食品安全风险防范技术与策略。第 1 章由刘元法、Tan Chin Ping 编写，第 2 章由李兆丰、徐勇将编写，第 3 章由刘龙、张国强、吕雪芹、刘延峰、陈坚编写，第 4 章由钟芳、夏熠珣编写，第 5 章由毛丙永、陈卫编写，第 6 章由范柳萍编写，第 7 章由张慜、陈凯编写，第 8 章由丁甜、刘东红编写，第 9 章由谢云飞编写，

第10章由孙秀兰编写。

为了使广大读者更系统全面地了解未来食品相关知识，特组织国内未来食品领域的专家学者编写本书，旨在为洞悉未来食品发展脉络和前景提供参考，为各行各业了解未来食品技术前沿开辟视窗，为本领域的理论研究、学科融合、产业应用和创新发展架设桥梁。

由于未来食品科学与技术发展迅猛，编者水平有限，书中难免存在疏漏之处，敬请广大同行及读者批评指正。

编　者

2021年6月

目　录

第1章　未来食品发展背景

引言

食品是指各种供人食用或饮用的成品和原料，以及按照传统既是食品又是药品的物品，但是不包括以治疗为目的的物品。民以食为天。食品产业关系国计民生，是衡量一个国家或地区经济发展水平和人民生活质量的重要指标，也是世界和谐共生、健康稳态发展的重要保障。

未来食品以解决全球食物供给、资源环境、质量安全、营养健康、饮食方式和精神享受等问题为目的，利用合成生物学、脑科学、物联网、人工智能、增材制造等颠覆性前沿技术，加工制造更健康、更安全、更营养、更美味、更高效、更持续的食品，是未来人类生存和发展的基本保障。以人造肉、人造奶、人造蛋、人造鱼等为代表的未来食品产品发展迅猛，食品合成生物学、食品3D打印机、厨房机器人、人体健康纳米机器人、食品智慧感知等新技术装备不断涌现，食品细胞工厂、大规模食品无人工厂、食品安全区块链、智慧化绿色供应链等新业态正在形成。未来食品已成为未来食品高科技发展、食品产业高质量发展的指引，逐渐成为全球未来竞争发展的重要组成部分，具有明显的实际意义和战略意义。

1.1　未来食品应对的挑战

食品属于典型的民生产业，肩负人、自然、工业三者未来和谐发展的重大责任。人口增长、气候变化、全球化等因素在很大程度上改变并将继续影响我们的食品体系。随着时代的发展，未来的挑战和机遇日益清晰，目前全球共同关注的焦点有以下几个方面。①人口增长问题。2030年全球人口预计达到86亿，比2021年75.85亿人口增长13.4%，对食物的需求将增加50%，2050年人口预计达到98亿，对食物需求将增加70%。②环境气候劣化问题。预计到2100年，各类主粮作物或将大幅减产，减幅预计为：玉米20%～45%，小麦5%～50%，稻米20%～30%，大豆30%～60%。③食物资源浪费问题。世界范围内每年约有13亿吨食物被浪费或损耗，约占全球食物供给量的1/3。④营养健康问题。膳食营养因素（13%）对健康的作用仅次于遗传因素（15%）。全球的营养不足与营养过剩问题日益突出，饮食导致的慢性病人群不断增多[1]。只有基于对未来人类生存环境和生活保障的科学判断，针对气候变化、人口增长、能源危机等带来的动物灾难、环境污染、饮食需求、健康风险等挑战，开展未来食品研究，才能解决全球食物供给和质量、食品安全和营养、食品方便和美味等问题，实现“吃得饱”向“吃得安全”、“吃得健康”和“吃得享受”的提升，进入食品科技高投入、高产出、高收益阶段。

1.1.1 人口增长对未来食品供给的挑战

世界人口的未来发展呈现两大趋势：一方面，人口数量将急剧增加；另一方面，未来人口的结构也将发生重大变化。

截至 2019 年，全世界 230 个国家（地区）人口总数已达 75 亿，其中中国以 14.3 亿人口位居第一，成为世界上人口最多的国家。据联合国人口基金会统计（图 1.1），到 2100 年世界人口预测将突破 100 亿人。随着全球人口的增长和发展中国家收入的提高，食物需求将持续增长。根据联合国粮食及农业组织（FAO，简称联合国粮农组织）预测，到 2050 年，全球对食品和纤维的需求将增加 59%～98%，全球对动物源肉类产品的需求将增加 70%。但是，在发展中国家，食物预计增产的 80%来自提高单产和种植密度，只有 20%来自扩大耕地面积。在土地资源匮乏的国家，几乎全部增产都会通过提高单产而实现。然而，世界粮食产能潜力已经接近其理论上限，尤其是谷类作物产量曲线在某些情况下开始趋于平稳，全球大约 30%的水稻、小麦和玉米产量已经达到最大值。

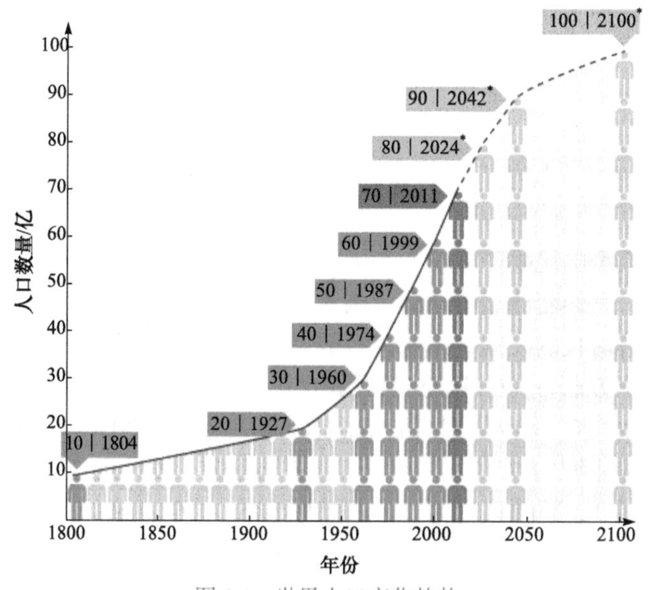

图 1.1 世界人口变化趋势

以中国为例，粮食年产量从 1949 年的 2263.6 亿斤[①]增加到 2020 年的 13390

① 1 斤=0.5kg。

亿斤；年人均占有量从400多斤增加到900多斤，高于世界平均水平。水稻、小麦、玉米三大谷物自给率保持在98%以上。然而，2018年中国进口的谷物及谷物粉为2046.9万吨，其中大豆达到了8803.1万吨，合计进口的粮食总量达到了1.085亿吨。在未来10年，随着中国人口的增长，粮食消费水平大幅度提高，对优质食物需求也在持续增加，粮食总体供需难以平衡的局面也开始呈现。因此，如果没有创新性的解决方案，未来满足食物需求将变得越来越困难。

未来人口的结构方面，根据联合国《世界人口展望 2019》，1950 年全球 50 岁以上人口约有 3.98 亿，2015 年数量已经翻了两番，超过 16 亿，预计到 2050 年，老龄化人口数量将再增加一倍以上，达到32亿以上，到21世纪末，全球50岁以上的人口将达到总人口的40%。国家统计局数据显示，1990年中国65岁及以上人口比例达到5.6%，2000年为6.96%，2012年为9.38%，2018年为11.9%，2019年增至12.6%。2022年预计将进入占比超过14%的深度老龄化社会，2033年左右进入占比超过20%的超级老龄化社会，2050年将超过25%，与发达国家持平。之后持续快速上升，至2060年的约35%[2]。据有关方面估算，我国老年群体每年的消费潜力达到3000亿元以上，其中在食品方面的消费每年至少1000亿元。

人口结构变化，特别是老龄化人口增加必然导致食品诉求的改变。食品与营养是确保养老服务、保证老年人生活质量乃至疾病防治的重要基础。由于老龄消费者更加注重食品的功能性和健康性，因此，低糖、降血脂、高纤维等老龄食品将愈发受到青睐。世界各国为应对人口老龄化趋势，在老年人膳食方面，都采取了不同的应对措施，如美国在食品药品监督管理局（FDA）严格的监管下，有专门针对老年人的护心食品、壮骨食品和肠道保健类食品，并根据老年人味觉特点，在口感上有所调整。德国有专门的老年人食品商店，里面根据老年人不同年龄段和各种慢性病的需求，提供从主食到饮料的“一条龙”食品，如有针对老年人的方便主食，如米饭、面条等，甚至还有专为老年人设计的酒精度数偏低，同时添加了营养素的啤酒等。日本的老年食品非常发达，产品种类繁多，并且很多产品都有软烂度、咀嚼度、稀稠度等明确的指标限制。另外，保健品作为改善人体机能的食品也越来越受到人们的重视[3]。老龄人群营养保障和需求改善将给未来食品产业发展带来巨大的挑战和机遇。

1.1.2 环境和气候变化对未来食品供给的挑战

半个多世纪以来，由于全球人口数量的增加、人类经济活动的增多和现代工业的发展，可用的土地和水资源越来越有限，资源缺乏限制使用现有生产方法提高生产力。将资源推向极限也会对资源和周围生态系统造成永久性损害。在世界范围内资源密集型、高投入的农业应用已经造成了土壤枯竭、水资源短缺和广泛的森林砍伐。联合国粮食及农业组织和国际食物政策研究院报告指出人类在土地资源、水资源和气候变化所做的行动，已远远超过地球的负荷能力。尽管一些农业措施，如保护性耕作和免耕种植，已经有效减少了侵蚀，但土壤流失仍在继续。例如，2018 年中国水土流失面积 273.69 万 km^2，占全国陆地面积的 28.5%。由于全球天然资源的退化，每年物种和生态环境系统的损失占全球总产值的 10%左右。目前，全球大约 20%的植被生产力有下降的趋势。到 2050 年，天然资源的退化和气候变化可能使全球作物产量减少 10%，某些地区甚至减产高达 50%左右。

全球气候变化给农业和食品体系也带来了巨大的挑战。对于大多数农作物和家畜来说，气候变暖对农业的负面影响正在加剧。据美国国家航空航天局的全球气温记录（图 1.2），过去 10 年间，大气中温室气体每年增长 1.5%，其中 2018 年温室气体排放创下 553 亿吨二氧化碳当量的新高。温室气体的大量排放导致全球温度普遍升高，自 19 世纪 80 年代以来，全球平均表面温度上升了约 1℃。按照目前的趋势，全球气候变暖至 21 世纪末将远远超过 2℃。到 2030 年，气候变暖可能导致粮食产量减产 5%，到 2050 年，全球变暖可能导致粮食产量降低约 10%。到 2080 年，作物产量可能会下降 30%，可能会导致 1 亿～4 亿人面临饥饿风险。另外，全球气候变暖对农业生产的影响还可能会改变农作物的生长周期，增加病虫害防治成本。因此，在未来农业和粮食生产过程中，需要改变耕作和加工方式以适应气候变化，保证食物供给安全[4]。

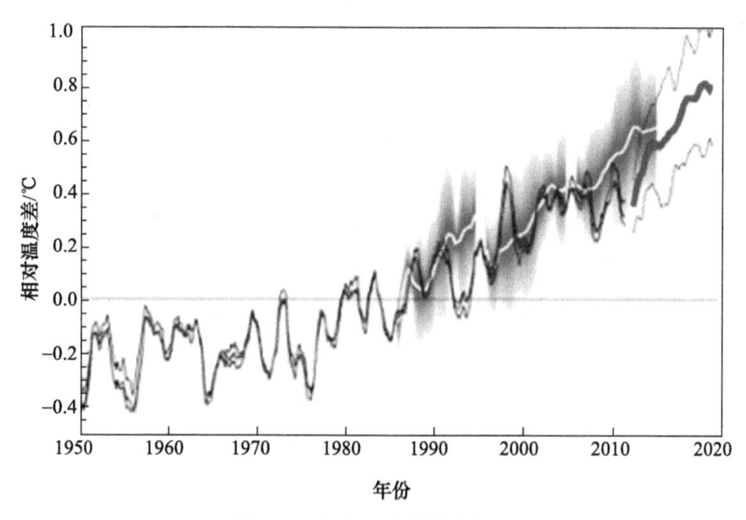

图 1.2 全球温差的数据记录

此外，世界各国一直以追求粮食产量最大化为目标，在保证粮食安全的同时，也付出了巨大的代价，特别是环境代价。根据联合国粮农组织《2018 年世界化肥趋势和展望》报告，2018 年全球化肥使用量超过 2 亿吨，比 2008 年增加 25%。

过量的化肥造成土壤和水体的污染不断加剧。全球农业生产每年要使用约 350 万吨的农药，其中，中国、美国、阿根廷占到了 70%，仅中国就占到了世界农药使用总量的约一半。2018 年中国使用的农药约 180 万吨，但真正能够作用于作物发挥作用的比重不到 30%，有 70%在喷洒过程中都喷到了地上或者飞到了空中，给土壤水体带来严重的污染。其他方面如工业污染、大气污染等也造成整个水体的污染或者水源环境的破坏[5]。因此，生态环境所面临的挑战和压力也是前所未有的，这就迫使我们必须尽快地考虑转变发展方式，否则资源环境将难以承受未来农业和食品的发展。

1.1.3　食品资源浪费对未来食品供给的挑战

经济发展导致食品供给的另一个问题就是食物浪费。联合国粮农组织《食物浪费足迹：对自然资源的影响》报告显示全球每年浪费的食物达到惊人的 13 亿吨，导致 7500 亿美元的经济损失。其中，亚洲地区的谷物、蔬菜和水果浪费问题尤为突出。每年浪费的食物所用的水相当于俄罗斯伏尔加河的年流量，且每年向大气多释放 33 亿吨温室气体。总体而言，世界 54%的食物浪费发生在“上游”，即生产、收获后处理和储存过程；46%发生在“下游”，即加工、流通和消费阶段。每年全球 1/3 的食物被浪费，但同时每天有 8.7 亿人仍处在饥饿状态。例如，美国每年浪费食物约为 2780 亿美元，足以养活 2.6 亿人[6]。

根据联合国粮农组织研究，美国每年有 30%～40%的食物被浪费，且主要发生在零售和消费阶段。食品供应链采取了一些措施以减少浪费，如改变产品标签政策等；另外还可以通过技术创新来减少浪费，如开发提高产品质量、延长货架期等方法。中国科学院在 2016 年发布的调研报告中指出，中国粮食浪费现象惊人，每年浪费的食物几乎是 2 亿人一年的口粮。我国每年在餐桌上浪费的粮食至少可以养活 5000 万人。另外，由于我国收获、生产和产后加工科技水平不高，粮食在收割、储存和运输环节的浪费也是惊人的。综合起来，中国每年浪费粮食约 6192 万吨、水果 2195.7 万吨、蔬菜 25362.9 万吨、肉类 1212.1 万吨、水产品 824.4 万吨，分别占总产量的比例为 12.9%、28.6%、47.5%、17.4%、17.5%[7]。

随着各种信息的不断开发，绿色和效率必将成为未来食品的两个要素，新型包装材料、智能化加工设备、数字化技术等新科技将推动食品生产、管理、运输、销售和消费过程的透明化和可控化，从而减少食物的浪费。

1.1.4　人类营养健康需求对未来食品供给的挑战

随着经济水平的提高，人们生活条件的不断改善，食品工业和农业产品日趋丰富，世界食品科技经历了以满足量的需要为主要特征的食物安全、食品安全保障阶段后，进入以满足质的需要为主要特征的营养健康食品制造新时代（大食品大健康时代），人们对于食品的要求也从“吃得饱”到“吃得健康”、“吃得享受”提升。食品产业逐步提升到食品可持续供给与营养健康保障的更高层面；食品消费也进入以满足质的需要为特征的营养健康食品制造阶段。随着未来人均可支配收入的不断增长，消费结构不断升级成为必然趋势，居民对美味多元、安全优质、营养健康的美好饮食需求也日益增加。

世界卫生组织（WHO）对影响人类健康因素的评估结果表明：膳食营养因素（13%）对健康的作用仅次于遗传因素（15%），且大于医疗因素（8%）。营养健康饮食与慢性病发病率紧密相关，食品产业是食品安全与国民营养健康的重要产业基础。目前，发达国家在营养健康领域一直处于领跑地位，特别是在食品营养与慢性病相关性研究、个性化营养数据库构建、食品功能组分分离与功效评价、特殊人群膳食营养干预与新型功能食品创制等应用基础研究领域。相对而言，中国食品营养与健康基础理论和系统化基础数据库支撑十分匮乏：缺乏系统全面的食品成分、营养基因组学、人群健康等营养与健康基础数据库；缺少不同个体遗传背景下营养素对代谢途径和体内生理系统的影响研究；缺乏有效的膳食营养素强化技术，以及膳食精准营养控制技术，导致食品成分、功能因子之间的协同作用及其健康效应不清晰，传统膳食、营养与健康之间的相互关系不明确。

Grand View Research 最新报告显示，2018 年全球功能性食品市场价值为 1536 亿美元，到 2025 年，全球功能性食品市场规模预计将达到 2757.7 亿美元。在诸多政策落地和健康意识提高的利好下，中国营养保健食品的需求不断增加，市场保持稳定增长态势，如图 1.3 所示。数据显示，截至 2018 年，中国特殊食品包括特殊膳食食品市场整体超过 6000 亿元人民币；营养保健食品市场规模约在 4000

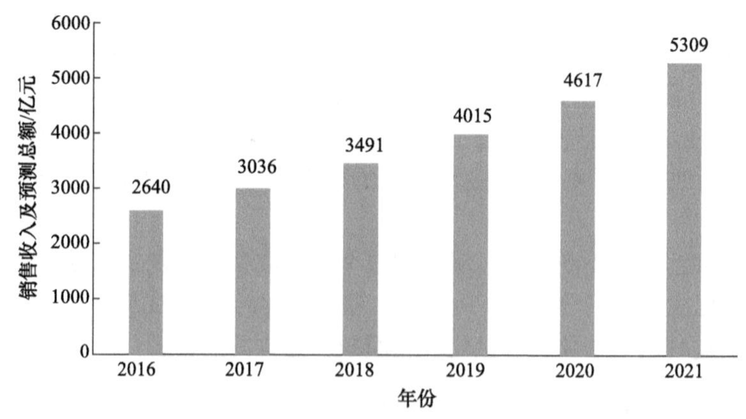

图 1.3　2016～2021 年中国营养保健品行业销售收入及预测

资料来源：前瞻产业研究院. 2020～2025 年中国营养保健品行业市场前瞻与投资规划分析报告

亿元人民币，已经成为全球第二大保健食品市场。另外，现代竞技体育对运动员体力、肌肉力量等提出了严格的要求，运动成绩不断逼近人体能力极限，要想实现新的突破必须进行高强度训练，高强度训练离不开运动食品的支持。运动后营养补充成为实现健康生活的重要环节，且运动食品功效的研究日益深入，功能食品发展为不同于传统食品科学的综合性学科，涉及生理学、食品科学等多门学科。此外，深太空食品的科学研究也要求提高未来食品的研发能力，如太空失重和航空任务的要求，导致超长保质期和 3D 打印技术的蓬勃发展[8]。

1.1.5　食品安全对未来食品的挑战

食品质量安全状况是一个国家经济发展水平和人民生活质量的重要标志。随着国民经济持续、健康、快速的发展，整个社会消费层次和水平逐年提高，人们开始逐步关注食品的质量、安全、营养等问题。食品增长方式也从单一追求数量增长转变为追求食品质量与数量同步增长，社会对食品的关注和调控也从单一注重食品数量安全转变到同时关注食品数量安全和质量安全。因此，“吃得安全”仍然是未来食品的核心要素，也是实现大食品大健康和健康中国的重要基础。

中国社会科学院社会发展战略研究院的《2012 中国社会态度与社会发展状况调查》报告显示，食品安全位居城镇居民最不满意的项目第二。近年来一系列重大食品安全事件的频频爆发使得中国的食品安全成为政府、社会关注的重要问题。首先，重大食品中毒事件大幅度增加，中毒和死亡人数居高不下，食品安全责任难以界定，从而造成问题不能尽快解决。其次，食源性疾病引发的疫情（如 2004 年的“禽流感”）造成巨大的经济损失和社会影响，严重威胁人们的身体健康和生命安全。然后，重大食品安全事件（如 2008 年的“三聚氰胺”事件）引发社会对国家食品安全更深层次的思考，如何应对食品安全突发事件、如何明确食品安全责任及如何综合协调以便更好监管食品安全等问题，成为当下学术界讨论的热点问题。最后，食品“从田间到餐桌”整个食品链环节发生食品安全问题的普遍性及食品安全事件的广泛性被人们普遍关注。食品安全问题严重损害了消费者的利益和信心，制约着食品产业的持续、健康发展，甚至影响整个社会经济发展和社会稳定[9]。因此，未来食品应将大数据运用到食品安全领域的每个角落，通过物联网技术建立食品追溯系统，以期实现对食品生产、加工、运输、包装、储存等方面质量问题的监管，以及对食品从农田到餐桌的全面监控。目前，我国食品安全大数据行业尚处于初级阶段，但是随着相关市场逐步完善，食品安全大数据行业将得以进一步发展壮大（图 1.4）。

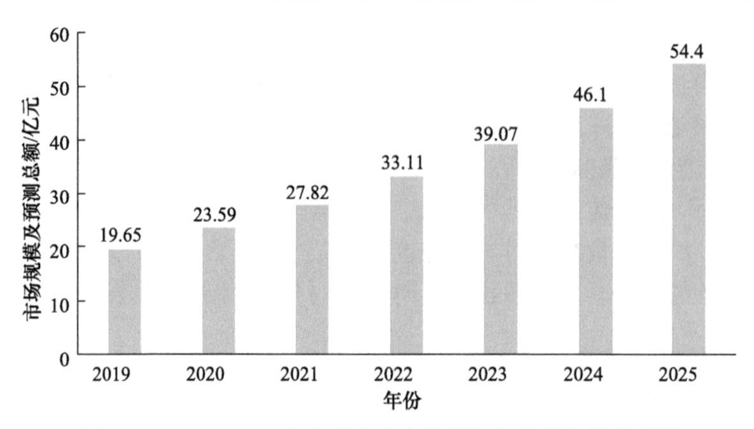

图 1.4 2019～2025 年中国食品大数据行业市场规模及预测

资料来源：前瞻产业研究院. 2020～2025 年中国食品安全大数据行业发展前景与应用战略分析报告

1.2 未来食品发展的机遇

过去 10 年，重大科学进展为食品产业带来的新机遇铺平了道路。例如，组学技术在过去 20 年中已经取得了实质性的进展，使食品加工更加精确和多样，促进新的功能性食品的开发。传感技术、大数据管理系统学和新材料科学等提供了改进的能力：①感知和监测物理、化学或生物性质与过程（提高食品生产的可持续性）；②控制微生物（改善食品安全，减少食物浪费）；③创建新材料（提高食品质量和安全）。这些交叉学科创新驱动全球食品产业向全营养、高科技和智能化方向快速发展。

1.2.1 组学技术

随着高通量测序技术的不断发展，单组学研究日趋成熟与完善，而整合多组学研究的工作方兴未艾。通过测序、质谱、芯片等方式可以在分子水平高通量地检测基因突变，表达量变化、异常剪切或表观遗传修饰与生理病理的关系。食品组学是与食品科学相关的“组学”技术和数据的使用。例如，食品化学分析中的综合分析方法可用于加深我们对分子甚至原子水平食物组成的理解。食物化学成分的“指纹”识别能提供安全性、质量、真实性和营养价值相关的信息。此外，组学技术还提供检测、量化和表征个体代谢物或其组合的手段，用于识别产品新鲜度标志物，从而改善食品质量，减少食品损失和浪费。组学技术还可用于捕获和检测关键分析物的新型生物识别分子，进而更容易分析复杂基质的样品。

组学技术、生物信息学和先进分析方法的结合为科学家探索系统之间的相互作用提供了创新手段。例如，在营养学研究中，组学技术与人类遗传学、生理状态、肠道微生物组和食物成分分析整合，可以使我们更接近综合的个性化营养。在感官科学研究中，采用组学技术来描述消费者对风味的感知差异，可以更好地理解驱动食物选择的因素，其与食物“指纹”技术一起使用，就可以设计和生产具有理想健康益处和更大吸引力的食物。

1.2.2 传感技术

传感器是检测或测量物理、化学或生物特性，记录、指示和响应相应结果的一种设备。生物传感器是将生化分析与物理化学检测器组合的分析装置。生物元素和分析物之间的相互作用产生信号；检测器元件对信号进行物理化学转换，并将其放大为易于测量且可量化的数据。因此，具有能够实时“感知”产品安全性、质量和新鲜度的技术，向处理器、分销商和消费者提供关键信息，将提高食品安全性和减少食物浪费。这些技术有很多特性，如检测高灵敏度和特异性、成本低、占地面积小、可靠、短时间出结果以及便携性等。因此，传感器技术非常适用于监测产品新鲜度，如监测与产品腐败和保质期相关的生化参数，尤其是产品寿命终点。这些类型的传感器通常是非侵入性的，可通过颜色、表面缺陷和化学组成来测量产品的属性，主要技术包括光学、声学、核磁共振、电等。例如，可见光/近红外光谱中的光可以容易地渗透到生物系统中，并且当应用于食物时可以提供“指纹”以评估如新鲜度、坚固度和质地等参数。

1.2.3 大数据管理系统

组学和传感器技术的发展增强了食品加工、安全和质量领域收集更多数据的能力。最终，食品供应链的数据提供更多更好的信息，并在此基础上进行系统优化和管理决策，包括食品加工、安全、质量控制（如产品特性保存）、减少食物浪费和进行系统监测等。这意味着必须有一个基础设施来存储大量的记录，以及可以整合这些记录并有效用于决策目的的手段。

应用集成数据和数据管理系统，可以提高食品系统的资源效率。在食品网络中实施这种数据管理系统有助于优化食品加工和回收利用，并在制造过程中以及之后减少浪费。数据管理系统作为一种操作概念，可以实现“循环经济”，充分利用废物流。该系统采用最小化产品和食物浪费综合及整体的数据管理方法，建立集中用于识别食用和非食用目的的食物垃圾转化方法。这样的分销系统中，更精简、更简单和透明的数据管理系统对于食品和配料的无缝供应链至关重要。

在食品安全领域，公共卫生部门使用许多可公开访问的大型在线数据库。这些数据库对不同类型的应用程序具有明确的实用性。但是，如果数据和数据库相互集成，那么该实用程序将得到增强，特别是对于如行业过程监控和产品跟踪系统、质量控制系统等较少可公开访问的数据，或公共食品安全监测工作。区块链技术在食品安全数据管理中具有巨大的潜力，可以彻底改变数据的管理和存储，并促进食品分配系统的集成。区块链（也称为开放式、分布式分类账）是一种系统，其中连续增长的分散和加密记录（块）列表被链接，以便它可以跨网络安全地分布。区块链允许高度透明和即时传输与许多属性相关的产品数据，包括食品的安全性和质量，以及环境管理，所有这些都来自常规监测、检查和审核、认证和实验室分析等活动。区块链技术实施的改进也将使消费者受益，因为他们需要有关产品采购、产地、流程和生产方法的更详细的信息，消费者可以通过智能手机应用程序和其他数据平台访问此类产品信息。虽然区块链处于起步阶段，但它是一种重要的新兴技术，可以在不同平台和所有权结构中整合详细信息。

1.2.4 材料科学

科学和纳米技术的进步为提高食品的质量和安全性带来了巨大希望。食品科学家应用工程原理设计新的加工和包装技术，从而大大提高食品的质量、安全性、可接受性和保质期。活性包装，其中气调包装（MAP）是早期的一个例子，其是一种系统，通过将氧清除剂、抗微生物剂和/或水分吸附剂结合到食品包装材料中而使它们动态地相互作用。这些活性化合物可以不释放到食物中，或防止不需要的物质进入包装，这样，它们可以改善产品质量，确保安全性和/或延长保质期。例如，纳米复合材料为食品提供屏障和化学保护。“智能”食品包装是指由于环境的动态变化而经历微观或纳米结构自动变化的系统。具有智能特性的材料是能够控制其界面特性的材料。智能包装系统能够监控食品的状况（如质量和/或安全性，特别是在分配和储存期间），并为消费者提供产品状态的一些证据。

纳米材料越来越多地被用作生物传感器的组成部分发挥各种功能，包括作为固定支持物、信号放大、作为酶标记物（“纳米酶”）的替代物，并有助于信号产生和猝灭。在大多数情况下，纳米材料的选择建立在产生具有更高灵敏度和特异性测定的基础上。贵金属（如金和银）经常用于信号放大，因为它们具有独特的物理化学性质。此外，碳、磁体、金属氧化物基和量子点纳米颗粒也有广泛应用。智能包装的输出可以以数据的形式表示，可以将其作为决策和管理系统的基础。虽然通过指标监测食品质量和新鲜度在食品工业部门是常规的，但智能包装技术非常适合检测由于食品腐败而产生的代谢物，因此其在生产和消费阶段对减少食品损失和浪费具有重要作用。

1.3 未来食品发展趋势

未来食品科学基础及业态如图 1.5 所示。

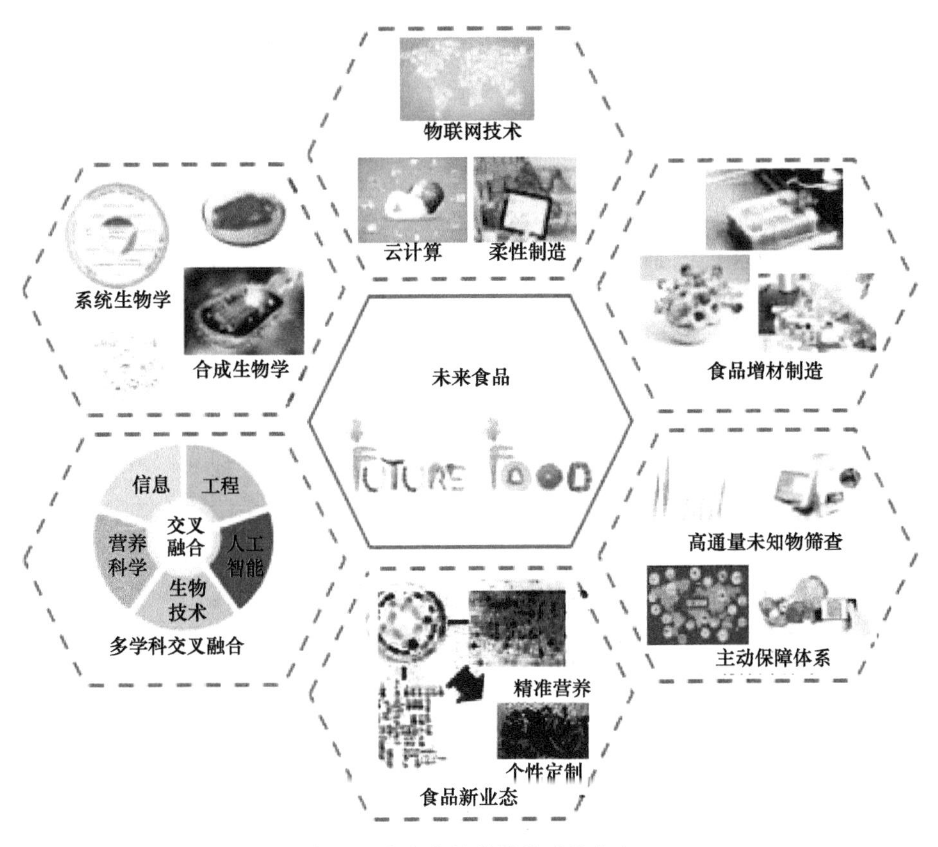

图 1.5 未来食品科学基础及业态

食品产业关系民生福祉与社会安定，是满足人民日益增长的美好生活需要的民生基石。因此，针对未来优质化、健康化食品的重大需求，加工制造领域高质量、高技术发展的紧迫诉求，未来食品产业解析食品加工过程中食品物性学基础、数字化基础，以及组分相互作用机制；通过提升食品加工制造的原始创新能力，突破制约产业发展的绿色化、信息化和高新化关键共性单元技术，实现传统食品加工工业化、未来食品制造智能化，以及定制食品创制。

1.3.1 现代生物学技术正颠覆传统食品生产方式

面对资源、能源及环境约束日益严峻的形势，传统的食品加工生产方式正经历深刻的变化。蛋白工程、发酵工程、酶工程、细胞工程、基因工程和分子食品等现代食品绿色加工与低碳制造技术的创新发展，已成为跨国食品企业参与全球化市场扩张的核心竞争力和实现可持续发展的不竭驱动力。

以食品系统生物学、合成生物学等为核心的现代生物技术导致“后动物食品时代”的产生，有效缓解了资源、能源及环境约束的日益严峻的形势，颠覆了传统食品生产方式。通过食品细胞工厂技术，以可再生物质为原料，利用细胞工厂生产肉类、牛奶、鸡蛋、油脂、糖等，颠覆传统的食品加工方式，形成新型生产模式，将成为未来食品的生产趋势。自 2013 年荷兰马斯特里赫特大学（Maastricht University）的 Mark Post 教授用动物细胞组织培养方法生产出有史以来的第一整块“人造肉”——牛肉汉堡以来，世界上已经有 28 家培养肉初创公司开展牛、猪、鸡、鸭、鱼等培养肉的研发。2017～2018 年，欧洲 Mosa Meat 公司获得超过 750 万欧元的投资，美国 Memphis Meats 公司已经融资超过 2200 万美元，以色列、日本等初创公司也先后获得数百万美元的投资。营养功能性物质的定向合成生物学制造也是未来关注的重点。传统的营养功能性物质生产方法一般为动植物提取或化学合成法，往往存在提取原料来源不足、化学法生产污染严重、动植物组织提取产品存在过敏原等发展瓶颈。随着生物技术的发展，越来越多的功能性营养组分的合成途径得到阐明，合成生物学技术通过在微生物中重构功能性营养组分的代谢途径，实现其工业化、规模化高效合成。

因此，未来食品将基于合成生物学、基因编辑、细胞工程、生物反应工程、蛋白质工程等新兴生物技术，发展传统酿造发酵食品制造、食品添加剂与配料绿色生物制造、功能性健康食品创新开发与低碳制造等核心关键技术，实现食物资源和新资源的人工生物合成制造，开发全新的、自然界稀有且高附加值的食品添加剂、功能食品及配料，形成以资源充分综合利用为特色的食品生物工程关键技术体系。

1.3.2 食品制造信息物理系统（CPS）成为食品高端制造新引擎

随着全球经济的高速发展和高新科技的兴起，以及人口剧增带来的食品供给压力，传统食品制造业面临着转型升级的新需求。基于物联网、云计算、柔性制造等现代信息与制造技术成为食品制造业未来发展的重要方向，也是全球食品产业转型升级的重要途径。

德国利用智能设备使啤酒饮料灌装达到 12 万瓶/h，生产率得到大幅提升；加拿大 CWT-TRAN 公司利用智能微波萃取系统，快速感知压力波动并调整微波，极大提高了操作安全性和方便性；美国 ADM 公司利用智能化大豆低温超滤系统，杜绝了溶剂残留，保留了油的活性成分及口感。食品制造商 Mondelēz 利用车间制造执行系统（Manufacturing execution system，MES）自动化成品中心，建成了世界上第一个数字化工厂生产线，通过开展“互联网+”、智能制造来开展柔性生产，实现生产效率提升 50%，能源利用率提升 30%，运营成本平均降低 25%，产品研制周期平均缩短 70%。这些数据的出现，说明食品智能制造技术正成为未来食品行业的颠覆者，激起了食品行业变革的新浪潮。

利用数字化设计和制造技术，结合感知物联和智能控制技术，开发食品工业机器人、食品智能制造生产线和智慧厨房及供应链系统已成为未来食品制造业的重中之重。因此，未来食品制造的发展内容有：①传统食品智能制造技术；②智慧化中央厨房技术；③智能化冷链物流技术；④食品装备数字化制造技术；⑤食品装备智能控制技术；⑥食品工业机器人制造技术；⑦新型食品包装技术。

1.3.3　以 3D 打印为代表的食品增材制造技术不断构建食品加工制造新模式

以制造技术和信息技术深度融合为特征的现代智能制造模式引发了整个制造行业的深刻变革。增材制造技术实现了加工制造从减材、等材到增材的巨大转变，改变了传统制造的理念和模式，在保护环境和节约资源等方面有着重要价值。因此，基于快速自动成形增材制造、图像图形处理、数字化控制、机电和材料等工业化数字化技术，已成为未来食品加工制造的新模式。

目前，食品增材制造行业的最领先企业和机构分别是美国的 3D Systems、Systems and Materials Research、Beehex、Modern Meadow 这 4 家公司，尼德兰的独立研究机构 TNO（提供食品 3D 打印解决方案）、西班牙的 Natural Machines 公司，以及英国的 Choc Edge 和 Nu Food 公司，而我国食品增材制造还处于产业化的初级阶段。Beehex 公司利用 3D 打印技术研发可在太空中制作的比萨饼，有效地解决了太空食品缺乏色香味的单一模式。基于 3D 打印技术，一些食品企业研发了巧克力饼干、巧克力棒和意大利面等，提高了原材料利用率，缓解了因人口增加和能源短缺而造成的粮食不足的供应压力。目前，研发人员正尝试研发定制化食品和精准营养化食品，因此，以 3D 打印为代表的食品增材制造技术（food additive manufacturing）将改变现代食品加工模式。

综上，基于全球食品的改革创新形势，以 3D 打印为代表的食品增材制造技术未来发展方向有：①3D 打印食品营养、风味、质构等品质保真复热技术；②开发精准营养 3D 打印全流程智能化控制软件；③增强食品营养科学与 3D 打印技术的结合，开发个性化定制食品；④高端食材的平价替代。

1.3.4　高通量与未知物筛查、区块链等新型检测技术与智慧监管技术等正构筑食品安全主动保障体系

随着食品产业高质量发展，食品质量安全体系正面临着巨大的冲击。基于非靶向筛查、多元危害物快速识别与检测、智能化监管、实时追溯等技术，食品安

全监管向智能化、检测溯源向组学化、产品质量向国际化方向发展，已成为我国乃至全世界食品安全体系的发展趋势。

目前，农兽药残留、微生物危害、食品掺假等风险隐患仍旧突出，基于飞行时间质谱和静电场轨道阱质谱检测抗生素、农兽药残留等已经成为食品中痕量残留物检测技术的新兴力量。自 2013 年欧盟“马肉风波”后，欧盟食品安全监管机构不断变革，最终形成一个以从农田到餐桌的全程监控制度、危害分析与关键控制点制度（HACCP）、食品与饲料快速预警（RASFF）和可追溯制度为基础框架，贯穿以风险分析、从业者责任、高水平透明度等为基本原则的食品安全法律体系。因此，高通量与未知物筛查、区块链等新型检测技术与智慧监管技术等正引发食品安全主动保障体系的深刻变革。

因此，未来食品安全主动保障体系将着重发展食品危害物检测技术、食品危害物评估技术和食品安全主动防控技术，大力推进大数据、云计算、物联网、人工智能、区块链等技术在食品安全监管领域的应用，开展食品安全产业链条危害识别与预防技术研究，检测溯源组学化、生产监管智能化、追溯技术实时化，实施智慧监管，形成高标准食品安全监测体系，保障食品安全。

1.3.5 以多组学为基础的精准营养和个性化定制技术加速催生食品新业态

世界各国日益重视食品营养健康科技创新与产业发展，以精准个性化营养健康调控为代表的创新关键技术已成为世界各国争夺的战略高地。基于食物营养、人体健康、食品制造大数据，靶向生产精准营养与个性化食品，已成为未来食品的新业态。

2016 年，金宝汤利用一份涵盖 60 项生理指标的测试，开始个性化营养业务；雀巢利用 DNA 和血液测试与 Instagram 类组件相结合，在人工智能（AI）的帮助下，为用户定制符合个人身体状况的食品；汤臣倍健携手巴斯夫共同推进在“精准营养”领域的研发合作。而这些具有代表意义的项目的背后是以宏基因组学、蛋白质组学和代谢组学为基础的精准营养和个性化定制技术的崛起。目前，发达国家正将生物工程、基因工程、现代分子营养设计等前沿技术应用于健康食品生产，靶向生产精准营养与个性化食品，开发系列高品质健康食品。从传统宏观营养向现代分子营养学转变、由大众干预向个性化定制服务转变是未来食品产业发展的重要方向。以宏基因组学、分子生物学、营养组学和代谢组学为基础而发展起来的分子营养技术已成为食品营养学研究的重要内容。从“吃得饱”到“吃得好”的思想观念的转变，正在引领和催生未来食品的新业态。

因此，未来食品营养健康科技发展趋势是：①基于食品组学和肠道微生物组学等手段解析膳食对肠道微生态调节及对糖和脂代谢的作用机理，提出基于我国人群肠道微生态特征的健康膳食结构；②基于不同食品的营养成分差异性和不同个体消费者的身体状况与营养需求，利用人体基因组学、肠道微生物组学、营养代谢组学、食物功能组学技术进行生物大数据采集，构建满足不同人群健康风险和营养结构需求的传统膳食、新资源、营养与健康大数据库；③基于供受关系大数据应用基因工程分析技术，靶向智能设计个性化食品，实现定向营养调控，为每一个消费者提供定制化食品，提供均衡化营养的膳食干预。综上所述，未来食品科技就是通过全链条科技交叉融合创新，不断创造新技术、新产品、新模式、新业态、新需求和新市场，尤其是现代信息、生物、食品组学、智能制造等技术的应用，将极大地推动食品产业向信息化、智能化发展，提升产品品质、优化产品结构、降低人工成本，为食品供给、安全和营养保障提供强有力的支撑。以加工制造、营养健康、食品生物工程、智能装备、质量安全和包装物流等作为未来食品的战略发展领域，大力推进大数据、云计算、物联网、人工智能、区块链、基因编辑等信息、工程、人工智能、生物技术、营养学等学科深度交叉融合，创新研究链条和全产业链系统化链条化布局，构建食品科技创新和全产业链发展的宏伟蓝图。

1.4　未来畅想

全球食品产业已发生深刻变化，技术装备更新换代更加频繁，加工制造智能低碳趋势更加多元，产品市场日新月异更趋丰富，科技创新驱动全球食品产业向全营养、高科技和智能化方向快速发展。未来食品在解决全球食物供给和质量、食品安全和营养等问题基础上，进一步满足人民对美好生活的更高需要。

细胞工厂、3D 打印技术等前沿技术将助力“中国智造”，纳米机器人技术等为精准健康干预技术保障“健康中国”，全方位食品安全防控体系全面建立以护航“舌尖安全”，1h 绿色智能物流圈全面普及以满足人们“美好生活”，食品智能装备与数字无人工厂凸显“创新中国”，食品领域核心的知识产权全球布局提升“国际影响”。未来食品将实现“中国特色、中国创造、服务世界”的远大愿景。

未来食品依托食品增材制造技术、食品主动安全防控技术、食品区块链技术、食品纳米技术、食品微生物技术和食品工业机器人技术等，形成食品组学、合成生物学和感知科学三大科学，产生细胞工厂、智慧厨房、智能制造和精准营养四大新兴业态。

1.4.1　未来食品技术

目前，新一轮科技革命正在加速重构全球食品创新版图、重塑全球食品产业结构，新一代信息技术、颠覆性生物技术、革命性新材料技术、先进制造技术等在食品领域不断渗透融合，显现出广阔的应用前景。随全球食品科技的迅猛发展，未来食品技术主要包括：①食品增材制造技术；②未来食品微生物技术；③食品纳米技术；④食品区块链技术；⑤未来食品危害物监测与评估技术；⑥未来食品安全主动防控技术；⑦食品工业机器人制造技术[10]。

食品增材制造技术俗称食品 3D 打印，是融合计算机辅助设计、材料加工与成型技术，以数字模型文件为基础，通过软件与数控系统将专用的食品原材料，按照挤压、熔融、光固化、喷射等方式逐层堆积，制造出实体食品的制造技术。

未来食品微生物技术是利用海量生物数据库，基于酶家族进化及序列保守性分析，设计蛋白或核酸序列探针，挖掘具有高催化活性的新型食品酶；利用酶结构解析、理性或半理性设计、高通量筛选等技术手段，对食品酶进行分子改造，优化其应用适应性；构建食品酶的高效分泌表达系统，并通过强化跨膜转运，实现其规模化制备；突破酶固定化、多酶耦联及酶膜分离耦合等技术瓶颈，构建高效酶催化体系，实现食品功能配料和添加剂的酶法制备的食品加工技术。

食品纳米技术就是指在食品生产、加工或包装过程中采取纳米技术手段的一种食品科学技术，主要包括纳米食品加工、纳米包装材料和纳米检测技术。食品纳米技术一方面改进了食品生产工艺，并开发出一些新型食品；另一方面，纳米技术凭借诸多优势解决了食品营养和安全等问题。

食品区块链技术是一种数字化、不断增长的记录或数据区块列表，使用加密技术进行安全链接监控技术。根据设计，区块链技术是不可改变的或者本质上抵制数据修改或删除的，因为每个区块都与它之前和之后的区块相链接。在食品供应链中，区块链有可能改变食品信息从农场流向餐桌的方式，从而通过增加流程的可见性和效率来确保食品质量和安全。因此，在食品从质量安全的方向向高质量发展的方向转变的过程中，区块链技术可以起到推动食品实现优质优价的作用。

未来食品危害物监测与评估技术是利用新型抗体分子、筛选技术、新型化学仿生和生物仿生试剂与材料，对生物毒素、致病生物因子、违禁添加物等的高通量快速检测，对致病微生物、环境污染物、食物中毒的危害物快速检测的技术。未来食品危害物监测与评估将构建我国食源性致病菌大规模的标准化组学数据库，以及基于系统生物学和多组学技术的微生物定量风险评估；研究不同食品危害物风险，系统评估食品安全风险，进行全面的溯源、预测、分析与决策。

未来食品安全主动防控技术是建立食品潜在风险因子的快速、高效的检测方法，构建基于污染-营养-健康问题的多元性评估体系，形成国际认可的风险评估报告与安全限量标准；研制不同来源渠道消费的食品追溯监控技术与装备，利用云计算、大数据、人工智能、区块链等新型信息化技术，建成基于大数据的食品安全国家追溯预警和智慧监管体系；建成食品安全监管大数据云平台，研发风险预警模型，实现食品安全风险分级管理和主动预防的未来食品安全新技术。

食品工业机器人是利用机器人视觉、力觉、触觉、接近觉、距离觉、姿态觉、位置觉等传感器，实现食品机器人在食品分拣、分切、包装等环节的高灵敏、高精度、高效率操作。随着机械手末端操作器、视觉系统、传感器、高性能处理器、人工智能等机器人本体技术和辅助技术的不断发展，搭建具有复杂感知能力的智能控制系统和具有高精度高灵活性机器人的难度逐渐降低，食品工业机器人将更加多样化，其应用范围也将不断扩大，将变得越来越安全，且更快、更可靠，并且能够处理更多种类和更多的产品。

1.4.2　未来食品科学

食品增材制造技术、未来食品微生物技术、食品纳米技术、食品区块链技术等未来食品科技的出现，通过全链条科技交叉融合创新形成未来食品三大科学，即食品组学、食品合成生物学和食品感知学，为食品加工制造高质量、高技术发展形成强有力的科技支撑，引发食品产业的深刻变革[11]。

食品组学（foodomics）是一个包含广泛学科的新概念，在 2009 年被首次定义为：借助先进的组学技术研究食物和营养需求领域问题，从而增强消费者的良好状态。目前，食品组学指的是采用组学的方法，研究食品制造全过程的质量、安全、营养问题，以及食品进入人体后相关的健康问题的科学。其最常用的工具是代谢组学、蛋白质组学、基因组学等。通过生化计量学、生物统计学和生物信息学等的组学技术，可以得到代谢物、蛋白质和基因表达水平的完整信息，并从分子水平上对食品中的生物活性物质进行系统的、全面的研究，从而大大提高食物的可追溯性，以判断食品的营养安全质量。

食品合成生物学（food synthetic biology）是在传统食品制造技术基础上，以食品组分的分子合成与生产为目标，以实现食品组分的定向、高效、精准制造为目的，利用系统生物学知识，借助工程科学概念，将工程学原理和方法应用于遗传工程与细胞工程，从基因组合成、基因调控网络与信号转导路径，到细胞的人工设计与合成，再到食品规模化生物生产的系统科学。食品合成生物学是解决现有食品安全与营养问题的重要技术，也是面对未来食品可持续供给挑战的主要方法，能够解决传统食品技术难以解决的问题，主要包括以下 4 个方面：①变革食品生产方式；②开发更多新的食品资源；③提高食品的营养并增加新的功能；④ 重构、人工组装与调控食品微生物群落。食品合成生物技术主要研究领域包括食品细胞工厂设计与构建、食品生物合成优化与控制和重组食品制造与评价[12]。

食品感知学（sensory perception）是未来食品研究的重要领域。食品风味的最基本组成是甜、咸、苦、酸、鲜。味觉与想象力和情感相关，味觉是特有的感官，不同于视觉、听觉和触觉等有共同性的感官。追求食物（渴望、愉悦、释放、满足）的动力有利于持续掌控生活与提高生活积极性。因此，食品感知科学指的是基于大脑处理视觉、嗅觉、触觉、味觉等化学和物理刺激过程所产生的神经元精细调节，研究食品感官交互作用和味觉多元性，靶向构建基于智能仿生识别的系列模型，实现感官模拟及个体差异化分析的科学。目前食品的感知科学研究主要包括以下 6 个方面：①研究食品的感官特性和消费者的感觉；②探究感官交互作用和味觉多元性；③解析大脑处理化学和物理刺激过程，从而实现感官模拟；④理解感官的个体差异；⑤多学科交叉进行消费者行为分析；⑥评估感官/消费者的方法学[13]。

1.4.3 未来食品业态

未来食品从食品加工领域扩展到食品组学、食品合成生物学和食品感知科学等相关领域，这些领域共同构成未来食品发展框架，支撑未来食品领域的健康和有序发展。以人造肉、奶、油为代表的细胞工厂，以烹饪过程食物指纹谱和定向加工为代表的智慧厨房，以物联网、人工智能、增材制造、医疗健康、感知科学等技术集成的智能制造和以基因特征检测、健康调控和评估为代表的精准营养将成为未来食品发展的四大新业态。

细胞工厂（cell factory）是将生物细胞设计成一个“加工厂”，以细胞自身的代谢机能作为“生产流水线”，以酶作为催化剂，通过计算机辅助设计高效、定向的生产路线，并且通过基因技术强化有用的代谢途径，从而将生物细胞改造成一个合格的产品“制造工厂”。未来细胞工厂示意图如图 1.6 所示。针对蛋白质、油脂、新型食品功能因子等特定食品组分及食品添加剂，联合微生物基因编辑技术和代谢工程手段构建具有高效、定向、精准生物制造能力的生物细胞系统。通过研究生物合成途径，搭建功能因子/工程益生菌/合成蛋白质生产平台；优化底盘细胞前体供应、能量代谢途径，增强底盘与外源生物合成途径的适配性，建立细胞生长与产物合成平衡调控方法和策略，通过协同调控细胞生长与产物合成途径和模块，全局优化微生物细胞工厂；解析传统酿造食品微生物功能及其调控机制，设计构建核心微生物菌群，从而提高食品工业生物制造的效率[14]。

智慧厨房（intelligent kitchen）是通过数据链打通农场种养、净菜加工、冷链配送、智能烹饪到手机点餐、食材溯源等全流程，实现“端云一体”，将物流、信息流、资金流高度集成，相互增值，为用户提供安全、味美、高效的智能餐饮服务。借助新型热源、人工智能、专家决策系统等，实现原料控制、刀工控制、工序控制、火候控制的标准化，复合蒸煮、搅拌、揉制、炒菜等功能，实现菜肴的数字化和厨房烹饪的智能化、便捷化，实现食物营养多维度可视化检测，掌握食品基料智能化制备和中式菜肴数字孪生等技术，构建智能厨房新标准和基于公众云平台的大数据平台与专家决策系统，实现覆盖“从农田到餐桌”的现代餐厨食品原材料递送体系，创制智慧化中央厨房[15]。未来智慧厨房示意图如图 1.7 所示。

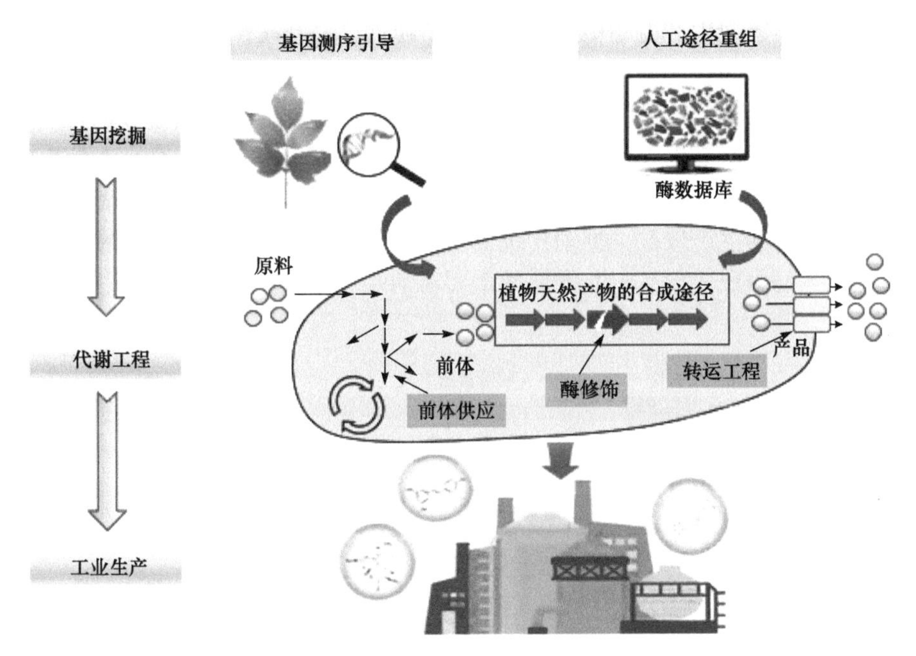

图 1.6　未来细胞工厂示意图

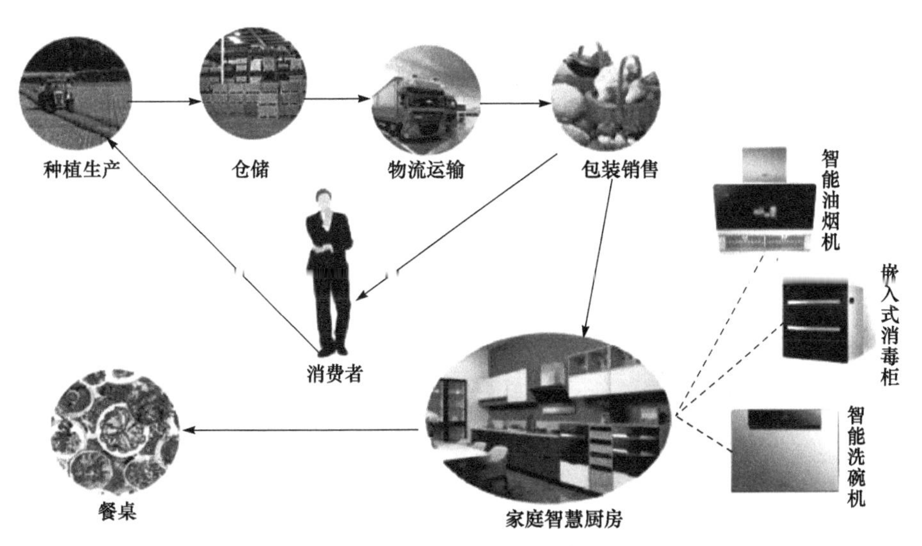

图 1.7　未来智慧厨房示意图

智能制造（intelligent manufacturing）是利用食品装备智能控制系统及相关工业应用软件、故障诊断软件和工具、传感和通信系统，实现人、设备与产品的实时连通、精确识别、有效交互与智能控制；通过虚拟现实技术在制造过程感知的应用，实现对食品样本整体信息的类人工智能的识别；通过食品装备的大数据分析处理系统，实现生产控制精准、生产制造协同度高和柔性化水平好的智能制造系统。食品企业的智能制造管理系统，将企业车间的零部件、机器、生产管理、运输车辆、工人甚至产品相互连接，提供包括生产过程控制、制造数据管理、底层数据集成分析、数据处理、上层数据集成分解等模块，有效提高企业信息的透明度和数据传输的及时性，使得企业管理者能快速知晓可行性情报并做出决策，极大提升企业的生产效益。推动传统食品工业向食品智能制造转型发展，智能制造有望成为助力现代食品工业发展的重要新动能。未来智能制造的示意图如图 1.8 所示。

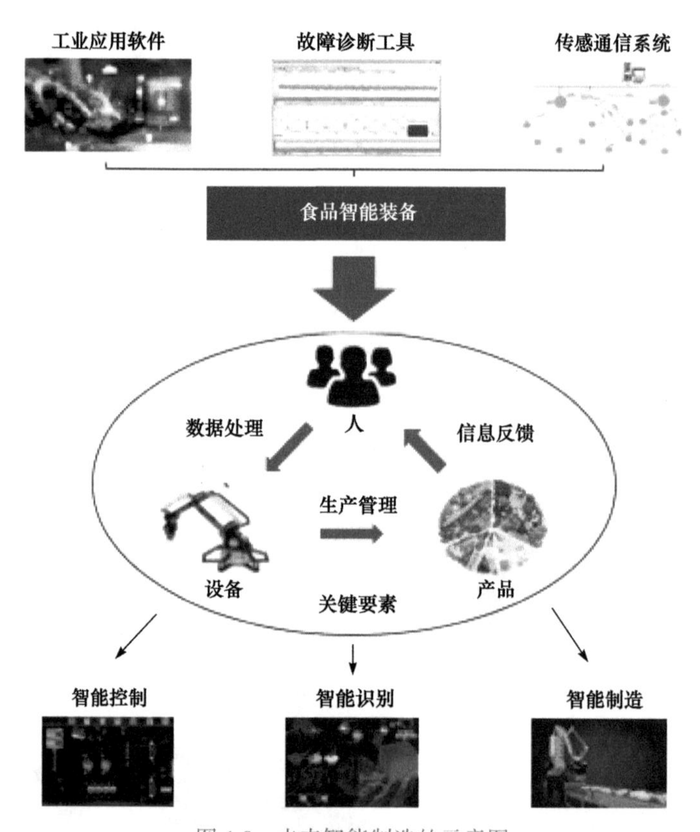

图 1.8 未来智能制造的示意图

精准营养（precision nutrition）也称个性化营养干预，是以个人基因组信息为基础，结合蛋白质组、代谢组等相关内环境信息，为普通人群或亚健康人群量身设计出最佳营养方案，以期达到更精准的定制营养健康模式。精准营养干预的实施离不开对个体的遗传代谢、生理状态、生活方式等指标的精准化衡量，发展精确的检测技术，包括基因组测序、分子标记物、血液指标测试（血浆、血清、红细胞等）、组织水平营养状态的监测，是精准营养干预的前提与基础。便携灵敏的检测仪器、图形语音识别、可穿戴设备等新技术的研发，可收集一切与个体体征相关的数据信息，建立个体的“健康营养数字档案”。对上述数据结合现代营养组学进行系统分析、应用算法开发、建立评价标准模型是精准营养的关键步骤。其中涵盖了蛋白质组学、基因组学和代谢组学等多种基础理论研究与大数据分析、算法应用等。通过云计算、大数据的应用开发，由精准营养衍生的生物信息必将把实体人映射为“全息数字人”，将人体的健康营养映射为“营养代谢数字模型”[16]。未来精准营养示意图如图 1.9 所示。

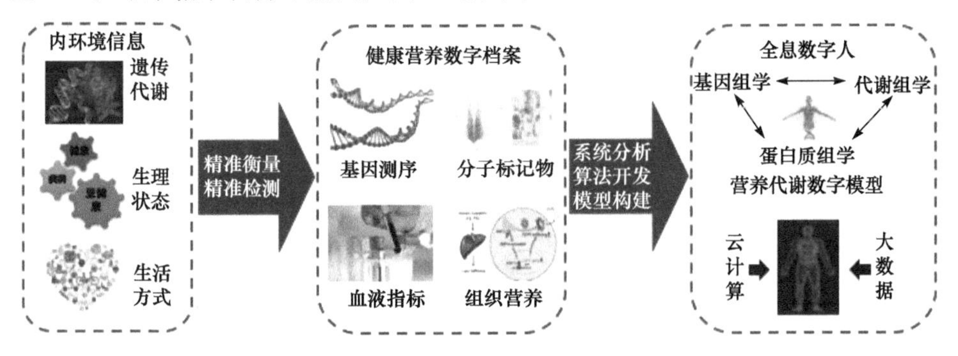

图 1.9 未来精准营养示意图

刘元法（江南大学） Tan Chin Ping（马来西亚博特拉大学）

参考文献

[1] 王正友, 赵伟. 2050 年全球粮食问题展望[J]. 中国粮食经济, 2010, 3: 37-38.

[2] 赵玉峰, 杨宜勇. 我国中长期人口结构变化及社会风险分析[J]. 中国经贸导刊, 2019, 12: 54-56.

[3] 邓婷鹤, 毕洁颖, 聂凤英. 城镇化与老龄化对未来食物消费需求的影响研究[J]. 城市发展研究, 2018, 25: 7-14.

[4] 田恬. 粮食粮食、农业和自然环境的和谐、健康发展——英国皇家学会与 Defra 共议农业发展的未来[J]. 科技导报, 2017, 35: 134.

[5] 闻海燕. 预警世界粮食供求[J]. 浙江经济, 2010, 24: 51.

[6] 唐风. 粮食浪费成全球问题[J]. 决策与信息, 2015, 4: 71.

[7] 罗杰. 中国粮食浪费惊人[J]. 生态经济, 2017, 33: 10-13.

[8] 彭芳. 深太空食品科学研究有助于提高 3D 打印能力[J]. 军民两用技术与产品, 2019, 11: 42-44.

[9] 黄季焜. 食物安全与农业经济[J]. 科学观察, 2019, 14: 52-54.

[10] 陈坚. 中国食品科技:从 2020 到 2035 [J]. 中国食品学报, 2019, 19: 1-5.

[11] Granato D, Barba F J, Kovacevic D B, et al. Functional foods: product development, technological trends, efficacy testing, and safety[J]. Annual Review of Food Science and Technology, 2020, 11: 93-118.

[12] 李宏彪, 张国强, 周景文. 合成生物学在食品领域的应用[J]. 生物产业技术, 2019, 4: 5-10.
[13] 许凯希, 郭元帅, 刘书来. 食品感官质构评定的研究进展[J]. 浙江农业科学, 2015, 56: 1766-1771.
[14] 王文方, 钟建江. 合成生物学驱动的智能生物制造研究进展[J]. 生命科学, 2019, 31: 413-422.
[15] 李志刚. 科技赋能厨房,开启智慧新篇章[J]. 电器, 2019, 5: 16-18.
[16] Zeisel S H. A conceptual framework for studying and investing in precision nutrition[J]. Front Genet, 2019, 10: 200.

第2章　食品组学

引言

随着社会经济的发展和人民生活水平的提高，世界各地的食品和营养研究人员面临着越来越复杂的挑战。一方面，消费者对食品安全性及营养性的重视程度与日俱增，食品污染、非法添加、以次充好、原料造假等问题亟待解决。同时，食品及农产品工业规模化和标准化，食品贸易和污染全球化、消费者营养需求和消费模式转变等行业现状和发展趋势，增加了对食品质量控制、安全保障、可追溯性体系构建以及营养结构优化等研究的难度。另一方面，传统的单一学科研究已经无法适应当前的食品科技发展速度，从对基因、分子、细胞、结构、医药理论等的单一角度对食品化合物在分子水平上作用的有限认识，已无法满足未来食品领域深入化和机理性探究的需求，因此迫切需要采用更加系统的新方法和手段从整体层面来解决这些难题和挑战。

近年来，组学技术通过分析大量的遗传物质、蛋白质或代谢物等，找出了与某一生命过程相关的特征物质，进而对某一目标进行针对性评估，展现出了高灵敏度、高通量的优势。随着相关新概念、新方法、新技术的不断涌现，组学向分子水平的各个分支领域快速进化和完善。同时，现代食品科学涌现出许多研究领域，如转基因食品、功能性食品、营养保健品、营养组学、营养遗传学、营养生物学、毒物基因组学和系统生物学等。现代食品科学和生物技术、营养与药理学、化学、医学、信息学等学科相互交叉渗透使得传统的食品研究转向更为先进的研究策略。因此，基于基因组学、转录组学、蛋白组学、脂质组学、糖组学、代谢组学、微生物组学、化学计量学和生物信息学的“食品组学”概念应运而生。食品组学技术依托高通量、高分辨率、高精度的现代化分析仪器，通过海量数据处理，进行信息提取和结果分析，打破了食品领域安全性、营养性、功能性等方面的研究瓶颈，提供了更好的解决方案。

2.1　食品组学定义及发展

随着消费者对食品营养与安全的关注度逐渐提升，食品营养与安全领域的相关研究也逐步深入，越来越复杂的挑战出现在科研人员面前。检出限高、特异性差的传统检测方法已无法满足不断提高的食品安全要求，样本量低、检测时间长的传统分析模式也限制了食品营养研究的系统性，同时计算机数据处理能力成为影响食品科学综合研究的重要因素。在未来，高灵敏、高通量、全覆盖的研究方法伴随着先进仪器的出现而不断更新，为食品科学研究奠定了基础。因此，为了明确食品与人体之间的密切联系，食品科学与营养学、药理学、医学、生物学、计算机科学等相互关联，诞生出了新的研究科学——食品组学。

2.1.1 食品组学定义

2009 年，西班牙 Cifuentes 教授首次提出食品组学概念：将先进的组学技术用于食品和营养领域研究的一种分析方法，能够改善消费者的身心健康[1]。食品组学是一个综合性的学科，涵盖了食品及营养相关的所有研究领域及其使用的研究工具，尤其以基因组学、转录组学、蛋白质组学和代谢组学为最常用的工具。随着现代科技的飞速发展，食品组学研究已迈入新时代，因此食品组学的定义被进一步完善，即采用组学的方法和技术，研究食品制造全过程的质量、安全、营养问题，以及食品进入人体后相关的健康问题。

食品组学是基于多学科相互交叉的学科，食品组学有利于从基因层面解释不同个体对特定膳食组成的反应；有利于从营养基因组学角度解释食品成分的健康益处或损害的生化、分子和细胞机制；有利于确定食品活性成分作用的关键分子通路；有利于分析肠道菌群的整体作用及功能；有利于了解慢性疾病发生前到发生时的特征基因和可能的分子生物标记物；有利于了解食源性致病菌的应激适应反应以确保食品卫生、加工和储藏；有利于研究食品微生物作为传递体系的应用；有利于综合评估食品的安全性、营养性及溯源性；有利于开展对转基因作物的非预期效应调查；有利于调查研究农业经济中生物过程的分子基础，包括农作物与病原体的相互作用、果实催熟过程中的物理化学变化等；有助于通过将遗传与环境整合的生物网络来全面分析农产品采后变化。从基于食品组学的上述功能可以看出，食品组学联合系统生物学将食品科学研究带入了新时代。

2.1.2 食品组学研究内容

伴随着后基因组时代的到来，以基因组学、转录组学、蛋白质组学和代谢组学为代表的一系列组学研究得到高速发展，并在生物学、医学和食品科学等领域得到广泛应用。这些组学促进了与食品科学相关的遗传物质、蛋白质和代谢小分子物质研究，构成了食品组学研究的内容。食品组学研究的内容与方法见图 2.1。

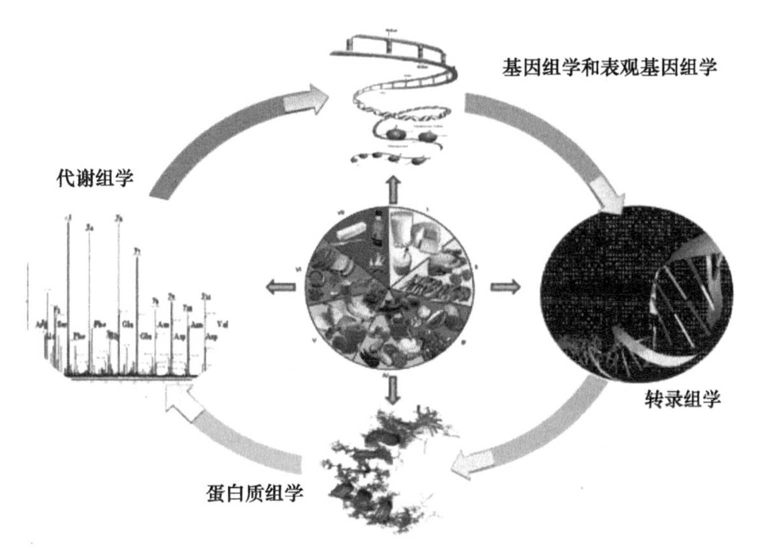

图 2.1　食品组学研究的内容与方法

1. 基因组学

基因（gene）是遗传信息的结构与功能单位，既可指一段 DNA 分子，也可指一段 RNA 分子。基因组（genome）是一个物种的全部遗传信息的总称，可指一套染色体，也可指其中全部核酸。1986 年美国科学家 Thomas H. Roderick 提出了基因组学（genomics）的概念，是指对所有基因进行基因组作图（包括遗传图谱、物理图谱、转录图谱）、核苷酸序列分析、基因定位和基因功能分析的一门科学。基因组学研究常采用的技术包括基因组测序、基于单核苷酸多态性的基因分型、表观基因组学等，基因分析揭示了每一个生物体中的遗传密码，为系统生物学的研究奠定了基础。上述这些技术的实质都是核苷酸（包括 DNA 和 RNA）分析，其核心手段包括 DNA 杂交、Sanger 法测序、寡聚核苷酸合成、PCR（DNA 聚合酶链式扩增）、RNA 逆转录等。

由于基因组从根本上决定了生物体的基本性状，不受季节、环境和加工条件等限制和影响，能为食品中使用的动植物原材料成分、过敏原物种成分和转基因成分提供鉴别，因此，基因组学在食品表征和鉴别中可发挥巨大作用。此外，由基因组学与营养学相结合产生的营养基因组学，通过研究植物基因与营养素的关系，或植物化学物质对人体基因转录、翻译、表达及代谢机理的影响，阐明基因与营养安全的相互作用，为食品基因层面研究提供依据。

2. 转录组学

转录（transcription）是遗传信息从 DNA 流向 RNA 的过程，是蛋白质生物合成的第一步。转录组（transcriptome）的概念最早由 Velculescu 等在 1995 年提出，狭义上的转录组是指所有参与翻译蛋白质的信使 RNA（mRNA）总和；广义上的转录组是指从一种细胞或者组织的基因组所转录出来的 RNA 总和，包括我们熟知的编码蛋白的 mRNA 和各种非编码 RNA，如人的核糖体 RNA（rRNA）、转运 RNA（tRNA），还有最新发现的核仁小分子 RNA（snoRNA）、核小 RNA（snRNA）、非编码单链 RNA （microRNA）等。转录组学（transcriptomics）则是一门在整体水平上研究细胞中所有基因转录及转录调控规律的学科，其中用于定性和定量转录组的方法主要可分为基于杂交的方法（如基因芯片技术）以及基于测序的方法表达序列标签（ESF）、基因表达的系列分析（SAGE）、CAGE、MPSS 和微 RNA 测序（RNA-sep）。基于杂交的方法主要是将荧光标记的 cDNA 集成到定制的微矩阵芯片或者商业化高密度寡核苷酸微阵列芯片上；而基于测序的方法则能够直接确定 cDNA 序列，其中 RNA-seq 技术是该类方法的最新代表，具有高通量、低成本、快速、准确的特点，成为目前转录组研究的主要手段。

转录组学通过高通量地对生物体内基因表达进行全局分析，用于明确具有生物活性的食物成分对体内稳态调节的影响，推测这种调节在某些慢性疾病发展中的变化规律，为膳食干预和精准营养提供必要依据。转录组学还可以在分子水平上明确外源物质的抗菌机制，为新型绿色抗菌剂的开发提供思路，推动食品工业的绿色制造。

3. 蛋白质组学

蛋白质是基因的表达产物，是生物功能的主要体现者，具有自身的变化规律。蛋白质组（proteome）是由澳大利亚学者 Wilkins 和 Williams 于 1994 年首次提出的，指的是基因组所表达的全部蛋白质，主要包括蛋白质本身及其修饰体，以及亚型蛋白质。蛋白质组学则是以蛋白质组为研究对象，在分子水平上从细胞整体角度研究其中蛋白质的组成及其活动规律。目前，蛋白质组学的研究可分为两个方面：一方面是分析构成蛋白质组的蛋白质种类和数量，并以此探讨细胞、组织、个体或特定状态的特征，即“表达蛋白质组学”；另一方面则是分析蛋白质组构成蛋白质之间的相互作用及细胞内的功能单位，揭示蛋白质组与细胞功能性之间的关系，即“功能蛋白质组学”。无论是分离、鉴定蛋白质还是蛋白质结构、功能预测，所采用的关键技术包括：双向电泳质谱（2-DE-MS）技术、多维色谱-质谱联用（MudPIT）技术、表面增强激光解吸电离-飞行时间质谱（SELDI-TOF-MS）技术和蛋白质信息学技术。

在食品组学中，利用蛋白质组学可对食品原材料、营养功能及卫生安全等方面涉及的蛋白质生理机制和结构功能进行全面分析，进而在保障食品安全的同时，还可以对食品的口感及营养程度进行升级，实现对未来食品的精准设计。

4. 代谢组学

代谢（metabolism）是生物体内所发生的用于维持生命的一系列有序化学反应的总和，包括分解代谢和合成代谢两大类。代谢组（metabolome）指一个生物体或细胞在特定生理时期内所有低分子质量（<1000 Da）代谢物的集合（包括代谢中间产物、激素、信号分子和次生代谢产物），是细胞变化与表型之间相互联系的核心，直接反映细胞的生理状态。1999 年英国伦敦大学帝国学院的 Jeremy Nicholson 教授首次提出了代谢组学（metabolomics）的概念，即通过对某一生物或生物系统内所有代谢物进行定性和定量分析，为进一步了解相关代谢途径及其变化提供关键信息。因此，代谢产物的检测、分析与鉴定是代谢组学的核心部分，其常用分析技术包括核磁共振（NMR）、质谱（MS）以及部分色谱，高效液相色谱（HPLC）、气相色谱（GC）和毛细管电泳（CE）。根据研究对象和目的的不同，代谢组学可分为靶向代谢组学和非靶向代谢组学，即采用上述技术对已知或未知的化学物质进行分析，再与生物信息学相互结合以揭示数据中的生物学意义。

代谢组学侧重生物整体、器官或组织中内源性小分子代谢物的代谢途径及其变化规律的研究，能实时反映生理调控过程的终点，所获得的信息与生物的表型或整体状况距离最近，是生物学现象的最终表现。因此，代谢组学在食品加工、储藏、营养素检测、食品安全以及食品鉴伪等领域中具有广阔的应用前景，是食品组学研究的重要工具之一。

2.1.3 食品组学发展历程

组学（-omics）后缀起源于希腊语，意为一些种类个体的系统集合，即为一组。随着基因组学概念的提出，“组学技术”被广泛应用于生命科学领域的众多学科之中，同时也不断衍生出大量新型研究方法，对于揭示生命系统的整体变化规律具有重要意义。食品组学在其他组学的发展基础上，借鉴以往的研究方法，用于研究食品的安全性、营养性，系统地说明食物成分在人体中的变化情况，为疾病预防提供依据，见图 2.2。

1. 食品组学的诞生

人类对生命规律的探索从未停止，自 1865 年 Mendel 发现基因分离定律和自由组合定律开始，人类逐渐了解了生物体的遗传规律；1944 年 Avery 等证明 DNA 是主要的遗传物质，1953 年 Watson 和 Crick 揭示了 DNA 的分子结构，将人类带入分子生物学时代；随后 20 世纪六七十年代，科学家们相继破译了全部的遗传密码，发明了重组 DNA 技术和 DNA 测序技术，为生物体基因研究奠定了坚实的基础；随着“人类基因组计划”（HGP）的提出与测序完成（1985～2003 年），生物

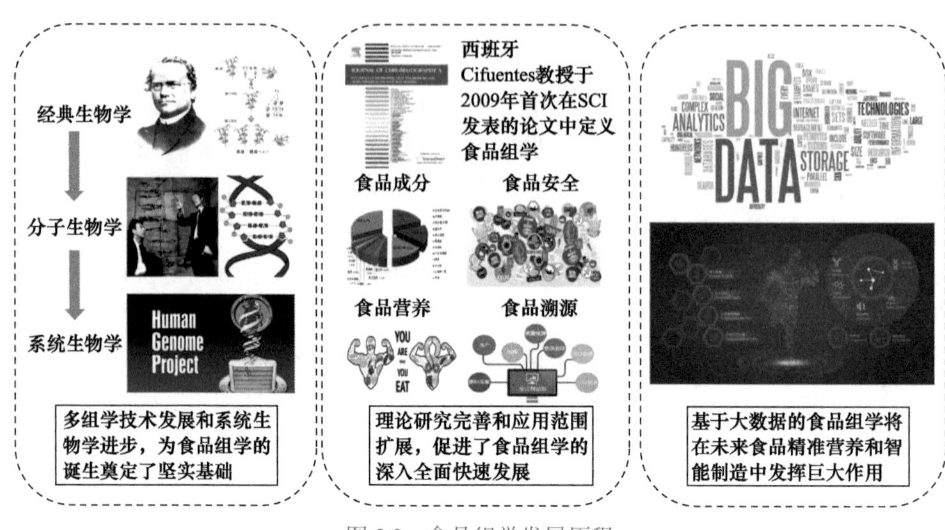

图 2.2　食品组学发展历程

学领域的研究技术得到迅猛发展，同时研究人员面对的问题也越来越复杂多样。自进入后基因组时代以来，生命科学的研究热点逐渐从解析生命的全套遗传信息转移到基因功能和相关组学的研究当中，其中基因组学、转录组学、蛋白质组学和代谢组学的相关研究和技术开发也促进了食品科学领域相关 DNA、RNA、蛋白质和代谢产物的研究。此外，伴随着计算机技术的革新，数据分析、模型构建和模拟仿真等诸多数据处理手段不断涌现，越来越多的数据库的建立为组学技术的广泛应用提供保障，使组学技术成为系统解决生命科学领域相关问题的有力工具。

21 世纪以来，癌症、心脑血管疾病、糖尿病和慢性呼吸道疾病已成为全球首要四大非传染性疾病，导致死亡人数占全球死亡人数的 80%，并且患病人数仍保持上升趋势。食物作为人类生活必不可少的部分，该如何应对如此严峻形势？希波克拉底曾说“食物是你最好的药，你最好的药应该是你的食物”。因此，基于精准营养的未来食品开发是食品科学研究人员所需解决的重要命题。除此之外，新时期的食品农业领域仍面临众多挑战，例如，如何科学开发新型功能食品，如何在食品安全问题全球化之前及时发现，如何开发、生产和监测新型转基因食品，如何全面判断食品与基因在人类健康中的相互作用，如何更加系统地评价不同个体对食品的个性反应等。由此看出，未来食品的重要功能将是预防和辅助治疗疾病，以维持人体健康，这与生命科学的发展趋势不谋而合。因此，聚焦食品科学领域，发展食品组学技术意义深远。

从 2007 年开始，食品组学这一技术概念不断出现在网络和学术会议当中。2009 年，食品组学首次在 SCI 学术期刊 *Journal of Chromatography A* 中定义，同年在意大利切塞纳召开了第一届国际食品组学大会，食品组学得到了食品领域研究者的广泛关注和积极推广，食品组学这个学科领域由此诞生。

2. 食品组学的发展

自2009年食品组学被正式定义以来，10年间在Web of Science数据库中检索得到的文章主题（topic）涉及foodomics的共有234篇，其中标题（title）直接含有foodomics的共100篇，研究内容涉及食品科学与技术、生物化学与分子生物学、仪器分析与设备以及营养学与毒理学等多个方面（表2.1）。

表2.1 Web of Science中检索的食品组学代表性文献

题目	主要内容	作者	年份
Food analysis and foodomics foreword	定义食品组学概念并列举相关食品组学技术应用的文章	Cifuentes A	2009[1]
Recent advances in the application of capillary electromigration methods for food analysis and foodomics	文章综述了毛细管电泳在食品分析中的应用，同时指出该法在食品组学研究中有广阔应用前景	Castro-Puyana M 等	2010[2]
CE-TOF MS analysis of complex protein hydrolyzates from genetically modified soybeans — a tool for foodomics	文章采用CE-TOF MS方法对大豆蛋白混合物中的水解产物进行了分析鉴定，展示了食品组学技术在分析复杂多肽混合物方面的应用	Simó C 等	2010[3]
Foodomics: MS-based strategies in modern food science and nutrition	文章综述了食品组学方法在食品科学与营养研究中的应用，并评价了质谱分析在其中发挥的重要作用，同时提出质谱发展方向	Herrero M 等	2012[4]
Present and future challenges in food analysis: foodomics	文章综述了各类化学分析方法在食品领域中的应用现状及其发展方向，并提出要在分子水平提高对食品成分的认识，食品组学技术也就应运而生	García-Cañas V 等	2012[5]
Applications of ion mobility spectrometry (IMS) in the field of foodomics	文章综述了离子迁移光谱在食品组学中的应用，指出了该技术在食品分析领域具有充足的发展潜力	Karpas Z	2013[6]
Foodomics platform for the assay of thiols in wines with fluorescence derivatization and ultra performance liquid chromatography mass spectrometry using multivariate statistical analysis	文章系统介绍了基于食品组学方法测定葡萄酒中硫醇的过程，包括目标物质衍生化、仪器分析和数据处理三部分，可为类似物质研究提供参考	Inoue K 等	2013[7]
Nuclear magnetic resonance for foodomics beyond food analysis	文章从核磁共振技术的数据收集与处理角度，结合实例批判性地说明了该技术在食品组学应用中的优势及缺陷	Laghi L 等	2014[8]
Comprehensive foodomics study on the mechanisms operating at various molecular levels in cancer cells in response to individual rosemary polyphenols	文章采用食品组学技术研究了迷迭香中主要成分鼠尾草酸和鼠尾草酚对结肠癌细胞HT-29增殖的抑制作用，并且阐明了相关信号通路	Valdés A 等	2014[9]

续表

题目	主要内容	作者	年份
Foodomics in microbiological investigations	文章综述了食品组学技术在食品微生物研究领域的应用，说明基于高通量分析技术和生物信息学工具的食品组学是系统研究食品微生物的重要手段	Xu Y J 和 Wu X	2015[10]
Trends in the application of chemometrics to foodmics studies	文章概述了部分食品组学中常见的化学计量学方法并提供了应用实例，同时对常见食品组学分析平台的数据生成利用情况进行了说明	Khakimov B 等	2015[11]
The evolution of analytical chemistry methods in foodomics	文章从分析化学角度综述了食品组学中涉及的物质分析方法及其在微生物检测、农药和毒素检测、过敏原检测等方面的应用，提出了充分整合组学数据以应对全球粮食安全的食品科学发展方向	Gallo M 和 Ferranti P	2016[12]
Principal component analysis of molecularly based signals from infant formula contaminations using LC-MS and NMR in foodomics	文章基于食品组学方法采用 LC-TOF-MS 和 ^{1}H-NMR 技术对婴儿配方奶粉中的污染物分子进行测定，结果数据经主成分分析后可区别污染物成分	Inoue K 等	2016[13]
Foodomics as a promising tool to investigate the mycobolome	文章比较了轨道离子阱（Orbitrap™）、TOF 和傅里叶变换-离子回旋共振质谱（FT-ICR-MS）技术在霉菌毒素研究中的应用，并且强调了高分辨率质谱在数据处理中的优势	Rychlik M 等	2017[14]
Green foodomics. Towards a cleaner scientific discipline	文章基于绿色化学理念倡导绿色食品组学技术，提出了功能性食品配料生产新趋势以及采用绿色工艺的代谢组学、蛋白质组学和计量化学研究方法	Gilbert-López B 等	2017[15]
Mass spectrometry based proteomics as foodomics tool in research and assurance of food quality and safety	文章介绍了基于质谱技术的蛋白质组学的分析能力、样品制备方法和定量策略以及最新进展，为食品中的蛋白质分析提供参考	Andjelkovic U 和 Josic D	2018[16]
The role of foodomics to understand the digestion /bioactivity relationship of food	文章综述了全球采用食品组学技术研究消化过程及其与产物生物活性相关性的进展，强调了不同组学整合的重要性	Pimentel G 等	2018[17]
High-throughput foodomics strategy for screening flavor components in dairy products using multiple mass spectrometry	文章基于高通量的 GC-MS 和 LC-MS 分析，建立了快速判定牛奶、乳制品中是否含有香精成分的 Fisher 模型	Wei J 等	2019[18]
Monitoring molecular composition and digestibility of ripened bresaola through a combined foodomics approach	文章联合蛋白质组学、多肽组学等多种食品组学方法，分析了成熟意大利牛肉干在体外模拟消化的分子变化及其生物利用率，为肉类消化研究提供了新方法	Picone G 等	2019[19]

检索结果显示，西班牙 Cifuentes 教授于 2009 年以序言形式发表了“*Food analysis and foodomics*”，指出食品领域的问题研究可分为两方面：一方面是食品

质量与安全评估的经典问题，另一方面是食品对人类健康影响的新兴问题，而食品组学研究就是为了系统全面地解决上述问题。为进一步说明食品组学的研究方法及研究内容，Cifuentes 研究团队围绕食品组学展开多方面研究。2010 年他们在 *Electrophoresls* 期刊发表论文，介绍了毛细管电泳-质谱联用技术（CE-MS）在食品组学研究中的应用，包括对蛋白质、糖类、多酚类物质以及农药、毒素等的分离鉴定，丰富了食品组学的研究方法。2012 年他们先后在化学领域的顶级期刊 *Mass spectrometry reviews* 和 *Analytical chemistry* 上发表文章，综述了质谱技术在食品组学中的应用以及食品成分分析所面临的挑战，并预测食品组学技术将开启食品领域研究的新纪元。此后，Cifuentes 研究团队还发表了多篇综述性文章以总结食品组学研究所涉及的组学工具，分析食品组学在食品营养与安全研究中的优势，强调食品组学在人类健康研究中的重要作用。

另外，Nazzaro 等[20]提出可采用“芯片蛋白质分析系统”对食品组学中涉及的蛋白质成分进行分析，该法是一种微型化的实验室蛋白电泳，相比传统方法，该方法速度快、选择性强、灵敏度高，同时可与质谱分析构成互补，提高鉴定结果的准确度；Capozzi[21]提出可采用核磁共振光谱对食品代谢产物进行分析，并结合多变量数据分析为食品营养研究提供新思路；Karpas[6]提出离子迁移光谱（IMS）同样可用于食品组学分析，特别是针对食品相关挥发性成分鉴定具有快速、灵敏的特点，可为食品新鲜度和变质程度检测提供有力保障；Cozzolino[22]提出可将红外光谱（IR）应用于食品成分分析和功能预测。食品组学发展不仅表现在检测技术的不断丰富上，同时还有对传统检测技术的升级，包括使用高分辨率质谱、高分辨率自旋核磁（HR-MAS）、二维液相色谱及多技术、多平台联合等。更加细致全面的检测技术更新，自然而然产生了大量的数据结果，因此完善数据处理方法同样是食品组学技术发展的重要方面。Skov 等[23]和 Khakimov 等[11]分别指出，可利用化学计量学处理来自多个分析平台的数据结构，通过比较分析数据块内部和不同数据块之间的关系，将越来越多的数据转化为有效信息，以确保数据处理的高效、准确。Azcarate 等[24]应用化学计量学方法对牛奶基婴儿配方奶粉的营养质量参数进行评价并成功区分了两种不同配方奶粉，可为奶制品鉴别提供方法依据。Simó 等[3]和 Valdes 等[25]采用食品组学方法分析了转基因大豆蛋白的水解产物，膳食多酚对 K562 白血病细胞的影响和迷迭香多酚在 HT-29 癌细胞中的分子作用机制等具体问题，充分展示了食品组学在复杂成分和复杂体系研究中的系统性优势。此外，研究人员还将食品组学应用于蚕豆种子代谢图谱分析、肉类蛋白质体外消化的生物利用度评价、桑葚的活性成分指纹图谱分析、不同成熟度意大利牛肉干的消化成分检测和不同风味乳制品筛选等问题中[18, 19, 26-28]。

3. 食品组学的未来

未来食品组学将更加专注于合理设计和开发新型食品，使之能够改善人类健康，防治疾病，同时保证食品的品质和安全性可持续发展，增强消费者对食品的信任。

食品组学作为综合了食品安全与营养、先进分析技术和系统生物学的交叉学科，对人类健康的研究将更加全面细致。随着食品营养与安全理论更加完善，高通量、高精确的先进分析技术将逐渐突破食品成分的复杂性和巨大的自然变异性限制，提升成分检测能力。同时计算机技术特别是人工智能迅猛发展，设备计算能力显著提高，大数据处理时间明显缩短，将为食品组学的发展提供有力保障。从精准食品成分到系统分子作用网络研究，从人群膳食建议到个性食品营养定制，食品组学都将发挥重要作用。

2.2 食品组学与系统生物学

21 世纪以来，人类对生命的研究逐渐由精细的分解研究转向系统的整体研究。系统生物学是将生物现象的每一个单独组分有机结合起来进行系统分析，利用组学方法研究生物各组分的系统行为、相互联系以及动力学特性，解释生物系统的基本规律。系统生物学有助于预测系统受到外界刺激后将要做出的反应，也有利于找到相应的干预治疗方案。食品作为人体系统最常接触的外部刺激，正好可将系统生物学用于分析其对人体健康的影响，因此整合食品组学与系统生物学对于研究食品营养与安全具有重要意义。

2.2.1 系统生物学概述

1. 系统生物学发展历程

1953 年 DNA 分子双螺旋结构模型的建立，标志着生物学研究进入了分子生物学时代，生物学由宏观生物学领域进入微观生物学领域，生物学研究由形态、表型的描述逐步分解、细化到生物体的各种分子及其功能的研究，进入了对生命现象进行定量描述的阶段。1990 年启动的人类基因组计划又将科研人员带入了生物全面、系统研究的新领域，在基因组计划的推动下，生物学与数学、物理、化学、计算机科学等学科结合得更加紧密，并产生了一系列的组学技术，包括基因组学、转录组学、蛋白质组学、代谢组学、相互作用组学和表型组学等，为系统生物学发展奠定了坚实的基础。此外，基于高通量组学实验平台提供的大量数据，计算生物学通过数据处理、理论分析与模型构建，同样成为系统生物学产生的重要条件。

美国科学院院士 Hood 教授指出，系统生物学是研究一个生物系统中所有组成成分（基因、mRNA、蛋白质等）的构成，以及在特定条件下这些组分间的相互关系，并通过计算生物学建立一个数学模型来定量描述和预测生物功能、表型和行为的学科。同时，他认为系统生物学将是 21 世纪医学和生物学的核心驱动力，并且于 2000 年创立了世界上第一个系统生物学研究所（Institute for Systems Biology）。我国的杨胜利院士也指出，系统生物学是在细胞、组织、器官和生物体水平上研究结构和功能各异的生物分子及其相互作用，并通过计算生物学定量阐明和预测生物功能、表型和行为的学科。系统生物学在基因组测序基础上完成 DNA 序列到生命体的过程是一个逐步整合、优化的过程，是 21 世纪生物学研究的主要发展潮流。国内外研究人员均将系统生物学视为生物学未来发展的重要方向，相信它拥有极其广阔的应用前景。

2. 系统生物学内涵

系统生物学的研究主要可分为两个方面：其一是通过众多组学尤其是基因组学、转录组学、蛋白质组学和代谢组学等，采用高通量实验技术，在整体和动态研究水平上积累数据，并在挖掘数据时发现新规律或提出新观点；其二是运用理论模型和数值计算研究生物体（包括基因序列信息分析、基因预测、分子进化及分子系统学等问题），揭示以基因组信息结构为主的生物复杂性及生长、发育、遗传、进化等生命现象的根本规律。

系统生物学包括了基因组学、转录组学、蛋白质组学、代谢组学、相互作用组学和表型组学等。其中，基因组学、转录组学、蛋白质组学和代谢组学分别在 DNA、RNA、蛋白质和代谢产物水平上定性定量生物系统各种分子，并研究其相应功能，相互作用组学系统解释各种分子间的相互作用，发现和鉴别分子作用途径和网络，并构建相应生物学模块，进而在研究模块相互作用的基础上绘制生物系统的相互作用图谱；表型组学则是搭建生物系统基因型和表型的桥梁，完成基因组序列到基本生命活动的全过程。通过综合多学科交叉构建的组学平台，系统生物学可在人为条件下阐释特定生物系统在不同刺激和不同时间里的变化情况，即实现对生物系统的结构判定、行为分析、控制规律归纳和总体设计。

系统生物学研究涉及生物体内各种构成要素，从分子到分子间相互作用构成的途径、网络和模块，再到细胞、组织、器官和个体，最基本的解决策略就是“整合”，根据研究出发点的不同，整合策略可分为自上而下和自下而上两种。自上而下的系统生物学研究方法基于高通量组学技术的发展，它是先用组学的办法来收集实验数据，然后对数据进行分析、整合，提出分子间相互关系的假说，这些假说可以用来预测新的相互关系，但也需要新的试验进行分析、验证，进而形成一个重复迭代的过程。由此可见，自上而下的系统生物学方法是基于大数据来分析分子间的相互关系，而不依赖或应用以往的知识或人为判断，但是该方法的局限性也在于面对复杂的生物系统过量数据处理难度较大。自下而上的研究方法以系统功能或机制为出发点，不同于自上而下研究方法的提出模型，自下而上是聚焦于一个生物系统的亚系统，通过对各个亚系统的详细分析和模型构建，将不同亚系统有机结合在一起形成整体模型。该方法适用于大多数基因及调控关系相对明确的生物系统，通过自下而上的方法构建精确仿真模型，用来预测实际系统难以实现的改变所造成的影响。随着生物实验技术和数据处理能力的提高，两种研究方法相辅相成，因而越来越多的学者采用混合法研究系统生物学。

2.2.2 系统生物学研究方法

为实现系统生物学阐明和定量预测复杂的生物系统的研究目标，需要对生物实验研究和数据处理研究进行整合（图 2.3），然而生物系统的复杂结构显著增加了实验数据收集与分析的难度，因此，合理的样品处理、先进的仪器分析和高效的数据处理成为系统生物学研究的关键。

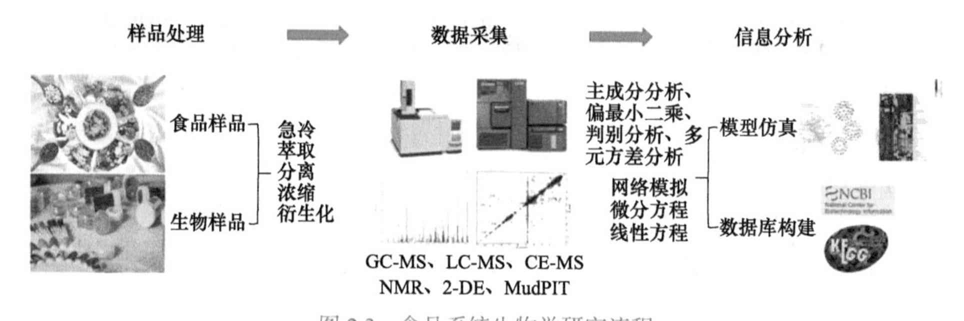

图 2.3 食品系统生物学研究流程

1. 实验样品处理

样品处理是通过各种手段进行生物样品组学分析的关键步骤之一，样品处理方法从根本上影响了所得数据的准确性和全面性，因此针对不同分析平台需采用不同的样品处理方法。

以代谢组学中的脂质分析为例，从生物样本采集到脂质成分萃取的各个环节都会对最终的数据结果产生影响。在采样过程中，首先要避免样品被污染，就哺乳动物样品而言，由于血液广泛存在于组织、器官内外，而其中又含有丰富的脂质成分（如甘油三酯、胆固醇、胆固醇酯等），因此在器官脂质分析时需考虑充分灌流或清洗器官以避免血液残留造成干扰；其次要保证样品具有代表性，针对器官整体的研究可将器官研磨均匀采样，针对特定部位的研究则需要精准解剖，避免交叉污染；最后要根据仪器和平台确定适宜的样品量，例如，采用三重四极杆检测器与多通道纳喷离子源联用的多维质谱鸟枪法进行分析时，样品量大约为10mg湿重、100万细胞、100 μL血浆或200 μg膜蛋白，而采用LC-MS方法分析时所需样品量则要10倍以上。在萃取样品脂质过程中，由于不同的溶剂体系会影响不同脂质的萃取率，因此在采用外标法进行定量分析时需特别注意，此外对于LC-MS法和鸟枪法而言，所用萃取溶剂体系同样有所差别，前者样品可适度容纳无机离子残留，而后者样品中的无机离子会严重影响分析结果。

2. 实验数据采集

在系统生物学中广泛采用组学技术，其目的在于对生物系统的基因、蛋白质和代谢产物进行无差别分析，而分析的核心对象就是生物分子，因此如何定性定量地确定样品中的生物分子，也就成为系统生物学研究的基础。

质谱作为分析化学中的常用仪器之一，能够对生物系统中几乎所有分子的结构和数量进行无偏倚的整体分析，尤其是基因组学、蛋白质组学和代谢组学中涉及的化合物。同样以代谢组学中的脂质分析为例，上文提及脂质测定所用的“鸟枪法”和“LC-MS法”都是基于电喷雾电离（ESI）的质谱分析方法，两者的区别在于“鸟枪法”进入离子源的脂质溶液浓度处于恒定状态；而“LC-MS法”进入离子源的脂质溶液浓度不断变化。进一步细化两类方法，其中“鸟枪法”包括串联质谱鸟枪法，即通过特定的前体离子扫描（PIS）或中性丢失扫描（NLS）来检测脂质头部基团的特征片段；高质量精度鸟枪法，即采用四极杆飞行时间质谱仪（Q-TOF）或四极杆轨道阱质谱仪（Q-Exactive）等高分辨率质谱仪在小质量范围内进行逐级离子分析，得到所有碎片；多维质谱鸟枪法（MDMS），即在最大程度上利用不同类别或亚类脂质固有的独特化学性质分析脂质，尤其是低含量脂质分子。LC-MS法包括选择离子监测，即在色谱洗脱过程中连续获取质谱信息，并且从色谱分离所得数据阵列中提取目标离子；选择或多反应监测（SRM/MRM），即对已知洗脱时间的特定离子对进行特异性分析。除ESI质谱分析方法外，基质辅助激光解吸电离（MALDI）质谱、无基质激光解吸电离质谱等新型质谱技术正被不断开发。基于质谱强大的数据收集能力，通过大规模质谱分析实验可为系统生物学中从抽象模型（整体）到具体模型（局部）的任何一种计算模型输入数据，为系统模型构建提供充足依据。

3. 数据信息分析

生物样品经过高通量、高灵敏的仪器分析后会产生大量数据，从海量数据中提取有效信息，建立对生物系统可准确预测的模型就是系统生物学研究的最终目标，而实现这一目标的关键在于合理模拟与建模。

由于生物系统既包括其组成成分，又包括各成分间的相互作用关系，因而可采用网络结构进行模拟，这些生物系统网络通常具有无标度性（scale-free），即由少数枢纽和大量小连接构成；涌现性（emergence），即系统整体功能大于各组成部分的简单加和；稳健性（robustness），即生物网络具有负反馈机制和多通路生物途径的特点。目前，研究中常见的三大生物系统网络为基因转录调控网络、信号传导网络和代谢网络。以基因转录调控网络研究为例，该网络研究是关注一组调控因子如何调控另一套基因表达的过程，涉及在特定细胞状态下哪些基因发生了表达，这些表达基因如何调控，表达量是多少，表达产物会对生物系统产生什么影响等诸多问题。为解决上述问题，基因转录调控网络采用的建模方法包括：线性模型、贝叶斯网络、布尔网络、神经网络、微分方程和聚类算法等。其中采用多参数的精细模型（如线性方程、微分方程等）可用于模拟系统的详细情况，粗粒度模型（如各种聚类算法等）可用于模拟系统的宏观行为或现象，此外，还有精度和功能介于两者之间的贝叶斯网络和布尔网络等。

除了分子网络构建外，充分利用互联网数据库和数据处理工具同样是大数据信息分析的重要手段。随着互联网技术发展和全球系统生物学研究人员的努力，网络数据库越来越多，覆盖基因组、蛋白质相互作用组和生物代谢组等多个方面，通过数据库信息提取、实验数据与标准数据对比同样可为生物系统模型修缮提供依据。因此，多方联合构建全球数据库，基于 NCBI、KEGG 等著名数据库开发相关算法并优化系统模型，成为“互联网+”时代系统生物学发展的重要趋势。

2.2.3 系统生物学与食品组学的异同

系统生物学基于“系统科学”和“系统控制理论”的观点，从“系统”角度研究生物体，抛弃了传统生物学的“基因决定论”和“还原论”，开启了生物学领域研究的新方向。食品组学基于系统生物学中的各类组学技术，将相互割裂的食品成分分析、营养功能评价和分子作用机制研究整合到一起，构建了食品科学研究的新平台。两者作为 21 世纪人类健康研究的重要领域，既有所不同又相互促进，共同助力人类健康事业发展，见图 2.4。

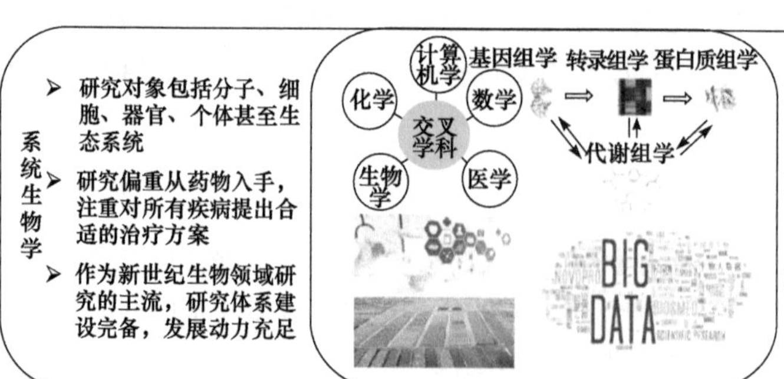

图 2.4 系统生物学与食品组学的异同

1. 系统生物学与食品组学的相关性

系统生物学和食品组学作为生物学与食品科学领域的新兴学科，两者的主要研究目的之一都是人类能够更好地预防和治疗疾病，因而两者表现出众多相似之处。其一，系统生物学和食品组学研究都涉及了化学、生物学、医学、数学和计算机科学等多学科交叉。其中，化学、生物学为系统生物学和食品组学提供了最基础的研究对象，小到 DNA、RNA、蛋白质、代谢物产物等分子物质，大到细胞、组织、器官、个体等生物系统，这些研究对象的基本定义与性质均来自化学、生物学领域；医学则为系统生物学和食品组学研究解决人体健康问题提供了重要的信息支持，包括医学技术指导、疾病模型建立和病理病程判断等；而数学与计算机科学是系统生物学和食品组学进行数据处理和信息分析的重要工具，也是研究结果体现的重要方式。

其二，食品组学涵盖了系统生物学中所有的组学技术，包括基因组学、转录组学、蛋白质组学和代谢组学等，以及生物信息学分析工具。系统生物学是基于众多组学技术进行高通量实验分析，在整体和动态研究水平上积累数据，并以此为基础采用生物信息学工具挖掘相关规律，而食品组学则将上述研究过程聚焦于食品科学领域，例如，采用基因组学、转录组学技术研究食品中的微生物，采用蛋白质组学技术解析食品中蛋白质的结构和功能信息，采用代谢组学研究食品中的功能性成分等。两者的研究都是通过组学技术获得大量基础数据，再经生物信息学分析构建系统分子网络，进而评估或干预系统行为。

其三，充分整合食品组学与系统生物学不仅可为人类健康研究提供重要信息，也可为世界农业发展提供重要指导。食品通过调节人体的新陈代谢、激素分泌、身体和精神状态，对维持人体健康起着重要作用，基于食品组学与系统生物学的联合，将食品对人体影响的研究上升到系统层面，促进了食品营养研究的全面深入，即形成了食品组学和系统生物学的共同目标：了解特定营养物质、饮食习惯和环境条件对人体细胞和器官功能的影响。此外，农产品和畜产品原料作为生物体，本身也属于系统生物学研究范畴，联合食品组学与系统生物学可对其营养性、安全性和溯源性进行充分说明。

其四，系统生物学与食品组学发展面临着共同的机遇和挑战。高精确分析仪器和高灵敏、高通量检测手段快速发展，使组学技术获得了巨大进步，高性能计算机更新，为海量组学数据处理和高效生物信息学分析提供了硬件支持，因此系统生物学与食品组学研究将会有飞跃式发展。然而受实验水平所限，目前仍对大量生物过程缺乏在分子水平上的认识，导致系统预测和模拟的结果难以验证。此外，基于绿色化学观点，绿色系统生物学和绿色食品组学将是两者创新发展的重要方向。

2. 系统生物学与食品组学的差异性

虽然系统生物学与食品组学研究密切相关，但是就具体研究内容而言，两者还是具有一定的差异性的。第一，系统生物学研究对象主要是分子、细胞、器官、个体甚至生态系统，通过检测和整合基因组、蛋白质组与代谢组数据，在基因表达的不同层次上对生物系统信息进行综合分析。食品组学则是针对食品原材料、食品加工过程、食品产品及其成分等进行组学分析以改善消费者的身心健康，研究内容侧重食品相关的安全与营养问题。从学科定义可以看出，系统生物学研究可覆盖自然界的全部生物，而食品组学更加关注与食品相关的生物系统，包括人体系统及肠道微生物、发酵食品微生物和食源性致病菌等。

第二，食品组学研究比系统生物学研究更注重食品对人类营养健康的干预。针对疾病预防和治疗，系统生物学研究包含疾病发生、发展和治疗，同时强调药物在疾病治疗中发挥的作用，因而相关研究主要从药物发现和开发角度着手，优化新药研发的投入产出，不断提升疾病的诊断、预警能力，进而实现预测医学、预防医学和个性化医学；食品组学研究则基于食品成分复杂的特点，从食品活性成分和人群饮食习惯角度着手，注重多成分协同作用，逐渐明确食品对慢性疾病的预防和治疗机制，最终为食品精准营养和个性化定制提供依据。

第三，系统生物学研究比食品组学研究体系更加完善。由于系统生物学研究起步早于食品组学，并且研究覆盖面更广、研究问题更加深入，因此研究体系建立完备。食品组学研究作为后起之秀，充分利用系统生物学研究中的组学技术和生物信息学工具仅仅是第一步，在未来发展过程中，构建基于食品组学的生物信息学平台至关重要。食品组学技术为食品科学研究提供了充足的数据基础，经生物信息学分析后可定性定量这些变化规律，但要实现精准预测和控制人体在食品刺激后的变化，就必须不断优化生物系统模型，构建强大的系统生物学平台。

2.3 食品组学与食品安全

食品是人类赖以生存和发展最基本的物质条件，而食品安全则是实现食品价值的根本保障。一直以来，食品安全是食品科学研究中重要的组成部分，同时也是一个全球性的重要问题。随着社会经济发展，一方面，公众对食品安全的重视程度增加，提高了食品安全检测要求；另一方面，食品贸易的国际化日益频繁，也造成了部分食品安全风险。因此，在满足食品需求与供给平衡的同时，必须重视对食品质量的检测与监控，重视食品安全，预防由错误营养或受污染食品引起的健康问题，这具有广泛的社会和经济意义。

2.3.1　食品安全定义与范畴

民以食为天，食以安为先。食品安全问题一直是世界范围内关注的重点问题之一。WHO 曾指出，食品安全即对食品按其原定用途进行制作和食用时，不会对消费者身体造成伤害。食品安全涉及原料生产、烹饪制作、加工包装、运输、储存和销售的各个环节，要控制食品安全，就必须在从农田到餐桌的每个环节都有效控制危害物进入食品。

目前，食品安全面临的挑战主要包括：传统的化学污染和食源性致病菌污染以及新型掺假和新兴技术（转基因、生物合成）引起的恐慌，其中致病菌及其次生代谢产物是食源性疾病中最常见的病原体，由这类病原体造成的食品污染不仅暴发在发展中国家，在西方发达国家中也存在。2010 年，由于鸡蛋受到沙门氏菌污染，美国 10 多个州暴发沙门氏菌疫情，感染人数超过 1000 人；2015 年，美国疾病预防与控制中心宣布，有 8 人因食用 Bule Bell 公司的冰淇淋而感染单增李斯特菌，并导致 3 人死亡。食品安全事故发生的导火索除了微生物污染外，还包括农产品中残留过量化肥、农药、抗生素、激素和重金属等污染物。由后者引起的食品安全问题因全球气候变化、环境污染以及微生物抗药性提升而面临新的挑战，如新型污染物的筛查与评估，微量、痕量污染物的残留检测以及新型农、兽药的开发和毒理评估等。此外，食品掺假、非法添加和添加剂使用过量也是食品安全所面临的重要挑战，欧洲的“马肉风波”、巴西的“过期牛肉丑闻”和国内的“假肉串、肉卷事件”等都严重影响了食品产业发展和消费者的消费信心，并且随着科技进步，造假手段呈现多样化和隐蔽化趋势，为相应监管增加了难度。对于采用新技术生产的食品而言，研究人员要全面评价其安全性后才能投放市场，例如，巴西转基因坚果因人群过敏而未被商业化。

2.3.2　食品组学在食品安全中的应用

目前，对食品中已知危害物的识别和检测技术比较成熟，主要包括仪器检测法、在线检测法、化学分析检测法、免疫分析检测法等，但这些检测技术存在耗时长、无法同时检测多种成分、无法检测未知和潜在危害物等缺点。为弥补上述检测方法的缺陷，解决新兴食品安全问题，以基因组学、转录组学、蛋白质组学和代谢组学为核心的食品组学技术迅速发展。相比传统检测技术，食品组学技术具有快速（quick）、简便（easy）、便宜（cheap）、高效（effective）、稳定（rugged）和安全（safe）的特点，即符合国际食品分析 QuEChERS 发展趋势，满足消费者对食品安全的更高要求。因此，食品组学技术在食品安全检测与质量控制领域具有明显的应用优势和广阔的发展前景，见图 2.5。

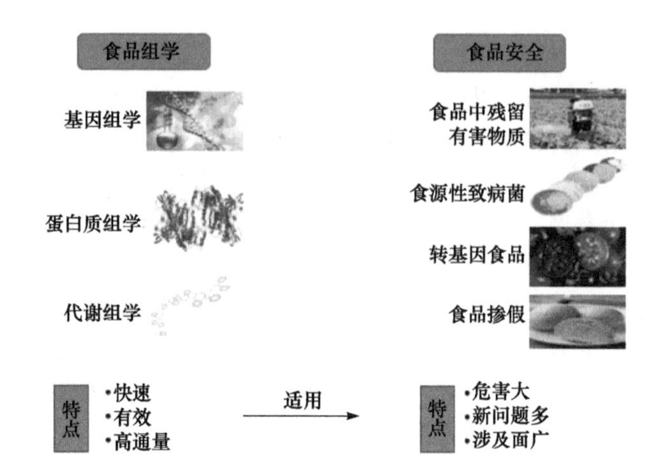

图 2.5 食品组学在食品安全中的应用

1. 食品中有害成分的检测

食品中有害成分检测历来是食品安全质量控制的重要内容，但在新时代背景下，食品中有害成分呈现多样化趋势。具体而言，为了持续提高粮食产量，越来越多的农、兽药等化学物质被用于食品生产的多个环节；持续的工业发展和环境恶化导致越来越多的土地被重金属污染；食品种类和消费者健康意识增加，引发了人们对食品过敏原越来越多的关注。为及时发现食品中有害成分，避免对人体健康造成不良影响，食品组学技术被广泛应用于有害成分检测。

在农业生产过程中，农、兽药通常是多种成分联合使用，而基于食品组学技术的相关检测，就是要同时定性定量食品中残留的相关物质。Mol 等[29]采用气相色谱联用高分辨率质谱分析方法对当地购买的有机番茄、韭菜和橙子中残留的农药成分进行了测定，结果表明，在三种样品中共检出 54 种农药残留，含量在 10～50 μg/kg。同时，采用该检测方法的样品回收率保持在 70%～120%，重复率相对标准偏差（RSD）< 10%，线性范围为 5～250 μg/kg，因此该法在蔬菜、水果农药残留测定中具有广泛的应用前景。同样采用基于质谱技术的食品组学分析方法，Li 等[30]应用超高效液相色谱联用高分辨率质谱分析鉴定了蜂蜜中 105 种农药残留、49 种抗生素残留和 3 种激素类残留；Ercilla-Montserrat 等[31]则借助电感耦合等离子质谱分析鉴定了西班牙巴塞罗那地区莴苣中镍、汞、砷、镉等重金属残留。除了检测上述污染物外，结合蛋白质组学的质谱分析还可用于检测食品中的蛋白质过敏原。Gu 等[32]以巧克力为研究对象，采用 LC-MS/MS 在 MRM 模式下筛选得到敏感性极强的多肽标记物，并以此对牛奶、大豆、花生和坚果样品进行分析，结果表明，过敏原成分的蛋白质序列覆盖率为 70.8%～93.3%，选择 2～3 个敏感肽段进行定量分析时，牛奶、大豆、花生和坚果样品的定量范围分别为 0.2～

0.4 μg/g、1.0～4.0 μg/g、2.5～4.0 μg/g 和 1.0～3.0 μg/g，并且在巧克力样品中的回收率为 60.1%～90.4%，证明了该法具有一定的广泛适用性。

2. 食源性致病菌的检测

食源性致病菌是一类以食品为载体，可导致人体食物中毒的病原微生物，主要包括副溶血性弧菌、溶血性链球菌、沙门氏菌、变形杆菌、金黄色葡萄球菌、李斯特菌、志贺氏菌以及致泻大肠埃希菌等。食源性致病菌历来是导致食品安全事故的主要因素之一，随着食品全球流动日益频繁，食源性致病菌检测已成为各个国家和相关组织的重要工作内容。

食源性致病菌的传统检测方法包括微生物分离培养、特异性免疫反应检测和遗传物质检测，这些方法通常需花费 1～3 天，远无法满足现代食品工业要求。随着高灵敏、高通量食品组学技术的诞生和发展，一系列致病菌的基因图谱、代谢图谱相继建立，不仅极大地缩短了致病菌的检测时间，而且检测样品量和准确度也有显著提升。Fukuda 等[33]利用基因组学技术建立了两步恒温扩增系统，将诺如病毒基因组的扩增时间缩短到 3h，实现了对牡蛎中诺如病毒的快速检测；Kupradit 等[34]以线粒体 16S rRNA 和物种特异性基因 *fimY*、*ipaH*、*prfA* 以及 *uspA* 构建基因芯片，再经目的菌增殖、DNA 提取、PCR 扩增和基因芯片杂交等步骤，用于检测新鲜鸡肉中的沙门氏菌、志贺氏菌、单增李斯特菌和大肠杆菌；Giannino 等[35]同样采用基因芯片技术并结合多重 PCR 反应，实现了对生牛奶样品中 14 种细菌的鉴定。不仅是基因组学，基于代谢组学的食品组学技术也在致病菌的检测中发挥了重要作用。Cevallos-Cevallos 等[36]利用代谢组学测定了不同致病菌的代谢产物，并进行了主成分分析，以此建立了检测牛肉和鸡肉中是否存在大肠杆菌 O157:H7 和沙门氏菌的方法，此法耗时仅 18h，检测水平为（7±2）CFU/25 g；Xu 等[37]通过对沙门氏菌感染猪肉的挥发性成分和可溶性代谢小分子进行检测，并通过多块主成分分析（MB-PLA）和多块最小二乘法分析（MB-PLS），不仅建立了猪肉沙门氏菌的检测方法，还为了解肉类腐败过程提供了信息；Bianchi 等[38]同样利用代谢组学检测了受嗜酸芽孢杆菌污染橙汁的挥发性物质，建立了快速判断橙汁是否受污染的方法。

3. 转基因食品的检测

转基因食品指的是以转基因生物为原料生产加工的食品，由于存在外源基因导入而引起公众对于其是否具有毒性、能否引发过敏反应和是否会对环境造成不良影响的担忧。此外，由于转基因技术本身存在一定的随机性，采用转基因改造的食品原料不仅可以产生期望性状的结果，也会产生意料之外的结果，因此对转基因食品的检测十分必要。

Montero 等[39]采用转录组学对常规水稻和抗性转基因水稻进行对比分析，结果表明，两者转录组表达差异约为 0.40%，对其中 1/5 的调控序列进行分析后发现，非预期效应的转录组差异中有 35%可归因于转基因植物生产过程所使用的体外组织培养技术，约 15%可能是受宿主基因破坏、插入位点的基因组重排及其对近端序列的影响而偶然发生的，只有 50%的转录组差异与转基因有关；Singh 等[40]基于 SDAP、Farrp 和 Swiss-Prot 蛋白质序列数据库对比了转基因芥菜与天然芥菜中胆碱氧化酶的致敏性，并结合小鼠实验说明含有胆碱氧化酶基因的转基因芥菜具有与天然芥菜相似的致敏性，但前者的免疫实验中未观察到 IgE 结合增强的现象；Tan 等[41]同样利用蛋白质组学技术对比分析了转基因玉米与天然玉米间蛋白质组的差异，结果表明两者间存在 148 个表达差异的蛋白质，其中 42 个在转基因玉米中表达更高。除了遗传物质与蛋白质之间的差异外，转基因作物与天然作物间的代谢产物同样有所不同。Chang 等[42]利用代谢组学技术对比分析了转基因大米与天然大米之间的代谢物差异，建立了判别转基因大米的方法，按照类似方法，研究人员还对转基因土豆[43]、转基因番茄[44]等进行了分析。

4. 掺假食品的检测

食品掺假现象一直存在，已经引起了世界各国的关注，成为需要全球共同应对的问题。真实和完整的食品信息不仅能给消费者安全感，也利于政府对食品市场的监督和管理。食品组学技术出现以来，准确、灵敏、快速的优势保证了食品检验从农田到餐桌的真实性，并且通过高通量的检测模式和对大量数据的统计分析，可依靠样品中的 DNA、蛋白质、代谢产物等甄别食品特性，进而确定其来源、品种、成分及生产方式等。

基于基因组学技术，Chen 等[45]通过分析 17 个新获得的线粒体 12S rRNA 序列（约 440bp）和 90 个已发表的牛、牦牛、水牛、山羊以及猪中线粒体 12S rRNA 序列，建立了一种能准确鉴别商品牛肉干是否存在掺假行为的方法；Guo 等[46]通过对比燕窝与常见掺假物白木耳、琼脂、猪皮和鸡蛋蛋白的基因序列，建立了判别燕窝是否掺假的方法。此外，采用基因组学的衍生技术，如液相悬浮芯片、DNA 条码和下一代基因测序技术等，研究人员还实现了对常见食用油及油料作物的鉴别。基于蛋白质组学技术，Guerreiro 等[47]采用尿素聚丙烯酰胺凝胶电泳和反相高效液相色谱（RP-HPLC）对 13 种葡萄牙 PDO 干酪的酪蛋白进行了分析，结果表明，干酪成熟过程中会形成特殊的蛋白水解产物，选择这些产物构建指纹图谱可用于 PDO 干酪的鉴别；Zhao 等[48]首先采用双向凝胶电泳和 MALDI-TOF-MS 筛选了蜂王浆的标记性蛋白质，再根据蛋白免疫印迹（WB）对蜂王浆新鲜度进行了鉴定。基于代谢组学技术，Tu 等[49]采用顶空固相微萃取（SPME）和 GC-MS 测定了葵花籽油、菜籽油、橄榄油、地沟油及其混合物的特征挥发成分，并对其进行多元统计分析，结果表明，新鲜食用油中仅含有少量挥发性物质，而地沟油及其混合物中含有已醛、(*E*)-2-庚烯醛、已酸、(*E*,*E*)-2,4-癸二烯醛、对烯丙基异丙醇、二氢茴香脑、茴香脑、丁香酚和姜黄素等挥发性物质，因而该法可用于地沟油的鉴别；Ziólkowska 等[50]同样采用 SPME 和 GC-MS，建立了区别不同产地葡萄酒的方法；Monakhova 等[51]则采用 ^{1}H NMR 对阿拉卡比咖啡中掺杂的罗布斯塔咖啡进行了鉴定，其中罗布斯塔咖啡的检出限低至 2%。

2.3.3 展望

近年来，尽管食品组学技术在食品安全检测领域发挥着日益重要的作用，但仍面临诸多挑战：一是食品成分复杂，各类活性物质之间联系密切，难以分析单一成分；二是食品组学技术还不够成熟，研究方法和标准不够统一，数据库建立有待完善，难以对食品中所有的遗传物质（DNA、mRNA）、蛋白质和代谢产物进行分析；三是实验所使用的仪器成本高，交叉学科人才缺乏。未来，随着高频谱仪器的精密化、集成化和小型化，将为食品组学技术推广提供充足的硬件条件。随之，大规模的标准化组学数据库建立，更方便、快捷的研究方法被开发，食品组学将更好地监控食品产业链中的各个环节。

2.4 食品组学与食品营养

食品是人体获取维持日常活动水平所必需热量及营养物质的主要途径，保证食品营养是维持人体正常生理功能和基本健康的必要条件。消费者日常摄入的食品中营养成分种类繁多且结构复杂，包括碳水化合物、脂质、蛋白质、维生素和矿物质等，这些成分不仅是构成机体的基本物质，同时还对机体的代谢活动有重要调节作用。随着后基因组时代的到来，借助组学平台的食品营养学研究，即在分子水平上了解食品中营养素在人体中的作用，了解它们与人体基因之间的相互影响以及对人体代谢活动的影响，已成为现代食品科学研究的重要内容之一。

2.4.1 食品营养概述

长久以来，食品营养一直是食品科学领域的研究重点，但传统的食品营养研究偏重通过化学分析方法测定食品中的各类营养成分组成，而忽视了这些成分在人体代谢和其他生理功能中的作用。食品营养成分的价值与功能不仅表现在食品中的含量多少，更取决于其在消化后形成的小分子物质与人体细胞或组织间的相互作用，这些作用对调节人体内营养系统平衡，维持人体健康和预防某些疾病发生具有重要影响。此外，食品不同于药品，食品中同时存在多种营养成分，并且这些成分具有不同的化学结构、浓度范围和活性功能，极大地增加了食品营养研究的复杂性。同时，食品组学技术的发展，为充分运用基因组学、转录组学、蛋白质组学和代谢组学等组学分析技术以及生物信息学方法系统全面分析食品营养提供了强有力的平台。基因组学、转录组学、蛋白质组学和代谢组学四大高通量分析技术，能够从不同层次研究食品营养成分对人体产生的作用，从而为实现食品精准营养和个性定制奠定充足基础。

2.4.2 食品组学在食品营养中的应用

21 世纪以来，食品组学技术迅速发展，为食品科学领域的研究提供了大量新技术、新思路。基于食品组学技术分析食品的营养组成、活性成分及其进入机体后的变化情况，并以此评估某种食品对人体健康和疾病的影响，进而建立评价某种饮食模式的方法比传统的营养和饮食评价方法更为直接有效。此外，通过对海量组学数据分析并构建分子网络，研究食品营养成分的作用通路和机制，可有力推动食品营养研究的深入发展，见图 2.6。

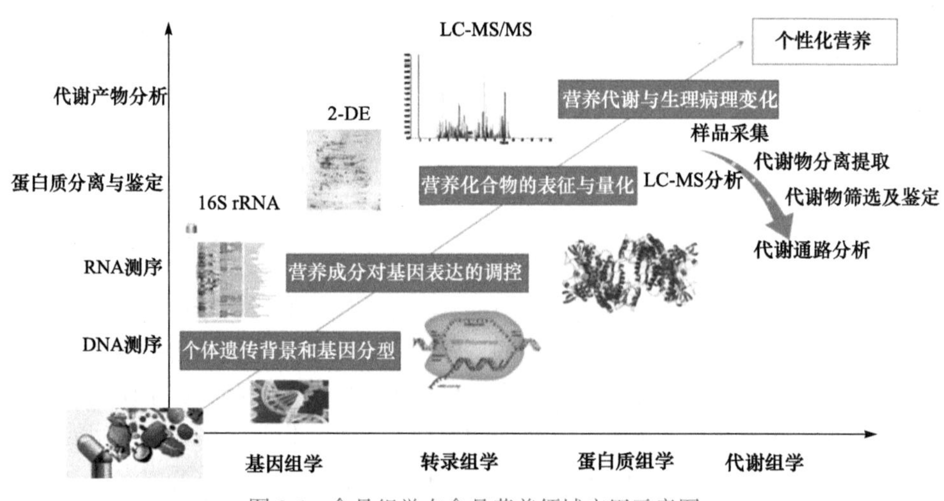

图 2.6 食品组学在食品营养领域应用示意图

1. 基因组学的应用

基因组学以生物体的结构基因、调节基因和非编码区 DNA 等全部遗传信息为研究对象，通过高通量测序和生物信息学分析对其进行集体表征和量化，进而分析整个基因组的结构和功能，探究不同基因之间的相互作用以及对生物系统的影响。随着对人类基因组研究的深入，食品科研人员借助基因组学对食品营养成分与个体基因组在细胞、组织和器官等不同层次的相互作用展开研究，探明饮食与宿主肠道菌群之间的作用关系，以及饮食对蛋白质和小分子代谢产物的调节作用，最终达到利用饮食来预防或治疗疾病的目的。

越来越多的研究表明，肠道菌群不但在宿主的营养吸收、免疫调节和生长发育等诸多生理过程中发挥着重要作用，而且与宿主的疾病和健康状态密切相关。为了解肠道菌群在人体中的作用，明确和鉴定肠道菌群种类和丰度便是关键的一步，基于高通量测序技术发展，以16S rRNA基因测序为代表的基因组学技术在肠道菌群研究中发挥了重要作用。Marques等[52]采用16S rRNA测序评估了饲喂共轭亚油酸（*t*-10，*c*-12 CLA）小鼠的肠道微生物组成，发现小鼠肠道微生物中厚壁菌门丰度减少，而拟杆菌门和紫单胞菌科丰度增加，这些结果表明，CLA可通过介导小鼠肠道微生物调节其脂质代谢活动；Lu等[53]同样采用16S rRNA测序研究了短链脂肪酸（SCFA）摄入对高脂饮食小鼠的影响，结果表明，通过膳食补充乙酸盐、丙酸盐、丁酸盐及其混合物等SCFA，可部分改善高脂饮食引起的肠道菌群失调。不仅是16S rRNA测序技术，还有其他的基因组学技术被用于食品营养研究当中。Cadiñanos等[54]在所有测序的乳酸菌基因组中筛选参与氨基酸转化的酶的基因，并基于食品组学工具鉴定了发酵食品中氨基酸分解代谢途径，进而阐明了酸奶中氨基酸营养和风味物质产生的原理；Li等[55]则通过植物乳杆菌LZ 227的基因组序列分析，证明了该菌株具有生产B族维生素的能力，为开发食品工业中潜在的发酵剂或益生菌提供了依据。

2. 转录组学的应用

转录组是生物遗传信息基因组与生物功能蛋白质组的纽带，转录水平的调控是目前研究最广泛也是最重要的生物调控方式。基于转录组学的食品营养研究比基于基因组学研究给出的信息更为直接，转录组学从RNA水平出发，研究食品营养成分对基因表达的影响，对生物遗传物质做出全局分析，更为直观地展现膳食营养与基因表达间的相互作用。

食品中的营养物质无论是以微量还是常量存在，都能通过直接影响关键代谢途径中的基因表达或间接影响碱基序列及染色体水平的基因突变，对人体健康状态产生影响。Navarro-González等[56]使用人类基因表达阵列（Affymetrix PN/901837）对肥胖患者摄入番茄汁后的肝细胞进行转录组分析，结果表明，在肝细胞凋亡相关通路中有116个基因表达差异明显，其中41个基因表达上调，75个基因表达下调，番茄汁中的番茄红素可激活肿瘤抑制基因*p53*（*TP53*），导致细胞周期阻滞或凋亡，揭示了番茄制品具有良好的肝脏保健功能；van Dijk等[57]通过比较SFA饮食（饱和脂肪酸占每日能量的19%）和MUFA饮食（橄榄油来源的单不饱和脂肪酸占每日能量的20%）习惯下人群的转录组情况，结果表明，相比SFA饮食习惯的人群，MUFA饮食降低了氧化磷酸化基因、血浆结缔组织生长因子和载脂蛋白B的表达量，同时引起了B细胞受体信号传导和内吞信号传导的相关基因表达，由此说明采用 MUFA 饮食代替 SFA 饮食可通过减少外周血单核细胞中的代谢压力和氧化磷酸化水平来改善健康状况。基于转录组学的食品组学研究，不仅可用于分析食品营养成分对人体基因表达的影响，同时还可用于研究营养成分在食品原料中的形成机制。van Dijk 等[57]采用减除杂交的转录组学分析了低温胁迫对血橙基因表达的影响，结果表明，参与氧化损伤防御机制、渗透调节过程、脂质去饱和化以及其他初级、次级代谢的转录反应均有所加强，尤其是低温胁迫还诱导了类黄酮化合物和花青素的生物合成。

3. 蛋白质组学的应用

蛋白质作为生物体功能实现的主要载体，广泛存在于食品和人体中，参与众多生理生化反应。随着食品组学技术在食品营养研究中的应用逐渐深入，蛋白质组学成为全面了解人体应对营养变化中的重要一环。目前，蛋白质组学主要被用于食品中蛋白质的组成鉴定，蛋白质的消化、吸收与代谢研究，表征和量化生物活性物质或生物标志物，探究食品来源蛋白质维持人体生理健康的作用机制以及膳食营养与疾病的关系。

大量研究表明，食品中的蛋白质或多肽具有很多生物活性，包括生长调节、抗菌抑菌、免疫调节和调脂降压等作用。由于食品中蛋白质组成复杂多样，而且不同蛋白质表现出不同的生理功能，因此，对蛋白质组分的分离鉴定是进行营养蛋白质组学研究的重要前提。Smolenski 等[58]采用 MudPIT 和 2-DE-MS 技术对牛奶中的蛋白质组成进行表征，分析得到 2000 多种蛋白质和多肽，其中还鉴定出 15 种蛋白质与机体的免疫系统相关；Barbé 等[59]采用偶联 nano-RPLC-MS/MS 对 6 种乳制品在小型乳猪中的消化产物进行测定，收集十二指肠流出物 5h，检测得到 16000 个以上的多肽序列。除了对食品及其消化产物中的蛋白质进行分析外，对人体中蛋白质水平的变化测定也是营养蛋白质组学的研究内容。Yi 等[60]采用 2-DE-MS 和免疫组化方法对年轻人和老年人正常肠上皮组织中的蛋白质进行分离鉴定，筛选得到 17 种差异蛋白质，同时对其中 Rack1、EF-Tu 和 Rhodanese 三种蛋白质进行了体外细胞实验，证明三者与人类结肠上皮细胞衰老相关，并由此推断了细胞衰老的原因，为相关老年食品开发提供了参考；Cervi 等[61]基于蛋白质组学对膳食补充维生素 E、硒元素和番茄红素的影响进行了研究，首先采用 SELDI-TOF-MS 筛选得到血浆中的生物标记物，然后利用十二烷基硫酸钠-聚丙烯酰胺凝胶电泳（SDS-PAGE）进行蛋白质纯化，经过 LC-MS/MS 进行鉴定，进而明确这些微量营养素在预防前列腺癌中的作用机制。高通量的蛋白测序为广大研究人员提供了海量数据，因此充分利用现有数据，构建活性多肽和蛋白质的数据库，用于食品蛋白质的分类和潜在生物活性测定，同样是未来蛋白质组学发展的主要趋势。

4. 代谢组学的应用

代谢组学通过对生物样品进行大量、快速、全面的定性和定量分析，明确细胞、组织、器官或者个体对食品营养成分刺激产生的代谢应答，是目前食品营养研究中的热点之一。基于代谢组学方法分析不同饮食情况或膳食干预下人体内小分子代谢产物的变化，有助于了解各营养成分在人体内的代谢调控机制，确定相关生物标志物，明确饮食习惯与肠道微生物间的联系，进一步阐释营养代谢与生理病理变化的关系。

食品营养成分进入人体后必然会经历消化、吸收和代谢，不同成分的代谢产物不同，进而引起生理变化的情况也有所差异，因此，代谢组学为探究饮食文化差异如何影响代谢类型以及造成的疾病风险提供了强有力的方法。Sreekumar 等[62]和 Newgard 等[63]的研究表明，代谢物图谱研究可提供与特定生理状态相关的重要基础信息，并且可用于识别与临床诊断相关的潜在生物标志物；当然，由于存在个体差异，这也可能妨碍新型食物代谢标志物的验证，削弱特定营养代谢物与人体健康之间的关联性，为此 Primrose 等[64]指出，研究开发在个体营养条件下确定单个代谢组型的快速方法同样值得关注。食品营养成分不仅会直接参与机体细胞代谢，同样会参与肠道微生物的代谢，进而实现对宿主生理活动的调节，对宿主健康产生重要影响。Wu 等[65]对纯素食组和杂食组志愿者的粪便、尿液以及空腹血液样本进行了代谢组学分析，结果表明，相较于杂食者，纯素食者血浆代谢物中细菌代谢产物较多，而脂质和氨基酸代谢产物较少，这可能对人体健康有益，实验同时表明食品作为影响细菌代谢的底物作用比作为调节肠道菌群因素的作用更明显；Kaliannan 等[66]基于代谢组学的方法研究了膳食脂肪酸与肠道微生物相互作用对代谢性内毒素血症的影响，结果表明，ω-3 多不饱和脂肪酸能够促进肠道碱性磷酸酶的分泌，通过降低脂多糖产物和肠黏膜通透性来改变肠道菌群组成，从而降低代谢性内毒素血症和炎症发生的风险。

2.4.3 展望

人体营养需求受生理阶段、健康状态和饮食习惯等诸多因素影响，而这些影响又因个体基因差异和所处环境不同而导致不同效果，因此大众化的膳食指南难以实现个体的最佳健康效果。类比个性化医学，未来食品将更加注重个性化营养，将根据个体的生物变异、生命阶段、生活习惯和健康状况为个人制定与之相适应的营养方案，以追求更好的健康结果。对于某些疾病患者，则是在了解食品营养成分与基因相互作用及其对表型影响的条件下，开发相应的特殊医疗食品及个性化定制食品，采用膳食对疾病进行干预和治疗，最终建立基于遗传检测的营养方案并制定方法。为此，要继续深化和丰富食品组学技术在食品营养研究中的应用，建立相关组学技术的数据库，整合构建多组学技术实验平台，更快速、更精确、更全面地了解食品营养成分在人体中的作用机制。

2.5 食品组学与功能食品

2.5.1 功能食品概述

1. 功能食品的概念和分类

功能食品的概念最早于20世纪60年代由日本学者提出，随后在不同国家出现了不同的命名，如美国的“强化食品”或“膳食补充剂”、欧洲的“改善食品”、我国的“营养保健食品”等。1991年，日本厚生省首次出台了一项功能性食品的监管体系，将其称为“用于特定健康用途的食品（FOSHU）”。1995年FAO、WHO和国际生命科学研究所（ILSI）正式将功能食品定名为“functional food”，并统一其概念为对人体具有增强机体防御功能、调节生理节律、预防疾病和促进健康等生理调节功能的加工食品。

功能食品须符合以下基本要求：①安全性，即原料及产品须无毒、无害，符合食品卫生要求；②功能性，即产品必须具备明确具体、一般食品所没有或不强调的调节人体生理作用的第三功能，且不能取代人体正常的膳食和必需营养素摄入；③针对性，即针对特定人群的需要而研制生产的；④非药物，即以调节机体功能为目的，不能取代药物对患者的治疗作用。

功能食品行业的发展历程通常分为三大阶段，即起步阶段、发展阶段、成熟阶段，相对应的功能食品主要被分为三代产品。第一代产品又名强化产品，这类食品仅根据所含的各类营养素和有效成分来推断产品功能，而没有经过任何科学试验予以证实。第二代产品又名初级产品，指经过人体及动物试验，证实该产品具有调节人体生理节律功能。第三代产品又名高级产品，是在构效和量效基础之上，对第二代产品中的有效生理活性成分精炼、研究、处理而得。其生理功能不仅需要经过人体及动物试验证明，还需查清相应的功效成分结构、含量、作用机理、在食品中的配伍性和稳定性等。目前第三代功能食品在发达国家市场上已占据了较大份额，但在国内市场仍不多见。

2. 行业现状和研究进展

目前国外特别是欧、美、日等发达国家和地区功能食品市场已较为成熟，产业链完整，管理制度完善，所研制产品大众接受度和认可度高，处于行业领先水平。同时，世界其他地区，尤其是新兴的发展中国家，功能食品也呈现良好的增长态势，并且所占比重正在逐年加大。从整体趋势来看，我国功能食品产业正在从第一代、第二代向第三代发展。随着我国第三代功能食品的迅速成长、保健食品市场监管将更加严格、进出口贸易的日渐繁荣，中国功能食品正逐步向国际化先进水平靠拢，大力推动功能食品产业蓬勃发展势在必行。

目前国内外对功能食品的研究进展主要集中在以下几个方面。

（1）功能因子的开发和分析。功能因子是指功能食品中起生理调节作用的有效成分，是功能食品研发的核心。功能因子的结构不同、性质不同，其构效、量效关系和作用机理也不同。目前常见的功能因子包括功能性多糖、功能性脂类、氨基酸、活性肽、活性蛋白质、生物碱、苷类、萜类、黄酮类、维生素、矿物质、有益微生物、益生元等。研究涉及对功能因子的分离纯化、结构鉴定、构效分析、作用机理解析等各个方面。我国功能食品的发展与地理特色相结合，以茶类、食用菌、中草药等为原料提取功能因子，开展了丰富而有价值的研究，并开发了众多相关功能食品，具有广泛的受众。

（2）产品功能的完善和细化。随着功能食品研究的深入和市场的拓展，越来越多的不同种类和功能的产品不断面世。例如，在牛奶、饮品、农副产品中添加钙、铁、锌、氨基酸等营养素来防治营养缺乏病和改善营养状况；采用天然抗氧化剂、过氧化物歧化酶等来防治心脑血管疾病和肿瘤；利用热量低、脂肪低、富含纤维素的原料来研制减肥产品、防治脂肪肝和糖尿病等代谢疾病；以及利用一些功能因子达到促进消化、增强免疫、缓解过敏、减轻疲劳、改善睡眠、提高视力、增强记忆力、延缓衰老等功能。随着人们对食品功能性的需求增多，现有产品体系也越来越系统和完善。

（3）研发技术的升级和应用。功能食品的开发需要依托现代高新技术的支持，如利用现代生物技术、分离技术、微胶囊技术、超微粉碎技术、干燥技术、无菌包装技术、现代分析检测技术、组学技术等，从原料中提取有效成分，根据产品要求设计科学配方，确定合理的加工工艺，进行配制、重组、调味等处理，并经过各项理化和安全指标评估检测，生产出一系列安全、营养、健康、有效的功能食品。

3. 现存问题和发展前景

随着科学技术的发展和人们生活水平的提高，生活节奏加快，工作压力增大，膳食结构改变，亚健康和特殊性人群增多，促使人们开始注重保健，营养健康已成为民众迅速增长的需求和食品开发的主题。研究食物功能成分，开发功能食品成为食品领域研究的热点和发展趋势。尽管近年来功能食品研究已经有了飞跃性的进步，但在许多方面还存在着进一步发展的空间，如功能因子研究深广度欠缺、安全性评价较为粗浅、产品创新性和多元化不足等。

（1）功能因子研究深广度欠缺。功能食品的研究与食品科学、营养学、生物学、化学、生理学及医学等多种学科密切相关，但目前研究中功能因子的挖掘与高科技先进研究手段的融合度不高，研究过程中各学科交融性不强，导致大多数研究仅停留在观测功能性成分的调控结果，而对其发挥作用的途径和机制缺乏深入系统的了解，未形成较为完善的功能因子研究体系和方法体系，产品功能性评价浮于表面。

（2）安全性评价较为粗浅。由于功能食品种类及其活性组分多种多样，其安全性评价尤为重要，常见的评价内容包括食用历史、加工工艺、毒理学评价和人群实验、营养学和生物利用率评价等。值得注意的是，针对不同的个体对象，功能食品组分的安全性因人而异，并且各种功能因子之间可能存在着复杂的相互作用，使得传统的安全性评价方法很难满足受众的个性化差异，难以根据具体情况进行针对性的评估。

（3）产品创新性和多元化不足。功能食品作为未来食品的重要组成部分，创新是产业持续健康发展的根本动力，产业的不断成长对产品研发、生产、鉴伪、品控、监管等各个方面的技术和制度创新提出了更高的要求。另外，目前市场上的功能性产品形式较为局限，多以饮料、口服液、冲剂、粉剂、胶囊等形式存在，未来需要更多新概念和新形式的功能食品以满足消费者对产品多元化的需求。

在此基础上，未来功能食品的研究将以开发更加安全高效的第三代产品为目标，以多学科研究为基础，融汇高新科技和分析手段，采用更加创新的加工工艺和产品形式，遵循更加严格的产品质量把控和评价标准，力求开发更具针对性和竞争力的高科技功能食品。

2.5.2 食品组学在功能食品研究中的应用

基因、食品组分、营养和环境之间存在着非常复杂的相互作用。食品组学通过研究食品组分引起的生物组织、器官或整体中不同表达水平的变化规律，从整体水平上反映膳食与生物体基因和环境因素互相作用的结果（图 2.7）。利用组学技术研究食品营养和膳食健康问题已成为当今生物学领域的前沿和焦点。作为个性化营养的重要组成部分，食品组学在个性化功能食品研究的不同阶段发挥着巨大的作用。

1. 功能因子的发掘和作用分析

1）功能性多糖

多糖的性质与其结构有着密切的关系，不同一级结构和空间结构的多糖具有不同的理化性质和生物活性。越来越多的事实证明，糖类物质对疾病的发生、发展和预后有着重要的作用，其毒性低、不良反应少的优点使其成为功能食品开发

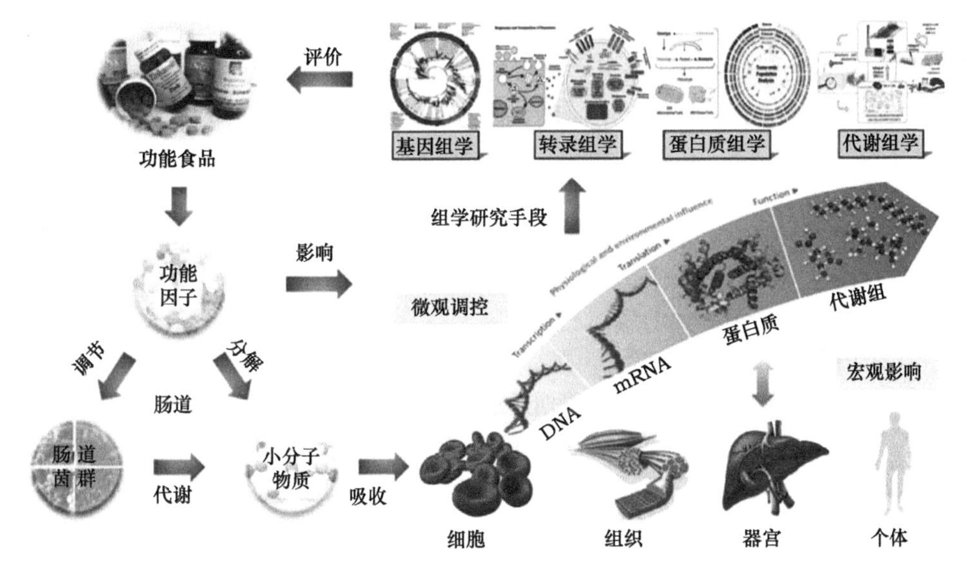

图2.7 功能食品在人体中的作用途径及组学技术的应用

备受青睐的原料。利用糖组学和代谢组学进行结构解析和作用机理分析，是开发和评估新型功能性多糖的重要手段。

Zhao等[67]利用超高效液相色谱-四极杆飞行时间质谱（UPLC/Q-TOF-MS）血清代谢物分析评估了来源于太平洋牡蛎的硫酸化多糖（SCGP）对酒精性肝损伤小鼠的肝保护作用，结果表明，SCGP对小鼠的氨基酸代谢、氧化应激水平和免疫反应均有影响，为SCGP治疗酒精性肝损伤提供了参考。Xia等[68]利用代谢组学评估了枸杞多糖（LBP）对糖尿病大鼠尿液和肝脏代谢的作用，结果表明LBP能调节柠檬酸循环，丙氨酸、天冬氨酸、谷氨酸、乙醛酸和二羧酸代谢，为饮食干预缓解糖尿病提供了新的选择。Zhang等[69]基于UPLC/Q-TOF-MS的代谢组学评估了牛膝多糖（ABP）对骨质疏松大鼠的作用，结果表明ABP可以显著增加大鼠体内的戊二酰肉碱、赖氨酸（18：1）和9-顺式维甲酸，表明ABP通过调节脂质代谢对治疗骨质疏松症具有显著的功效。大量研究表明，功能性多糖对多种慢性疾病有很好的预防和治疗作用，是功能食品中一类良好的膳食补充剂。

2）功能性脂类

脂类在人体膳食中占据着重要地位，其不仅为人体提供能量，还在机体代谢中发挥着重要作用，脂类代谢异常会导致一系列代谢疾病的产生。随着近年来与脂肪有关的疾病如肥胖、动脉硬化、心血管疾病呈增多趋势，功能性脂类如多不饱和脂肪酸、磷脂、糖脂、脂蛋白、固醇等成为功能食品的研究热点。

研究通过靶向脂质组学分析发现，给肥胖小鼠饲喂富含α-亚麻酸（ALA）的黄油能促进长链ω-3-多不饱和脂肪酸（ω-3 PUFA）及其衍生自ALA的含氧代谢产物的生物转化，从而减轻肝脏内甘油三酯的积累和脂肪组织的炎症，改善胰岛素敏感性。Lee 等[70]利用代谢组学和脂质组学对实验性自身免疫脑脊髓炎（EAE）诱导的多发性硬化症（MS）小鼠的血浆样本进行了分析，UHPLC-Orbitrap-MS和多变量分析挖掘出 26 种代谢物在疾病不同阶段的代谢变化伴随着氧化应激和免疫应答的增加。

除此之外，研究表明功能性脂类还具有降低血压、血脂、胆固醇，预防心血管疾病，防止血栓形成和中风，预防老年痴呆症，预防视力退化，增强记忆力，预防癌症，抗过敏等多种功效。

3）活性蛋白质和活性肽

活性蛋白质是指除具有一般蛋白质的营养作用外，还具有某些特殊生理功能的蛋白质，包括免疫球蛋白、活性乳蛋白、溶菌酶、超氧化物歧化酶、金属硫蛋白、大豆蛋白等。活性肽是一类具有生理活性的蛋白质水解中间产物，其在人的生长发育、新陈代谢、疾病以及衰老、死亡的过程中起着关键作用。不同的生物肽具有不同的结构和生理功能，如抗病毒、抗癌、抗血栓、抗高血压、免疫调节、激素调节、抑菌、降胆固醇等。蛋白质组学与生物信息学分析相结合，可用于鉴定和调控功能蛋白分子和肽类，而代谢组学则可以通过分析与生物活性肽和蛋白质水解产物消耗相关的代谢物变化，揭示其生理作用及相关潜在调控机制，开发植物蛋白短肽、寡肽、多肽等高活性肽类，两者被广泛用于功能食品的开发和功能性研究中。

例如，利用 Q-Exactive（QE）质谱基于蛋白质组学对采用复合益生菌发酵的小麦胚中药（CWECM）中的蛋白质进行定性鉴定，结果表明发酵后 CWECM 中的功能性蛋白质组分发生了变化，并且苦肽浓度的改变改善了 CWECM 的味道。Onuh 等[71]报道了有关鸡皮肤蛋白水解物（CSPH）缓解高血压和氧化应激作用机理的代谢组学研究，提供了除肾素血管紧张素系统（RAS）外，利用功能因子调节血压和氧化应激的另一种途径。还有研究采用蛋白质组学揭示了有关金枪鱼加工副产物中功能性蛋白质和生物活性肽的组成，为发掘金枪鱼副产品的潜在利用价值提供了理论指导。

4）其他

除上述三大类功能因子外，许多其他物质也被发现具有显著的生理调节活性。Gong 等[72]建立了基于 UHPLC-TOF/MS 的血浆代谢组学方法以研究阿尔茨海默病小鼠模型给药总人参皂苷后的代谢情况，鉴定出 19 种生物标记，并发现总人参皂苷可以有效改善模型动物的认知症状和代谢。Wu 等[73]通过微阵列和 LC-MS 对服用淫羊总黄酮（TFE）的衰老大鼠进行研究，转录组学分析显示了与 TFE 作用相关的转录本，代谢组学研究揭示了与衰老相关的代谢产物和所涉及的代谢途径，表明 TFE 在衰老大鼠脂质代谢中起着多方面和多层次的作用。另外，大量研究利用蛋白质组学阐明了植物多酚（如姜黄素、白藜芦醇、儿茶素、槲皮素、染料木黄酮等）调节蛋白表达、激活免疫应答、抑制肿瘤细胞增殖等作用机制。除此之外，其他多种维生素、矿物质、苷类、萜类、生物碱、植物提取物等，也在组学技术的帮助下被证实具有生理活性，在功能食品中被用作常见的功能性物质。

2. 肠道微生物研究及益生菌和益生元开发

1）膳食与肠道微生物研究

肠道微生物是人体最庞大、最复杂的微生态系统，肠道菌群介导的代谢活性可以促进各种饮食化合物的消化以及功能性食品中微量异源物质的转化和微量营养素的供应，从而改变宿主的代谢组、基因组、转录组、蛋白质组，影响机体健康状况。相反，功能食品成分本身也可以影响肠道菌群的生长和代谢活性，进而影响其组成和潜在功能。因此，肠道菌群的调制是个性化营养的重要组成部分，肠道微生物生态系统的破坏会导致机体相关疾病的产生。通过开发个性化功能食品，从膳食入手巩固肠道菌群，提高益生菌含量和活力，对改善人体的健康、增强体质具有指导意义。现已有许多研究利用组学手段对肠道微生物展开研究，例如，利用宏基因组学、宏转录组学等技术分析肠道微生物的潜在生理功能，利用蛋白质组学和正向遗传学监测功能因子对肠道群落成员水平的影响，以及对由其基因组编码的蛋白质表达的影响[74]，利用代谢组学方法来评估饮食后肠道微生物在宿主中的代谢变化等。组学研究手段也随之不断升级，Yin 等[75]开发了一种基于气相色谱/飞行时间质谱（GC/TOF-MS）组学平台的优化方法，其可用于分析粪便样品中与肠道微生物-宿主相关的共代谢物，有助于揭示宿主与微生物之间的关系，对肠道微生物代谢物受体以及相关酶的进一步研究具有很大的应用价值。

2）益生菌和益生元开发

益生菌及益生元在功能食品特别是乳制品和发酵食品中的应用也是一个新兴崛起的研究方向。益生菌和益生元间的协同关系可以增强代谢产物后生素的产生，它们在胃肠道中以及对不同器官和组织均发挥着积极的作用。目前乳杆菌属微生物最常被用作益生菌，包括乳酸菌和双歧杆菌。其他如乳球菌、肠球菌、链球菌和亮黏菌也被列为益生菌。此外，曲霉属和酿酒酵母属的一些真菌和酵母菌也可被视为益生菌。常见的益生元包括肠道菌群代谢物，如 γ-氨基丁酸（GABA）、短链脂肪酸（SCFA）、吲哚及从饮食获得的其他功能性化合物。

目前，已有许多研究通过组学手段证明了多种益生菌和益生元对肠道微生物调节、代谢过程调控、机体正向应答的积极影响，作用模式如图 2.8 所示。例如，有研究利用 NMR 代谢组学对益生菌发酵乳制品进行代谢谱分析，表征了多种乳酸菌代谢物及其各自的代谢途径，证明了乳酸菌的上皮细胞相互作用和抗微生物活性，并在此基础上设计了乳酸菌共培养发酵乳制品。还有研究通过热图组合代谢图谱来检测小麦酸面团中不同植物乳杆菌的风味和抗氧化特性来改善谷物基发酵食品的功能和感官特征，表明代谢组学可能是快速选择益生菌株和底物组合以同时增加感官和健康有益性的重要工具。

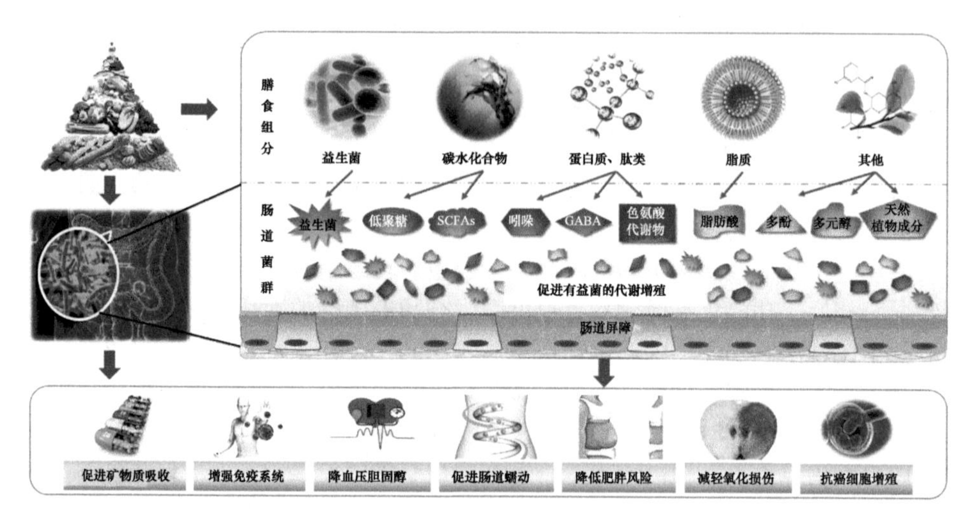

图 2.8 膳食中益生菌和益生元调节机体模式图

蛋白质组学提供了用于蛋白质鉴定的高通量方法，对于研究益生菌功能以及评估特定的健康促进作用（如其免疫调节活性、肠道定植过程、宿主的串扰机制等）非常有用。另外，利用蛋白质组学技术研究益生菌酸耐受应答过程中相关蛋白的代谢变化，在利用益生菌于酸性条件下发酵制备的功能食品（如发酵乳饮料等）研究中发挥着重要的指导作用。

3. 功能食品中生物标记物的挖掘

功能性食品的开发在很大程度上依赖于对人类志愿者进行良好的控制干预研究以证明其功效。目前常用方法包括饮食记录、食物频率问卷和 24h 膳食回顾法，但其客观性、准确性和实效性均存在着不足。相比之下，非目标代谢物谱（NTMP）可以通过灵敏且高通量的重复分析技术，监测饮食和内源性变化的相关性，从而将食物摄入的潜在生物标志物与特定食物组分关联起来，甚至可以区分同一食物类别中不同的食品组分消耗。而借助代谢组学可以更好地了解食物对代谢途径的影响以及饮食习惯与慢性疾病之间的关系。通过组学手段与统计分析结合鉴定摄入食物的特定生物标记物来反映膳食作为一种更为准确的评估手段，受到越来越多研究者的关注。

Raul 等[76]通过串联质谱法对受试者尿液中 34 种饮食多酚的排泄及其受饮食和其他生活方式因素影响的变化进行研究，结果表明，尿液中多酚种类和含量与其主要食物来源之间存在高度相关性。其中由微生物群产生的酚酸排泄量最高，而雌马酚、芹菜素和白藜芦醇排泄量最低。Ammar 等[77]采用气相色谱-质谱对肥胖大鼠血清代谢物进行分析，鉴定了肥胖症与脂质、氨基酸和三羧酸循环（TCA）途径有关的几种新型生物标志物。与正常大鼠相比，肥胖大鼠的 *L*-天冬氨酸、*L*-丙氨酸、*L*-谷氨酰胺、*L*-甘氨酸、苯基乙醇胺、α-氨基丁酸和 β-羟基丁酸代谢物水平有明显差异。Li 等[78]通过基于超高效液相色谱-四极杆飞行时间质谱的代谢组学方法研究 *L. plantarum* NCU116 对高脂血症大鼠模型饲料代谢产物的影响，鉴定出 9 种潜在生物标志物，并通过主成分分析（PCA）、偏最小二乘判别分析（PLS-DA）和分层聚类分析（HCA）揭示了摄入 *L. plantarum* NCU116 与氨基酸、胆汁、脂肪酸和葡萄糖代谢的相关性。

除此之外，代谢组学在鉴别肉类、鱼类、蔬菜、坚果、柑橘类水果、咖啡和茶等食品摄入的生物标记物中的应用也已有报道，以肉类的生物标记物为例总结于表 2.2。这些研究表明存在于一类食品中的生物标记物相较于特定的食物中的更具有参考性。此外，代谢组学在表征习惯性饮食接触和营养型识别方面的应用作为一个新兴领域，在营养流行病学中具有广泛的研究前景。

表 2.2 基于代谢组学方法确定的肉类生物标记物示例

食品种类	样本来源	组学检测方法	生物标记物	参考文献
红肉	尿液	^{1}H NMR 离子交换色谱	乙酰肉碱、*N*,*N*-二甲基甘氨酸、肌酐、三甲胺-*N*-氧化物（TMAO），牛磺酸、1-甲基组氨酸和 3-甲基组氨酸	[79]
	血浆	HPLC	肌肽	[80]
	血清	UPLC-Q/TOF-MS	甘油磷酸胆碱、甘油磷酸乙醇胺、溶血磷脂、磷脂酰胆碱、鞘磷脂	[81]
熟肉制品	头发	LC-MS	2-氨基-1-甲基-6-苯基咪唑[4,5-*b*]吡啶（PhIP）	[82]
	尿液	GC-MS	2-氨基-1-甲基-6-苯基咪唑并[4,5-*b*]吡啶、2-氨基-3,8-二甲基咪唑[4,5- b]喹喔啉（MeIQx）、2-氨基-3,8-二甲基咪唑并[4,5-*f*]喹喔啉（DiMeIQx）	[83]
鱼肉	血细胞	GC	ω-3 长链不饱和脂肪酸（*n*-3 LCPUFA）、二十二碳六烯（DHA）、二十碳五烯酸（EPA）	[84]
	血浆	LC-MS-MS	脯氨酸、羟脯氨酸	[85]
	尿液	FIE-MS	三甲胺-*N*-氧化物、鹅肌肽、1-甲基组氨酸和 3-甲基组氨酸	[86]

2.5.3 展望

随着人们对营养保健的了解重视和先进研究技术日新月异的发展，膳食、基因、环境与人体健康间相辅相成的关系受到了越来越多人的认可和关注。作为食品科学领域研究的前沿技术体系，食品组学在功能食品的活性成分开发、量效关系评定、作用机理解析、代谢通路诠释、安全性能评估、个性化膳食指导等各个方面已经展现出了极大的作用和优势。未来组学技术在功能食品中的应用必将呈现出多学科相互支持、相互融合、相互促进的发展趋势，带动功能食品向着更加科学化、规范化、精准化、多元化不断提升。

李兆丰　徐勇将（江南大学）

参考文献

[1] Cifuentes A. Food analysis and foodomics foreword[J]. Journal of Chromatography A, 2009, 1216(43): 7109-7100.

[2] Castro-Puyana M, García-Cañas V, Simó C, et al. Recent advances in the application of capillary electromigration methods for food analysis and foodomics[J]. Electrophoresis, 2010, 33(1): 147-167.

[3] Simó C, Domínguez-Vega E, Marina M L, et al. CE-TOF MS analysis of complex protein hydrolyzates from genetically modified soybeans—a tool for foodomics[J]. Electrophoresis,2010, 31(7): 1175-1183.

[4] Herrero M, Simó C, García-Cañas V, et al. Foodomics: MS-based strategies in modern food science and nutrition[J]. Mass Spectrometry Reviews, 2012, 31(1): 49-69.

[5] García-Cañas V, Simó C, Herrero M, et al. Present and future challenges in food analysis: foodomics[J]. Analytical Chemistry, 2012, 84(23): 10150-10159.

[6] Karpas Z. Applications of ion mobility spectrometry (IMS) in the field of foodomics[J]. Food Research International, 2013, 54(1): 1146-1151.

[7] Inoue K, Nishimura M, Tsutsui H, et al. Foodomics platform for the assay of thiols in wines with fluorescence derivatization and ultra performance liquid chromatography mass spectrometry using multivariate statistical analysis[J]. Journal of Agricultural & Food Chemistry, 2013, 61(6): 1228-1234.

[8] Laghi L, Picone G, Capozzi F. Nuclear magnetic resonance for foodomics beyond food analysis[J]. Trac Trends in Analytical Chemistry, 2014, 59: 93-102.

[9] Valdés A, García-Cañas V, Simó C, et al. Comprehensive foodomics study on the mechanisms operating at various molecular levels in cancer cells in response to individual rosemary polyphenols[J]. Analytical Chemistry, 2014, 86(19): 9807-9815.

[10] Xu Y J, Wu X. Foodomics in microbiological investigations[J]. Current Opinion in Food Science, 2015, 4: 51-55.

[11] Khakimov B, Gurdeniz G, Engelsen S B. Trends in the application of chemometrics to foodomics studies[J]. Acta Alimentaria, 2015, 44(1): 4-31.

[12] Gallo M, Ferranti P. The evolution of analytical chemistry methods in foodomics[J]. Journal of Chromatography A, 2016, 1428: 3-15.

[13] Inoue K, Tanada C, Hosoya T, et al. Principal component analysis of molecularly based signals from infant formula contaminations using LC-MS and NMR in foodomics[J]. Journal of the Science of Food and Agriculture, 2016, 96(11): 3876-3881.

[14] Rychlik M, Kanawati B, Schmitt-Kopplin P. Foodomics as a promising tool to investigate the mycobolome[J]. Trac-Trends in Analytical Chemistry, 2017, 96: 22-30.

[15] Gilbert-López B, Mendiola J A, Ibanez E. Green foodomics. Towards a cleaner scientific discipline[J]. Trac-Trends in Analytical Chemistry, 2017, 96: 31-41.

[16] Andjelkovic U, Josic D. Mass spectrometry based proteomics as foodomics tool in research and assurance of food quality and safety[J]. Trends in Food Science & Technology, 2018, 77: 100-119.

[17] Pimentel G, Burton K J, Vergeres G, et al. The role of foodomics to understand the digestion/bioactivity relationship of food[J]. Current Opinion in Food Science, 2018, 22: 67-73.

[18] Wei J, Han W, Lin S, et al. High-throughput foodomics strategy for screening flavor components in dairy products using multiple mass spectrometry[J]. Food Chemistry, 2019, 279: 1-11.

[19] Picone G, De Noni I, Ferranti P, et al. Monitoring molecular composition and digestibility of ripened bresaola through a combined foodomics approach[J]. Food Research International, 2019, 115: 360-368.

[20] Nazzaro F, Orlando P, Fratianni F, et al. Protein analysis-on-chip systems in foodomics[J]. Nutrients, 2012, 4(10): 1475-1489.

[21] Capozzi F. The new frontier in foodomics: the perspective of nuclear magnetic resonance spectroscopy[J]. New Food, 2013, 16(2): 44-48.

[22] Cozzolino D. Foodomics and infrared spectroscopy: from compounds to functionality[J]. Current Opinion in Food Science, 2015, 4: 39-43.

[23] Skov T, Honore A H, Jensen H M, et al. Chemometrics in foodomics: handling data structures from multiple analytical platforms[J]. Trac-Trends in Analytical Chemistry, 2014, 60: 71-79.

[24] Azcarate S M, Gil R, Smichowski P, et al. Chemometric application in foodomics: nutritional quality parameters evaluation in milk-based infant formula[J]. Microchemical Journal, 2017, 130: 1-6.

[25] Valdes A, Garcia-Canas V, Kocak E, et al. Foodomics study on the effects of extracellular production of hydrogen peroxide by rosemary polyphenols on the anti-proliferative activity of rosemary polyphenols against HT-29 cells[J]. Electrophoresis, 2016, 37(13): 1795-1804.

[26] Abu-Reidah I M, del Mar Contreras M, Arraez-Roman D, et al. UHPLC-ESI-QTOF-MS-based metabolic profiling of *Vicia faba* L. (Fabaceae) seeds as a key strategy for characterization in foodomics[J]. Electrophoresis, 2014, 35(11): 1571-1581.

[27] Bordoni A, Laghi L, Babini E, et al. The foodomics approach for the evaluation of protein bioaccessibility in processed meat upon in vitro digestion[J]. Electrophoresis, 2014, 35(11): 1607-1614.

[28] Donno D, Cerutti A K, Prgomet I, et al. Foodomics for mulberry fruit (*Morus* spp.): analytical

fingerprint as antioxidants 'and health properties' determination tool[J]. Food Research International, 2015, 69: 179-188.

[29] Mol H G J, Tienstra M, Zomer P. Evaluation of gas chromatography-electron ionization-full scan high resolution Orbitrap mass spectrometry for pesticide residue analysis[J]. Analytica Chimica Acta, 2016, 935: 161-172.

[30] Li Y, Zhang J, Jin Y, et al. Hybrid quadrupole-orbitrap mass spectrometry analysis with accurate-mass database and parallel reaction monitoring for high-throughput screening and quantification of multi-xenobiotics in honey[J]. Journal of Chromatography A, 2016, 1429: 119-126.

[31] Ercilla-Montserrat M, Muñoz P, Montero J I, et al. A study on air quality and heavy metals content of urban food produced in a Mediterranean city (Barcelona)[J]. Journal of Cleaner Production, 2018, 195: 385-395.

[32] Gu S, Chen N, Zhou Y, et al. A rapid solid-phase extraction combined with liquid chromatography-tandem mass spectrometry for simultaneous screening of multiple allergens in chocolates[J]. Food Control, 2018, 84: 89-96.

[33] Fukuda S, Sasaki Y, Seno M. Rapid and sensitive detection of norovirus genomes in oysters by a two-step isothermal amplification assay system combining nucleic acid sequence-based amplification and reverse transcription-loop-mediated isothermal amplification assays[J]. Applied and Environmental Microbiology, 2008, 74(12): 3912-3914.

[34] Kupradit C, Rodtong S, Ketudat-Cairns M. Development of a DNA macroarray for simultaneous detection of multiple foodborne pathogenic bacteria in fresh chicken meat[J]. World Journal of Microbiology and Biotechnology, 2013, 29(12): 2281-2291.

[35] Giannino M L, Aliprandi M, Feligini M, et al. A DNA array based assay for the characterization of microbial community in raw milk[J]. Journal of Microbiological Methods, 2009, 78(2): 181-188.

[36] Cevallos-Cevallos J M, Danyluk M D, Reyes-De-Corcuera J I. GC-MS based metabolomics for rapid simultaneous detection of *Escherichia coli* O157:H7, Salmonella Typhimurium, Salmonella Muenchen, and Salmonella Hartford in ground beef and chicken[J]. Journal of Food Science, 2011, 76(4): 238-246.

[37] Xu Y, Correa E, Goodacre R. Integrating multiple analytical platforms and chemometrics for comprehensive metabolic profiling: application to meat spoilage detection[J]. Analytical and Bioanalytical Chemistry , 2013, 405(15): 5063-5074.

[38] Bianchi F, Careri M, Mangia A, et al. Characterisation of the volatile profile of orange juice contaminated with Alicyclobacillus acidoterrestris[J]. Food Chemistry, 2010, 123(3): 653-658.

[39] Montero M, Coll A, Nadal A, et al. Only half the transcriptomic differences between resistant genetically modified and conventional rice are associated with the transgene[J]. Plant Biotechnology Journal, 2011, 9(6): 693-702.

[40] Singh A K, Mehta A K, Sridhara S, et al. Allergenicity assessment of transgenic mustard (*Brassica juncea*) expressing bacterial codA gene[J]. Allergy, 2006, 61(4): 491-497.

[41] Tan Y, Tong Z, Yang Q, et al. Proteomic analysis of phytase transgenic and non-transgenic maize

seeds[J]. Scientific Reports, 2017, 7(1): 9246.
[42] Chang Y, Zhao C, Zhu Z, et al. Metabolic profiling based on LC/MS to evaluate unintended effects of transgenic rice with cry1Ac and sck genes[J]. Plant Molecular Biology, 2012, 78(4-5): 477-487.
[43] Catchpole G S, Beckmann M, Enot D P, et al. Hierarchical metabolomics demonstrates substantial compositional similarity between genetically modified and conventional potato crops[J]. Proceedings of the National Academy of science of the United States of America , 2005, 102(40): 14458-14462.
[44] Le Gall G, DuPont M S, Mellon F A, et al. Characterization and content of flavonoid glycosides in genetically modified tomato (Lycopersicon esculentum) fruits[J]. Journal of Agricultural & Food Chemistry, 2003, 51(9): 2438-2446.
[45] Chen S Y, Liu Y P, Yao Y G. Species authentication of commercial beef jerky based on PCR-RFLP analysis of the mitochondrial 12S rRNA gene[J]. Journal of Genet Genomics, 2010, 37(11): 763-769.
[46] Guo L, Wu Y, Liu M, et al. Authentication of Edible Bird's nests by TaqMan-based real-time PCR[J]. Food Control, 2014, 44: 220-226.
[47] Guerreiro J S, Barros M, Fernandes P, et al. Principal component analysis of proteolytic profiles as markers of authenticity of PDO cheeses[J]. Food Chemistry, 2013, 136(3-4): 1526-1532.
[48] Zhao F, Wu Y, Guo L, et al. Using proteomics platform to develop a potential immunoassay method of royal jelly freshness[J]. European Food Research and Technology, 2013, 236: 799-815.
[49] Tu D, Li H, Wu Z, et al. Application of headspace solid-phase microextraction and multivariate analysis for the differentiation between edible oils and waste cooking oil[J]. Food Analytical Methods, 2014, 7: 1263-1270.
[50] Ziólkowska A, Wasowicz E, Jelen H H. Differentiation of wines according to grape variety and geographical origin based on volatiles profiling using SPME-MS and SPME-GC/MS methods[J]. Food Chemistry, 2016, 213: 714-720.
[51] Monakhova Y B, Ruge W, Kuballa T, et al. Rapid approach to identify the presence of Arabica and Robusta species in coffee using ^{1}H NMR spectroscopy[J]. Food Chemistry, 2015, 182: 178-184.
[52] Marques T M, Wall R, O'Sullivan O, et al. Dietary *trans*-10, *cis*-12-conjugated linoleic acid alters fatty acid metabolism and microbiota composition in mice[J]. British Journal of Nutrition, 2015, 113(5): 728-738.
[53] Lu Y, Fan C, Li P, et al. Short chain fatty acids prevent high-fat-diet-induced obesity in mice by regulating g protein-coupled receptors and gut microbiota[J]. Scientific Reports, 2016, 6: 37589.
[54] Cadiñanos L, García-Cayuela T, Yvon M, et al. Inactivation of the pane gene in lactococcus lactis enhances formation of cheese aroma compounds[J]. Applied and Environmental Microbiology, 2013, 79: 3503-3506.
[55] Li P, Zhou Q, Gu Q. Complete genome sequence of *Lactobacillus plantarum* LZ227, a potential probiotic strain producing B-group vitamins[J]. Journal of Biotechnology, 2016, 234: 66-70.

[56] Navarro-González I, García-Alonso J, Periago M J. Bioactive compounds of tomato: cancer chemopreventive effects and influence on the transcriptome in hepatocytes[J]. Journal of Functional Foods, 2018, 42: 271-280.
[57] van Dijk S, Feskens E, Bos M, et al. Consumption of a high monounsaturated fat diet reduces oxidative phosphorylation gene expression in peripheral blood mononuclear cells of abdominally overweight men and women[J]. The Journal of Nutrition, 2012, 142: 1219-1225.
[58] Smolenski G, Haines S, Kwan F Y S, et al. Characterisation of host defence proteins in milk using a proteomic approach[J]. Journal of Proteome Research, 2007, 6(1): 207-215.
[59] Barbé F, Le Feunteun S, Rémond D, et al. Tracking the *in vivo* release of bioactive peptides in the gut during digestion: mass spectrometry peptidomic characterization of effluents collected in the gut of dairy matrix fed mini-pigs[J]. Food Research International, 2014, 63: 147-156.
[60] Yi H, Li X H, Yi B, et al. Identification of rack1, EF-Tu and rhodanese as aging-related proteins in human colonic epithelium by proteomic analysis[J]. Journal of Proteome Research, 2010, 9: 1416-1423.
[61] Cervi D, Pak B, Venier N, et al. Micronutrients attenuate progression of prostate cancer by elevating the endogenous inhibitor of angiogenesis, Platelet Factor-4[J]. BMC Cancer, 2010, 10: 258.
[62] Sreekumar A, Poisson L M, Rajendiran T M, et al. Metabolomic profiles delineate potential role for sarcosine in prostate cancer progression[J]. Nature, 2009, 457(7231): 910-914.
[63] Newgard C B, An J, Bain J R, et al. A branched-chain amino acid-related metabolic signature that differentiates obese and lean humans and contributes to insulin resistance[J]. Cell Metabolism, 2009, 9(4): 311-326.
[64] Primrose S, Draper J, Elsom R, et al. Workshop report metabolomics and human nutrition[J]. The British Journal of Nutrition, 2011, 105: 1277-1283.
[65] Wu G, Compher C W, Zhang C E, et al. Comparative metabolomics in vegans and omnivores reveal constraints on diet-dependent gut microbiota metabolite production[J]. Gut, 2014, 65: 63-72.
[66] Kaliannan K, Wang B, Li X Y, et al. A host-microbiome interaction mediates the opposing effects of omega-6 and omega-3 fatty acids on metabolic endotoxemia[J]. Scientific Reports, 2015, 5: 11276.
[67] Zhao G, Zhai X, Qu M, et al. Sulfated modification of the polysaccharides from *Crassostrea gigas* and their antioxidant and hepatoprotective activities through metabolomics analysis[J]. International Journal of Biological Macromolecules,2019, 129:386-395.
[68] Xia H, Tang H, Wang F, et al. An untargeted metabolomics approach reveals further insights of *Lycium barbarum* polysaccharides in high fat diet and streptozotocin-induced diabetic rats[J]. Food Research International, 2019, 116: 20-29.
[69] Zhang M, Wang Y, Zhang Q, et al. UPLC/Q-TOF-MS-based metabolomics study of the anti-osteoporosis effects of Achyranthes bidentata polysaccharides in ovariectomized rats[J]. International Journal of Biological Macromolecules,2018, 112: 433-441.
[70] Lee G, Hasan M, Kwon O S, et al. Identification of altered metabolic pathways during disease

progression in eae mice via metabolomics and lipidomics[J]. Neuroscience, 2019, 416: 74-87.

[71] Onuh J O, Girgih A T, Malomo S A, et al. Kinetics of *in vitro* renin and angiotensin converting enzyme inhibition by chicken skin protein hydrolysates and their blood pressure lowering effects in spontaneously hypertensive rats[J]. Journal of Functional Foods, 2015, 14: 133-143.

[72] Gong Y, Liu Y, Zhou L, et al. A UHPLC-TOF/MS method based metabonomic study of total ginsenosides effects on Alzheimer disease mouse model[J]. Journal of Pharmaceutical and Biomedical Analysis, 2015, 115: 174-182.

[73] Wu B, Xiao X, Li S, et al. Transcriptomics and metabonomics of the anti-aging properties of total flavones of Epimedium in relation to lipid metabolism[J]. Journal of Ethnopharmacology, 2019, 229: 73-80.

[74] Patnode M L, Beller Z W, Han N D, et al. Interspecies competition impacts targeted manipulation of human gut bacteria by fiber-derived glycans[J]. Cell, 2019, 179(1): 59-73.

[75] Yin S, Guo P, Hai D, et al. Optimization of GC/TOF MS analysis conditions for assessing host-gut microbiota metabolic interactions: Chinese rhubarb alters fecal aromatic amino acids and phenol metabolism[J]. Analytica Chimica Acta, 2017, 995: 21-33.

[76] Raul Z R, David A, Joseph A R , et al. Urinary excretions of 34 dietary polyphenols and their associations with lifestyle factors in the EPIC cohort study[J]. Scientific Reports, 2016, 6: 26905.

[77] Ammar N M, Farag M A, Kholeif T E, et al. Serum metabolomics reveals the mechanistic role of functional foods and exercise for obesity management in rats[J]. Journal of Pharmaceutical and Biomedical Analysis, 2017, 142: 91-101.

[78] Li C, Cao J, Nie S P, et al. Serum metabolomics analysis for biomarker of *Lactobacillus plantarum* NCU116 on hyperlipidaemic rat model feed by high fat diet[J]. Journal of Functional Foods, 2018, 42: 171-176.

[79] Aifric O S. Dietary intake patterns are reflected in metabolomic profiles: potential role in dietary assessment studies[J]. The American Journal of Clinical Nutrition, 2011, 2(93): 314-321.

[80] Park Y, Volpe S, Decker E. Quantitation of carnosine in humans plasma after dietary consumption of beef[J]. Journal of Agricultural and Food Chemistry, 2005, 53: 4736-4739.

[81] Carrizo D, Chevallier O, Woodside J, et al. Untargeted metabolomic analysis of human serum samples associated with different levels of red meat consumption: a possible indicator of type 2 diabetes[J]. Food Chemistry, 2016, 221: 214-221.

[82] Kobayashi M, Hanaoka T, Hashimoto H, et al. 2-Amino-1-methyl-6-phenylimidazo[4,5-*b*]pyridine (PhIP) level in human hair as biomarkers for dietary grilled/stir-fried meat and fish intake[J]. Mutation Research/Genetic Toxicology and Environmental Mutagenesis, 2005, 588(2): 136-142.

[83] Reistad R, Rossland O J, Latva-Kala K J, et al. Heterocyclic aromatic amines in human urine following a fried meat meal[J]. Food and Chemical Toxicology, 1997, 35(10): 945-955.

[84] Parks C A, Brett N R, Agellon S, et al. DHA and EPA in red blood cell membranes are associated with dietary intakes of omega-3-rich fish in healthy children[J]. Prostaglandins, Leukotrienes and Essential Fatty Acids, 2017, 124: 11-16.

[85] Ichikawa S, Morifuji M, Ohara H, et al. Hydroxyproline-containing dipeptides and tripeptides quantified at high concentration in human blood after oral administration of gelatin hydrolysate[J]. International Journal of Food Sciences and Nutrition, 2009, 61: 52-60.
[86] Lloyd A, Favé G, Beckmann M, et al. Use of mass spectrometry fingerprinting to identify urinary metabolites after consumption of specific foods[J]. The American Journal of Clinical Nutrition, 2011, 94: 981-991.

第3章　食品合成生物学

引言

食品工业与人民生活质量密切相关，是满足人民日益增长的美好生活需要的民生基石。随着社会发展，我国食品工业任务不断变化。在新时代中国特色社会主义建设背景下，人民对于食品的需求已经从基本的“保障供给”向“营养健康”转变。同时，根据世界卫生组织报告和《柳叶刀》研究，膳食是仅次于遗传因素的影响人类健康的第二大因素，约13%的疾病负担归因于膳食。因此，食品工业是实现“健康中国”战略目标的坚实保障。我国食品产业位居全球第一，是国民经济的支柱产业，2017年产值11.4万亿元人民币，占全国GDP的9%，对全国工业增长贡献率达12%，拉动全国工业增长0.8个百分点。预计未来十年，中国的食品消费将增长50%，价值超过7万亿元人民币。然而，随着环境污染、气候变化和人口增长，安全、营养和可持续的食品供给面临巨大挑战。

合成生物学是推动原创突破、学科之间交叉融合的前沿代表，是汇聚生命科学、工程学和信息科学领域的学科，以工程化设计理念对生物体进行有目标的设计、改造乃至重新合成，是从理解生命规律到设计生命体系的关键技术。合成生物学技术将极大地提高微生物细胞工厂的生产能力；创造的新菌种、新工艺可以显著降低污染，大幅降低能耗。合成生物学技术在生物医药领域的成功应用促使全球合成生物学研究蓬勃兴起，世界各国迅速推进该领域的发展。因此，合成生物学技术研究和产业化应用正在重塑世界。然而，目前合成生物学研究主要集中在医药和化学品生产领域,食品领域合成生物学的基础和应用研究起步相对较晚，发展相对薄弱。食品合成生物学是在传统食品制造技术基础上，采用合成生物学技术，特别是食品微生物基因组设计与组装、食品组分合成途径设计与构建等，创建具有食品工业应用能力的人工细胞，将可再生原料转化为重要食品组分、功能性食品添加剂和营养化学品，来解决食品原料和生产方式过程中存在的不可持续的问题，实现更安全、更营养、更健康和可持续的食品获取方式。

食品技术因其具有可预测、可再造、可调控等优势正在重塑世界，而食品合成生物学更是解决未来食品面临的重大挑战的主要方法之一，包括新食品资源开发和高值利用、多样化食品生产方式变革、功能性食品添加剂和营养化学品制造等。此外，可以基于食物营养、人体健康、食品制造大数据，靶向生产精准营养与个性化食品。食品合成生物学既是解决现有食品安全与营养问题的重要技术，又是面对未来食品可持续供给挑战的主要方法，以解决传统食品技术难以解决的问题，主要包括以下四方面的问题：①变革食品生产方式；②开发更多的新的食品资源；③提高食品的营养并增加新的功能；④食品微生物群落重构、人工组装与调控。因此，我国必须加强食品合成生物学的开发和应用，并率先实现产业化，抢占世界的科技前沿和产业高地，造福人类。本章将从以下几个部分对食品合成生物学进行介绍：①合成生物学的发展与应用；②食品细胞工厂设计与构建；③食品生物合成优化与控制；④食品微生物群落的调控和优化；⑤食品原料的生物制造；⑥人造食品生物制造。

3.1 合成生物学的发展与应用

3.1.1 合成生物学：新的生命科学前沿

生物系统是极其复杂的，尽管传统生物学通过解剖生命体以研究其内在构造，并提出了诸多理论，逐渐形成分子生物学、细胞生物学、系统生物学等知识体系，但人们对于生物系统的解读仍存在相当大的局限性。随着计算机科学、工程科学、数学、化学、物理学等领域的发展与普及，生物学研究以其基础知识为背景，在工程学思想的指导下，结合其他领域研究策略与成果，对生物系统进行更加深入的研究、设计和改造，由此合成生物学应运而生。简而言之，合成生物学采取“建物致知，建物致用”的理念[1, 2]，为理解生命原理、服务人类发展开辟了新途径，并逐渐发展成为生物学研究发展的新范式（图 3.1）。

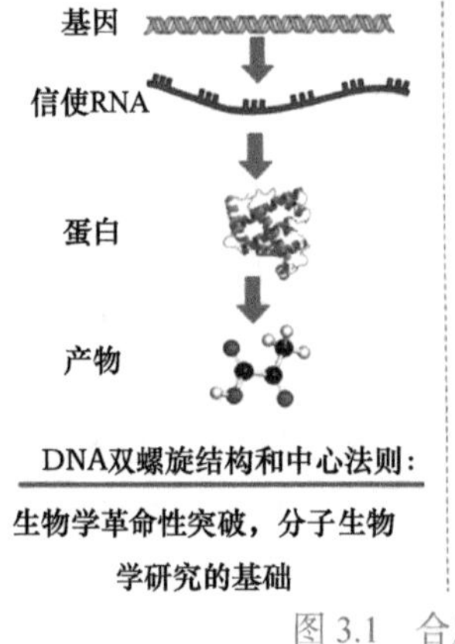

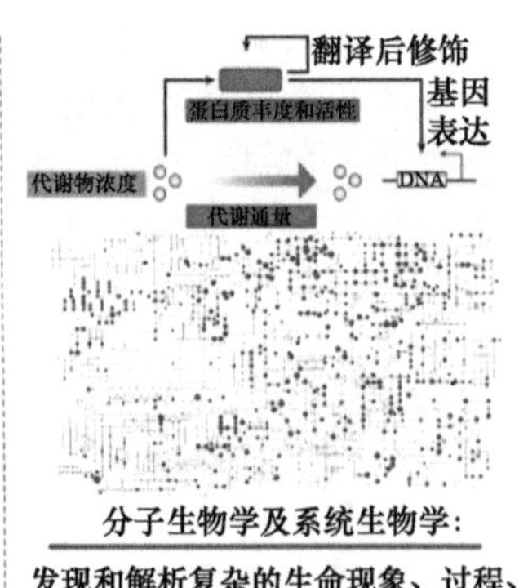

图 3.1 合成生物学研究从理解生命规律到设计生命体系

因而，合成生物学也引入了许多工程学概念，并衍生出许多专业术语，如生物元件（biological part）、生物装置（biodevice）、基因回路（gene circuit）、简约基因组（minimal genome）、简约细胞（minimal cell）、底盘细胞（chassis cell）等[1]。与系统生物学自上而下（top-down）的策略相反，合成生物学采用自下而上（bottom-up）的正向工程学策略，通过对标准化的生物元件进行理性的重组、设计和搭建，创造具有全新特征或性能增强的生物装置、网络、体系乃至整个细胞，以满足人类的需要。

3.1.2　合成生物学的发展史

1. 探索时期（1961～1999 年）

合成生物学的起始可以追溯到 Jacob 和 Monod 在 1961 年发表的一项研究[3, 4]。他们通过对大肠杆菌中 *lac* 操纵子的研究，发现细胞内存在一些调节机制，在相应的外部条件作用下，导致胞内反应的改变，由此提出了调节基因回路的概念。很快人们开始思考是否能从单个分子出发，人工构建一套能够在细胞内实现调控的系统。

与此同时，20 世纪七八十年代分子克隆、PCR 技术的发展以及遗传工程领域的早期成就（如重组 DNA 技术），使得基因操作技术在生物学研究中变得很普遍。90 年代中期，日益完善的计算机技术和 DNA 测序技术被广泛应用，解析出大肠杆菌和酿酒酵母的全基因组序列。而用于测量 RNA、蛋白质、脂质和代谢产物的高通量技术为科学家们提供了大量细胞内物质组成及其相互作用的数据，这些研究成果为合成生物学的诞生铺平了道路。

20 世纪 90 年代末，一小部分生物学家、工程师、物理学家和计算机科学家敏锐地发现，人工构建生物系统和调控网络，对探索生命机理、发展生命科学技术有极大潜力，他们开始相互合作，将工程学概念应用于生物学，合成生物学研究也正式拉开了帷幕（图 3.2）。

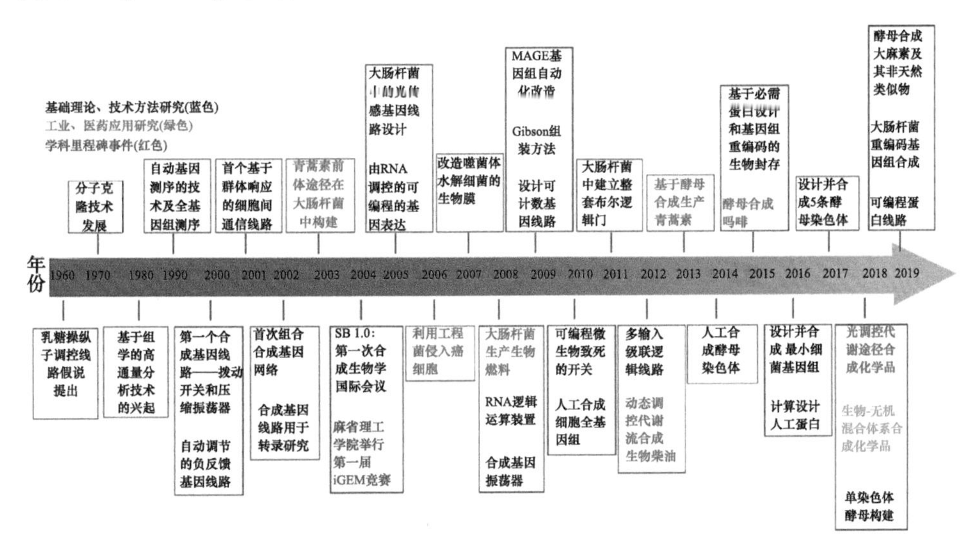

图 3.2　合成生物学的发展史

2. 创建时期（2000～2003年）

合成生物学真正被广泛关注始于21世纪初。2000年1月，第一篇人工合成基因回路研究论文发表。Gardner等[5]构建了一种基因拨动开关，使细胞可以响应外部信号，并在两种稳定的表达状态间切换。同一时期，Elowitz和Leibler[6]设计了一个振荡回路，这一回路在被激活后可以使阻遏物蛋白的表达呈现有序周期性振荡。2002年，Weiss和Basu[7]开创性地建立了转录逻辑门方法，为规范线路工程的设计和实践做出了重要贡献。通过基因回路探索基因表达和分子噪声在真核生物、原核生物基因中的关系，人们逐渐意识到合成生物学有助于深入了解、探索基础生物学。

3. 扩张和发展时期（2004～2007年）

这一时期，合成生物学领域的规模和范围开始急剧扩大，科学家们开始尝试开发模块化生物元件、设计和调控特定基因回路。2004年夏季，第一届合成生物学国际会议1.0（SB1.0）在美国麻省理工学院（MIT）成功举办。同年，基因回路的设计从DNA扩展至RNA，用于调控转录、转录后和翻译机制。Isaacs等[8]首创核糖调节器（riboregulators），通过mRNA结构的改变来沉默或激活基因表达，以实现大肠杆菌的转录后调控。群体感应回路使多细胞调控成为可能[9]，同时在部分细胞中也已实现光感应调控回路的设计[10]。

尽管合成生物学的发展有着显著突破，但若要构建复杂性更高的基因回路，科学家们仍面临重重阻碍。合成生物学奠基人之一Drew Endy在2005年发表的一篇论文中提出标准化（standardization）、去耦合（decoupling）、抽象化（abstraction）三个理念[11]，得到了同行们的高度认可，并大大促进了合成生物学的快速发展。

4. 快速创新和应用转化期（2008～2013年）

与缓慢发展的前一时期形成鲜明对比，这一时期合成生物学领域在速度和输出质量方面逐渐迈向成熟。从2008年起，具有较高复杂度、更加精确且多样化的基因回路被广泛报道，其所使用的生物元件，具有范围更广、性能更好的特性。这些基因回路应用于工业生产中，实现了产量的提高。Win和Smolke[12]开发了一种RNA装置，利用逻辑门（AND、NOR、OR）的组合构建，处理并转换分子信号输出为蛋白质，以实现细胞内的调控。

2010年，Venter研究所宣布首个人工合成的原核生物基因组及细胞的诞生[13]，其研究成果被*Science*杂志评为年度十大科学突破之首，合成生物学又迈出了重要的一步。2012年BioBricks™元件库创立，第一次从法律层面允许个人、公司及科研院校制作标准化生物元件，并在相关的协议架构下进行免费共享。各国科研在合成生物学领域的投入呈指数上升，合成生物学进入蓬勃发展时期（图3.2）。

5. 合成生物学新阶段（2014 年至今）

合成生物学的最终愿景是设计和构建可预测结果的生物细胞，以服务于人类的发展。2014 年，Romesberg 团队设计合成了一个非天然碱基配对，并将其整合大肠杆菌基因组，使得遗传字母表从 4 个扩充为 6 个，密码子从 64 个扩充为 216 个[14]；2015 年，Smolke 团队通过基因工程技术改造酵母，从糖类合成阿片类药物[15]；2016 年，Baker 团队人工设计并合成了一个直径为 25nm 的非天然蛋白质，为通过基因编辑的蛋白质开发新的药物与材料奠定了坚实的基础[16]。上述三项研究工作均被 *Science* 杂志评选为当年的年度十大科学突破之一。合成生物学应用于实践的一个重要里程碑是 Keasling 团队对青蒿素前体途径的工程化优化构建与元件的适配，最终形成优化的酵母青蒿酸合成途径，并授权赛诺菲（Sanofi）公司生产[17]。近年来，合成生物学研究逐步从构建简单的生物元件向复杂的生物系统发展，并在不断尝试后落地工业生产。但与此同时，人工合成系统对其微生物宿主通常会造成不同且沉重的生理负担，这一难题仍亟待解决。

3.1.3　合成生物学重要研究进展与应用

1. 基因组合成

"人造生命"的合成是合成生物学发展史上的里程碑式事件，为合成生物学的大规模发展奠定了最基本的使能技术基础。人工酵母基因组 Sc.2.0、酵母染色体融合和基因组编写计划是基因组合成研究的核心内容。合成酵母基因组计划（Sc.2.0）是一项国际科技合作计划，其目标是用化学法逐一合成酵母的 16 条染色体，并最终全部取代酵母细胞的天然染色体，成为人工酵母细胞[18]。覃重军等联合团队和 Boeke 团队分别基于 CRISPR 基因编辑技术，2018 年在 *Nature* 期刊上同期分别发表了"16 合 1"染色体和"16 合 2"染色体酵母[19, 20]。基因组编写计划由美国科学家 Boeke 和 Church 等在 2016 年提出，该计划旨在通过若干大基因组的合成推动相关技术的研发，进而将基因组合成和测试成本在 10 年内降低至现在的千分之一以内，促进对包括人类基因组在内的生命体系更好的理解和应用。

2. 高版本底盘细胞

底盘细胞是合成生物反应发生的宿主，常见的底盘细胞包括大肠杆菌、枯草芽孢杆菌、酵母菌、假单胞菌、丝状支原体等。在实践中，还常常根据需要对底盘进行改造，包括嵌入、替换或删除一些基因或者基因模块。相关底盘细胞改造能够使嵌入的目标产物合成系统不会受无关代谢途径的影响，还可以减少细胞中其他代谢过程对能量和物质的消耗。功能升级版的底盘细胞是目前研究的热点。同时，研究人员正在开发动物、植物细胞作为生物底盘以满足不同产物合成对底盘功能的需求。

3. 生物元件与基因回路

目前，生物元件主要来源于自然界，基于生物全基因组或转录组测序和信息挖掘的生物元件的筛选与鉴定是其研究主流。通过对基因组中的功能蛋白、转录和翻译特征序列分析，可以得到丰富的启动子、核糖体结合位点、蛋白质编码序列以及终止子等生物元件资源。为实现对目标生物器件或生物系统的预测、设计、构建与优化，有必要对现有生物元件的结构与功能进行改造。由美国科学家建立的蛋白质的定向进化技术（获得 2018 年诺贝尔化学奖）仍然是目前生物元件改造的主要策略。生物传感器（biosensors）通常是由生物元件与物理、化学换能器耦合而成的传感器，分子生物传感（molecular biosensors）不一定需要与换能器耦合，它们具备分子识别和信号发生双功能，已经广泛用于活细胞内分子探测。转录生物传感器利用转录因子（transcription factors，TFs）直接或间接作用于基因启动子来调控基因转录，进而实现调节各种基因的表达量。

4. 使能技术与平台

合成生物学使能技术（enabling technology）主要包括 DNA 测序技术、DNA 合成技术、基因组设计、合成与组装、基因编辑技术、元件工程（包括新蛋白设计）、回路工程、计算与建模等。DNA 测序技术受人类基因组计划驱动迅速发展，经历了三代。DNA 合成以及高效基因组编辑技术都是合成生物学的核心使能技术。现有基因合成的主流方法是基于寡核苷酸合成仪来合成寡核苷酸，然后在此基础上利用 PCR 等手段进行基因合成。目前 CRISPR-Cas 体系是最为常用的基因编辑技术，其原理是利用向导 RNA 介导 Cas 蛋白在特定的靶标序列处引起 dsDNA 的断裂，然后利用同源重组方法进行精准的 DNA 序列替换或利用非同源末端连接方法进行靶标基因的中断。除了基因组编辑外，Cas13、Cas12 以及 Cas14 等蛋白在结合了靶标 DNA 后会诱发其旁路切割活力，进而被开发成下一代分子诊断技术。

5. 合成代谢和人工复合生物体系

代谢工程研究的主要目的是通过对底盘代谢途径或网络的设计、改造、构建，使其能够产生符合人类要求的产物，并逐步提高其效率。我们可以通过对大规模代谢网络的计算分析，设计出目标产物的最优生产途径，从而帮助研究人员制定合适的改造策略。

天然产物生物合成：通过构建微生物底盘和重构基因回路，已经实现了多种天然活性物质的生物法合成，包括稀有人参皂苷（ginsenoside）、甜菊糖苷（steviol glycosides）（治疗记忆障碍药物）、番茄红素（抗氧化保健食品）等。有一些合成天然化合物的产量已经达到前所未有的水平，具有很强的工业价值。如张立新团队应用多组学方法揭示，在初级代谢中积累的胞内三酰甘油在细胞静息期被降解，基于此设计了一个“动态降解三酰甘油”的策略来稳定三酰甘油积累和增加聚酮的生物合成，使阿维菌素的效价提高了 50%，在 180t 规模达到 9.31g/L[21]。

人工复合生物体系：天然化合物异源从头合成常常需要在一个生物底盘引入多个基因元件和基因回路，虽然已经有一些成功的例子，但难度非常大，而且实验结果常难预测。自然界微生物的共代谢和现有生物工艺中的混合培养工艺提供了一种可以借鉴的复合生物体系形式（多细胞体系）。例如，大肠杆菌和酵母工程菌的组合培养，开辟了生物碱生产的新途径[22]。

合成生物学是 21 世纪初新兴的生物学研究领域，是在阐明并模拟生物合成的基本规律之上，达到人工设计并构建新的、具有特定生理功能的生物系统。如今，合成生物学已经展示出其强大的能力和更重要的使命，如图 3.3 所示。如同基因组学将生命科学研究推进到系统生物学，合成生物学也将在一定程度上改写生命科学研究范式，即通过设计和创造生命体系来理解生命，探寻是否还有支配生命体这种复杂系统的自然法则。利用合成生物学方法和理论，对生命过程或生物体进行有目标的设计、改造乃至重新合成，创造解决生物医药、环境能源、生物材料、食品等问题的微生物、细胞和蛋白（酶）等新“生命”，可能带来新一轮技术革命的浪潮，对于解决与国计民生相关的重大生物技术问题有着长远的战略意义和现实意义。

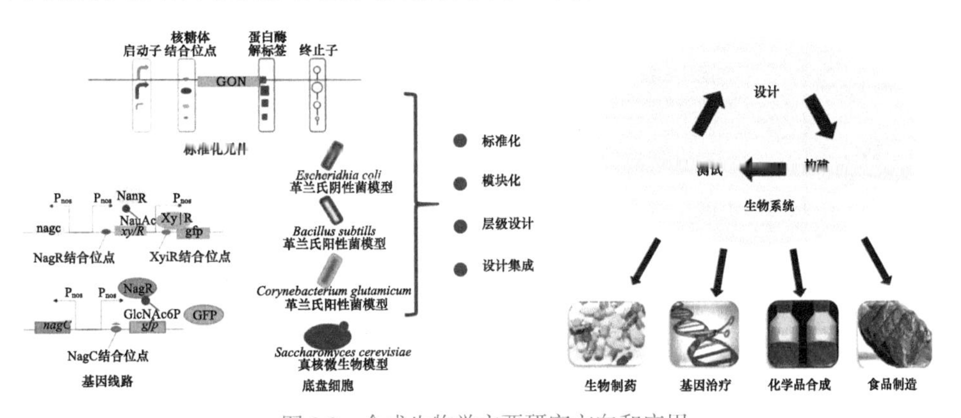

图 3.3　合成生物学主要研究方向和应用

3.2　食品细胞工厂设计与构建

随着我国经济实力的不断增强，人们对食品的需求量和食品安全性要求不断提高，这对我国食品工业的生产模式提出了新要求。同时，我国的食品工业还存在高能源消耗和高污染的问题，这对我国的能源和生态环境造成了巨大的压力，对我国未来食品生产方式和供给方式提出了新的要求。伴随生物技术、计算机科学等技术的快速发展，构建食品细胞工厂，以可再生生物质为原料，利用细胞工厂生产肉类、牛奶、鸡蛋、糖、油脂等人造食物，颠覆传统的食品加工方式，形成一种更加安全、更加营养、更加健康和可持续的新型食品生产模式，将会成为我国食品科技发展的战略趋向之一，也是未来食品工业发展的趋势之一[23]。食品细胞工厂的设计与构建是这一趋势的关键一步和核心问题，而系统生物学是解析细胞工厂的重要研究方法[24]，是未来食品工业技术发展的重要驱动力。

细胞工厂的设计与构建是未来食品生物制造的核心技术，细胞工厂可以被笼统地定义为利用细胞的代谢来实现物质的生产加工。细胞工厂的宿主选择范围较广，微生物细胞、动物细胞和植物细胞均可以被开发作为细胞工厂，目前而言，细胞工厂的改造主要在微生物细胞中进行[25]。因此以微生物细胞工厂为例，由于微生物细胞自身酶系种类、转化效率和代谢途径的限制，将微生物细胞改造成细胞工厂，与组学分析、高速计算机技术和分子改造技术的最新进展息息相关。解析微生物细胞的基因、蛋白、网络和代谢过程中的本质，在分子、细胞和生态系统尺度上，多水平、多层次地认识和改造微生物，经过人工控制的重组和优化，对微生物细胞代谢的物质和能量流进行重新分配，从而充分发掘微生物细胞广泛的物质分解和优秀的化学合成能力[26]，通过以下几方面的改造（图 3.4），可以快

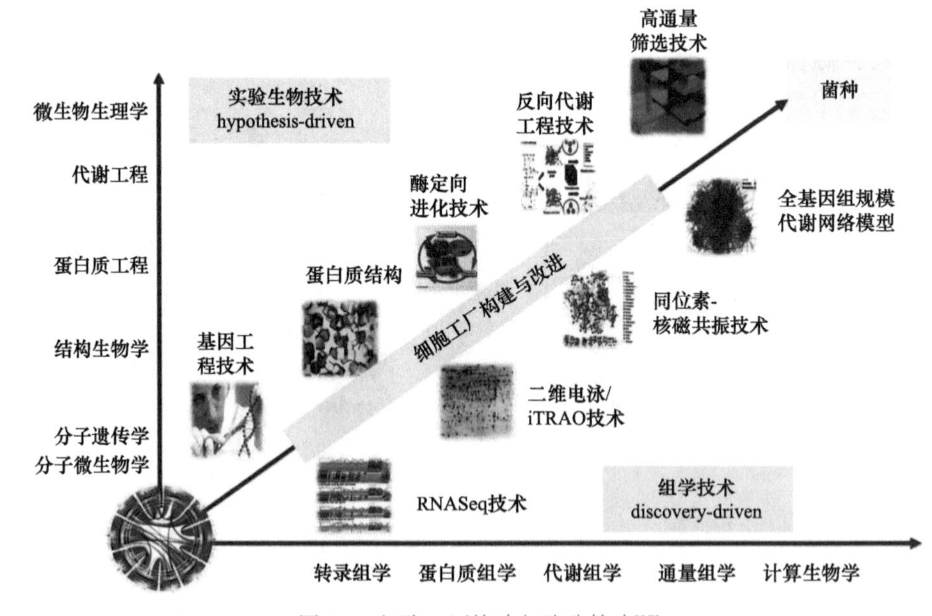

图 3.4　细胞工厂构建与改造策略[27]

速地构建出生产各种人造食品的细胞工厂。为方便起见，将细胞工厂设计与构建的工具和策略分为两类：系统生物学和合成生物学。

3.2.1　系统生物学

系统生物学通过基因组、转录组、蛋白质组、代谢组以及代谢流组等组学分析技术，对特定种类生物分子的组成、结构、表达调控及相互关系进行研究，系统解析细胞在RNA、蛋白与代谢物等不同水平上的变化规律与调控机制，进而通过数据驱动的方法与数学模型化来模拟和认识细胞工厂的生命过程[28]。组学可以提供各种基因型和环境条件下的系统范围内关于细胞和代谢特征的宝贵信息。

1. 底盘细胞构建与优化

底盘细胞是构建细胞工厂的核心难题，目前许多重要的模式微生物如大肠杆菌、酵母和枯草芽孢杆菌等由于其遗传背景清晰且具备高效的遗传操作工具，已经被应用于不同产品的工业生产。基因组是生物体全部遗传信息的总和，是研究认识生命过程的基础。基因组化学再造与重排标志着人类可以通过合成的手段对生命本质和进化演化开展研究，为细胞工厂的设计与构建提供了全新的技术手段。随着基因组测序技术，尤其是二、三代技术的快速发展，大大地降低了基因组测序的成本，推动了基因组学的发展，而基因组组装和注释工具的完善使得研究者可以更加方便地对基因组信息进行挖掘和认识，使得研究者对基因组的改造变得越发简单和成熟。

基因组再造指利用化学合成的核苷酸分子“自下而上”构建生物基因组，基因组诱导重排指在全基因组尺度进行DNA序列与结构的人为调控[29]。通过对基因组进行适度精简，删除掉部分非必需的基因、不稳定序列和强化某些基因的表达，有助于提高基因组的稳定性，改善细胞对底物和能量的利用效率。Guo等[30]通过在大肠杆菌中的敲除碳存储调节因子，使糖原颗粒积累，导致染色体DNA不对称分离，从而缩短大肠杆菌的复制寿命，以扩大细菌细胞。研究人员还通过调节大肠杆菌中的电子传递链和应激反应途径相关基因，来调控时序寿命（chronological lifespan，CLS，细胞在不分裂条件下的存活的时间）。对大肠杆菌ATCC 8739（野生型）中分别敲除6个电子传递链和应激反应途径相关基因，能够导致CLS增加33% ～ 66%不等；分别过表达另外5个相关基因能导致CLS增加19% ～ 23%不等。研究人员选择其中3个基因*hns*、*rssB*（rpoS的调节因子）和*rpoS*（sigma-38）进一步研究对半时序寿命（half chronological lifespan，HCLS，大肠杆菌存活率达到50%的时间）的影响。结果表明，敲除*hns*、*rssB*和过表达*rpoS*，能使HCLS分别延长15%、81%和68%，通过对基因组的优化表达创建出了一个良好的底盘细胞。

2. 异源代谢途径的设计与构建

由于特定产物的合成与关键酶的选择相关，因此产物代谢途径设计是一个困难的问题，目前对于途径的设计往往采用文献分析、数据库分析和计算机辅助设计的方式结合进行。外源基因导入宿主微生物构成细胞工厂时往往还需要对其整体代谢途径进行优化表达，才可以使产物的产量达到最大化。透明质酸是一种高分子量的糖胺聚糖，在食品工业和生物医药等行业中有着广泛的应用[31]。Jin 等[32]通过代谢工程重组枯草芽孢杆菌代谢产生透明质酸。在可诱导启动子 PxylA 的控制下，在 lacA 位点引入编码透明质酸合成酶的异源 *HasA* 基因，可获得 1.01g/L 的透明质酸。在此基础上，通过共表达系列关键基因（*tuaD*、*gtaB*、*glmU*、*glmM* 和 *glms*），并通过减弱 *pfkA* 基因的表达来削弱竞争性糖酵解途径，透明质酸的产量从 1.01g/L 增加到 3.16g/L。

3. 限速节点的鉴定

代谢途径中的限速节点是事关细胞工厂设计优化的关键。在传统代谢工程中，研究者往往基于之前不断的实验试错或大规模的文库筛选来鉴定代谢瓶颈，但是这种策略在细胞工厂靶点的鉴定上存在着较大的缺陷，并且往往在解决了瓶颈之后又会出现一个新的瓶颈，不能够整体地进行鉴定，组学数据分析成为一种发现细胞工厂代谢瓶颈的有效策略[24]。转录组学对不同条件下细胞工厂的基因表达水平进行比对分析，是发现代谢瓶颈的有效策略。苹果酸是一种在食品饮料领域、医药领域和化工领域具有重要作用的产物，Liu 等[33]通过对产苹果酸不同产量的米曲霉菌株进行转录组学比较分析，最终发现在代谢通路中 *pfk* 基因是影响苹果酸产量的一个主要因子，通过在米曲霉中将这一基因进行过表达之后苹果酸的产量有了显著的提高。

目前构建细胞工厂时通常采用多组学分析方法，将各组学数据进行统一分析，而不是只分析单一类型的组学。多组学分析方法可以通过弥补每个组学的缺点来完善对宿主菌株的全面了解。多组学分析可用来阐明宿主菌株中的各种现象，并确定更多的工程目标。Guan 等[34, 35]采用转录组学和代谢组学对产酸丙酸杆菌原始菌株 *P. acidipropionici* CGMCC 1.2230 和基因组改组菌株 *P. acidipropionici* WSH1105 进行分析，结果发现丙酮酸脱氢酶和乙酰辅酶 A 合成酶在两株菌株中的表达有显著差异，结合代谢组学分析发现丙酸的直接前体琥珀酰辅酶 A 的合成通量较低是限制丙酸生产的原因之一，通过外源优化添加，使得丙酸的产量提高了 55%。

4. 计算机算法预测

研究者开发了一些用于预测各种天然的和非天然的化学品的生物合成途径，

这其中就包括了 BNICE、RetroPath、GEM-PATH、OptSTrain 和 DESHARKY 等算法[36]。其中，GEM-PATH 是一个很好的工具，被应用于在复杂的反应体系中识别 20 种商业化学产品的 245 条独特的异源途径[37]。而利用 MapMaker 和 PathTracer 等分析工具进行计算代谢途径搜索[38]，发现大肠杆菌具有生产 1777 种非天然化学物质的巨大潜力，其中 279 种具有商业用途，这对设计细胞工厂具有极其重要的作用，研究者通过计算机算法对宿主菌株进行预测分析，将有助于加快细胞工厂的构建。

3.2.2　合成生物学

自然微生物中可以生产的食品组分较少，远不能满足未来食品对这些化学品的需求，即使一些微生物可以生产这些化学品，但是其产量往往也较低，不具备经济可行性，而合成生物学的发展极大地提高了细胞工厂的构建能力，可以有效地解决微生物生产化学品种类较少和产量较低的问题。

1. 合成途径的设计与创建

食品组分的生产合成途径可能往往并不只存在于单一的生物中，应合理设计新的代谢途径并使用计算机模拟设计，然后对相应的酶和代谢途径进行试验开发，将来源于不同生物的反应体系组装到一个细胞中[39]。目前，许多来源于植物的食品组分正在受到研究者的关注，但是由于这类天然产物的分子结构较为复杂，导致化学合成相当困难，目前基于植物提取的工艺通常较少。利用合成生物学对这类产物合成途径进行设计的一个典型的例子是青蒿酸的生产，研究者利用合成生物学技术基于酿酒酵母的系统代谢工程开发出的高效合成青蒿酸的酿酒酵母细胞工厂，使得青蒿酸的产量达到了 25g/L 以上[40]，其升级工艺已经商业化，这展示了微生物细胞工厂向食品组分生产转移的巨大潜力。

2. 合成途径的优化

合成途径创建之后，下一步就是对代谢途径的通量进行优化，以提高产品效价、生产率和回收率，从而实现经济可行。传统的代谢工程方法可以在很好的程度上实现途径通量的优化，但需要更精确和可预测的代谢通量控制工具来以更少的时间和精力开发更高性能的菌株。微调代谢通量的一种直观方法是通过调节基因表达成分，如启动子、核糖体结合位点（RBS）、终止子、3′非翻译区（3′UTR）或 5′UTR 和转录因子来控制基因表达水平，可以设计这些组件来实现所需的目标基因表达水平[41]。优化启动子组合是应用最广泛的策略之一，Liu 等[42]构建了 *N*-乙酰葡萄糖合成模块中两个关键基因 GNA1（编码氨基葡萄糖-6-磷酸乙酰化酶）和 GLMS（编码氨基葡萄糖合成酶）不同强度启动子组合，通过表达不同组合的

Hfq 蛋白和合成的小分子调控 RNA，分别抑制编码磷酸葡糖胺变位酶的 *glmM* 基因和编码 6-磷酸果糖激酶的 *pfkA* 基因的表达，形成调控肽聚糖合成模块和糖酵解模块。然后对糖酵解模块、*N*-乙酰氨基葡萄糖合成模块和肽聚糖合成模块进行不同强度的组合，并用模块工程法筛选出最优组合。最后，*N*-乙酰氨基葡萄糖在摇瓶中的效价提高到 8.30g/L，比没有进行模块化途径工程优化的菌株提高了 2.34 倍。

高效的合成途径往往并不仅仅受限于某个单一的限速反应步骤，而是需要多个酶的协同平衡，基于标准化调控元件文库，可以对代谢途径中的基因进行精确调控表达，可以根据细胞培养周期以及代谢物产生的时间进行协调表达。Guo 等[30]在构建大肠杆菌底盘细胞的基础上设计了基于重组酶的双输出状态机（TRSM）用于乳-羟基丁酸共聚酯生产，控制大肠杆菌的两种模式：细胞生长模式和乳-羟基丁酸共聚酯生产模式。由于敲除 *csrA* 能缩短细胞的复制寿命，扩大细胞尺寸，有助于提高产品的产量，因此在生长模式时表达该基因，而在生产模式时不表达该基因，表达代谢途径中的丙酰-CoA 转移酶和聚羟基链烷酸合酶。TRSM 能够控制 *csrA* 和编码代谢途径酶的基因精确表达，使细胞在两种模式之间切换。最终工程菌株的细胞扩大 13.4 倍，在 5 L 发酵罐中，乳-羟基丁酸共聚酯的最高含量达到 52 wt%。

通过人工合成蛋白质骨架，可以将合成途径相关的酶聚集在比较近的区域，提高生化反应的速率，并且还可以对相关酶进行最优配比。Liu 等[43]在枯草芽孢杆菌中，将氨基葡萄糖-6 磷酸乙酰化酶和氨基葡萄糖合成酶分别与锌指蛋白共定位于合成的 DNA 支架上，并通过与锌指蛋白的融合控制到一定的比例，考察了氨基葡萄糖-6-磷酸乙酰化酶和氨基葡萄糖合成酶的不同配比（1：1、2：1 和 1：2）对 *N*-乙酰氨基葡萄糖效价和产率的影响，结果表明，1：1、2：1 和 1：2 配比的 *N*-乙酰氨基葡萄糖效价和产率均显著高于无支架调制的 *N*-乙酰氨基葡萄糖效价和产率，并确定了氨基葡萄糖-6-磷酸乙酰化酶和氨基葡萄糖合成酶的最佳配比，从而提高了产量。

3. 细胞生产性能的优化

在优化完成合成途径之后，研究者就可以初步获得一个人工细胞，需要对获得的人工细胞进行生理性能和生产环境适应能力的优化。定向进化和半理性进化等方式是对细胞生产性能进行优化的优良方法，只有通过对人工细胞的优化才可以将其变为可以用于生产的细胞工厂。

系统生物学和合成生物学在细胞工厂的设计与构建过程中并不是相互分割的，而是相辅相成的，系统生物学可以使用各种组学分析技术解析细胞性能提升的遗传机制，指导合成生物学进行细胞的构建，而合成生物学构建的细胞工厂则需要系统生物学的分析才能够不断地按照人类的要求进行定向进化（图 3.5）。

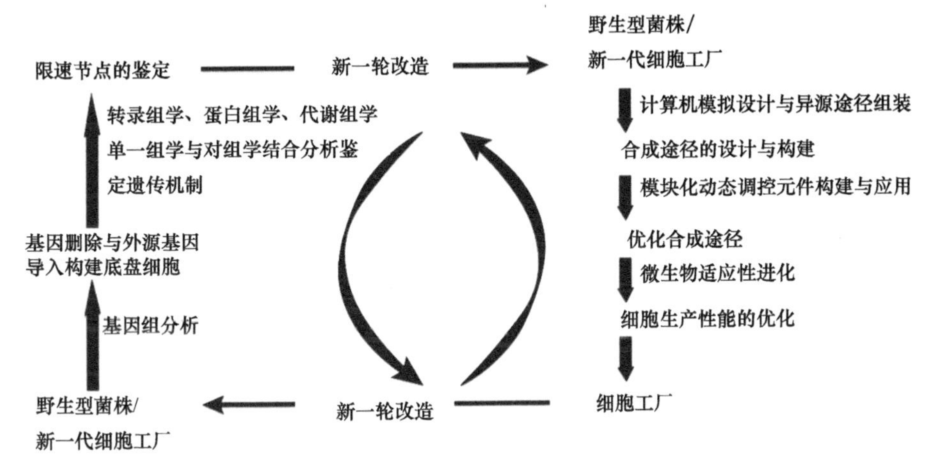

图 3.5　细胞工厂构建的技术路线

细胞工厂的设计是精细而复杂的，系统生物学、合成生物学、计算机科学等新学科、新技术的快速发展，为构建高效食品细胞工厂奠定了理论和技术基础。相信在不久的将来，将有越来越多设计精密、含有更多更复杂的基因元件并且控制更加方便的细胞工厂出现并应用于食品工业生产中，为食品产业做出巨大的贡献，同时降低能源与生态压力，彻底解决食品原料和生产方式过程中存在的不可持续的问题。

3.3　食品生物合成优化与控制

食品的生物合成是指利用微生物发酵或者动、植物细胞培养将简单的原材料加工成具有特定性质和功能的食品的过程。鉴于细胞培养的成本，短时期内食品生物合成仍以微生物发酵为主。虽然人类在食品生产中使用微生物的历史非常悠久，但是传统发酵食品的大规模工业化生产还是在 19 世纪中叶查尔斯·达尔文的《物种起源》的发表以及现代微生物学奠基人路易斯·巴斯德对酵母菌的发现之后，伴随着几次工业革命发展起来的。规模化生产对产品质量的稳定性、安全性、设备和工艺的可靠性都提出了比家庭作坊更高的要求，也催生了过程控制和过程检测技术在食品生物合成中的应用。

现代意义上的过程控制，至少包括两个层面的含义：底层的调节控制（regulatory control）和上层的监视控制（supervisory control）。广义的控制系统还包括生产执行系统（manufacturing execution system）等不属于生物技术范畴的概念，限于篇幅本书不涉及。发酵过程的过程变量由于扰动（内在和外部）偏离设定值后，控制器根据仪表的测量值与设定值之间的误差计算出执行器的动作信号，将过程变量拉回设定值附近，这个过程称作闭环控制，这一结构称为控制回路，如图 3.6 所示。食品发酵过程的底层调节控制由温度控制、溶氧控制、pH 控制等多个互相影响的控制回路组成。

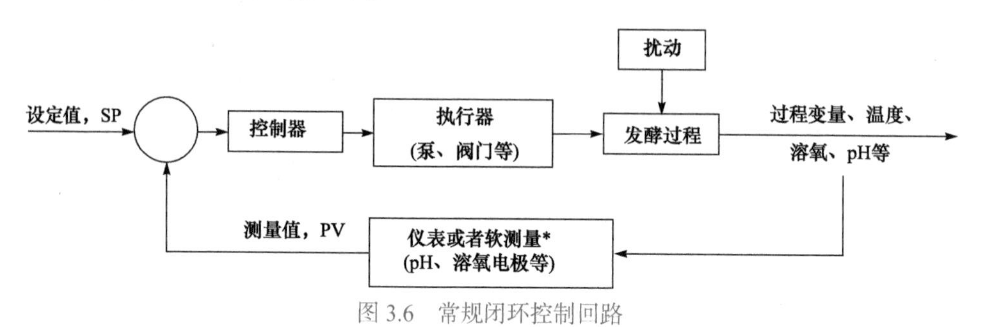

图 3.6 常规闭环控制回路

*软测量（soft sensor）是指将一个或者多个仪表测得的数据进行组合计算后得到的过程参数，如呼吸熵、得率系数等

上层监视控制是指操作人员通过监控整个发酵过程的多个控制回路参数以及其他指标，根据经验或者理论对底层控制回路的设定值进行修订。一般说的过程优化，即在监视控制层面对各个控制回路的设定值进行优化，如在不同的阶段使用不同的温度或者 pH、补料流量调节等。而底层调节控制的目标则仅仅是维持这些给定的设定值，不属于发酵优化。下文将在这两个层面上对食品发酵控制和优化技术进行简单介绍。

3.3.1 底层调节控制

在调节控制层面，控制器是最核心的部件，它通过调节执行器的输出（阀门开度、泵的转速等）影响发酵过程，将过程变量的测量值维持在操作员给定的设定值附近。比例积分微分（PID）控制器是工业中最常用的控制器之一。PID 控制器的输出为连续函数，因此需要配合控制阀、变频驱动器等连续可调的执行器使用，有一定的硬件成本。在控制精度要求较低时，使用简单开关阀的开关控制也能将过程变量控制在一个可以接受的区间内。例如，储罐的液位控制，测量仪表为液位开关，操纵变量为开关阀，或者恒定转速的泵，可以完全通过硬件实现。然而，小到一个反应器，大到一个工厂，所有的参数都是有内在的必然联系的。例如，温度控制冷却水的流量是和反应产热相关的；pH 控制所用的碱的流量也是和发酵反应产生二氧化碳或产酸的速率相关的；一定的搅拌转速下马达的耗电量与发酵液的黏度是相关的，这些都可以用来进行过程的优化和问题的诊断。在硬件越来越廉价而大数据的价值越来越突出的今天，为了节约硬件成本而使用简陋的控制策略是缺少战略眼光的表现。

介于连续 PID 控制和开关控制之间有一种脉宽调制控制（PWM）或称占空比控制。这种策略结合 PID 控制器和开关执行器，通过调整一个固定周期内开关处于开或关的位置的时长，使周期内的平均输出为介于全开和全关之间的任意数值。图 3.7（a）给出了用 PID 控制器和电磁阀进行温度控制的例子。占空比控制不仅可以使开关型执行器达到类似连续控制的效果，在延时比较严重的过程中应用，还能避免超调，比简单的 PID 控制更容易整定。因此，即便是执行器是连续可调的，也有使用占空比控制的情况。一个典型的例子就是食品发酵过程常见的 pH 控制，尤其是在实验室规模的台式生物反应器上，如图 3.7（b）所示。它们虽然都配有连续可调的蠕动泵，但是由于反应器内的混合、酸碱中和反应和 pH 电极自身的响应都需要一定的时间，再加上酸碱中和反应严重的非线性，单纯使用 PID 控制器时，如果整定不合适往往会出现 pH 振荡而无法控制的情况。使用占空比控制可以在很宽的动态范围内保持较好的稳健性（robustness）。

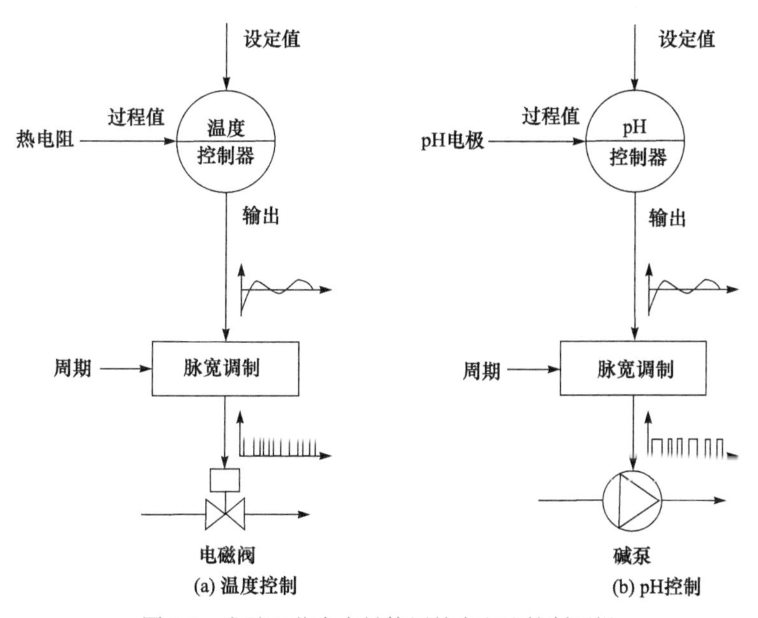

图 3.7　发酵工艺中大量使用的占空比控制逻辑

3.3.2　在线检测仪表

上文中使用温度、pH 等常规参数的例子来解释发酵过程中的底层调节控制。其中涉及的 pH 电极、热电阻（偶）等在线测量仪表已经十分成熟，且在其他工业也广泛应用，并不是食品发酵所特有的，也不能直接代表发酵工艺的优劣。很多食品发酵还要靠人的嗅觉、味觉、视觉等感官评价作为依据。有些可能会用到高效液相色谱、气相色谱等离线检测设备[44]。但是，由于这些分析手段样本准备和检测周期都很长，一般只作为调整操作条件的参考，而不用于闭环控制。在第四次工业革命即将到来的今天，这种情况已经开始限制传统发酵食品向高度自动化和定制化发展的进程。为了解决这个问题，过去20年来人们提出了“电子鼻”“电子舌”等概念，即多传感器系统。这类传感器不但能像传统分析仪表一样提供定量数据，而且能对发酵过程进行定性的描述（分类、识别等），类似于人的感官。

与依赖单一电化学或者生物化学反应的传统传感器不同，电子鼻或者电子舌含有多种不同材料的感应元件。这些感应元件单独拿出来并不具备对某一种化学物质的特异性，但是由于它们对气味或者味道或多或少都有一定的响应，因此，将所有感应元件的数据综合起来，就得到某一个气味或者味道的模式指纹。将这些指纹数据与通过其他手段获得的感官数据相对应，即可得到一个数据库，可以对电子鼻和电子舌进行标定。电子鼻或电子舌的标定过程需要用到主成分分析、偏最小二乘法（PLS）、支持向量机（SVM）等多参数分析技术。这些数据处理模块，本质上是多参数统计学模型，在机器学习中也大量使用。电子鼻和电子舌技术已经成功应用到食品生物合成过程中，包括各种酒类、奶制品、肉制品，以及红茶发酵[45]。这些传感器使用了8～32种不同的感应元件，数据处理方法包括前面提到的统计学模型，以及人工神经网络（ANN）。

除电子鼻、电子舌之外，在线近红外（NIR）光谱分析在食品合成过程中也有越来越多的应用[46]。该技术基于不同的化学键对特定波长的红外线的发射或者吸收特征对混合物进行成分分析。在食品合成中，近红外光谱主要用来定量分析，可以用来分析食品中主要成分的含量，如脂肪、水、蛋白质等，用于分析其他性质如黏度等也有报道[47]。目前最流行的仪器几乎无一例外都是基于快速傅里叶变换（FFT）结合偏最小二乘法数据拟合的，其与电子鼻、电子舌在基本思路和数据处理方面是十分类似的，可以认为是“电子眼”。目标参数与光谱数据之间也是统计意义上的相关性，而不是绝对意义上的因果关系。因此，无论是电子鼻、电子舌还是近红外光谱，其数据处理模块都是不具备普适性和外延性的。当从一个体系切换到另一个体系后，或同一个体系操作在完全不同的区间时，都要重新采集大量数据对模型参数进行重新拟合。

3.3.3 食品合成优化

虽然本质上说食品合成中特有的风味、品质等指标是由原材料及发酵工艺决定的，但是二者之间并没有简单的一一对应关系，也很难通过机理模型进行关联。因此，食品发酵优化一般是采用统计学方法进行的，即根据经验尝试不同的操作条件，并在发酵结束后对其结果进行评价。

1. 响应曲面法

由于操作条件之间一般存在交互作用，响应面实验设计是食品发酵优化的经典策略。Tian 等[48]通过三因素五水平中心复合实验，以酒精度、总酸及感官评价为目标，优化了青梅酒发酵工艺的温度、物料-液体比例，以及糖含量，得出较优的操作条件组合。Ahmad 和 Munaim[49]也用这个方法对固体发酵从葡萄糖生产山梨醇的工艺进行了研究，发现物料湿度和温度之间的相互作用对山梨醇的得率有显著影响。Jinendiran 等[50]利用两水平 Placket-Burman 实验设计和响应面法，对一株 *Exiguobacterium acetylicum* 深层发酵产β-胡萝卜素工艺中的五种培养基成分和两个操作条件进行了组合优化，发现葡萄糖、蛋白胨、pH、温度等 4 个参数对菌体和β-胡萝卜素的生产起着关键作用。

2. 人工神经网络

人工神经网络在生物过程优化中的应用也已经有近半个世纪的历史[51]。与响应面法相比，神经网络可调参数多，需要的数据量巨大，这也是“人工智能”和“大数据”总是成对出现的原因。由于发酵过程耗时，产生数据较慢且噪点较多，该方法很少有成功应用的例子。Wang 等[52]使用反向传播人工神经网络对一株 *Bacillus* sp.发酵产奶油风味剂丁二酮进行了优化（图 3.8）。该神经网络的隐藏层有五个神经元，输出层为丁二酮产量，如图 3.8 所示。该神经网络的隐藏层共有 $w_{11}\cdots w_{53}$15 个斜率，$b_1\cdots b_5$5 个截距；输出层含有 $w_1\cdots w_3$3 个斜率和 1 个截距 B，整个网络共有 24 个可调参数。按照一般标准，该神经网络需要 10～20 倍可调参数，即 240～480 组数据才能可靠拟合，而 Wang 等[52]只使用了 15 组数据，比可调参数的数量还少，所以过度拟合是必然的，模型的可靠性无法保证。类似的例子还有很多，如王云龙等[53]在优化 *L*-天冬酰胺酶发酵培养基时，用 50 组摇瓶数

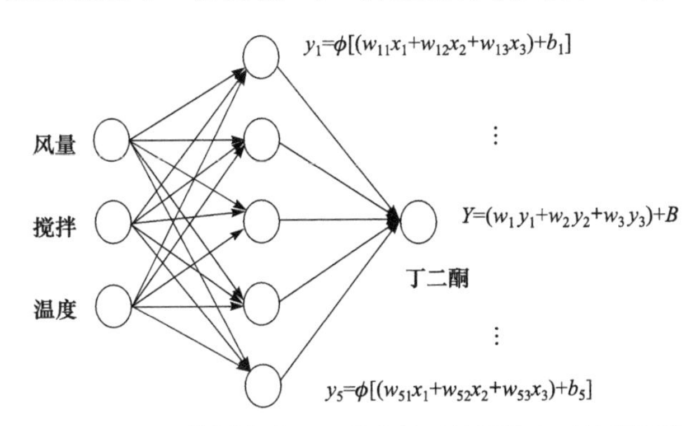

图 3.8 Wang 等[52]优化丁二酮产量时使用的人工神经网络

该网络含有 24 个可调参数，需要 240 组以上的数据进行拟合才有统计学意义

据来训练一个含有 50 个可调参数的神经网络，得到 0.98～0.99 的相关性系数也是过度拟合的结果，而不是模型准确度的表征。以上例子反映了食品发酵过程优化的难度以及研究人员对新技术理解的欠缺。

3. 其他方法

偏最小二乘法-支持向量机模型[54]、回溯搜索算法也有人尝试[55]。但所有这些方法从根本上讲都是利用统计学模型对复杂的发酵过程进行近似，与基于多项式拟合的响应面法没有本质区别，且无论采用哪种模型，根据发酵终点的指标对发酵工艺进行优化的策略意味着忽略实际生产过程中出现的各种内在的和外来的扰动，无差别地将操作条件固定在实验室得出的“最优”设定值上。从上层监视控制的角度来说，这是一种静态的、开环的控制策略，不同批次之间出现质量波动是可以预见的，虽然这种波动在一定程度上是可以接受的。很明显，这种离线优化策略也没有发挥出电子鼻、电子舌等先进的在线分析检测手段的优势。事实上，基于现有的技术手段，整个过程是完全可以实现智能化和自动化的，如图 3.9 所示。近年来涌现出大量此类技术在水果[56]、蔬菜[57]、酒品中的应用报道[58]，但主要用于离线质量检测。

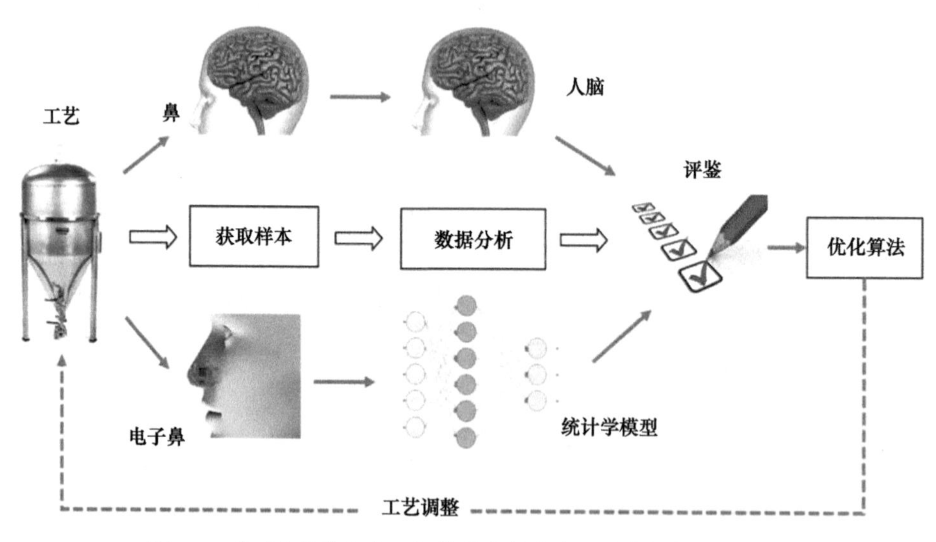

图 3.9　基于电子鼻和人工智能的食品合成工艺优化技术示意图

从控制理论的角度，通过电子鼻、电子舌和人工神经网络对生物合成食品品质的评鉴属于软测量。结合先进控制技术是可以实现食品合成过程的动态闭环控制并对最终产品质量进行优化的，这在其他微生物发酵领域是有成功应用的例子的[59-62]，在食品生物合成中的应用是可以期待的。此外，在以规模定制①为特征的第四次工业革命的背景下，该技术也有望从根本上解决食品生产“众口难调”的问题。

3.4　食品微生物群落的调控和优化

食品微生物是指与食品相关的微生物的总称，而食品工业生产中使用的主要是食用微生物，利用这类微生物的特性来生产某些食品组分或者增强食品的功能，从而获得人们所需要的产品。微生物用于食品发酵在国内外均具有悠久的历史，处于发酵过程中的食品微生物群落代表着一个潜在的模式生态系统，其内部包含着多种微生物，它们之间的相互作用使得人们最终获得自己的目标产物。但是这种天然或者进化而来的微生物群落存在某些不足的特性或者会在食品加工过程中混入某种食源性致病菌，这就需要研究者对食品微生物学的群落进行调控和优化，从而提高食品工业的经济效益和食品的安全性。

3.4.1　食品微生物群落调控的重要意义

1. 食品微生物群落的复杂性

（1）不同微生物间存在复杂的交互作用：传统酿造食品包含多种微生物，这些微生物所存在的复杂的相互作用是影响甚至决定微生物群落结构和功能的重要因素。微生物间存在着直接接触、代谢交换和基因水平转移等多种交互作用方式，最终形成了共生、竞争、寄生等交互作用关系。例如，在茅台酒的生产过程中，酿酒酵母和地衣芽孢杆菌存在竞争关系，前者可以抑制后者的生长。又如，酱香型酒发酵过程中乳杆菌属能够促进酵母属细胞的生长，即它们存在着共生关系[63]。以上种种交互作用都增加了研究人员解析微生物群落的难度。

（2）多数微生物难以实现纯培养：目前对于传统酿造食品微生物相互作用的研究多采用联合培养的方式进行，以共培养的方式模拟酿造环境，结合纯培养确定单个种类的微生物功能。但对于包含复杂菌群的研究对象，其交互作用网络仍然难以分析。而且存在数量众多的非培养微生物，一方面是缺乏对必要培养元素的了解，另一方面则是部分微生物难以从复杂的发酵体系中进行分离，这些问题的存在增加了微生物群落研究的难度。

① 规模定制（mass customization）是指结合大数据、物联网、智能制造技术针对每一位消费者的特殊需求量身定做产品。该技术目前在基于互联网的虚拟产品上已经全面铺开，比如针对每位用户的个人喜好推送定制新闻。

2. 发酵食品行业面临的困境

（1）依赖经验的传统酿造技术存在不确定性：尽管传统酿造食品有数千年的历史，有完备而清晰的生产工艺，基本能保证不同批次间的产品品质高度重复，但由于其原料的多样性、生产环境的开放性以及半固态发酵的生产方式，人们对于工艺的控制高度依赖口耳相传的经验，难以从科学的角度详细阐释酿造过程的机理和准确控制每个步骤，这种依赖经验的生产方式造成了酿造过程中的不确定性（图 3.10）。

（2）发酵食品面临质量和安全性上的现代化与标准化挑战：在工业化的今天，人们对多样化食品的需求提高，这给非标准化生产的传统食品发酵行业带来了巨大的挑战。过分依赖经验的生产方式容易引起发酵过程控制不当，造成食品质量的缺陷和不稳定。而且现代化的人力成本不断提高，在人工智能时代实现发酵食品的流程线式生产对于传统食品行业有着重要的意义。

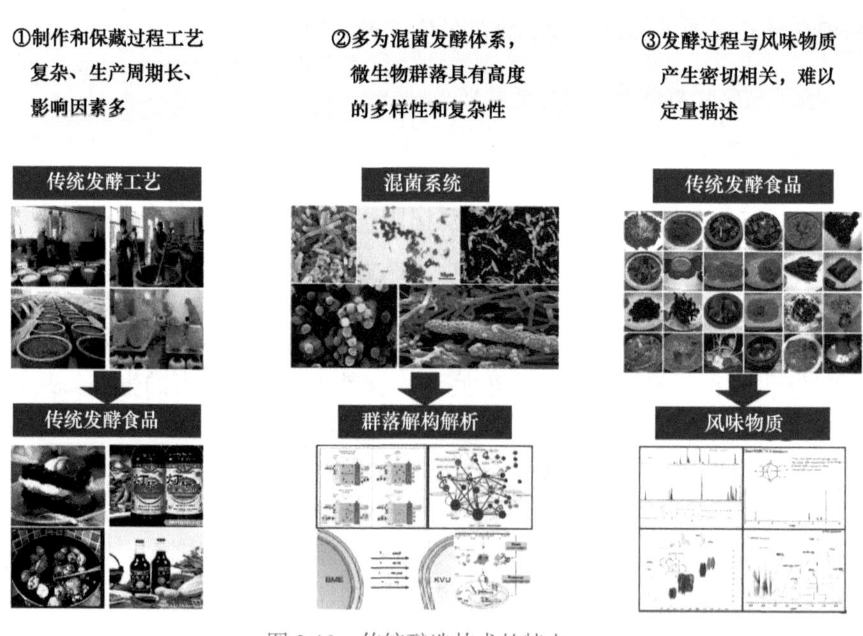

图 3.10　传统酿造技术的特点

3. 调控优化微生物群落的意义

传统酿造食品的风味由其发酵过程中多种多样的微生物决定，调整和优化微生物群落，能够增加有益微生物的含量，减少有害微生物的含量，有效改进发酵工艺、改善食品的风味与营养价值。基于微生物群落详细机制解析的优化方式能够推动发酵工艺标准化的进程，奠定传统发酵行业科学化的基础。

3.4.2 食品微生物群落调控和优化的策略及技术手段

1. 研究策略

（1）“自上而下”的研究策略：合成生物学和微生物组的飞速发展，并与传统发酵技术的结合为微生物生态学的研究提供了可行的策略。由于微生物群落的高度复杂性和分子尺度上对微生物组工艺理解有限，传统上往往依据“自上而下”的方法研究调控微生物群落。“自上而下”的策略不局限于特定微生物和具体的代谢途径，而是从宏观出发，侧重于研究环境条件与微生物的交互作用，通过环境操作选择所需功能而建立自组装微生物组。它借助反应器工程或生物模拟混合培养微生物群落，使用精心选择设计的环境条件（如底物补料速率和氧化还原条件）来调节生态系统水平，驱使微生物组通过生态选择来执行所需生物学过程。在这个过程中，设计者将生态系统概念化为模型，通过生态位（物种能够生存繁殖的环境集）建模等方式，捕获系统的输入输出，分析各种物理化学条件（温度、pH 等）如何促进或抑制生态过程优化，描述微生物的群落特征；结合数学模型进行质量平衡分析（包括动力学分析和微生物生长）来制定相应的选择策略以实现所需功能。此外，后基因组学的到来促进了宏组学工具的发展，为宏观上把控群落信息提供了更多可能[64]。

（2）“自下而上”的研究策略：“自上而下”的方法为宏观方向上研究微生物提供了整体构架，但它注重通过环境选择使微生物定向适应和进化而忽略了微生物群落不同成员之间复杂的相互作用，从而限制了分子层面上对微生物群落的优化。“自下而上”的研究策略从底部（微生物群落中生命体个体的代谢网络）出发，专注于构建微生物群落的代谢网络和微生物相互作用，利用数学模型和建立预测模型来预测代谢通量如何通过这些相互作用的网络产生所需输出的方法。“自下而上”研究策略的框架包括获取微生物群落中各个成员（尤其是已知的关键物种）的基因组并进行生理特性分析，重构其代谢网络并借助建模和分析工具进行指导设计，在模拟预测的基础上将关键微生物重组，构建合成微生物组，测试新合成菌群的性能，利用代谢通量分析等手段对物种的反应和代谢产物分类，识别微生物的相互作用并最优化种群自身以及种群间的代谢通量，合理设计具有所需功能的微生物群落。但是，代谢网络重构的不完全、对生态系统的了解不足增加了模型预测的不确定性。此外，微生物生态环境中大多数的微生物难以纯培养，对它们基因、蛋白质的功能以及新陈代谢了解有限，使得“自上而下”的研究大多停留在理解比较透彻的模式微生物。因此，在进行“自下而上”的研究时，需要进行多轮测试学习以完善代谢模型，并在测试过程中利用宏组学和高通量筛选捕获大量种群自身和群落互作的信息。

（3）联合“自上而下”与“自下而上”的研究策略：在传统的食品发酵中，

少数核心微生物对发酵过程起决定作用。基于发酵过程中预测和管理高度复杂的群落能力有限（“自上而下”）和大部分微生物难以实现纯培养（“自下而上”）等缺点，在未来，合理平衡“自上而下”和“自下而上”方法，有效地结合自组装和合成的微生物组构建组成明确的微生物群落的集成研究策略可能是一种更科学合理的设计。大多数发酵食品经历了清晰且相对一致的生态演替过程：早期定居的微生物被后续的微生物群所取代，同时早期微生物的新陈代谢为后续微生物的繁殖创造条件，这为食品微生物群落作为实验性系统连接模型、过程和机理提供了机会[65]。从生态系统和单个物种的代谢网络两个层面出发，将基于过程的模型与代谢模型结合以模拟生态系统过程、质量平衡和代谢物通量，同时借助相应的基因组信息来制定群落选择策略。例如，在生态系统层面上，通过调节环境条件驯化微生物形成功能性微生物群，利用宏组学工具可以在复杂的微生物群中快速有效地锚定核心功能微生物；在微生物个体层面，利用高通量筛选和同位素探测等技术可以明确个体的代谢和结构特点，在此基础上重构关键微生物的代谢网络，使用数学模型和预测模型将关键微生物重新定量组装成微生物菌群，经过多轮设计-构建-测试-学习不断优化（图 3.11）。

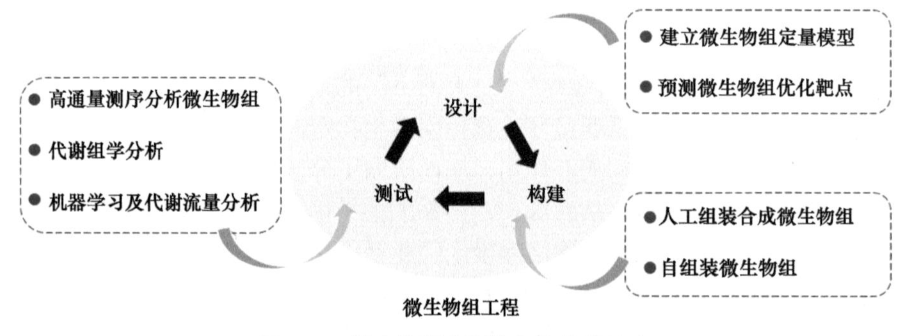

图 3.11 微生物群落调控和优化的策略

2. 技术手段

（1）基于多种生物学技术的食品微生物群落结构解析与功能注释策略：分析微生物群落组成的方式有纯培养方式和不依赖纯培养的方式。对于像醋酸菌、乳酸菌和芽孢杆菌的部分属类易于分离培养的微生物来说，纯培养的方法简单直接。例如，Li 等[66]利用纯培养方法研究了食醋发酵过程中不同阶段菌种的组成情况。而大部分的微生物实际上是难以实现分离培养的，这就需要用到不依赖纯培养的方法了。这些方法基于 DNA 高通量分析技术，有 PCR-变性梯度凝胶电泳（DGGE）技术、扩增子测序技术、宏基因组学和宏转录组学技术等。研究人员利用 PCR-DGGE 和扩增子测序技术分析了镇江的食醋样品，获得了相应的微生物群落结构信息[67]。Yang 等[68]利用宏基因组学技术追踪研究酱油超长发酵过程中的微生物种类与数量变化，发现随时间延长，细菌与真菌的丰度都有所下降，且物种多样性也降低了。在了解群落结构的同时，研究人员也对群落功能进行了解析。多种复杂的微生物在群落中进行着各自的代谢活动,而不同微生物又会产生相互作用。鉴于微生物通过基因的表达执行各种各样的功能，因此功能基因能够作为连接微生物与其代谢行为的桥梁。利用宏转录组学技术，建立起微生物基因组与代谢途径的相关性关系，并且绘制微生物群落的代谢途径网络，进而确定不同微生物在发酵过程中所发挥的作用。当然，以上高通量分析方法也存在问题，如扩增过程偏好不同以及测序技术不成熟和数据库不够完整等问题，容易导致分析结果的失真，因此在实际应用中需要结合样本和多种方法来理性鉴别，提高信息的保真度和可靠性。随着基因数据库的更新与完善，基于高通量测序的微生物技术将能更加精准和可靠地分析群落结构与功能。

（2）核心酿造微生物的定位与培养技术的建立：核心酿造微生物是在传统发酵食品中能影响和决定产品风味与品质的少数微生物，对其鉴别能够显著扩展品质改善思路与工艺优化策略。在明确发酵体系中微生物群落的结构与功能的基础上，分析微生物代谢途径网络，利用统计学的方法建立微生物与代谢物质的相关关系，结合不同时期微生物的结构信息与风味物质的含量信息，综合鉴别出无关微生物和辅助微生物，提取出途径关键核心微生物并且定位其在发酵过程中发挥作用的关键时间节点。基于以上信息能够建立对发酵过程的定时定点调节策略，如靶向强化体系中某几种微生物的强度，达到改变群落结构和功能、改善发酵产品品质的目的。

（3）发酵食品微生物生态系统模型的建立与参数调节：将传统发酵食品看作一个系统模型，利用已有的生物学技术研究人员可以知道系统微生物多样性与群落结构，记录群落结构随时间变化的规律，进而可以分析群落的形成原因以及新的微生物是何时何地以何种方式进入系统的，并分析微生物间相互作用造成的生物选择和发酵环境给微生物带来的非生物选择是如何导致物种进化的。通过改变系统条件，观察微生物的生长变化，可以发现温度、pH 和通气量是能够显著影响微生物丰度的关键参数。在充分了解系统模型参数的基础上，就能够便捷高效地实施对于酿造微生物群落的精准调控。

（4）人工微生物群落的模拟与组装：核心酿造微生物在发酵过程的推动中发挥了决定性作用。以基于微生物群落代谢网络鉴定出的关键核心微生物为主体，补充必需的辅助微生物，排除无关微生物，组建获得一个最简化的发酵体系。由于排除了无关微生物，体系总代谢反应数减少，底物整体转化率得以提高，发酵周期也缩短了，产品质量更加可控。在充分理解最简系统和影响因素的条件下，有望实现发酵过程的封闭化管理，如利用灭菌原料在发酵罐中进行控制培养的现代化生产工艺路线，使得发酵过程更加具有安全性和可控性[69]。

3.4.3 食品微生物群落调控优化的实例

1. 食醋微生物群落的调控与优化

食醋发酵生物强化的操作流程包括样品收集、分析醋菌群的组装和功能、功能菌株分离培养以及功能评估和食醋发酵过程的生物增强。以往的研究已成功对食醋菌群的组装和功能进行了解析，包括：①利用宏组学技术、基于扩增子的高通量测序和 PCR-DGGE 阐明了镇江香醋的微生物群落多样性；②通过研究食醋传统发酵工艺确定了促进微生物群落形成结构和风味稳定的功能性菌群的环境条件；③解析食醋群落的关键微生物以及风味代谢网络。基于以上研究，通过宏基因组学揭示了食醋发酵过程中双乙酰/乙偶姻代谢途径的微生物分布差异，确定了乙偶姻代谢过程中的核心功能微生物（包括巴斯德醋酸菌和四种乳杆菌等），经分离纯化后原位添加这些微生物强化了醋醅微生物群落产乙偶姻的能力。此外，在乙酸发酵初期通过添加内源性巴斯德醋酸菌，能够缩短发酵周期，增加镇江香醋中风味物质的含量[70]。

2. 白酒微生物群落的调控与优化

白酒酿造已经有数千年的历史。由于酒曲、原料等的不同，白酒衍生出酱香型、浓香型等多个品种。长久以来，白酒的酿造过程都是基于经验主义，诸多因素如个人能力、来源复杂的微生物和环境气候因素会影响生产率和质量一致性，甚至造成食品安全问题。在过去的几十年中，现代生物技术和相关领域的发展，微生物学、生物化学、生物技术、过程工程等方面的基础知识以及机械化促使白酒发酵由经验主义向标准化过渡。通过对操作条件和微生物的严格标准化，采用一致的环境条件驱使微生物群落重复实现所需生态过程，确保了白酒产品的质量稳定和安全性。近年来，分子生物学相关技术（如基因测序分析及克隆文库技术）的发展使人们将注意力放到微生物与微生物之间的作用上，人们将宏基因组学、宏转录组学、宏蛋白质组学及代谢组学技术交叉结合从不同方面对白酒酿造过程中的微生物群落进行了研究，通过这些技术大曲、糟醅、窖泥等的微生物种群结构和多样性信息被大量挖掘出来，将来可以利用这些技术进一步揭示白酒酿造过程的微生物动态规律，进而对白酒生产给出更合理的指导。白酒中风味有益物质强化研究中最典型的案例是浓香型白酒中己酸乙酯的强化。浓香型白酒的主体香是己酸乙酯，通过己酸菌强化实施定向微生物干扰，实现窖泥中己酸菌的强化（图 3.12）。己酸菌产生的己酸与乙醇通过酯化反应形成己酸乙酯，有效提升了浓香型白酒中己酸乙酯的含量，提升了浓香型白酒的风味。

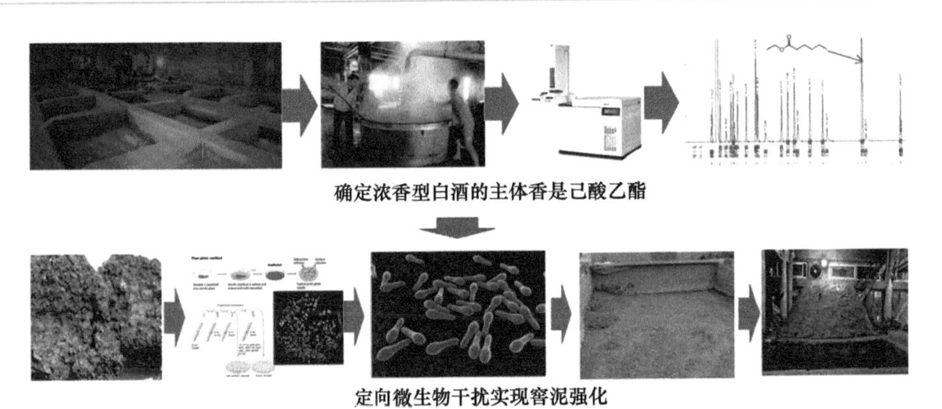

图 3.12　浓香型白酒中风味有益物质己酸乙酯的强化

3. 其他发酵食品

在对发酵食品的探索中，人类已经优化了促进某些类型微生物群落生长的条件[71, 72]。在奶酪发酵过程中，通过陈化工艺一方面减少奶酪的含水量，另一方面使微生物在表面富集，形成生物膜（通常称为外皮），这有助于奶酪的风味、质地和香气。在对一些发酵茶（如康普茶）的研究中也发现了类似的情况，通过对环境条件的调节，发酵过程中微生物自我驯化并自发组装形成高度组织化的生物膜，同时不同物种间的交流促进了彼此的适应性进化。日本酱油微生物群落的人工组合是微生物群落优化与调控的成功实践。在深入解析酿造生物学机理的基础上，设计纯种接力发酵工艺替代混菌发酵工艺，保障了酱油酿造过程高效、可控，实现了日本酱油产业的革新（图 3.13）。

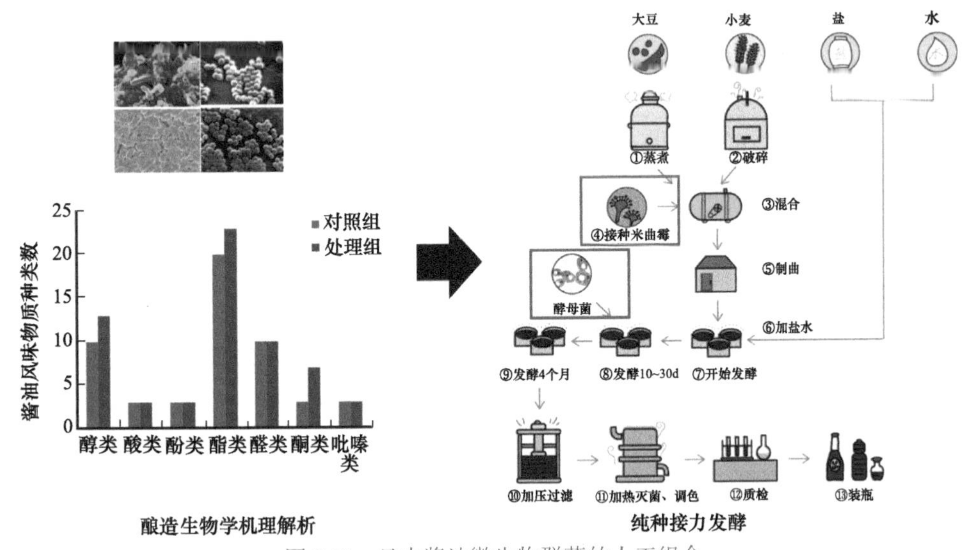

图 3.13　日本酱油微生物群落的人工组合

随着基因组测序技术、组学技术、合成生物学技术以及数据挖掘能力的不断提升，研究者终将完全理解和掌握食品微生物发酵过程中复杂的微生物群落结构与其变化的过程，这将有助于实现对传统产业的技术提升，实现精确和智能化调控，以及定制化的食品生产。

3.5 食品原料的生物制造

食品是人类赖以生存的物质基础。食品的生物制造最早可追溯到几千年前，当时人类已懂得用天然发酵法酿酒、制醋。随着合成生物学与食品科学的交叉发展，食品行业逐渐由农业主导型向工业主导型转变，食品工业也由传统食品加工业向现代食品制造业转变。现代食品生物制造是利用生物体机能进行大规模物质加工与转化、为社会提供工业化食品的新兴领域，是以微生物细胞或酶蛋白为催化剂或以经过改造的新型生物质为原料制造食品的新模式[73]。

随着经济的发展与人们生活水平的提高，人们的食品消费观念也发生了翻天覆地的变化。人们对食品不仅是其提供新陈代谢和机体生长所必需的营养物质的需求，而且更加关注食品在调节身体机能、促进身体健康等方面的作用。人们越来越关注饮食对自身健康水平的影响，消费趋势从色、香、味、形俱佳的食品转向具有合理营养和保健功能的功能性食品[74]。功能性食品既具有普通食品的营养功能和感官功能，又具备调节人体生理机能的作用。功能性食品主要分为传统型和新型两类，传统的功能性食品主要包括氨基酸、维生素等；新型高效的功能性食品主要包括黄酮类、萜类、功能糖、多不饱和脂肪酸等。微生物不仅是表征酶功能的理想模型，也是用于发酵生产生物制品的理想工厂，且随着越来越多的功能性食品的代谢合成途径得到阐明，使得人们可以借助合成生物学在微生物细胞内构建调控功能性食品的代谢途径，从而在工业规模上实现其高效合成。这种新技术不仅可以满足市场的增长需求，而且绿色环保，是解决资源可持续化问题的最佳途径之一。本节将主要讨论代表性的功能性食品在现代生物制造领域的发展前景。

3.5.1 氨基酸

L-缬氨酸（valine）是三种支链氨基酸之一，也是人体必需氨基酸。*L*-缬氨酸具有缓解肌肉疲劳、强化肝功能、促进肌肉形成、提高机体免疫力等作用，在面包、饮料等食品中应用广泛。早期的 *L*-缬氨酸主要从毛发水解液中提取制备，也有部分以异丁醛为反应底物化学合成 *L*-缬氨酸，但这些方法由于成本问题已经被微生物发酵法取代。而微生物发酵法最核心的“灵魂”就是生产菌株，目前用于

发酵生产 *L*-缬氨酸的菌株主要为大肠杆菌（*Escherichia coli*，*E.coli*）和谷氨酸棒杆菌（*Corynebacterium glutamicum*，*C. glutamicum*），但 *E.coli* 会产生内毒素对 *L*-缬氨酸造成污染，而 *C. glutamicum* 已经被用于生产多种氨基酸，具有极佳的工业化潜质。张海灵[75]以 *C. glutamicum* 为出发菌株，基于系统生物学和代谢工程技术，提高了 *L*-缬氨酸的发酵产量（图 3.14）。

张海灵[75]首先对高产菌株和野生菌株进行转录组学和蛋白组学检测，通过数据比对揭示高产 *L*-缬氨酸的代谢机制；其次对关键酶氨基酸序列进行分析、定点突变，提高了关键酶活性，并解除反馈抑制；然后对代谢竞争支路基因阻断下调表达水平，提高底物利用率；最后将 *L*-缬氨酸合成代谢模块针对性表达强化，*L*-缬氨酸的发酵产量达到 54.1 g/L。

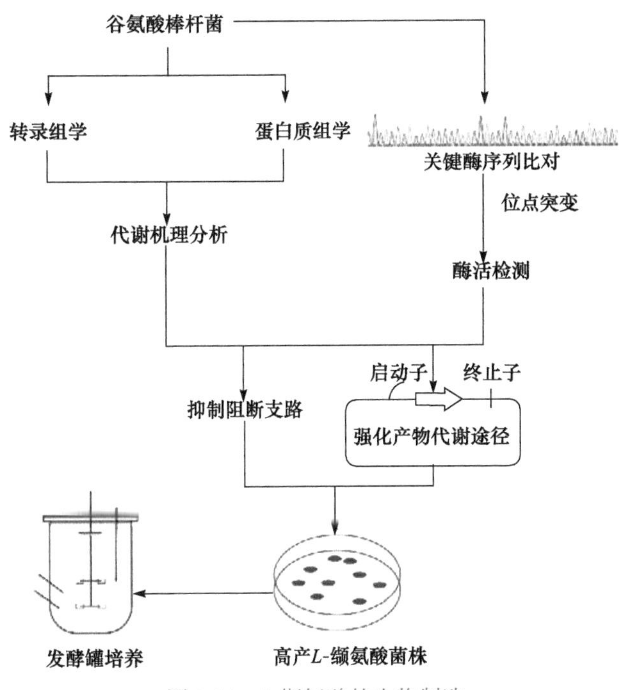

图 3.14 *L*-缬氨酸的生物制造

3.5.2 维生素

维生素 K_2 是一类重要的脂溶性维生素，其核心结构是 2-甲基-1,4-甲萘醌环，含有一个由不同数量的异戊二烯基组成的可变侧链结构，最常见的是四烯甲萘醌（MK-4）和七烯甲萘醌（MK-7）。维生素 K_2 能够促进骨骼发育，预防骨质疏松，是理想的膳食补充剂。维生素 K_2 在自然界中含量稀少，因此也被称作“铂金维生素”[76]。日本是第一个开发使用维生素 K_2 的国家，这主要归功于日本的传统食品——纳豆，100 g 纳豆中含有 800～900 μg 的维生素 K_2[77]。之后的研究发现奶酪、蜂蜜等食品中也存在着微量的维生素 K_2，但纳豆仍是提取制备维生素 K_2 的首要选择。化学合成维生素 K_2 早期占据着绝对主流的市场份额，化学合成方法工艺较多，但步骤较为烦琐，无法达到安全、高效和绿色的生产理念；且化学合成过程中会产生大量的副产物，造成后续提取工段成本上升，这也是维生素 K_2 无法从“铂金维生素”变为“平民维生素”的重要原因之一。化学合成高昂的成本促使了微生物发酵法的诞生，维生素 K_2 的发酵工艺分为固体发酵和液体发酵两种。目前市场上大约 60%的维生素 K_2 生产公司都采用微生物发酵法进行制备，这也直接印证了发酵法巨大的成本优势。不同种类的微生物可以发酵制备不同的甲萘醌衍生物[76]，枯草芽孢杆菌（*Bacillus subtilis*，*B. subtilis*）主要生产 MK-7，而黄杆菌属（*Flavobacterium*）主要生产 MK-4 和 MK-6。

微生物发酵过程中，细胞生长与产物代谢的平衡是影响发酵产量的关键因素之一。群体感应（quorum-sensing，QS）系统[78]是近年来的研究热点，该系统能够较好地平衡细胞生长与产物代谢之间的底物、能量竞争。不同于传统的人工诱导调节，QS 能够使得产物代谢的调控节点响应细胞浓度，即细胞生长达到一定浓度时，代谢途径才会自发性地合成目的产物。Cui 等[78]在枯草芽孢杆菌内建立 Phr60-Rap60-Spo0A 的 QS 系统并用于高效合成 MK-7。*B. subtilis* 浓度直接决定信号分子 Phr60 的浓度，高浓度的 Phr60 会抑制蛋白 Rap60 活性，而蛋白 Rap60 的高活性也会使转录因子 Spo0A 磷酸化（Spo0A-P）和磷酸化酶 KinA 活性受到抑制，同时磷酸化酶 KinA 可以促进 Spo0A-P，而 Spo0A-P 可以通过位点结合调控目的产物的途径表达（图 3.15）。

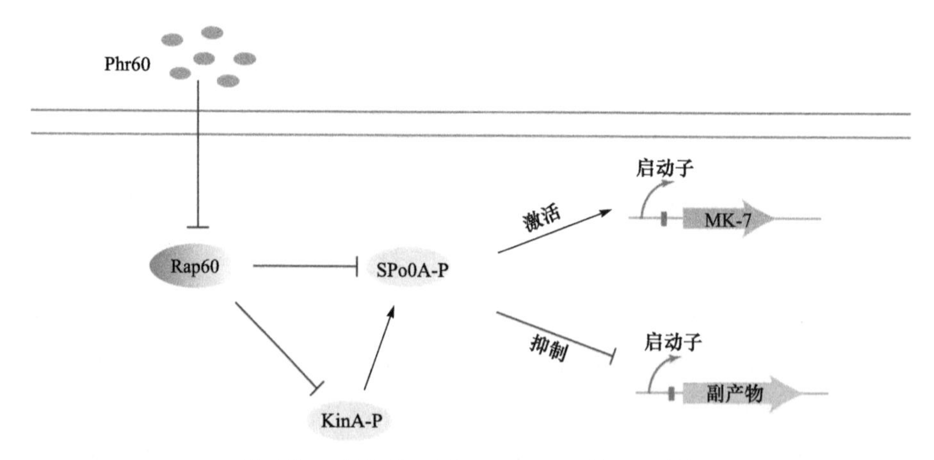

图 3.15 基于 Phr60-Rap60-Spo0A 的 QS 系统

当发酵前期即低细胞浓度时，Phr60 的浓度较低，Rap60 蛋白的活性较高，

Spo0A-P 被抑制，MK-7 代谢途径也受到抑制；发酵至中后期时，Phr60 的浓度变高，Rap60 的活性降低，Spo0A-P 上升，MK-7 途径受到激活，开始代谢合成。通过 QS 系统的动态调控，MK-7 的发酵产量达到 360 mg/L，该发酵水平完全满足当前的工业化和市场需求。

3.5.3　多不饱和脂肪酸

二十二碳六烯酸（docosahexaenoic acid，DHA）是一种多不饱和脂肪酸，广泛存在于微生物及动植物细胞中。早年的研究发现 DHA 在大脑发育、促进视力、维护神经系统、提高免疫力等方面具有明显的功效，DHA 的营养价值和商业意义日益显著。DHA 最广泛的用途是作为婴幼儿奶粉中功能营养添加剂，除此之外还可以根据其功能适量添加至日常食品中（食用油、牛奶等）。早期的 DHA 生产原料主要为深海鱼类，随着海洋环境的破坏和资源的枯竭，利用微藻发酵逐渐成为 DHA 生产的主流途径。随着乳品行业的快速增长和对 DHA 认知的不断完善，DHA 的市场缺口越发明显。筛选合适的微生物进行代谢改造并大规模发酵培养是获取 DHA 的可持续途径之一。陈伟[79]将组学技术与发酵过程优化控制技术结合，使得裂殖壶菌（*Schizochytrium*）产 DHA 的发酵产量达到 23 g/L（图 3.16）。

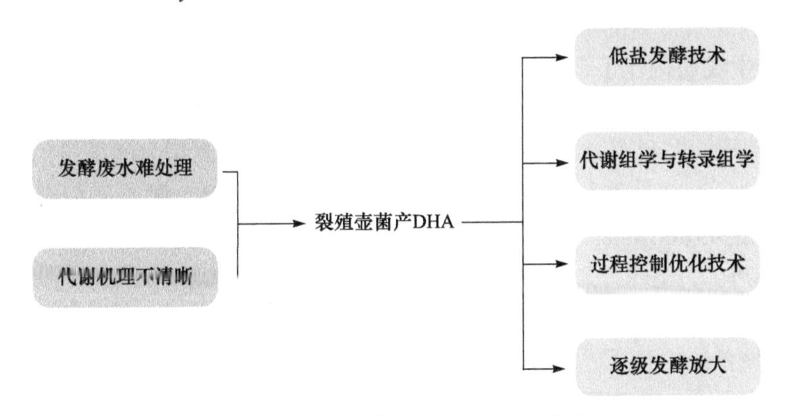

图 3.16　裂殖壶菌产 DHA 的工艺优化

由于 *Schizochytrium* 发酵时需要添加大量氯化钠来模拟海水环境，陈伟以渗透压为突破口使用低浓度硫酸钠代替传统工艺，从而降低生产成本；再对 *Schizochytrium* 进行代谢组、转录组学分析揭示 DHA 的代谢机制；并对发酵条件逐级进行优化，最终实现 5t 发酵罐规模的工业化生产。

3.5.4　功能糖

N-乙酰氨基葡萄糖（*N*-acetylglucosamine，GlcNAc）是重要的功能性单糖，广泛存在于细菌、真菌、植物体和动物体中，是生物体内多糖透明质酸、肝素、

硫酸角质素等组成的重要单体之一，同时也是母乳寡糖、神经氨酸、壳寡糖合成的前体物质，可以维持生物体正常的生理功能[80]。近些年来，GLcNAc 作为膳食补充剂需求量逐年增加，市场应用前景广阔。与逐渐增加的消费需求相比，传统工艺生产 GlcNAc 的甲壳素原料供应却出现短缺，因此生产更高效、更安全的 GlcNAc 是目前亟待解决的问题。微生物发酵法不受原料限制，生产效率高，污染小，因此构建高效生产 GlcNAc 的基因工程菌，能够有效解决传统生产方法所带来的诸多问题，为社会生产发展带来巨大的经济效益。

传统的静态代谢工程策略如启动子或核糖体结合位点（ribosomebinding site，RBS）的替换及竞争性途径的敲除与弱化，容易引起代谢失衡、有毒中间代谢物积累及细胞生长受损等问题。动态调控[77]是近年来新兴的一种微生物代谢工程改造策略，相对静态调控其能够影响细胞胞内外环境的变化，代谢途径的动态调控策略可以在提高产物合成能力的同时动态协调相关代谢网络的流量分布，从而避免传统静态调控存在的问题，因此其在近年来受到了人们的广泛关注。CRISPRi（clustered regularly interspaced short palindromic repeats interference）[81]是在 CRISPR 的基础上，将 Cas9 蛋白催化失活得到 dCas9，由于转录机制的空间阻遏效应，dCas9 可以在转录水平上抑制基因的表达，这种反馈机制给动态调控带来了新的机遇。结合新的生物传感器和基于 CRISPRi 构建的非门回路，Wu 等[82]在 *B. subtilis* 中成功构建了自主双向调控系统（autonomous dual-control，ADC），并将其应用于 GlcNAc 合成途径的动态调控中（图 3.17）。

Wu 等[82]首先利用 *B. subtilis* 中与氨基葡萄糖分解代谢相关的转录因子 GamR 的调控机制，设计并创制了 14 个可以响应胞内中间代谢产物 6-磷酸氨基葡萄糖（glucosamine-6-phosphate，GlcN6P）的生物传感器。其次通过将该生物传感器与基于 CRISPRi 的逻辑“非”门进行耦合，构建了一种可同时对不同代谢模块进行动态自发上调与下调的 ADC 系统，并使用流式细胞仪对该系统进行了功能验证。然后利用该系统构建了一个反馈调节回路来同时动态激活 GlcNAc 合成途径和动态抑制其主要的 3 个竞争途径（糖酵解途径、磷酸戊糖途径和肽聚糖合成途径）。在该反馈回路的调控作用下，当胞内的 GlcN6P 出现积累时，会促进 GlcN6P 流向 GlcNAc 合成途径；同时也会对上述竞争途径产生弱化作用，从而进一步增加流向 GlcN6P 的代谢流。通过组装不同强度的激活模块与抑制模块，最终实现了 GlcNAc合成的动态平衡与最优调控，GlcNAc的摇瓶产量由 18.3 g/L 提高到了 28.0 g/L，而且此时细胞生长受到的影响也较小，副产物乙偶姻也较出发菌株有所降低。最后，在 15L 发酵罐上对该反馈回路的稳定性进行了验证，通过补料分批发酵 GlcNAc 产量达到了 131.6 g/L。该发酵水平是目前微生物发酵生产方法中报道的最高产量，将对 GlcNAc 发酵工业化生产起到极大的推动作用。

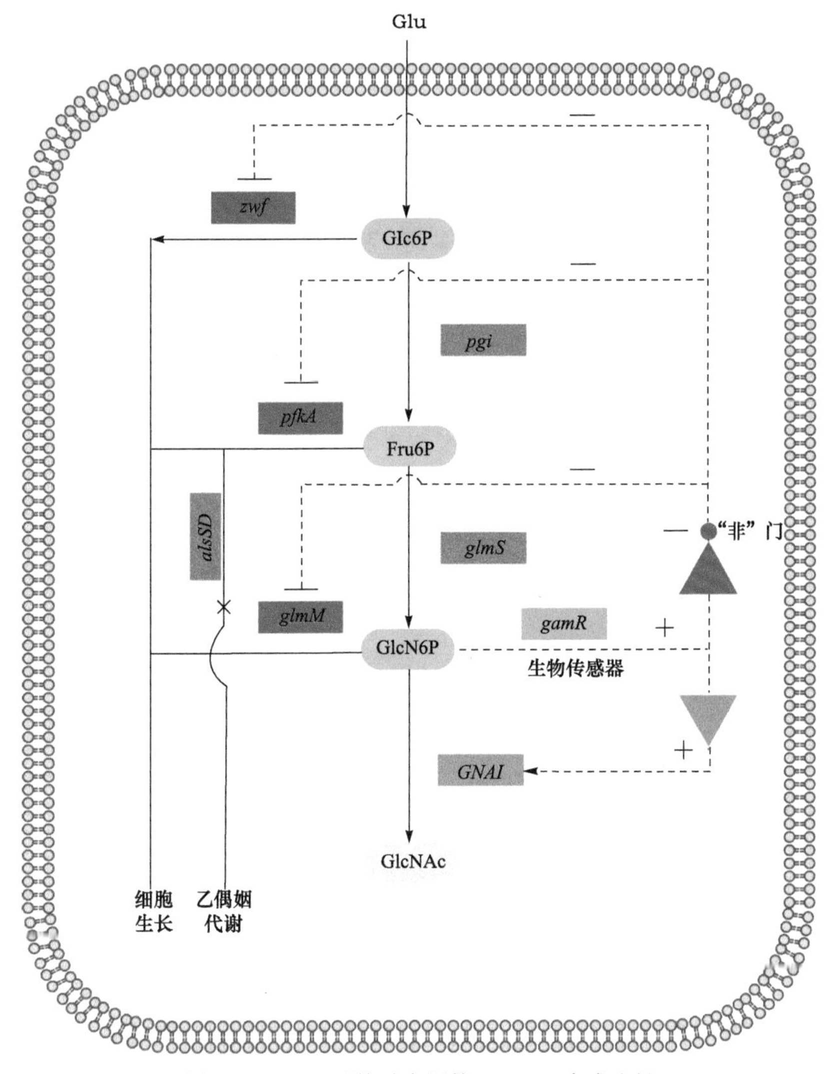

图 3.17　ADC 系统动态调控 GlcNAc 合成途径

婴幼儿食品是食品领域重要的组成部分，相比于成人较为健全的免疫系统，婴幼儿的食品营养更为重要。母乳一直被视为婴幼儿最好的食物来源，除了为婴幼儿提供正常生长所需营养外，还具有众多牛乳不具有的健康促进效应。寡糖是母乳中仅次于乳糖和脂肪的第三大固体组分，母乳中的寡糖含量为 5～15 g/L，是牛乳的 100～300 倍；母乳至少含有数千种寡糖，其中已经鉴定出的超过 200 种[83]。2′-岩藻糖基乳糖（2′-fucosyllactose，2′-FL）是母乳中含量最丰富的一种母乳寡糖，在促进早期肠道健康菌群的形成以及免疫力维持方面发挥着关键的作用。与化学法或酶法合成 2′-FL 相比，微生物发酵产 2′-FL 更加高效，目前 2′-FL 已经成功在

B. subtilis 和 *E.coli* 等宿主中实现从头合成[84, 85]。

如前文所述，研究者们已经开发出了多种动态调控策略在转录和翻译水平上对基因表达进行动态调控。然而，目前仍缺乏体内基于适配体的启动子转录水平上调节元件，这限制了基因表达上调后的总水平。核酸适配体是单链 DNA 或 RNA，它们通过高度的亲和力与特定配体（蛋白质、小分子等）结合并改变自身空间构型，进而在转录或翻译水平上动态调节下游基因表达。Deng 等[85]在 *B. subtilis* 中开发了基于核酸适配体的基因表达调节系统以精细调控基因的表达，并将其成功应用于 2′-FL 的生物合成途径中（图 3.18）。

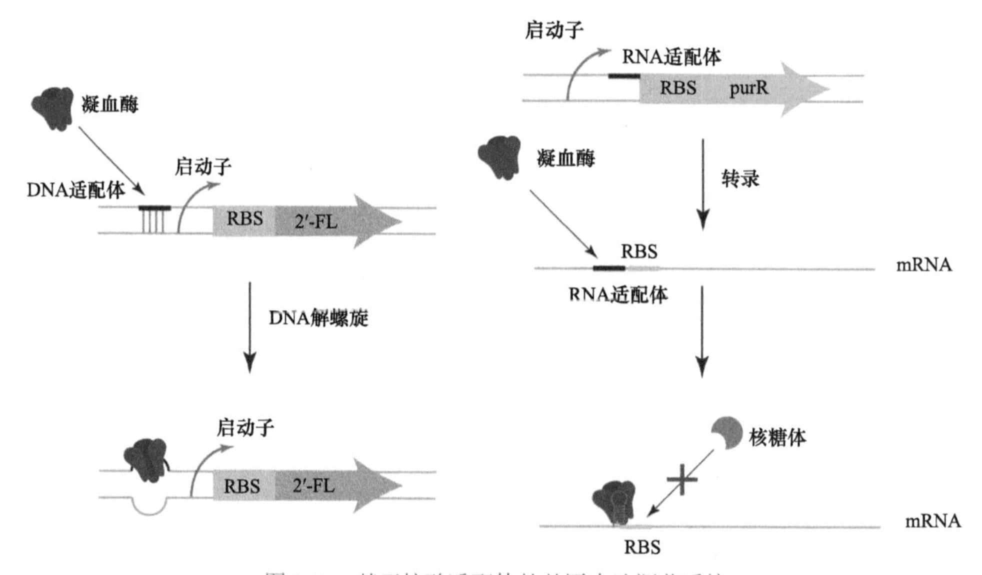

图 3.18 基于核酸适配体的基因表达调节系统

促进 DNA 的解螺旋可以提高转录起始效率，基于此 Deng 等[85]首先根据荧光共振能量转移实验的结果确认了 15 nt 与凝血酶结合的 DNA 适配体单链在互补双链 DNA 中介导的解螺旋效应，然后在细胞内使用组成型强启动子表达的绿色荧光蛋白（green fluorescent protein，GFP）验证了基于与凝血酶结合的 DNA 适配体的调节元件对于基因表达的上调作用。通过适配体与启动子的距离的调节，以及配体蛋白分子的 C 端截断，使 GFP 表达最高为对照菌株的 5.7 倍。RNA 适配体与 mRNA 识别结合后，由于空间阻遏效应会阻碍核糖体与 RBS 结合，降低翻译水平。Deng 等[85]又构建了基于 34 nt RNA 凝血酶结合适配体的基因表达下调元件，通过对该元件与 RBS 的距离的调节，使 GFP 的表达最低为对照菌的 0.084 倍。在上述构建的调节元件的基础上，对多个目的基因同时表达的调控进行了探究，上调元件对 GFP 的调控最高达到了对照菌株的 48.1 倍。然后使用基于核酸适配体的上调和下调元件分别调节外源途径基因的表达和内源乳糖运输抑制基因的表达，2′-FL 的产量达到 674 mg/L，该发酵水平也是目前 *B. subtilis* 发酵产 2′-FL 的最高值，充分表明了该策略的高效性。

食品营养健康的突破将成为食品发展的新引擎；绿色生物制造技术的突破将成为食品工业可持续发展的新驱动。随着系统生物学、合成生物学、代谢工程技术的发展，食品的生物制造有了革命性的变化[86]。代谢途径的重构表达使得大量的食品原料在微生物体内实现了从“0”到“1”的生产突破；高通量筛选、组学、动态调控、过程优化等技术，使得生产菌株能够真正具有工业化价值。这种生物制造技术在安全、健康、环保、成本等方面都具有显著优势，开展现代食品原料的生物制造的研究是未来食品行业发展的必然趋势。

3.6 人造食品生物制造

近年来，“未来食品”成为社会民众和食品领域研究者广泛关注的话题。可以预见，未来食品将是今后很长一段时期内食品高技术发展的引导与驱动。未来食品的生物制造将成为颠覆性食品创新产业，也将成为解决人类未来食品的关键技术之一。

3.6.1 未来食品与生物制造

随着生命科学与技术的快速进步和发展，利用合成生物学和系统生物学等手段构建具有特定合成能力的细胞工厂种子，通过现代发酵工程技术，生产人类所需要的淀粉、蛋白、油脂、糖、奶、肉等各类农产品的颠覆性创新技术取得了长足的进步[23]。细胞工厂发酵技术不仅可以生物合成制造不饱和脂肪酸、维生素、柑橘类调味料，甜菊糖苷、白藜芦醇、血红素等一系列高附加值产品技术也日趋成熟（图 3.19）。这些新技术将颠覆传统的农产品加工生产方式，形成新型的生产模式，促进农业工业化的发展。针对健康饮食需求，开展食品重要组分分析与生物合成技术研究，利用工业规模的生物反应器大量培养微生物细胞，或收集微生物积累的特定食品原料，在理论与技术上已经成熟。随着人工智能与新合成生物技术的发展，设计血红素、维生素、糖脂蛋白等重要食品组分的合成途径，筛选热力学上可行的合成途径。下面以细胞培养肉为例，介绍其在生物制造中所面临的挑战和潜在应对策略。

3.6.2 细胞培养肉的生物制造

目前全球肉制品消耗量高达 14000 亿美元，随着人类整体发展水平的不断提升，到 2050 年，全球人口数量预计将增长至 90 亿，中产阶级消费者群体持续壮

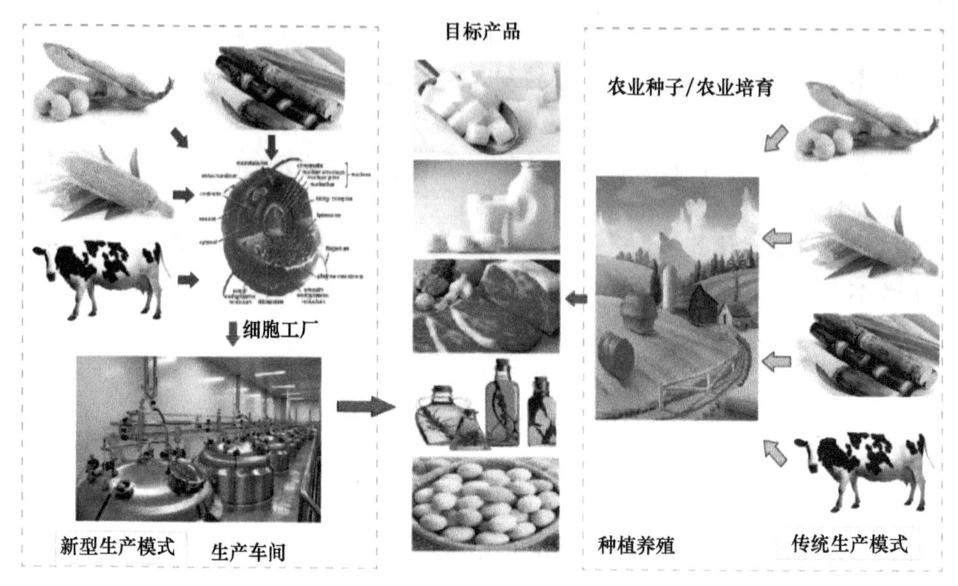

图 3.19 未来食品与生物制造

大，肉类制品消耗预计将超过 30000 亿美元[87]。这将会加重环境负担，传统养殖业带来了越来越多的环境和社会问题。

近年来，为了满足人类对肉类需求的不断增长，欧美国家以植物蛋白和动物细胞培养为基础的人造肉生产技术取得了一系列突破，并开始逐步实现商业化，对现有基于畜牧养殖业的肉制品生产加工体系产生了巨大冲击[88,89]。人造肉在成本、营养、健康、安全、环保等方面均较传统肉类有显著优势，是未来肉类产品生产的重要发展趋势。人造肉在满足人类对肉类需求的同时，由于在生产过程中不耗费饲料和水，不需要培育和屠宰动物，也不需要进行垃圾废物处理，可将有害温室气体排放量减少 96%，有利于解决传统养殖业带来的社会环境问题。因此，开展培养肉等细胞农产品将有利于改善自然环境，缓解资源与能源危机，有利于实现人类社会的绿色可持续发展。全球肉制品需求不断增长，使全球农业和肉类工业面临巨大挑战，我们不得不探索更加可持续的肉制品生产体系。动物体外培育细胞繁殖分化不会带来疾病，在生产过程中不耗费饲料和水，也不需要进行垃圾废物处理，解决了人类对肉类的需求和传统养殖业带来的环境问题。

细胞培养肉也被称为体外肉，这个概念最早是由 Winston Churchill 公司在 1932 年提出的，但研究进展相对缓慢。直至 2000 年，欧美等国家开始开展食品级人造肉组织培养的相关研究[90]。2013 年，荷兰生物学家 Post 用动物细胞组织培养方法生产出有史以来的第一整块人造肉，引起广泛的关注[88]。动物细胞培养人造肉主要由含不同细胞的骨骼肌组成，这些骨骼肌纤维是通过胚胎干细胞或肌卫星细胞的增殖、分化、融合而形成的。Post[88]首先分离出了可生长分化的原始干细胞，通过添加富含氨基酸、脂质、维生素的营养素，让细胞加速增殖分化，获得大量牛肌肉组织细胞并辅以适当的支架或微载体，形成具有一定形态质构的肌肉脂肪组织（图 3.20）[91]。随后，Memphis Meat、日本日清、荷兰 Mosa Meats 等多家国外公司也都开发利用类似细胞培养策略生产新型人造肉[92]。

细胞培养肉在营养、口感和风味方面更接近真实肉制品，是未来细胞培养肉的主要研究发展方向，但是在理论与技术层面，特别是大规模肌肉细胞低成本获取与食品化等方面，还存在诸多挑战。目前通过细胞组织培养获得的人造肉的产量还很低，成本较高，还不足以形成大体积的肌肉组织作为食品出售。现阶段细胞培养肉生产的挑战在于如何高效模拟动物肌肉组织生长环境，并在生物反应器中实现大规模的生产。因此，开发高效、安全的大规模细胞培养与合成生物技术是亟须解决的问题，其可以有效降低生产成本，实现产业化应用[94]。

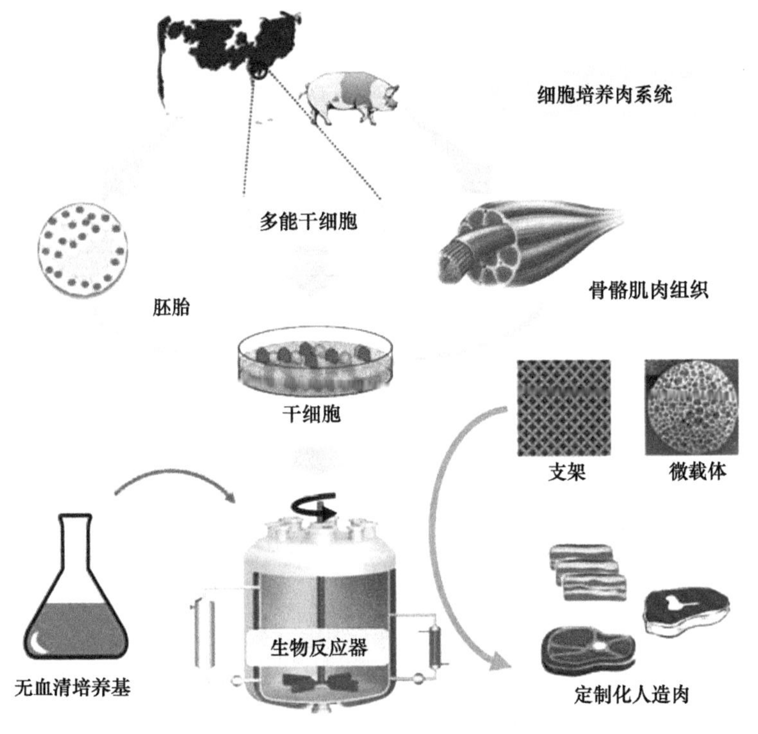

图 3.20　细胞培养肉生物制造的生产流程[93]

3.6.3　细胞培养肉中关键生物制造技术

传统动物组织培养技术始于 20 世纪 90 年代美国实验室，早期动物细胞的培养是为了研究细胞的代谢和生长，之后细胞培养技术不断成熟，得到更广泛的应用，已经实现从实验室走向工业化生产[92]。目前，动物组织工程的研究在很大程度上集中在再生医学、药物开发和毒理研究等方面。但是对于动物细胞培养肉来说，如何实现快速、安全的大规模生产更为重要，这可以有效降低生产成本，实现技术的推广应用。为实现动物组织的大规模安全培养，包括高效增殖分化干细胞获取、体外肌肉组织的形成、生物反应器设计以及培养体系生物合成优化等问题成为研究的关键（图 3.21）。

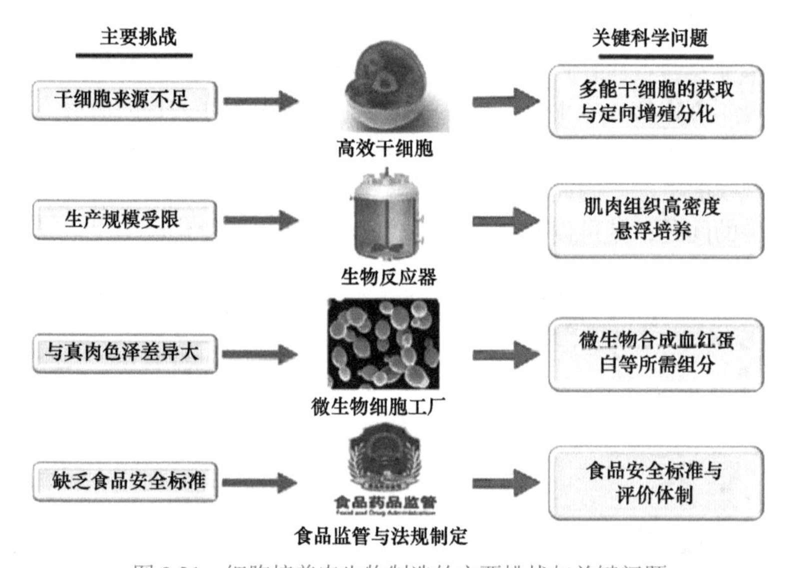

图 3.21 细胞培养肉生物制造的主要挑战与关键问题

1. 高效增殖分化干细胞的获取培养

细胞培养肉生物制造的首要挑战在于需要从组织中分离获得大量的、均一性的初始细胞，其可以进行有效持续增殖分化，实现人造肉的大规模生产。目前动物组织工程细胞培养细胞的来源主要是分离原生组织中的干细胞，如胚胎干细胞、肌肉干细胞、间充质干细胞、成体干细胞等。其中，肌肉干细胞是细胞培养肉研究中应用较多的细胞，它们在增殖过程中可以经过特殊化学、生物诱导或机械刺激分化形成不同的细胞。虽然理论上动物干细胞系建立后均可以进行无限的增殖，但是在增殖过程中细胞突变的积累往往会影响组织培养的持续扩增能力，导致细胞衰老而终止生长。为提高细胞持续增殖能力，科研工作者通过基因工程或化学方法诱导原始组织或细胞系产生突变，促使细胞无限增殖，并培养出相应的细胞群体。这些持续增殖细胞可以减少对新鲜组织样本的依赖，并加快细胞增殖分化速度，但是往往会带来细胞非良性增殖等安全性问题。

为进一步拓展原始细胞来源，基于可诱导多功能干细胞的研究得到广泛关注，该技术可以高效制备多能干细胞，实现大规模细胞增殖。此外，去分化细胞作为干细胞的有效替代也具有重要的研究价值，它是通过可逆的方式将已分化细胞转变为潜在多能干细胞，从而使其具备继续分化的能力。研究人员利用已成熟的脂肪细胞，通过体外去分化形成多功能去分化脂肪细胞，可以进一步将去分化细胞诱导形成骨骼肌细胞。

细胞培养人造肉的生产需要通过大量分裂分化的肌肉细胞形成组织，但是大多数细胞在自然死亡前的分裂次数是有限的，也被称为海弗利克极限，这就限制了实验室肌肉细胞组织的大规模培养[95]。增加细胞的再生潜能是增强动物细胞持续增殖能力的有效方式。例如，海弗利克极限是通过端粒长度来确定的，其中的端粒是位于线状染色体的末端富含鸟嘌呤的重复序列[96]。在线性染色体不断复制过程中，端粒会随着每一轮复制而缩短，进而影响细胞再生能力。而端粒酶是一种能延长端粒的核酶，一般存在于抗衰老细胞系中。因此，通过端粒酶的表达调控或外源添加可以有效提升细胞再生潜能，有利于实现动物细胞的大规模、稳定快速增殖。

2. 支架与微载体辅助的体外肌肉组织形成

自然状态下的动物肌肉细胞为附着生长，并嵌入到相应的组织中。为了模拟体内环境，体外肌肉细胞培养需要利用合适的支架体系进行黏附支撑生长，辅助形成细胞组织纹理及微观结构，维持肌肉组织三维结构。现有的支架因其形状、组成和特性分成不同类型，其中最为理想的支架系统应该具有相对较大的比表面积以用于细胞依附生长，可灵活地收缩扩张，模拟体内环境的细胞黏附等因素，并且易于与培养组织分离。Edelman 等利用胶原蛋白构建的球状支架系统，可以增加细胞组织培养的附着位点，同时有效维持组织形成过程中的外部形态[97]。Lam等通过利用微型波浪表面的支架进行细胞组织培养，实现了表面肌肉细胞的天然波形排列，具有天然肉的纹理特性[98]。总的来说，支架系统可以改善细胞生长环境，但仍然存在回收困难、成本高、稳定性不足等问题。现在的研究新的方向是开发可食用或可降解的支架，以提高细胞组织的结构稳定性与表面结合率，加速细胞生长速率，降低人造肉大规模组织培养成本。例如，使用食品级胶原蛋白、纤维蛋白、凝血酶或其他动物来源的水凝胶等材料模仿自然组织。

一般情况下，大规模培养哺乳动物细胞都是在搅拌反应器中进行的，因为成肌细胞具有锚定依赖性，因此在培养过程中可设计其附着于悬浮的微载体，微载体与搅拌罐或泡罩柱生物反应器一起用于悬浮培养。目前筛选最佳微载体材料以及结构是唯一待解决的问题，理想条件下，如果微载体是生物可降解的或者可食用的，而且可以整合到最终产品中，就可以减少下游的分离步骤。

3. 无血清培养体系的生物合成

大规模体外培养细胞面临着被微生物污染或受自身代谢物质影响的难题，因此，在进行体外细胞培养时，要及时清除细胞产生的代谢废物，为体外培养细胞提供无菌无毒的生存环境[92]。传统的细胞培养阶段使用动物血清提供细胞贴壁、增殖和分化所需的营养成分与生物因子，不能满足食品安全要求[99]。因此，优化培养条件是实现安全、大规模细胞培养肉的重要影响因素。

随着动物细胞无血清培养技术的发展，其在细胞生物学、药理学、肿瘤学和细胞工程领域得到广泛的应用。近年的研究证明，部分无血清培养基对细胞的生长速率、细胞密度、产物及蛋白表达水平都不亚于血清培养基，并且可以精确控制无血清培养基组分，其显著的优势将使无血清培养技术逐步取代含血清细胞培养[100,101]。但是，现有无血清培养基需要外源添加生长因子、维生素、脂肪酸及微量元素等，成本仍然相对较高，并且部分无血清培养基促进细胞生长的性能仍然较差。随着计算机辅助设计、合成生物学和代谢工程的快速发展，可以利用微生物有效合成外源营养因子，这将极大地降低生长因子等外源添加成本，进而实现无血清培养基的低成本产业化应用（图 3.22）[102-104]。动物细胞无血清培养技术的日趋成熟和应用将促进动物细胞大规模培养技术的进一步发展，无血清培养体系可以有效提高细胞培养浓度和产品的表达水平。清晰明确的培养基成分使细胞产品易于纯化，完善的质控体系使得产品质量更加安全可靠。

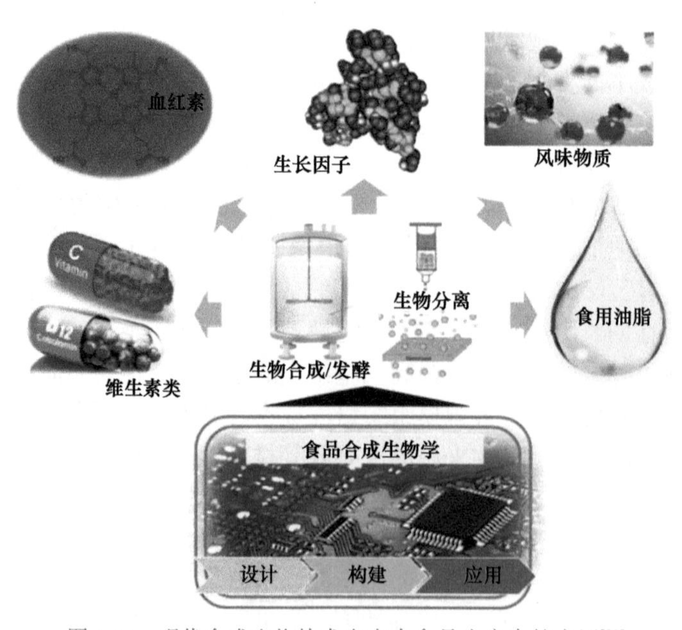

图 3.22　现代合成生物技术在未来食品生产中的应用[93]

4. 大规模细胞培养反应器的设计与优化

至今仍然没有实现大规模细胞培养肉的原因之一是动物细胞培养与大规模生产之间的契合是十分困难的。实验室培养动物肌肉细胞的操作并不复杂，但自然状态下的肌肉细胞只能贴壁单层生长，产量极低[101]。目前，用于细胞培养的市售生产规模的生物反应器的工作体积通常为 1～2 m^3，尽管可以定制 10～20 m^3 的较大容器，但是，依然比可达 200～2000 m^3 的微生物反应器小得多。若大规模生产，使培养肉在价格上能与传统养殖业竞争，必须使用体积上万乃至上百万升的生物反应器，而不是对实验室规模的设备进行简单叠加。这就涉及传质、传热、混合、剪切应力，甚至发泡起沫等一系列在实验室内不常遇到的工程技术问题，需结合细胞生物学、生物工程、化学工程、材料工程、机械工程、系统控制工程等多个学科的知识才能解决。

3.6.4　细胞培养肉等未来食品生物制造的发展前景

1. 未来食品生物制造将是传统食品行业的重要补充

相比传统食品行业的转化率还有待提高等问题，未来食品将更加注重食品营养、安全与资源转化率等。例如，细胞培养肉技术具有高蛋白转化率，在生产过程中不涉及骨骼等支撑组织的合成代谢，其理论转化效率可高达 60%以上[105]；产品品质可控性更高，细胞培养过程中不受动物传染病等的威胁，激素及抗生素滥用等问题均可在线监控，大幅度降低了人畜共患病的概率，营养成分可根据市场需求定制化添加，如用更健康的 ω-3 脂肪酸代替饱和脂肪酸等；环境友好，可以显著减少饲养肉用牲畜所排放的温室气体等[106]。

2. 食品合成生物学关键瓶颈问题需要突破

随着生物科学和食品科技的高速发展，食品科学正在从食品高技术改良向高技术食品制造转变，即从传统的食品品质改良到新型未来食品的全新生物合成。我国在细胞培养肉的底层技术、干细胞的全能性调控技术、细胞重编程机制、化学品细胞工厂构建、食品合成生物学等方面具有一定基础[107]，但对干细胞的大规模低成本培养、成肌细胞的低成本获取及食品合成生物技术等方面还缺乏研究，细胞培养肉的相关研究仍处于起步阶段。在当前欧美和日本等已经广泛开展动物细胞培养肉的研究并逐步接近产业化的形势下，深入研究和发展细胞培养肉的先进生物制造技术，对我国肉制品乃至整个食品行业都具有非常重要的意义。

3. 未来食品安全性评价标准亟须推进

未来食品生物制造的发展还面临政策、管理上的一系列问题。例如，对于动物培养肉和生产载体开展化学性风险防范与毒代动力学研究；基于培养肉中营养成分和营养素生物利用度的侦测技术，开展培养肉多层次毒性评价体系研究。对细胞培养肉食物的营养成分进行全方位解析比较，构建动物培养肉营养评价模型，形成产品品质指标体系标准[108]。通过对动物细胞培养肉与真实肉制品的对比测试，进一步确定动物培养肉的评估暴露膳食摄入标准，为细胞培养肉的社会市场推广提供安全性政策法规保障[109]。

随着生物与食品技术的发展，越来越多的农产品未来将走向人工合成制造的道路，这也将是无激素及抗生素等农药残留、无食品过敏原以及更少的温室气体排放的可定制生产农产品生产发展的必然趋势。细胞培养肉等代表着未来农业高效、低碳发展的重大方向，有可能成为传统养殖业的肉制品生产体系的强大补充，重塑全球万亿美元肉制品工业的竞争格局。而一旦突破相关科研技术瓶颈，未来食品将在资源成本、营养、健康、安全、环保等方面表现出比传统食品行业更显著的优势。因此，开展细胞培养肉等未来食品生物制造的研究和推广应用，将有利于改善自然环境、缓解资源与能源危机，实现人类社会的绿色可持续发展。此外，我国是人口大国，农业资源相对匮乏，粮食有效供给和保障能力不足，亟待拓展新型农业发展路径，保障我国粮食安全和“健康中国”战略实施。在世界细胞农业方兴未艾之际，抢抓战略发展机遇，加快未来食品生物制造技术突破，对促进现代农业的变革式发展、在未来世界农业革命中占据主动、保障我国农业安全具有重要的意义。

刘龙　张国强　吕雪芹　刘延峰　陈坚（江南大学）

参考文献

[1] Zhang X E. Synthetic biology in China: review and prospects[J]. Scientia Sinica Vitae, 2019, 12: 1543-1572.

[2] Zhao G P. Synthetic biology: unsealing the convergence era of life science research (in Chinese)[J]. Bulletin of Chinese Academy of Sciences, 2018, 33: 1135-1149.

[3] Monod J, Jacob F. General conclusions: teleonomic mechanisms in cellular metabolism, growth, and differentiation[C]//Cold Spring Harbor Symposia on Quantitative Biology. New York: Cold Spring Harbor Laboratory Press, 1961, 26: 389-401.

[4] Jacob F, Monod J. On the regulation of gene activity[C]//Cold Spring Harbor Symposia on Quantitative Biology. Cold Spring Harbor Laboratory Press, 1961, 26: 193-211.

[5] Gardner T S, Cantor C R, Collins J J. Construction of a genetic toggle switch in *Escherichia coli*[J]. Nature, 2000, 403(6767): 339-342.

[6] Elowitz M B, Leibler S. A synthetic oscillatory network of transcriptional regulators[J]. Nature, 2000, 403(6767): 335-338.

[7] Weiss R, Basu S. The device physics of cellular logic gates[C]//NSC-1: The First Workshop of

Non-Silicon Computing. Boston, Massachusetts, 2002.
[8] Isaacs F J, Dwyer D J, Ding C, et al. Engineered riboregulators enable post-transcriptional control of gene expression[J]. Nature Biotechnology, 2004, 22(7): 841-847.
[9] Basu S, Gerchman Y, Collins C H, et al. A synthetic multicellular system for programmed pattern formation[J]. Nature, 2005, 434(7037): 1130-1134.
[10] Levskaya A, Chevalier A A, Tabor J J, et al. Engineering *Escherichia coli* to see light[J]. Nature, 2005, 438(7067): 441-442.
[11] Endy D. Foundations for engineering biology[J]. Nature, 2005, 438(7067): 449-453.
[12] Win M N, Smolke C D. Higher-order cellular information processing with synthetic RNA devices[J]. Science, 2008, 322(5900): 456-460.
[13] Gibson D G, Glass J I, Lartigue C, et al. Creation of a bacterial cell controlled by a chemically synthesized genome[J]. Science, 2010, 329(5987): 52-56.
[14] Malyshev D A, Dhami K, Lavergne T, et al. A semi-synthetic organism with an expanded genetic alphabet[J]. Nature, 2014, 509(7500): 385-388.
[15] Galanie S, Thodey K, Trenchard I J, et al. Complete biosynthesis of opioids in yeast[J]. Science, 2015, 349(6252): 1095-1100.
[16] Huang P S, Feldmeier K, Parmeggiani F, et al. De novo design of a four-fold symmetric TIM-barrel protein with atomic-level accuracy[J]. Nature Chemical Biology, 2016, 12(1): 29.
[17] Paddon C J, Westfall P J, Pitera D J, et al. High-level semi-synthetic production of the potent antimalarial artemisinin[J]. Nature, 2013, 496(7446): 528-532.
[18] Richardson S M, Mitchell L A, Stracquadanio G, et al. Design of a synthetic yeast genome[J]. Science, 2017, 355(6329): 1040-1044.
[19] Shao Y, Lu N, Wu Z, et al. Creating a functional single-chromosome yeast[J]. Nature, 2018, 560(7718): 331-335.
[20] Luo J, Sun X, Cormack B P, et al. Karyotype engineering by chromosome fusion leads to reproductive isolation in yeast[J]. Nature, 2018, 560(7718): 392-396.
[21] Wang W, Li S, Li Z, et al. Harnessing the intracellular triacylglycerols for titer improvement of polyketides in *Streptomyces*[J]. Nature Biotechnology, 2020, 38(1): 76-83.
[22] Minami H, Kim J S, Ikezawa N, et al. Microbial production of plant benzylisoquinoline alkaloids[J]. Proceedings of the National Academy of Sciences, 2008, 105(21): 7393-7398.
[23] 陈坚. 中国食品科技:从 2020 到 2035[J]. 中国食品学报, 2019, 19(12):1-5.
[24] 郑小梅, 郑平, 孙际宾. 面向工业生物技术的系统生物学[J]. 生物工程学报, 2019, 35(10): 1955-1973.
[25] van Dijl J M, Hecker M. *Bacillus subtilis*: from soil bacterium to super-secreting cell factory[J]. Microbial Cell Factories, 2013, 12: 3.
[26] 马延和. 生物炼制细胞工厂:生物制造的技术核心[J]. 生物工程学报, 2010, 26(10): 1321-1326.
[27] 刘龙, 李江华, 堵国成, 等. 发酵过程优化与控制技术的研究进展与展望[C]. 中国生物工程学会学术年会暨全国生物技术大会, 2014.
[28] Campbell K, Xia J Y, Nielsen J. The impact of systems biology on bioprocessing[J]. Trends

Biotechnol, 2017, 35(12): 1156-1168.
[29] 谢泽雄, 陈祥荣, 肖文海, 等. 基因组再造与重排构建细胞工厂[J]. 化工学报, 2019, 70(10): 3712-3721.
[30] Guo L, Diao W, Gao C, et al. Engineering *Escherichia coli* lifespan for enhancing chemical production[J]. Nature Catalysis, 2020: 1-12.
[31] Widner B, Behr R, von Dollen S, et al. Hyaluronic acid production in *Bacillus subtilis*[J]. Applied and Environmental Microbiology, 2005, 71(7): 3747-3752.
[32] Jin P, Kang Z, Yuan P, et al. Production of specific-molecular-weight hyaluronan by metabolically engineered *Bacillus subtilis* 168[J]. Metabolic Engineering, 2016, 35: 21-30.
[33] Liu J, Li J, Liu Y, et al. Synergistic rewiring of carbon metabolism and redox metabolism in cytoplasm and mitochondria of *Aspergillus oryzae* for increased *L*-malate production[J]. ACS Synthetic Biology, 2018, 7(9): 2139-2147.
[34] Guan N, Li J, Shin H, et al. Comparative metabolomics analysis of the key metabolic nodes in propionic acid synthesis in *Propionibacterium acidipropionici*[J]. Metabolomics, 2015, 11(5): 1106-1116.
[35] 管宁子. 产酸丙酸杆菌耐酸机制解析及代谢调控研究[D]. 无锡: 江南大学, 2015.
[36] Kim B, Kim W J, Kim D I, et al. Applications of genome-scale metabolic network model in metabolic engineering[J]. Journal of Industrial Microbiology & Biotechnology, 2015, 42(3): 339-348.
[37] Campodonico M A, Andrews B A, Asenjo J A, et al. Generation of an atlas for commodity chemical production in *Escherichia coli* and a novel pathway prediction algorithm, GEM-Path[J]. Metabolic Engineering, 2014, 25: 140-158.
[38] Tervo C J, Reed J L. MapMaker and PathTracer for tracking carbon in genome—scale metabolic models[J]. Biotechnology Journal, 2016, 11(5): 648-661.
[39] Cho A, Yun H, Park J H, et al. Prediction of novel synthetic pathways for the production of desired chemicals[J]. BMC Systems Biology, 2010, 4(1): 35.
[40] Paddon C J, Westfall P J, Pitera D J, et al. High-level semi-synthetic production of the potent antimalarial artemisinin[J]. Nature, 2013, 496(7446): 528-532.
[41] Chae T U, Choi S Y, Kim J W, et al. Recent advances in systems metabolic engineering tools and strategies[J]. Current Opinion in Biotechnology, 2017, 47: 67-82.
[42] Liu Y, Zhu Y, Li J, et al. Modular pathway engineering of *Bacillus subtilis* for improved *N*-acetylglucosamine production[J]. Metabolic Engineering, 2014, 23: 42-52.
[43] Liu Y, Zhu Y, Ma W, et al. Spatial modulation of key pathway enzymes by DNA-guided scaffold system and respiration chain engineering for improved *N*-acetylglucosamine production by *Bacillus subtilis*[J]. Metabolic Engineering, 2014, 24: 61-69.
[44] Wang S, Chen H, Sun B. Recent progress in food flavor analysis using gas chromatography-ion mobility spectrometry (GC-IMS)[J]. Food Chemistry, 2020, 315: 126158.
[45] Peris M, Escuder-Gilabert L. On-line monitoring of food fermentation processes using electronic noses and electronic tongues: a review[J]. Analytica Chimica Acta, 2013, 804: 29-36.
[46] Porep J U, Kammerer D R, Carle R. On-line application of near infrared (NIR) spectroscopy in

food production[J]. Trends in Food Science & Technology, 2015, 46(2): 211-230.
[47] Huang H, Yu H, Xu H, et al. Near infrared spectroscopy for on/in-line monitoring of quality in foods and beverages: a review[J]. Journal of Food Engineering, 2008, 87(3): 303-313.
[48] Tian T, Yang H, Yang F, et al. Optimization of fermentation conditions and comparison of flavor compounds for three fermented greengage wines[J]. LWT, 2018, 89: 542-550.
[49] Ahmad Z S, Munaim M S A. Response surface methodology based optimization of sorbitol production via solid state fermentation process[J]. Engineering in Agriculture, Environment and Food, 2019, 12(2): 150-154.
[50] Jinendiran S, Kumar B S D, Dahms H U, et al. Optimization of submerged fermentation process for improved production of β-carotene by *Exiguobacterium acetylicum* S01[J]. Heliyon, 2019, 5(5): e01730.
[51] Baughman D R, Liu Y A. Neural Networks In Bioprocessing and Chemical Engineering[M]. Academic Press, 2014: 172-227.
[52] Wang Y, Sun W, Zheng S, et al. Genetic engineering of *Bacillus* sp. and fermentation process optimizing for diacetyl production[J]. Journal of Biotechnology, 2019, 301: 2-10.
[53] 王云龙, 刘松, 堵国成, 等. 基于人工神经网络的 *L*-天冬酰胺酶发酵培养基优化[J]. 食品与发酵工业, 2018, 8: 27-33.
[54] Dong C, Chen J. Optimization of process parameters for anaerobic fermentation of corn stalk based on least squares support vector machine[J]. Bioresource Technology, 2019, 271: 174-181.
[55] Mohd Z, Kanesan J, Kendall G, et al. Optimization of fed-batch fermentation processes using the Backtracking Search Algorithm[J]. Expert Systems with Applications, 2018, 91: 286-297.
[56] Wang Y, Diao J, Wang Z, et al. An optimized deep convolutional neural network for dendrobium classification based on electronic nose[J]. Sensors and Actuators A: Physical, 2020, 307: 111874.
[57] Ezhilan M, Nesakumar N, Babu K J, et al. Freshness assessment of broccoli using electronic nose[J]. Measurement, 2019, 145: 735-743.
[58] Gamboa J C R, Albarracin E E S, da Silva A J, et al. Electronic nose dataset for detection of wine spoilage thresholds[J]. Data in Brief, 2019, 25: 104202.
[59] Montague G A, Hiden H G, Kornfeld G. Multivariate statistical monitoring procedures for fermentation supervision: an industrial case study[J]. IFAC Proceedings Volumes, 1998, 31(8): 399-404.
[60] Pan F, Xu W, Xu L, et al. Intelligent control of the fed-batch fermentation process[J]. IFAC Proceedings Volumes, 1999, 32(2): 7596-7601.
[61] Muthuswamy K, Srinivasan R. Phase-based supervisory control for fermentation process development[J]. Journal of Process Control, 2003, 13(5): 367-382.
[62] Riad G H, Yousef A H, Sheirah M A. Fuzzy supervisory control system for a fed-batch baker's yeast fermentation process[J]. IFAC Proceedings Volumes, 2009, 42(4): 1037-1042.
[63] Meng X, Wu Q, Wang L, et al. Improving flavor metabolism of *Saccharomyces cerevisiae* by mixed culture with *Bacillus licheniformis* for Chinese *Maotai*-flavor liquor making[J]. Journal of Industrial Microbiology & Biotechnology, 2015, 42(12): 1601-1608.
[64] Lawson C E, Harcombe W R, Hatzenpichler R, et al. Common principles and best practices for

engineering microbiomes[J]. Nature Reviews Microbiology, 2019: 1-17.
[65] Wolfe B E, Dutton R J. Fermented foods as experimentally tractable microbial ecosystems[J]. Cell, 2015, 161(1): 49-55.
[66] Li S, Li P, Feng F, et al. Microbial diversity and their roles in the vinegar fermentation process[J]. Applied Microbiology and Biotechnology, 2015, 99(12): 4997-5024.
[67] Xu W, Huang Z, Zhang X, et al. Monitoring the microbial community during solid-state acetic acid fermentation of Zhenjiang aromatic vinegar[J]. Food Microbiology, 2011, 28(6): 1175-1181.
[68] Yang Y, Deng Y, Jin Y, et al. Dynamics of microbial community during the extremely long-term fermentation process of a traditional soy sauce[J]. Journal of the Science of Food and Agriculture, 2017, 97(10): 3220-3227.
[69] Jin G, Zhu Y, Xu Y. Mystery behind Chinese liquor fermentation[J]. Trends in Food Science & Technology, 2017, 63: 18-28.
[70] Lu Z M, Wang Z M, Zhang X J, et al. Microbial ecology of cereal vinegar fermentation: insights for driving the ecosystem function[J]. Current Opinion in Biotechnology, 2018, 49: 88-93.
[71] Bokulich N A, Ohta M, Lee M, et al. Indigenous bacteria and fungi drive traditional kimoto sake fermentations[J]. Applied and Environmental Microbiology, 2014, 80(17): 5522-5529.
[72] Marsh A J, O'Sullivan O, Hill C, et al. Sequence-based analysis of the bacterial and fungal compositions of multiple kombucha (tea fungus) samples[J]. Food Microbiology, 2014, 38: 171-178.
[73] 王守伟, 陈曦, 曲超. 食品生物制造的研究现状及展望[J]. 食品科学, 2017, 38(9): 287-292.
[74] 陈坚. 功能性营养化学品的研究现状及发展趋势[J]. 中国食品学报, 2013, 13(1): 5-10.
[75] 张海灵. 系统代谢工程改造谷氨酸棒状杆菌生产 *L*-缬氨酸[D]. 无锡: 江南大学, 2018.
[76] Ren L, Peng C, Hu X, et al. Microbial production of vitamin K_2: current status and future prospects[J]. Biotechnology Advances, 2019, 39: 107453.
[77] Tan S Z, Prather K L J. Dynamic pathway regulation: recent advances and methods of construction[J]. Current Opinion in Chemical Biology, 2017, 41: 28-35.
[78] Cui S, Lv X, Wu Y, et al. Engineering a bifunctional phr60-rap60-spo0a quorum-sensing molecular switch for dynamic fine-tuning of menaquinone-7 synthesis in *Bacillus subtilis*[J]. ACS Synthetic Biology, 2019, 8(8): 1826-1837.
[79] 陈伟. 裂殖壶菌高产 DHA 的发酵技术研究及其代谢机理分析[D]. 武汉: 华中科技大学, 2016.
[80] 牛腾飞, 李江华, 堵国成, 等. 微生物法合成 *N*-乙酰氨基葡萄糖及其衍生物的研究进展[J]. 食品与发酵工业, 2020, 46(1): 274-279.
[81] Larson M H, Gilbert L A, Wang X, et al. CRISPR interference (CRISPRi) for sequence-specific control of gene expression[J]. Nature Protocols, 2013, 8(11): 2180.
[82] Wu Y, Chen T, Liu Y, et al. Design of a programmable biosensor-CRISPRi genetic circuits for dynamic and autonomous dual-control of metabolic flux in *Bacillus subtilis*[J]. Nucleic Acids Research, 2020, 48(2): 996-1009.
[83] 陈坚, 邓洁莹, 李江华, 等. 母乳寡糖的生物合成研究进展[J]. 中国食品学报, 2016, 16(11): 1-8.

[84] Jung S M, Chin Y W, Lee Y G, et al. Enhanced production of 2′-fucosyllactose from fucose by elimination of rhamnose isomerase and arabinose isomerase in engineered *Escherichia coli*[J]. Biotechnology and Bioengineering, 2019, 116(9): 2412-2417.

[85] Deng J, Chen C, Gu Y, et al. Creating an *in vivo* bifunctional gene expression circuit through an aptamer-based regulatory mechanism for dynamic metabolic engineering in *Bacillus subtilis*[J]. Metabolic Engineering, 2019, 55: 179-190.

[86] 李宏彪, 张国强, 周景文. 合成生物学在食品领域的应用[J]. 生物产业技术, 2019, 4: 5-10.

[87] Stephens N, Di Silvio L, Dunsford I, et al. Bringing cultured meat to market: technical, socio-political, and regulatory challenges in cellular agriculture[J]. Trends in Food Science & Technology, 2018, 78: 155-166.

[88] Post M J. Cultured beef: medical technology to produce food[J]. Journal of the Science of Food and Agriculture, 2014, 94(6): 1039-1041.

[89] Genovese N J, Domeier T L, Telugu B P, et al. Enhanced development of skeletal myotubes from porcine induced pluripotent stem cells[J]. Scientific Reports, 2017, 7: 41833.

[90] Benjaminson M A, Gilchriest J A, Lorenz M. *In vitro* edible muscle protein production system (MPPS): stage 1, fish[J]. Acta Astronautica, 2002, 51(12): 879-889.

[91] Langelaan M L P, Boonen K J M, Polak R B, et al. Meet the new meat: tissue engineered skeletal muscle[J]. Trends in Food Science & Technology, 2010, 21(2): 59-66.

[92] 张国强, 赵鑫锐, 李雪良, 等. 动物细胞培养技术在人造肉研究中的应用[J]. 生物工程学报, 2019, 35(8): 1374-1381.

[93] Zhang G, Zhao X, Li X, et al. Challenges and possibilities for bio-manufacturing cultured meat[J]. Trends in Food Science & Technology, 2020, 97: 443-450.

[94] Arshad M S, Javed M, Sohaib M, et al. Tissue engineering approaches to develop cultured meat from cells: a mini review [J]. Cogent Food and Agriculture, 2017, 3(1): 1320814.

[95] Shay J W, Wright W E. Hayflick, his limit, and cellular ageing[J]. Nature Reviews Molecular Cell Biology, 2000, 1: 72-76.

[96] Harley C B. Telomerase is not an oncogene[J]. Oncogene, 2002, 21(4): 494-502.

[97] Edelman P D, McFarland D C, Mironov V A, et al. Commentary: *in vitro*-cultured meat production[J]. Tissue Engineering, 2005, 11(5/6): 659-662.

[98] Lam M T, Sim S, Zhu X Y, et al. The effect of continuous wavy micropatterns on silicone substrates on the alignment of skeletal muscle myoblasts and myotubes[J]. Biomaterials, 2006, 27(24): 4340-4347.

[99] Butler M. Serum and Protein Free Media: Animal Cell Culture[M]. Cham: Springer, 2015.

[100] De Bruyn C, Delforge A, Bron D. *Ex vivo* myeloid differentiation of cord blood CD34+ cells: comparison of four serum-free media containing bovine or human albumin[J]. Cytotherapy, 2003, 5(2): 153-160.

[101] Aswad H, Jalabert A, Rome S. Depleting extracellular vesicles from fetal bovine serum alters proliferation and differentiation of skeletal muscle cells in vitro[J]. BMC Biotechnology, 2016, 16: 32.

[102] Fujita H, Endo A, Shimizu K, et al. Evaluation of serum-free differentiation conditions for

C2C12 myoblast cells assessed as to active tension generation capability[J]. Biotechnology and Bioengineering, 2010, 107(5): 894-901.
[103] Shiozuka M, Kimura I. Improved serum-free defined medium for proliferation and differentiation of chick primary myogenic cells[J]. Zoological Science, 2000, 17(2): 201-207.
[104] Datar I, Betti M. Possibilities for an *in vitro* meat production system[J]. Innovative Food Science & Emerging Technologies, 2010, 11(1): 13-22.
[105] Bhat Z F, Kumar S, Fayaz H.*In vitro* meat production: challenges and benefits over conventional meat production[J]. Journal of Integrative Agriculture,2015, 14: 241-248.
[106] Bellarby J, Tirado R, Leip A, et al. Livestock greenhouse gas emissions and mitigation potential in Europe[J]. Global Change Biology,2013, 19: 3-18.
[107] 赵鑫锐, 王志新, 邓宇, 等. 人造肉生产技术相关专利分析[J]. 食品与发酵工业, 2020,46(5): 299-305.
[108] 张国强, 赵鑫锐, 李雪良, 等. 未来食品的发展: 植物蛋白肉与细胞培养肉[J]. 食品与生物技术学报, 2020, 39(10): 1-8.
[109] 王廷玮, 周景文, 赵鑫锐, 等. 培养肉风险防范与安全管理规范[J]. 食品与发酵工业, 2019, 45(11): 254-258.

第 4 章 食品感知科学

引言

食品工业的不断创新，使得大量全新的食品产品朝着更健康或更高可持续性的方向发展。在影响创新食品市场表现的诸多要素中，具有决定性意义的是消费者的认知和态度；而促使消费者购买尤其是重复购买某一食物的最重要的考量因素始终是食物的感官品质[1]。食品感知科学是一门研究食品复杂的物理化学特性以及人类生理心理特征的交叉学科,主要研究内容包括食物感官刺激的物质基础、感觉形成的生理途径以及客观刺激感受与消费者情感反馈的关系。以这些基本规律、方法学研究为基础，结合食品供应全球化、消费者食物感知多元化、绿色食品和健康食品的概念，今天的食品感知科学正在与未来食品制造的各环节加速融合，并以满足消费者感官需求为前提，利用食品宏观或微观结构设计实现食品风味与质构创新，打破美味与营养、健康的传统对立，实现食品感官品质与健康属性的完美统一。

本章将会从食物刺激及其感知的物质基础、食品刺激与情绪认知以及消费者认知驱动下的未来食品设计等三个方面对食品感知科学展开介绍。

4.1 食物刺激及其感知的物质基础

众所周知，食物带来的刺激是通过眼睛、耳朵、鼻子、嘴巴等生物感受器感知的。这些传感器向中枢神经系统传递刺激，中枢神经进行信息处理后就反馈形成了有关食物外观、色泽、风味、质构的感官印象，同时中枢神经还会发送关联信号促使人们做出关于这些食物的进一步判断[1]，这些感官印象会在感知食物刺激的不同阶段发挥作用。例如，作为光学传感器的眼睛、嗅觉传感器的鼻子通常会给我们传递关于食物的首要信息，帮助我们判断食物的来源、评估它们的安全性；在随后的触摸、品尝过程中，其他感受器输入的信息会补充或修正早前的视觉、嗅觉信息，如嘴巴作为味觉传感器，可以帮助我们确定食物对我们的健康是否有害；而耳朵里的毛发和口腔里的压力传感器帮助我们决定需要多大的力才能咬断和咀嚼食物等[1]。

早在 1973 年，Kramer 和 Szczesniak[2]就以圈图的形式总结了食物的感官属性，

图 4.1 即为著名的“Kramer circle”。圆圈的一周被分为三个由主要感官定义的区域，由眼睛感知外观；由舌头上分布有味蕾细胞的舌乳头和鼻子的嗅上皮感知味道；由肌肉传感器感知的力学、运动、结构等运动觉感知，这三种感觉看似相互独立，但从感知到的具象属性上来看，有一些属性是这三种感觉以互补或重合的方式输出的，例如，表观一致性/视觉黏稠度是位于外观和运动觉（质构）边界上的，口感则介于运动觉和风味的边界上，在外观和风味的边界上又会出现基于外观预期产生的“视觉风味”感知。可见“感官感知”事实上是以一种多模态（multimodality）形式存在的，它强调食物最初和整体印象的重要性，而不是任何独立存在的单一感知，如图 4.2 所示，当我们面前出现一种食物时，外周感觉所

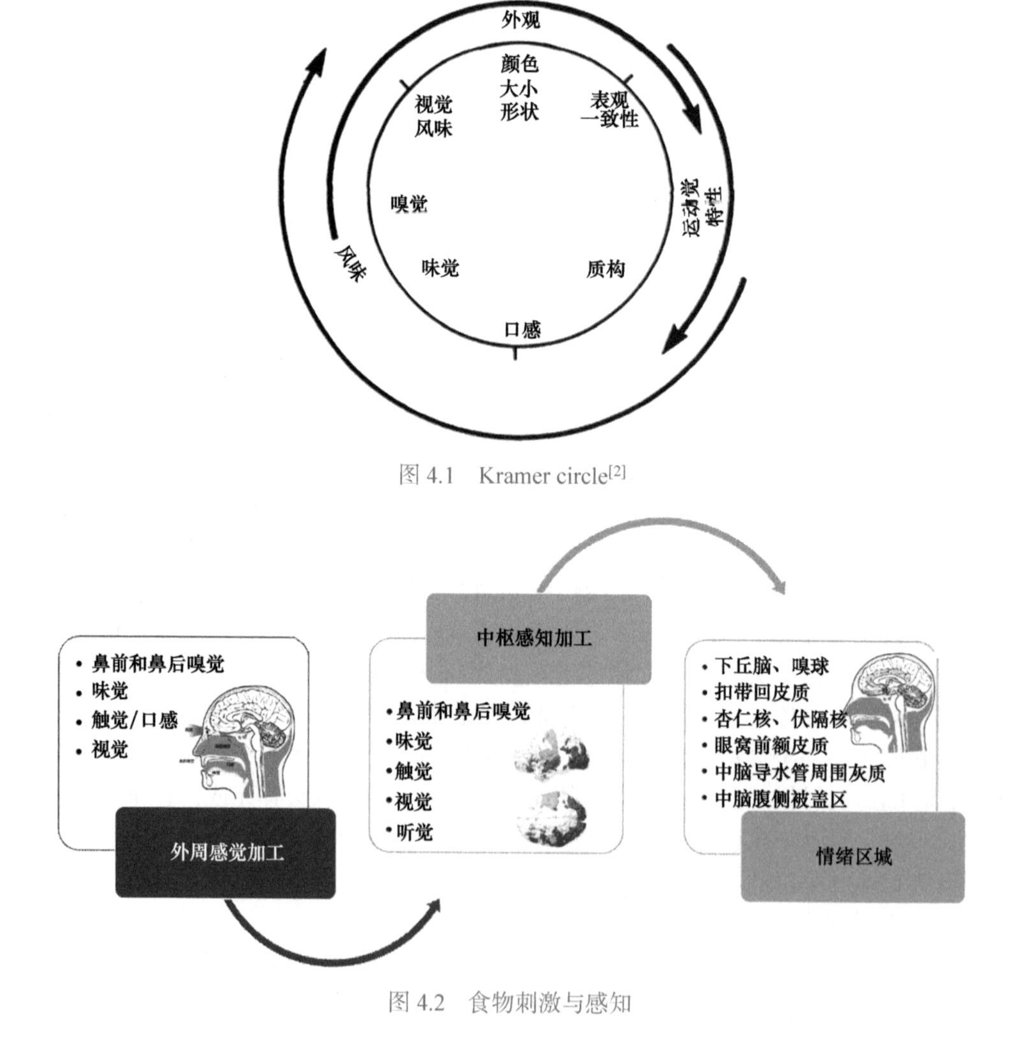

图 4.1　Kramer circle[2]

图 4.2　食物刺激与感知

形成的最初印象会带来一种预判和期望，并且这种预期会随着中枢感觉的介入得到确认或否认，最终在情绪区域进行接受或不接受评价，完成对该食物的整体印象评判。

4.1.1　食物外观刺激：印象之初

1. 食物外观及其在感官认知中的地位

自人类直立行走之后，视觉就取代嗅觉成为人们发现食物以及决定是否选择或者摄入某种食物的先导途径。人们对食物的第一印象往往是基于其视觉属性的，即食物的整体外观。整体外观包括大小、形状、颜色、不透明度、均匀性等光学特性和物理形态，同时包装食品的包装以及餐饮食品的呈递背景颜色也属于整体外观的范畴[3]。在人们对食物的认知中，整体外观主要是通过参照先前经验使人们对食物的感官品质、安全属性等产生相应的预期和联想，从而形成对食物的初步印象。Jaros 等[4]通过实验证明了食物外观在消费者的整体感知中与风味、质构的重要性是旗鼓相当的。在实验中，消费者被要求对 50 种不同的食物名称进行联想描述，即用三个词对看到的每种食物名称进行描述，最后发现在所有的描述词中，外观（颜色、形状、呈现形式）相关词汇与风味、质构相关词汇的比例非常接近。那么，食物外观是通过哪些元素让人们对食物形成最初的印象呢？除了先前通识的食物光学性质、物理形态外，越来越多的研究认为食物包装、呈递背景颜色也是极为重要的因素。

2. 食物的颜色

人类不但能够看到关于食物的多种颜色，而且能够很快地从已经建立的关于食物的颜色代码中搜索出相关信息。如就水果而言，红色往往提示“赶紧去吃吧”，而绿色则代表“最好不要”，前者意味着安全性更高、营养更丰富、感官品质更高，而后者则经常与“低成熟度、低甜度、青涩感”等关联起来。显然，这些都是进一步影响消费者消费意愿的重要元素，如 Nelson[5]就发现在自助服务台购买肉时，37%的消费者会受到肉类有吸引力的颜色的诱惑而产生冲动的、没有计划的购买。

上述的颜色信息更多地适用于对天然食物的判断，而对于加工食品，实际上人们也习得性地建立了一系列的颜色与配料、加工方式的联系。例如，Scheide[6]发现人们在品尝绿色的覆盆子果冻时，会产生一种视觉风味，认定其为苹果味或醋栗风味。然而，来自不同文化背景或生活环境的人群建立的“视觉风味”也存在差异，如图 4.3 所示，英国人和中国台湾人对红色、蓝色的饮料所传递的“风味特征”就有不同看法，对于蓝色，前者认为是覆盆子味，后者则赋之予薄荷味，前者认为红色是樱桃或草莓味，而后者认为红色是蔓越莓味[7]。

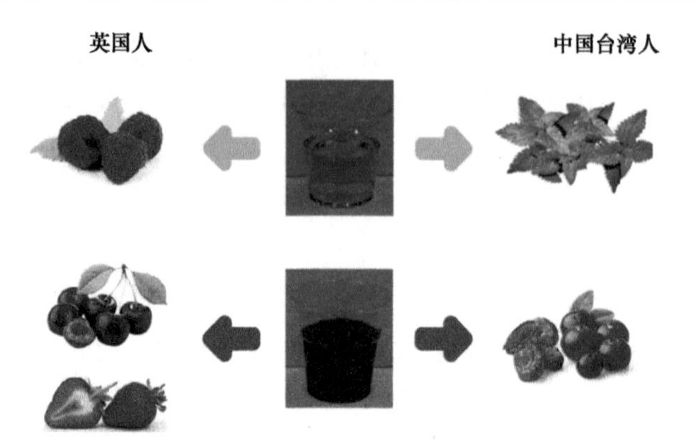

图 4.3　六种饮料中的两种：来自英国和中国台湾的参与者建立的“视觉风味”

这些由食品颜色及其他光学特性引申的食物风味、质构、营养属性联想以及可能的认知“偏见”，在某种程度上给食品企业研发迎合消费者需求的新产品提供了新的路径和灵感，如可以用颜色来诱导人们吃一些热量较低的食物，这些都可能成为未来食品设计中不可或缺的品质元素。

3. 食物的物理形态

食物的物理形态包括形状、大小、表面质地以及各自的一致性。形状和大小是最直观的形态，表面质地则包括如肉制品中纤维的排列、苹果果肉表面的粗糙度、豌豆表面的褶皱、鱼的肌肉结构等，这些信息都是判断食物品质的视觉线索。

对于大多数食品，单个物理状态属性在人们的接受度中都存在临界值。以巧克力为例，黑色度、光泽、大小和厚度等多个外观参数共同决定了人们对它的初步印象。如果巧克力太厚，那么不管其他属性如何，超出临界值的厚度都会成为拒绝该巧克力的原因；当然，如果厚度在消费者认可的合理范围内，其他属性的不足也可能会导致消费者拒绝该产品。可见，各个物理状态属性在不同食品中的重要性都存在阶梯形层递关系，具体层递关系因产品而异。

与食物颜色导致的食物品质预期相似，食物的物理状态也会带来一些“偏见性”的提示。如 Morizet 等[8]研究发现，孩子们认为薄片形状胡萝卜相对扁条状胡萝卜熟制度更高，从而对薄片形状的喜好程度更高。整体而言，今天的消费者对食物物理状态的需求越来越趋向于回归或模拟食物最自然的状态，即便是加工过的食物。如图 4.4 所示，近期备受喜爱的模拟自然食物的典型代表——果汁软糖，如葡萄味软糖，制造商在形态、颜色、口感、风味等各个属性上都最大限度地模拟葡萄，传递出吃一颗真实葡萄的强烈信息。相信在未来的食品外观设计中，这一自然模拟的趋势将持续相当长的时间。

图 4.4　葡萄味软糖

4. 食物的包装

外观对食物感知的影响，除了来自食物本身外，在很大程度上也受食物包装的影响。

首先，对于包装食品而言，消费者在购买时无法感知其自身的色泽、形态和表面结构，因此，视觉可见的包装造型、色彩、图案、文字信息无疑就成为消费者初选食物的主要参考依据。一项研究表明，普通家庭主妇在大型超市购物的时间平均约为 27min，她们要从 6300 件商品中只挑选出 10～20 件商品，其中 75%的购买是冲动的，因此包装必须能够在不到 1s 的时间吸引家庭主妇的眼睛。尽管早在 20 世纪中叶，Cheskin[9]就提出包装颜色的改变对人们食物感知的重要性，但直到近些年才逐渐引起企业界和学者们的注意。一个典型的例子来自可乐：将七喜包装上的黄色调深 15%后，很多人反映里面的饮料喝起来柠檬味更重了，而其推出的白色圣诞节款包装因被很多消费者投诉整体感觉发生变化而被迫召回。当然，与消费者惯性认知并存的是消费者对融入于包装中的品牌个性设计的认可，包装肩负着贯彻品牌理念和反映品牌个性诉求的重任，只有包装与品牌个性的相互融合，才能更加正面引导消费者对该品牌产生认同感。一项关于标识设计趋势的研究发现，成功的食品包装越来越趋向于使用简洁且放大的标识，这一趋势从 30 年来国内外传统著名品牌的标志演变即可看出。

此外，随着以健康为导向的消费理念日渐成为趋势，许多国家将食品包装正面标识（front-of-package，FOP）的设计视为减少营养慢性疾病、提高国民健康的技术与管理手段。2019 年，我国也将 FOP 系统列为健康中国行动计划，这无疑将在未来潜移默化地影响消费者的健康食品意识，督促人们做出更多“健康”的选择。Arrúa 等[10]通过研究发现 FOP 设计可以显著降低小学生对不健康食物的选择。在该项研究中，442 名乌拉圭的小学生对有无 FOP 信息包装的华夫饼和橙汁进行选择，结果表明，对于华夫饼，由于设计有不健康营养信息提示的 FOP，参与者对该“不健康”产品的选择显著降低；而对于标有“富含维生素 C”信息包装的橙汁，在加入 FOP 后，对参与者对该产品的选择并没有显著影响，因此，作者推测这种 FOP 的设计主要会降低消费者对不健康食品的选择，而对健康食品的选择没有太大影响。不过，降低不健康食品的选择也是 FOP 设计的根本目标。

综上所述，对食物外观的感知形成了人们对食物的第一印象，将这一印象与先前经验进行联系，人们会做出能不能吃、要不要吃、要吃多少的判断，从而影响消费者的食物选择和食品的市场表现。其中，食物外观触发人们“预期并强加于”食物的“风味”，即“视觉风味”是消费者感知食物外观刺激的重要元素，不论是食物自身的颜色、物理形态还是包装都会在一定程度上影响消费者对食物风味的预判。随着食物供给、食物认知及文化观念的不断变化，被广泛认可的食物外观与品质关联始终处于变化之中且逐渐个性化的状态，而这也是未来食品外观设计必须接受的挑战。

4.1.2 食物风味刺激：美味起点

日常生活中，风味是人们对食物感知或选择的核心关注点。从婴儿时期开始，我们对食物的选择就很大程度上取决于风味。如婴儿尝到甜味食物时会露出微笑，而在尝到苦味食品时就会紧闭眼睛或将食物吐出来；当我们成年时，食物的滋味往往也是食物选择的最主要因素或是仅次于营养、安全等感官感知的元素。Lennernäs 等[11]对 14331 名欧洲消费者进行的关于食品选择的影响因素的调查中发现，仅次于食物的新鲜程度和价格，风味/滋味是消费者选择食物的最主要感官因素，且这一结论并不受年龄、性别等因素影响。

随着风味研究的不断深入，越来越多的学者发现风味本质上是一种多模态感知，气味和滋味是构成风味的两个关键要素，但风味感知本身是一个极其复杂的过程。如图 4.5 所示，风味不是单纯地基于各种感官刺激输入直接形成感觉，而是由人的生理感受器和心理反馈共同加工，将输入的刺激、先天倾向以及过去经验所产生的期望共同结合形成感知[12]。从生理感受基础来看，风味感知的复杂性主要体现在其动态特征：在食物食用前或刚放入口中时，嗅觉和三叉神经关于风味的感知就已经启动了，而被放入口中的食物经过口腔加工释放呈味物质，通过与口鼻中的特殊受体，经过“锁匙机制”结合或压力、流量、温度和疼痛等物理感觉（口感和三叉神经）与口鼻相互作用，共同传导味觉信号至大脑中枢神经，进行综合处理。由此可见，风味除了依赖于人体基本的嗅觉和味觉感知与传导外，还取决于口腔加工作用以及其他感官感知对味觉的交互影响作用[13, 14]。

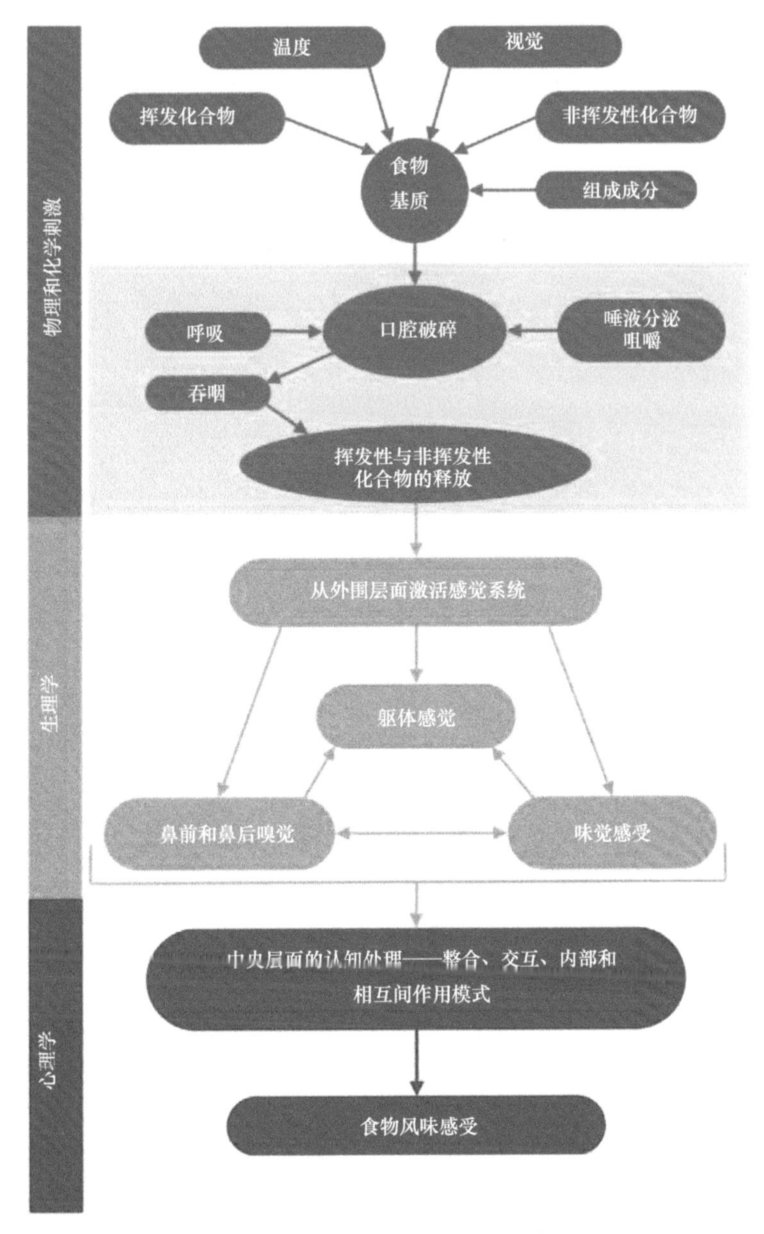

图 4.5　风味感知基础及影响因素[12]

1. 嗅觉和味觉刺激的感知与传导

“锁匙机制”，顾名思义，是指风味分子本身应具有合适的大小、形状和一定化学结构才可与对应的受体结合[15]。

据报道，自然界中能引起嗅觉产生的气味物质共有两万种之多，而人类能够分辨和记忆一万种不同的气味。那么，这些气味是如何被感知的呢？来源于食物或饮料中的气味分子可以通过鼻子（鼻前嗅觉）和通过嘴（鼻后嗅觉）两种途径到达嗅上皮，当嗅觉感受器细胞检测到气味分子时，嗅觉系统的传导就开始了，主要是通过三个层次的传导和修饰：鼻腔黏膜中的嗅觉受体与不同气味物质特异性结合、嗅神经传导嗅球对信息加工和修饰以及嗅球编码的空间和时间信息被传递到大脑皮层等。最终这些气味分子传导到大脑皮层的信息被解码形成不同的气味感觉——嗅觉（图 4.6）。

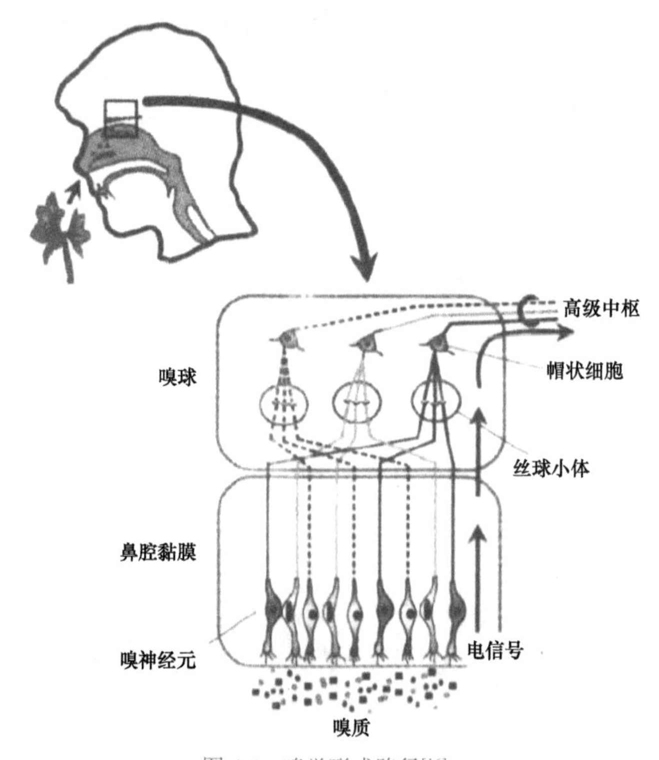

图 4.6　嗅觉形成路径[16]

目前，在食物气味的本源性，即气味化合物的鉴定领域，气相色谱-质谱-嗅探仪（GC-MS-O）联用仍然是最常用的方法，其基本原理是通过气相色谱分离的挥发性物质部分进入质谱进行分析，其余部分物质进入嗅探仪端，由专业人士嗅闻和描述，从而同时获得各挥发性成分的结构及其对应的被人所感知的气味描述，以此进行匹配。大量的气味物质分析表明食物中存在一万多种挥发性气味化合物，但可被感知的化合物仅有几百种。基于这一事实，2014 年，风味化学领航者 Dunkel 等[17]通过数据库搜索，对 1980～2013 年发表的关于“气味分析或风味分析”的 5642 篇文献和 949 部专著或博士论文的报道进行了全面的梳理，根据“所有物质是 GC-O 分析中具有最强生物活性特征、关键化合物是基于结合 GC 和感官评价数据明确发现的物质以及所有关键化合物有精确和宽泛途径综合定量”这一标准，筛选得到 119 篇文献，共涉及了 227 种食物，包括酒精饮料、肉制品、谷物类、乳制品等（图 4.7）。考虑人类对气味感受的强度范围存在阈值，只有气味活性值（OAVs，物质的浓度/阈值）≥ 1 的气味物质才可以被感知到，最终筛选出 226 种存在于食品中的可被感知的关键气味物质，并通过聚类分析将以上 227 种产品进行了归类（图 4.8），得出不同类别食物/饮料中所对应的关键化合物数量，为 3～36 种，如酒精类，最低的为含 18 种关键化合物的啤酒，最高的为法国白兰地（含 36 种），而像发酵奶油只含有 3 种能真正贡献于其气味的关键化合物。这一总结在很大程度上简化了气味化合物重组模拟真实气味体系的工作，在一定程度上为未来食物气味感知研究或食品开发提供了便利。

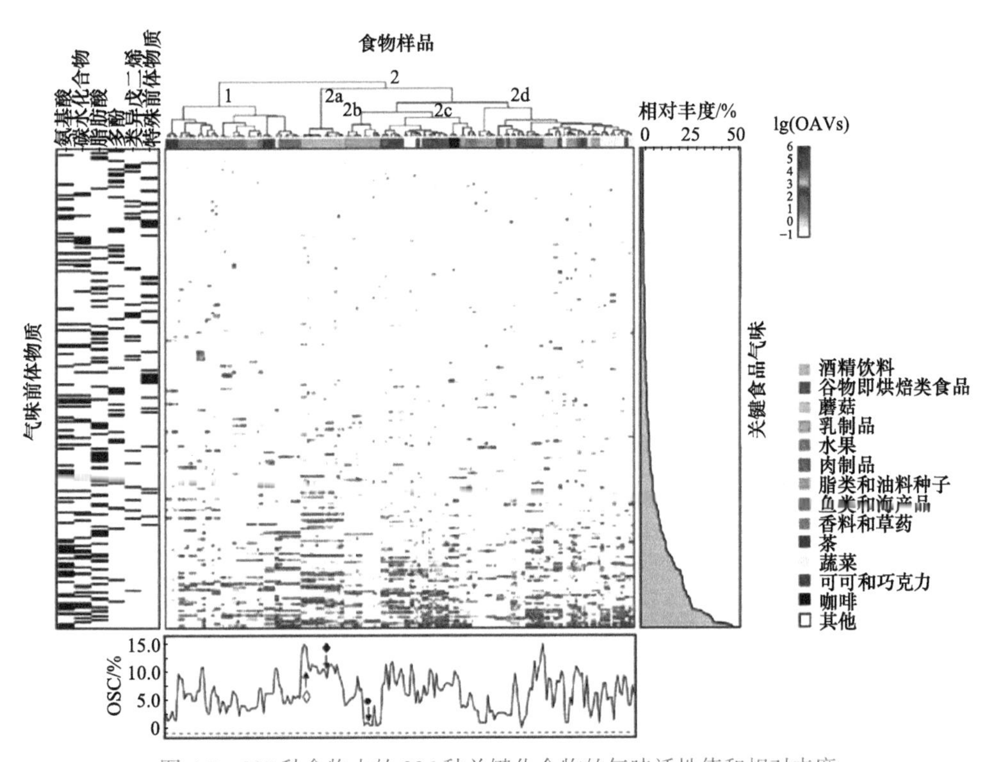

图 4.7　227 种食物中的 226 种关键化合物的气味活性值和相对丰度

GC-MS-O 应用的最大局限就是无法表征全局香气。风味化合物结构多样、各自具有差异化的浓度-气味强度-气味特征关联性，且与食物基质之间的作用强度及自身挥发性也千差万别。同时，人对于混合气味的感知依赖于特定的模式识别而非对各物质组合编码，人的鼻前嗅觉和鼻后嗅觉在气味强度感知、气味定位能力和神经传导方面都存在差异[18]。因此，通过单一化合物气味特征叠加判断混合化合物的气味表现会非常困难且常常出错。针对化合物之间的协同或抑制作用，近年来，很多学者开始采用重组试验和遗漏试验去鉴定气味化合物所呈现出来的香气，形成了所谓的风味感官组学（flavoromics & sensomics）。这一概念是德国慕尼黑理工大学的风味化学家Peter Schieberle教授近年来提出的，他用这种方法成功地破译了日本龟甲万酱油、法国Prunus Ameniaca杏子中的关键香气化合物。这种方法主要是在GC-O、GC-MS等基础上，进一步对食品中的关键气味活性化合物进行准确的定性定量以及对它们的重要性进行排序，最终通过在合适的基质中进行重组，构建与原样品香气轮廓非常相似的重组物，从分子层面解释了食品特征气味的化学本质。该法在解析各种食品如酒类（葡萄酒、白酒）、茶类（红茶、普洱茶）、水产品、谷物面包等风味物质上有了很大的突破，相信结合这些技术手段和对人的感官感知的深入了解，在未来食品中实现风味定制的目标将会有极大的突破。

与此同时，为了实现对气味物质的快速识别以及摆脱气味识别对人的主观依赖，智能气味感知——电子鼻的相关研究和应用近年来也得到了快速的发展，然而，混合气味感知的复杂性使电子鼻应用受到限制。不过，近日英特尔和康奈尔大学的研究人员[19]利用72个化学传感器对不同气味做出反应的数据库，通过配置生物嗅觉的电路图来描述如何“教会”神经拟态芯片Loihi“闻味道”，研究发现，即便存在其他强烈气味，该芯片依然能识别那些先前“闻过的”有害物质。相信随着技术的发展，这些技术将会对“电子鼻系统”进行升华，在未来的应用无可限量。当然，这项研究也不是人工智能检测气味的开创，例如，Google Brain小组曾与调香师开展合作，俄罗斯也有相关研究将气味分子与感知进行关联，试图借助人工智能机器重现对气味的识别等。

相比于气味的感知，滋味的感知相对简单。基于对呈味物质化学结构、受体类型及神经传导途径的大量分析，目前被普遍公认的人类能够感知和辨别的基本味觉品质主要有五种，包括甜、咸、酸、苦、鲜；同时，近年来有学者提出脂肪味、金属味也应被列为基本味觉。对五种基本味觉的广泛认可是基于这些味觉感知的主要可溶性呈味物质以及味觉感受器上与之相对应的受体已经被确认。如图4.8所示，甜味、鲜味是通过受体第一家族T1R结合，而苦味则是与第二家族T2R结合，这种结合会引起味觉细胞去极化和神经递质的释放，而随着神经纤维对递质的接收，会产生神经信号并传达到大脑的味觉中枢，经过复杂的整合完成味觉识别[20]。这些味觉受体除了在人的口腔表达外，在胃肠道、呼吸道上皮等多个组织中也有表达，不过在信号传递和代谢调控方面是否发挥作用目前还不清楚。此外，这些基本味觉共同构成了包括人在内的生物味觉空间，通过反馈不同的营养或生理需求而发挥作用。例如，甜味食物通常含有碳水化合物，可以为生物体的新陈代谢提供能量；咸味控制 Na^{+}、K^{+}及其他盐类物质的摄入，对维持机体的液体平衡和血液循环至关重要；酸味和苦味则通常多被列为厌恶型味觉，可以保护人类，避免摄入一些不利的食物等。

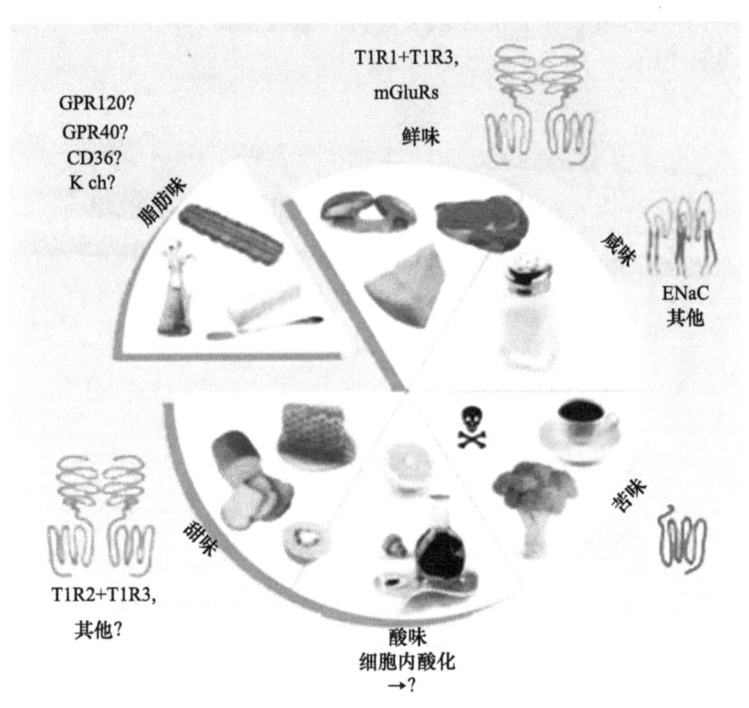

图 4.8　味觉感受器及食物刺激的味觉感知[21]

虽然，气味和滋味的感知借助于不同受体或生理基础，但在最后的风味感知中，二者的呈现多是以融合的状态存在的。随着风味研究的深入，学者们也更多关注它们组合的存在特征，这种趋势从风味轮表征的变化上就可以充分体现。所谓风味轮是风味品质标准化定量分析的基础框架，图 4.9 为 Speciality Coffee Associations of America 绘制的咖啡风味轮，从 1995 年颁布的版本到 2016 年的改版，最大的改变就是气味和滋味不再被分属于两个不同区域单独罗列，而是融为一体。大量研究表示，在实际的风味感知过程中，能否利用气味和滋味之间的相互作用来实现整体风味强度和愉悦感的提升取决于两种刺激在食品基质中的组合是否协调，如 Sherlley 和 Kathrin[22]让参与者分别品尝鲜味&咸味、酸味&甜味的混合溶液，然后在品尝每种混合溶液时，引入不同的气味刺激（如橙子味、鸡肉味以及这两种气味按不同比例混合的气味），让参与者对不同气味与两种混合溶液的匹配协调度、愉悦感和熟悉度进行评分，最后发现，气味-滋味之间匹配协调度越高，参与者感受到的愉悦感和熟悉度也越强。例如，当品尝酸味和甜味溶液时，橙子味的刺激让参与者感到非常协调，对应的愉悦感和熟悉度评分也非常高。当然，由于气味-滋味的相互作用较为复杂，目前主要停留在研究阶段，在指导实际产品开发和应用中，最多的是基于“气味-甜味”的相互作用来开发“甜味修饰香精”，以及利用气味对咸味的增强效应进行“减盐食物开发”，具体内容将在 4.3 节中进行详细介绍。

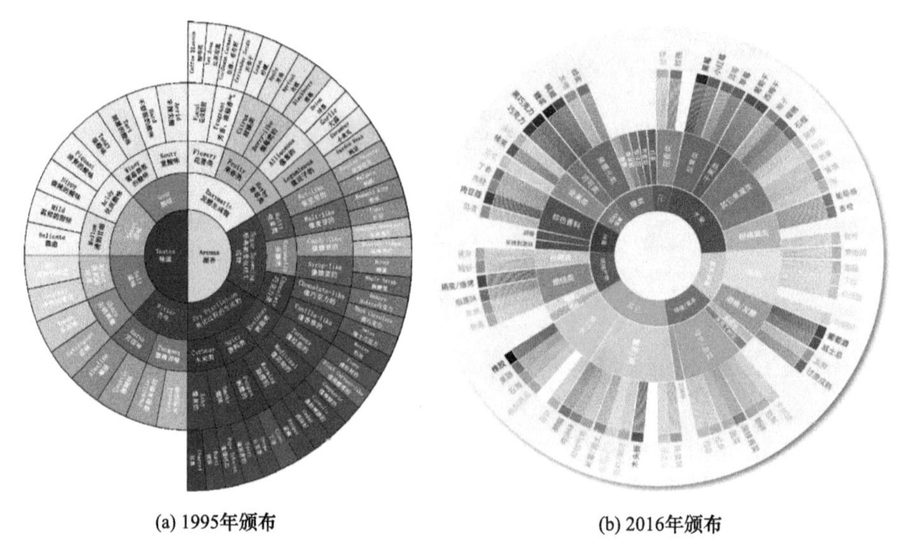

(a) 1995年颁布　　(b) 2016年颁布

图 4.9　咖啡风味轮

资料来源：中国咖啡网.https://www.gafie.com

综上所述，由于气味、滋味感知自身的复杂性和多模态相互作用的存在，从单一气味和/或滋味化合物感官特性预测混合体系的风味特征是非常困难的，这也是人工智能在感官分析中拓展应用所面临的最大挑战。对独立气味或滋味化合物进行量化分析，对二元系统中协同或掩蔽效应的总结，可能都无法直接用于准确预测真实食物的风味。此外，研究发现气味-滋味的融合感知还依赖于受试者的先前食物经验，即使受试者是经过训练的感官专家，这种影响也不能完全消除。这就给风味的感知和描述引入了个性化的因素，也因此变得更为复杂。总的来说，只有通过对风味感知的神经生物学过程更加细致和深入的了解，才能更好地理解风味形成规律及其感知相互作用规律，为未来定向设计目标风味食品，利用风味相互作用控制潜在健康危害性呈味物质的过量添加提供理论基础和实践指导。

2. 口腔加工与食物风味感知

食物进入口腔后，风味感知是一个复杂的动态过程。在这个过程中（图 4.10[23]），风味物质（包括挥发性气味剂和促味剂）逐渐从食物基质中释放出来，刺激味觉感受器形成风味感知。咀嚼过程中，舌-软腭边缘偶尔打开并允许气味化合物从口腔转移到鼻腔；吞咽时，会厌和舌-软腭被打开，挥发性化合物通过呼气输送到鼻腔；吞咽结束后，液体或固体食物的残余物附着在口腔和咽黏膜上，形成风味的最后阶段释放。风味感知的整个过程从几秒到几分钟不等，长短主要取决于食物的类型。在呼吸的过程中，香气化合物向鼻腔的转移不稳定，伴随着瞬时“香气脉冲”风味刺激得以启动。为了准确捕捉咀嚼、吞咽和呼吸过程中瞬间产生的香气脉冲，相关分析技术应具有较高的时间分辨率和物质分辨能力。过去 20 年中，研究人员尝试了多种不同的分析手段，大多数应用都基于常压化学电离质谱（APCI-MS）或质子转移反应质谱（PTR-MS）对口腔加工过程中呼出的气体进行体内在线检测，也有人[24]采用气相色谱-离子迁移光谱法（GC-IMS）联合动态主导感官属性方法（TDS）研究口腔内的香气释放和感官感知。然而，干扰离子会限制可以成功识别的化合物数量，因此这些方法更适用于将芳香化合物添加到模型系统中进行研究。此外，也有一些相对容易实现的离线检测手段，与在线检测相比，其通过 GC-MS 进行检测，因此可以扩大可鉴定的化合物数量，但无法提供风味物质的时间变化曲线。如图 4.11（a）的鼻后香气捕集装置（RATD）[25]，它用吸附材料将呼出气体吸附，经 GC-MS 检测，或者使用体外检测装置采用鼻后香气模拟器[26]（RAS）[图 4.11（b）]，进行体外模拟分析。与体内分析相比，体外模拟分析重复性较好，但也会存在无法完全模拟经过复杂的口腔加工过程后所呈现的风味的问题。

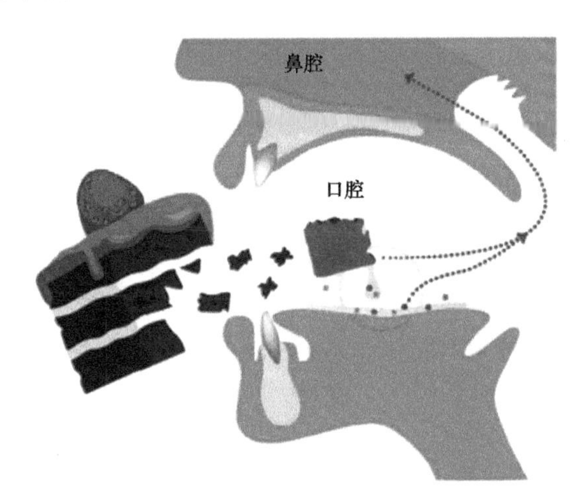

图 4.10　口腔加工中的风味感知[23]

食物风味动态感知过程中，唾液参与的重要性不容忽视。食物进入口腔后，唾液会因其表面张力低而润湿和软化食物颗粒,并作为媒介促进风味成分的释放。

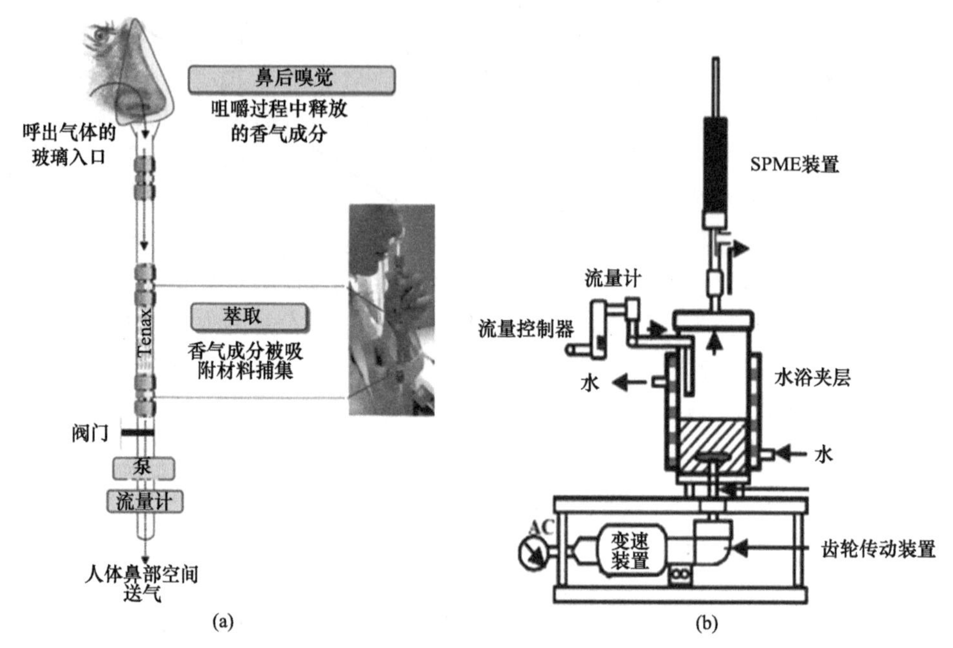

图 4.11 鼻后香气捕集装置（a）和鼻后香气模拟装置（b）

食物中所有风味物质都必须经过唾液才能与味觉和嗅觉受体结合[27]，这也是食物在唾液中的溶解程度决定着其风味感知强度的原因。一项基于口腔模拟器的研究表明，随着唾液分泌量的增加，香气化合物的释放明显减少[28]，这可能与香气化合物顶空浓度的增加及盐的存在导致液相中有效溶剂的减少有关。Haahr 等[29]的研究发现，随着唾液量增多，口香糖中的风味化合物在水相中的保留量也增加，使得经由后鼻嗅觉的风味传导减少，口香糖的整体风味感知强度下降。除溶剂效应外，唾液对风味物质释放和感知的影响还取决于唾液成分与风味化合物之间的相互作用[30, 31]。对于那些可能与唾液成分，如唾液淀粉酶或黏蛋白发生相互作用的气味物质而言，唾液流速的增加会使其部分分解或者挥发程度下降[32]，Genovese 等[33]在研究中就发现，由于红葡萄酒中的多酚可以与黏蛋白和酯酶相互作用，其香气表达对唾液成分的依赖性就远高于白葡萄酒[34]。唾液是一种复杂并且具有强烈个体差异的胶体体系，唾液的流速、成分、缓冲容量等各种特征都因人而异[35]，因此对于同一个食物，不同的人所感受的风味特征也会迥然不同[36, 37]。

总而言之，进食后食物的口腔加工是一个动态过程，在这一过程中，风味化合物的释放、溶解、代谢和传输遵循不同的动力学机制，唾液分泌状况及其唾液组成在很大程度上会影响这些机制的动态特征，并进一步影响受体激活动态特性。同时，大脑对受体传导的刺激信号的整合过程也存在适应、跨模态相互作用等多种不确定因素，使得建立风味释放和感知之间的直接关联变得更加困难。未来，随着对食品风味的研究从单一风味物质的分辨逐渐向多元感知交互迭代，风味的定制化会随着复杂体系中风味产生机制的破译变得越来越可行，并成为未来食品风味设计的主流。

4.1.3　食物质地（口感）刺激：美味升级

将风味作为食品感官最重要的属性似乎是约定俗成的，几乎没有人会反对甚至质疑这一观点。但从食物整体来看，其主体基质在咀嚼吞咽过程中所表现出的坚硬、酥脆、软弹、稠厚、顺滑等丰富的质地属性（俗称口感）不仅是影响消费者食品感官享受的重要因素，还会影响气味、滋味物质在口腔加工过程中释放、扩散与受体结合程度和速度，进而影响风味感知。

直到 20 世纪 60 年代，对食物质地参数的定性定量分析才真正成为食品感官属性研究的一部分，食物口感对消费者食物选择的重要性也才开始被广泛认识[38]。但这丝毫不影响研究人员以及食品制造商对食物口感的关注，尤其是在食品风味的模仿成本越来越低的今天，完美口感正在成为高品质食物的基本要素。对于新颖的、异质的食品，消费者食用后的喜好在很大程度上取决于产品的口感特征，而对熟悉食物的喜恶也被直接用来预测对具有相同或相似口感的不熟悉的食物的喜恶。研究发现，处于不同年龄阶段的消费者都普遍关注食物的口感，但受人体自身生理特征的影响，不同的人群（年龄、性别）对于口感重要性的看法不尽相同，如女性和经济地位更高的人群对口感的敏感性更高，这也意味着他们对口感特征的要求也越高[39]。

1. 食物质地（口感）的定义

质地（texture）这个名词最早被用于描述纺织品的视觉、触觉性质，随后才被引入食品。国际标准组织（ISO）在其感官分析标准词汇中将食品质地定义为“通过机械力、触觉和适当的视觉、听觉受体感知的食品流变学和结构（几何和表面）属性”（ISO 5492—2008）。Szczesniak[40]则认为，质地的这一定义本质上传达了三层含义。①质地是一个感官属性，人类可以感知和描述。尽管有一系列的质构仪器可以用于评估和测量某些物理参数，但是这些数值必须从感官感知的角度进行解读。②质地是一个多参数属性，不仅仅代表单一的嫩度或硬度等，而是囊括多属性的全局性特征。③质地是从食物的结构（分子、微观、宏观）延伸出来的性质。

食物的质地属性，主要包括力学性质（如硬度、凝聚性、黏稠度、弹性等）、几何性质（如粗糙度、纤维感等）以及其他如润湿度、油腻感、多汁感等多种复杂感觉。有些口感属性非常简单直接，如硬度可以通过挤压食物所需要的力的大小进行判断；而另一些属性，如乳脂感、多汁感等则较为晦涩难懂，如多汁感既可以被视为咀嚼过程中的汁水释放量，又可被理解为连续咀嚼时汁水释放的速率，其中肉的多汁感还可以被理解为肉的持水能力。

2. 食物口感的感知

与其他食物刺激的感知不同，人体中没有单一的特异性受体用于感知食物的口感。在与食品的第一次视觉接触时，借助颜色、光泽、纹理及食物表面特性（黏性、粗糙度）等传递的信息就开始了对食物口感的感知，此后通过牙齿、舌头、唾液、口腔整体作用及听觉系统共同将口感有关信息传递到三叉神经进行综合处理，形成了对食物口感的感知。不过，与食物风味感知类似，口腔中食物口感的感知也是一个复杂的分阶段的动态过程，口腔加工使食物形态改变（图 4.12），舌头、脸颊和上颚中的压力传感器对食物的结构属性做出反应及判断，而耳朵中的细小毛发则会拾取声音信号，共同构建“口感信号”框架。

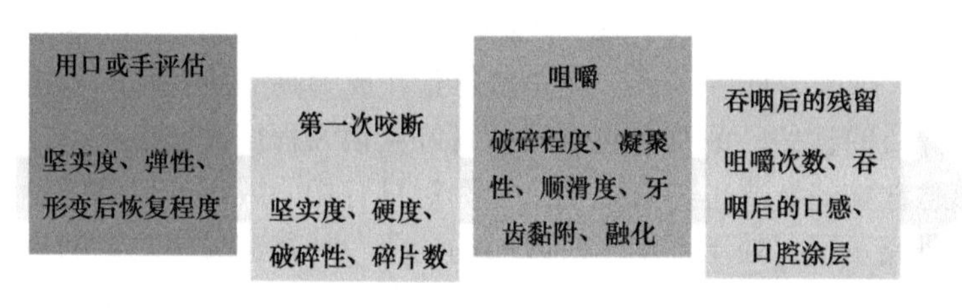

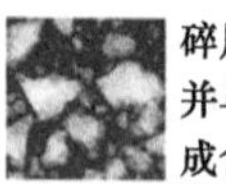

图 4.12 口腔加工过程中食物自身的变化及对应感知的质构属性[1]

当然，在整个食物口腔加工过程中，对于口感的感知，唾液也扮演着非常重要的角色[41]。唾液是一种润滑剂，它会润湿破碎的食物颗粒并协助它们移动，对于能吸收水分的固体食物（如面包、饼干等），这一步骤还能使其质地变软，即使是食用流质食物，唾液与之混合也会自然发生[42]。通常，食物碎块增加的速度和唾液分泌的速度之间需要达到一种平衡方能赋予食物良好的口感感受。如果唾液分泌不足，就会导致口腔干涩和不舒服，食用粉状、干燥、易碎的食物时常常会有这种感觉[43]。除单纯的润滑作用外，唾液中的一些成分还会与食团发生生化作用，改变食团的口感。最常见的生化变化来自唾液中的 α-淀粉酶，它可将食物中的碳水化合物即时消化，导致其显微结构和口感发生显著改变。Vingerhoeds 等[44]在研究中发现，以溶菌酶作为乳化剂会形成带正电荷的乳液，在唾液的作用下将发生不可逆的桥接絮凝，从而产生很强的收敛、干燥和粗糙口感，乳液与唾液的混合完全改变了其微观结构和流变特性。这一发现不仅仅提醒我们在设计具有良好感官体验的乳液食品时必须认真考虑食品乳化剂的种类、表面电荷、乳化条件等因素，而且提示我们所有以良好口感为目标的未来食品设计都必须考虑口腔加工过程中唾液的参与可能带来的食物质地的根本性变化。

3. 食物口感的测评

时至今日，人作为感知食物的主体，在食物口感评估中依然扮演着最重要的角色，而以人为主体的食物口感评估方法已经由最初的质构剖面优化发展到如今被广泛应用的定量描述性分析等。通过确定待测评产品涉及的所有口感属性及各属性的评价方式、标准参照体系，并对评价员进行充分的培训，一般而言，食物口感的描述性分析都可以得到满意的效果，并能被有效地用来预测普通消费者的口感感知。

但鉴于以人为主体的口感评估往往需要巨大的人员、时间成本，寻找有效的仪器分析技术替代人的感官始终是该领域研究的热点方向。与味觉、嗅觉感官的仪器替代相比，口感的仪器分析技术具有更高的成熟度和更广泛的接受性，尤其是对于力学相关的口感属性，其仪器分析的替代已基本达成共识。根据力的作用下物体产生变形或流动的不同规律，食品可以被分为固体、半固体（弹性为主的黏弹性体）、半液体（黏性为主的黏弹性体）、液体，相应地，为了能更准确地采用仪器分析评估食物口感中的力学属性，研究人员开发了不同类型的仪器分别适用于固体、半固体和流体食品口感的评估。质构仪是被广泛用于固体和半固体食物硬度、弹性、咀嚼性等口感参数测定的常规仪器，流变仪和黏度计则被广泛用于半液体、液体食品黏度、黏弹性的分析。近年来，随着质构仪创新测试夹具的不断推出和流变仪测试精度的不断提升，这两种仪器已经能够较准确地模拟牙齿咀嚼、舌头搅动、咽部吞咽所带来的剪切、挤压、拉伸、穿透等多种外力作用模式。大量关于质构仪、流变仪测试数据与人的口感测评数据相关性的分析也表明这些测定部分替代人的感官评估的可行性，如 Meullenet 和 Gross[45]对具有不同质构特性的 24 种市售食品进行了质构仪和感官数据的相关性分析，发现食品的硬度、断裂程度等人感知到的属性，通过质构仪可以得到很好的预测，但弹性、凝聚性等属性与感官数据间的相关性相对较弱，其他一些研究中也有类似的报道。可见，食物力学相关的一些感官属性如硬度、断裂力度等在未来或许可以直接用仪器检测方法取代。然而，食物口感感知，单纯从力学、流变学角度进行揭示仍然具有一定的局限性，这正是质构仪、流变仪无法全局表征所有属性的原因所在。

随着越来越多的研究对口腔加工中人的口腔生理特性的关注，食物与脸颊、上颚、舌头间的摩擦以及吞咽过程等对食物口感感知的影响也愈发显得不容忽视，为此研究人员也正式将摩擦学引入食物口感感知的研究中[46]，摩擦仪应运而生

（图 4.13），能否真实地通过模拟人体口腔测量食物口感特性取决于“其表面的运动接触速度的控制以及所选用的接触面材料”，目前应用的材料有光滑玻璃、聚二甲基硅氧烷（PDMS）和猪舌头，其中 PDMS 由于具有和人类舌头十分相似的弹性而多被用作模拟研究。为了更加真实地模拟口腔，研究人员不断尝试，如 Godoi 等[47]在探讨淀粉、卡拉胶和脂肪对摩擦特性的影响时，利用旋转金属几何形状的摩擦流变仪[图 4.13（a）]，在与人类舌头所描绘的粗糙度相似的 3 M 胶带表面摩擦，得到了奶油蛋羹的摩擦曲线[图 4.13（b）]，正如所料，含脂肪样品的摩擦系

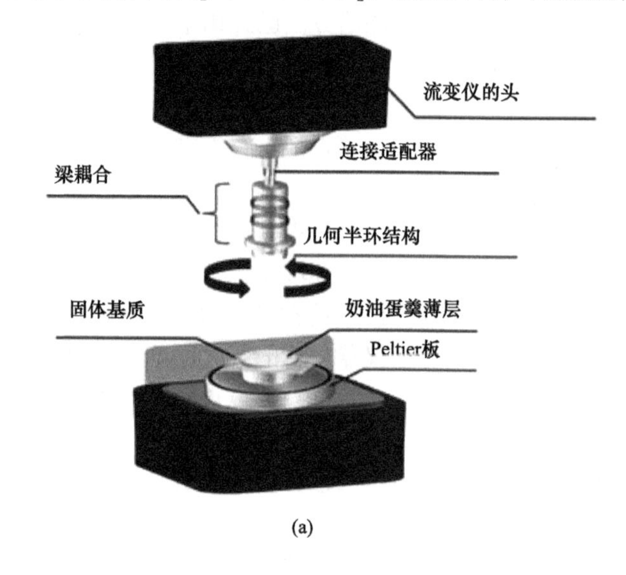

(a)

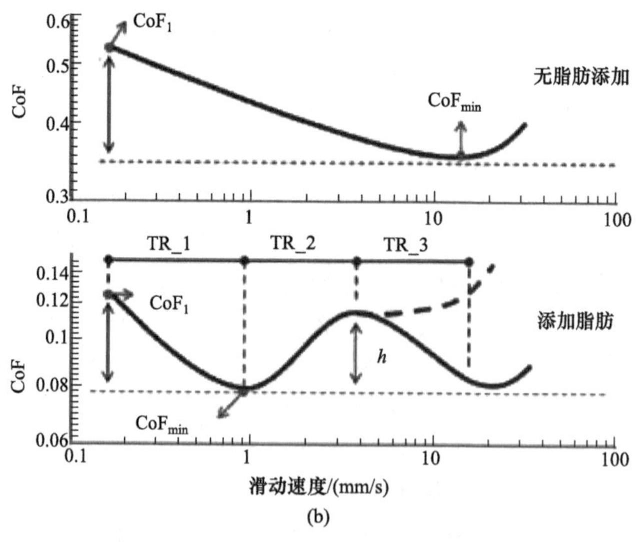

(b)

图 4.13 摩擦流变仪（a）和有无添加脂肪的奶油蛋羹摩擦曲线（b）

数明显低于脱脂样品，脂肪的存在不仅影响摩擦系数的大小，而且影响摩擦学体系的建立。此外，由于吞咽过程中食团的各种物理参数变化也会影响口感感知，日本学者 Kamiya 等[48]基于电脑断层扫描（CT）和吞咽造影录像检查技术（video-fluorography，VF）构建了人体吞咽器官模型、食团模型和无网格三维移动粒子模拟（MPS），从而可视化了食团在口腔被吞咽的过程[49]（图 4.14），并且表示这种模型显示的食团的流速、剪切速率等与通过流变仪等检测的参数有较高的相关性，但由于该模型是基于一名 25 岁健康的男性志愿者和一名有吞咽障碍的男性患者的食管成像建立的，结果较片面，有待更多人群加入该研究中。相信通过体外模拟、可视化模型等新技术和手段来研究口腔加工过程中的口感感知，在未来将可以实现个性化需求的食品质构定制。

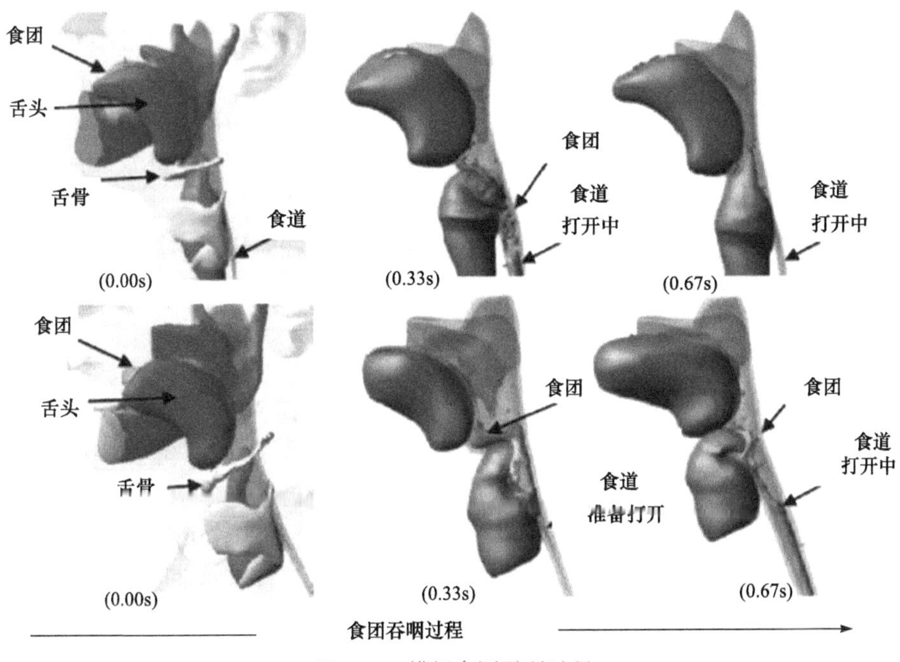

图 4.14 模拟食团吞咽过程

综上所述，食物的质地由组成食品的组分及各组分在食品中的组合、组织方式决定，食物口感属性的感知过程是一个无专一受体、多器官协同参与的动态过程，同时口感属性的表征具有多指标、多维度的特征。也正因为食品口感属性的高度复杂性，相对于食品外观、风味的研究而言，目前全球范围内食品口感研究并没有得到应有的关注或者说没有达到应有的水平。未知中蕴藏着机会，口腔加工作为食品感知领域一个专门的分支已经在多所欧洲著名食品院校兴起。以食品口感评估测试方案研究为基础，发现和预测影响不同人群食品口感选择的要素和趋势；基于儿童、老年等特殊人群咀嚼、吞咽生理结构差异探讨分析差异化或特殊用途食品的质地需求，或许是未来食品设计最有效的途径。

4.1.4 食物多元刺激与感知交互

在食物感知的过程中，眼、耳、口、鼻、手分别感受来自食物的刺激，大脑解读来自不同受体的信号并将它们转换为食物的整体感官感知。在这一过程中，各种感觉以一种复杂的方式相互作用，这种感官间的交互作用被称为跨模式相互作用。这也意味着本章中讨论的所有食物感官感知，如外观、风味、口感都存在多元刺激间的相互作用，最终形成的感觉都是感官间交互作用的结果[14]。Spence曾在 *Cell* 上发表了一篇关于多元风味感知的影响因素，他表示在我们提到的各种复杂的交互作用中，其他感知与风味间的作用引起的风味感知多元性最为突出 [14]。4.1.1 节中介绍的食物视觉信息对风味感知的影响以及 4.1.2 节中介绍的嗅觉-味觉交互作用，都是风味感知多元性的典型代表。那么除此之外，其他感官感知对风味感知的影响又是怎样的呢？一项关于影响风味感知最重要的因素调查显示，除了滋味、气味的影响最大外，来自温度觉、口感、颜色、外观和声音的影响紧随其后[50]，因此，此处将进一步对听觉、口腔-躯体感觉对风味感知的影响展开介绍。另外，尽管目前很多研究聚焦在人的客观感知对风味感知的影响上，但事实上，来自客观感知以外的认知意识的影响也是不容小觑的。

1. 听觉对风味、口感感知的影响

关于听觉在饮食体验中的作用，早在 60 年前就有研究人员提出，但在对比各种感官对食物感知的相对重要性时，听觉总是排在最后。2008 年英国著名厨师 Blumenthal[51]提出“声音”是“被遗忘的风味”。在此后的几年中，大量的感官科学研究成果发表，表明听觉线索确实在食物属性的多感官感知中扮演着重要的角色，如清脆的声音、气泡消泡过程中发出的声音等。并且事实证明，有时改变咀嚼发出的声音，会使得我们整体的食品口腔体验都发生变化，如 Zampini 和 Spence[52]通过研究发现，吃薯片时所发出的声音可以影响受试者对薯片的脆性和新鲜度的感知，其评价结果的浮动变化可达 15%左右，两人也因此获得 2008 年搞笑诺贝尔奖。

除咀嚼声音会产生食物口感联想和认知外，研究人员还发现人们可能会将一些外部声音与滋味进行关联，调节外界声音可能会干扰人们对食物的口感、化学感觉、嗅觉、基本滋味等的感知。Crisinel 和 Spence[53]的研究表明甜、咸、苦、酸四种基本味分别与一些声音形成对应，例如，甜味始终与高音、钢琴乐器联系在一起，苦涩的味道则经常与低音、铜管乐器相关联。Wang 等[54]的研究中发现，56.9%的参与者能从 24 种不同配乐中，找出与甜味相匹配的配乐，而这与预先筛选的配乐刚好吻合。更有趣的是，在其另一项研究[55]中发现，参与者不仅能建立酸味配乐和酸味之间的关联，并且酸味配乐的介入，可以促进参与者口腔唾液的分泌。目前，关于声音影响人对食品属性感知的现象是非常明确的，但声音的介入是否会影响消费者对产品的喜恶，目前尚无定论，或者说这种影响的存在与否取决于所测试的产品，如在 Carvalho 等[56]关于声音对巧克力感知和喜好影响的研究中，不同声音的介入虽然可以影响参与者对巧克力的乳脂感、甜味和苦味的感知评分，但在整体上却没有显著影响消费者对巧克力的喜好，而在 Zampini 和 Spence 的薯片实验中，调节受试者佩戴的耳机中的声音分贝，他们对尝到的薯片的感知和喜好都不同，当整体音量提高或放大高频声音或两者结合时，受试者感知到的薯片口感更脆、更新鲜，故而更受欢迎[52]（图 4.15），在 Dematte 等对苹果进行的测试中也得到了类似的结果。基于这些有趣的发现，将食物的某一类感官特性与声音刺激进行联系正在成为食品感知领域的一个研究热点。

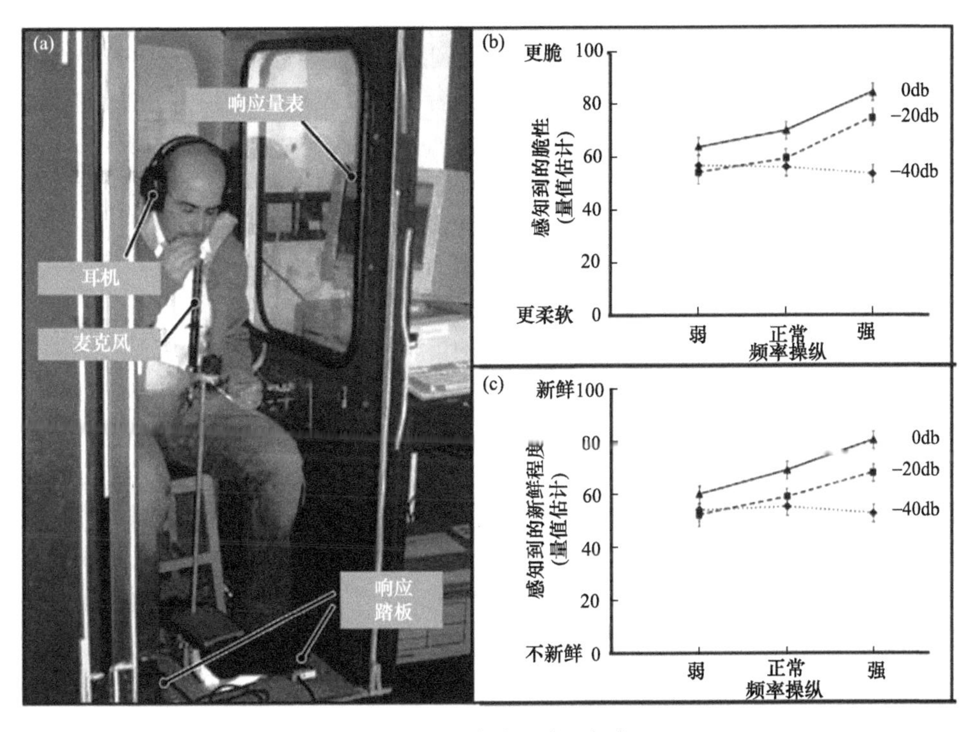

图 4.15　“声波芯片”实验

（a）为装置的示意图，通过调节声音分贝，探究不同分贝（高频衰减、真实听觉反馈或高频放大）对参与者感知到的薯片脆性（b）和新鲜程度（c）的影响

关于声音与食物其他感官感知的交互作用，目前可查询的研究仅限于其与味觉和口感的简单联系，并且这些交互作用的生理学和心理学机制也尚不明确。但

这些前期研究，为未来食品设计提出了全新的思路，将提升食物感知体验的途径，从色、香、味、形设计延伸至食用背景音乐设计，实现感官感受中物理刺激与化学刺激的替代或部分替代。这或许是未来食品不以牺牲感官品质为代价实现减糖、减盐、减脂的全新路径。

2. 口腔躯体感觉对味觉的影响

口腔躯体感觉（oral-somatosensory），指的是口腔中的口感、温度觉、痛觉等的总称，它们主要通过三叉神经对食物的温度、质构以及一些灼烧刺激等的传导，对食物风味感知产生影响。

首先，关于食物本身的质构或者说在口腔中的口感对风味的影响，尤其是奶油感、黏度、涩感、刺痛感、油腻感等的影响，都早已被证实。例如，Christensen[57]在1980年就发现提高食物或饮料的黏度会降低风味强度的感知，不过这一影响是高黏度阻碍了风味物质释放而产生的，还是黏度和风味感知在神经生理感知层面发生相互影响（风味物质释放本身并没有受到影响）而导致的，目前仍没有定论。在Bult等[58]开展的一项经典的实验中，受试者一边接收来自电脑控制的嗅探仪在其鼻前或鼻后释放的奶油（气）味，一边摄入不同黏度的像牛奶一样的食物，结果发现，即便鼻前鼻后香气释放量相同，但风味仍然随着黏度的升高而减弱，尽管这一结论仍没有排除来自食物自身的物理化学作用产生的影响，但至少在一定程度上说明了食物质构可以通过神经传导层面对风味感知产生影响。

其次，还有来自食物的温度觉对风味感知的影响。首先是食物摄取的温度，如很多人对室温下融化的冰淇淋或一杯温的可乐饮料的甜感会产生厌恶的感觉，或是室温下啤酒的苦味会变得异常显著，尽管其原理不明确，并且在不同食物基质中也会呈现不同表现，但一般来说，酸、甜、苦、咸的觉察阈值随温度升高呈现U形曲线，在20～30℃下时最低。当然，更为准确的是食物进入口腔后，感知到的食物温度对风味的影响，这种感知在很大程度上会受到个体生理差异的影响。Cruz和Green[59]在*Nature*上发表的一项关于温度可以引发“味觉幻觉”的研究显示，温度升高或下降时，人可以分为“热温觉品尝者”和“非热温觉品尝者”，前者表示在不同温度刺激下，会产生不同强度的“幻觉”，酸、甜、咸、苦，后者则对不同温度的刺激没有任何感知。这一发现在随后的很多研究中，都被用作一种生理参数来研究不同人群对于食物风味感知的差异。其中，Bajec等[60]通过实验发现，用Peltier热电模块以1.5℃/s的速度升高舌头温度，即对舌头进行温度刺激，会使得这些“热温觉品尝者”对所有的酸（柠檬酸）、甜（糖精、蔗糖）、苦（苯硫脲、奎宁）、咸（氯化钠）的强度评分远高于“非热温觉品尝者”的评分（至少是两倍以上的差异），且这些结论不受各呈味物质种类（蔗糖和糖精、PTC和奎宁）以及对舌头不同位置的温度刺激的影响。

最后，也有许多心理学研究发现一些化学修饰化合物（chemesthetic）对味觉具有抑制或掩蔽作用，但并非对所有味觉都有如此的效应。Koskinen 等[61]的研究结果表明，薄荷醇降低了柠檬味酸奶的甜度，增加了酸味。类似的，辣椒素降低了食物的甜度（汤和调味混合物），但对咸度和酸味没有影响[62]。另一些化学物质，如千日菊酰胺，也被发现可以提高咸度[63]。基于以上温度觉对风味的影响，一些如干贝中 *R*-龙胆碱、花椒多糖的热/刺激作用和加利福尼亚州伞形菌叶中二氢伞形菌醇的降温作用也都可以对酸、甜、苦、咸的强度感知进行调节。

相对其他感觉对味觉感知的影响，口腔躯体感觉的影响相对比较复杂。目前很多研究都停留在发现现象和作用结果，而对这些作用的机制以及规律，如是食物本身发生物理化学变化还是人的大脑感知层面产生的影响并不清楚；不过相信未来随着对这些产生口腔躯体感觉的物质基础的研究更加深入，食品开发多元化发展将被极大地促进。

3. 认知意识对食物感知的综合影响

除了食物在各单一维度上的刺激以及多元刺激带来的感官交互会影响食品的感官感知外，在人的注意力、语言、记忆、学习和元认知基础上形成的对食物的感官感知和喜好预期[64]也会干扰我们对风味的感知，如不同的人在面对相同的食物时，有的人关注就餐环境，有的人则只关注食物本身，显然不同关注点会直接影响人们对食物的感官感知或喜恶程度。遗憾的是，在开展食物感知的研究中，人们更习惯采用自下而上而非自上而下的方式研究消费者感知，例如，人的各个感官感受器是如何向大脑皮层传输信息并形成感觉的，关于先前认知对食物感知影响的研究目前还非常有限，但尽管如此，这些有限的研究也充分表明了，关于味觉的先前认知会影响与嗅觉和味觉信息处理有关的一些神经位点。例如，通过后天学习，建立了“盐”与“咸味”之间的记忆，因此即便是“盐”这个词也可能会激活许多味觉信息处理相关的神经位点。Barros-Loscertales 等利用功能性核磁共振成像（FMRI）发现这与品尝到咸味时会被激活的神经区域非常相似，这好比我们看到餐馆菜单上有一道包含了“盐”的菜，即便没有咸味，我们也会觉得那道菜是有咸味的[65]。

前文所述的“视觉风味”也是通过先前认知意识建立的“外观、颜色”与“风味”之间的关联来影响我们的风味感知的。这种“预期”对实际品尝后对食物的感官感知或喜恶的影响，在 Yeomans 等[66]开展的一项以“烟熏三文鱼”为研究对象的研究中得到了充分的体现。实验中，一组消费者拿到的产品上的标签为：冰淇淋，这可能直接生成关于普通冰淇淋的期望，而另一组消费者拿到的是标签为“冰冻鲜味慕斯”的产品，本身可能就没有刺激消费者产生太高的预期，且对冰淇淋的预期印象就是咸、鲜等，结果显示（图 4.16）。相对于拿到“冰冻鲜味慕斯”

组，拿到“冰淇淋”组的消费者对这款“烟熏三文鱼冰淇淋”的评价是：愉悦感较低，整体风味强度、咸味和苦味更强。这个研究揭示了“期望反应”的意义，附加信息的介入以及大脑中关于该食物的先前认知，会使消费者对食物的预期（食物的味道和该食物可能带来的满足感）发生根本性的改变，甚至是在看到食物时，其名称与实际味道或风味不符，都会在很大程度上提升或降低消费者对该食物的喜好。

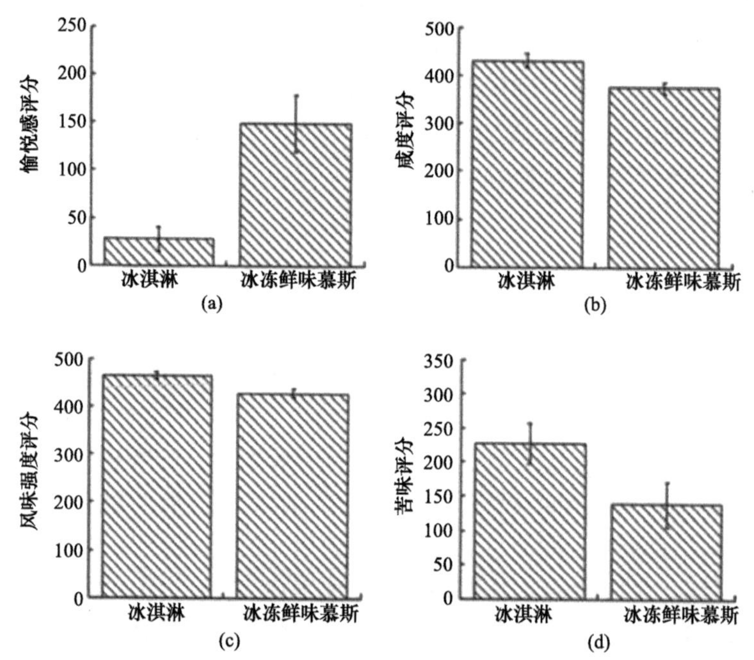

图 4.16　先前认知对冰淇淋愉悦感（a）、咸味（b）、风味强度（c）、苦味（d）感知的影响

综上所述，对于食物的感官感知，研究的焦点已经从单一感知的刺激基础、受体及传导途径发展到多元刺激与感知交互，跨模态感知正在成为食品感知研究的重点。与此同时，消费者也越来越接受并倾向于将食物的滋味、气味口感与其他不相干的感官线索之间建立起惊人的一致联系。人们倾向于认为甜味与高音和钢琴声相匹配，苦味与低音和铜管声相匹配[67]。同时，人们还会将甜味与红润、圆润搭配起来，将苦、咸、酸和鲜味与其他特定的颜色甚至形状相匹配[68]。尽管目前这些信息还相对有限，争议也还存在，但一些年轻的厨师已经开始将这些发现融入食物设计中。例如，在世界三大米其林星级餐厅，丹麦哥本哈根的 Noma（诺玛）、Bray(布雷)和 The Fat Duck(肥鸭餐馆)，西班牙圣塞巴斯蒂安的 Mugaritz 餐厅中，顾客被鼓励通过触感来发掘和提升食物的感官享受（图 4.17）。相信随着越来越多的研究介入视觉、味觉、嗅觉、听觉、本体感觉（包括口感）以及三叉

神经感觉的跨模态相互作用探究中，将会有更多、更有趣的食物多元感知联系被发现，并应用于实际的食品开发和创新中。

(a)

(b)

图 4.17　（a）带有木索雷尔、面包屑和龙蒿奶油的维京牛肉馅饼（诺玛餐厅的早期菜肴之一，用手吃）；（b）牛蒡开花（诺玛餐厅的另一种创新的新型餐具/用手吃饭的方式）[13]

4.2　食物刺激与情绪认知

在多元刺激与感知交互中，我们已经初步讨论了先前的认知对食物感官感知的影响，我们可以把这种影响归类于消费者情绪对感官感知的影响。实际上，食物刺激与情绪认知的影响是双向的、相互的（图 4.18）：一方面，情绪影响人们的摄食欲望和对食物刺激的反应，故而对食物的选择和摄取有刺激或抑制作用；另一方面，摄入食物的不同刺激也会影响人的心情，继而循环往复影响此后的食物感知[69]。在情绪与饮食行为双向关系研究中，关于前者的研究相对比较成熟，后者近年来才受到学者们的关注[69-71]。从全面理解情绪与食物感知相关性及据此设计给消费者带来愉悦感官和心理感受的食物的角度来看，食物刺激引发的情绪认知以及这种情绪认知如何影响进一步的感官感受无疑更为重要，研究已经证实，食物刺激引发的情绪认知对感官感受的影响绝不亚于传统所考量的喜欢、想要带来的影响[72, 73]。因此，接下来重点对食物刺激传递的情绪感知展开详细介绍。

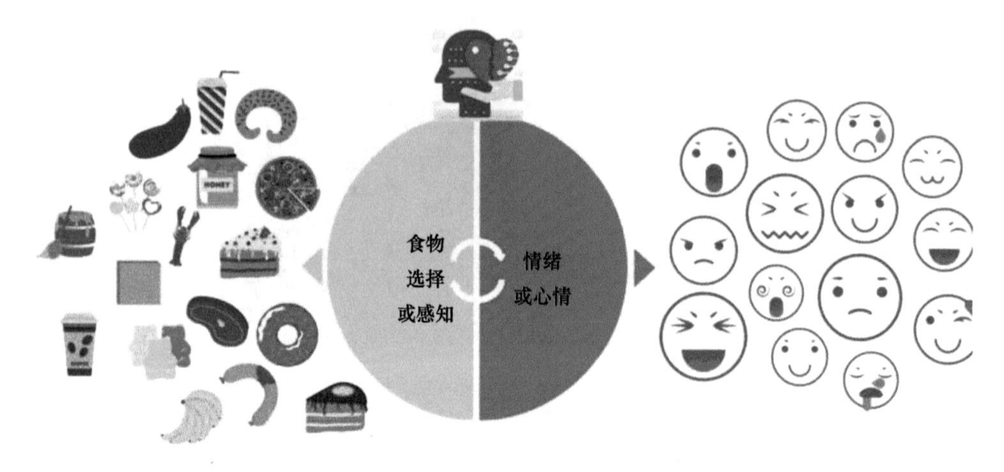

图 4.18 情绪与饮食行为双向关系

4.2.1 食物刺激触发的情绪认知

首先要强调的是，这里所定义的情绪认知与我们日常生活中所理解的情绪有所差异。作为认知科学的一个整合或补充，这里讨论的情绪认知是一个以事件为焦点（如食物刺激），通过关联机制诱引情绪形成和塑造多情绪响应（如行为倾向、下意识反应、情绪表达和感觉）的过程[74]。

牛津大学 Rolls[75]曾从神经生物学角度，对食物刺激引发情绪认知过程中卷入的大脑系统进行了总结：食物带给人类的刺激，往往通过大脑中两个主要的系统（无意识和有意识的大脑作用机制）影响我们对食物的感知和认识，并进一步影响我们所表现出的饮食行为。所谓无意识系统即上一节中提到的通过各种感觉器官接收食物刺激，判断它们带来的是愉悦的还是不愉悦的感受，从而赋予其一个“情感响应标记”。毫无疑问，这个系统将特定的食物刺激与积极或消极的情绪进行了关联，进而影响接下来的食物体验。有意识系统则涉及更高层次的思考，通常发生在一些多因素情境中。例如，明知道吃一块巧克力可以改善心情，却因为长期的减肥目标或者健康需求而选择放弃，这种选择既可能带来正面的激励，也可能带来负面的焦虑，这一意识系统毫无疑问也会影响人们对食物的选择或感知。Rolls 教授的这一总结其实与 Thomas 提出的“奖励假说的二重性”如出一辙。如图 4.19 所示，外部食物刺激既可能直接通过激发/消除无意识的愉悦感来影响之后的食物摄取或感知，也可能与内部因素协同产生情绪并影响之后的食物选择或感知。

图 4.19　“奖励假说的二重性”[106]

1. 食物刺激触发的情绪认知——无意识系统

就无意识系统而言，研究人员从食物刺激物质基础的角度分析了不同情绪认知的产生机制，提出了多种假说。例如，5-羟色胺假说认为，人们摄入富含碳水化合物的膳食后可以诱导中枢神经系统中一种重要的抑制性神经递质 5-羟色胺（也称血清素）的分泌增加而调节情绪和心情[76, 77]；而内分泌假说则认为，摄入高脂肪和碳水化合物食物会降低下丘脑-垂体-肾上腺轴应激反应从而消除紧张、压抑的心情。当然，这些假说在解释物质基础对人的情绪干扰上仍存在很多疑问，例如，考虑碳水化合物摄入后，需要通过一系列的生化反应才可合成 5-羟色胺，如果情绪是随这些生理机制而调节的，那么在摄食之后人的情绪反应理应有一个延迟的过程，而不是当即就有情绪调整。换句话说，碳水化合物摄入引起的情绪效应可能不是刺激了 5-羟色胺的合成或神经传递，或者说不仅仅是 5-羟色胺合成增加导致的，而是存在其他的调节机制或协同调节[78, 79]。

这些假说不仅在解释现象的合理性上存在疑问，它们的普适性也同样有待考证。有限的研究发现[79]，摄入碳水化合物或蛋白质含量较高的食物是否会引发情绪响应主要取决于受试者的应激倾向，通常情绪响应只发生在具有高应激倾向的人身上，因此，是否所有食物刺激触发的情绪认知都只是在有限的高应激人群中存在响应，目前还不得而知，不过相信随着相关研究的深入，这些问题终将得到解答。此外，另一些研究也开始从人自身的生理调节机制出发，探究食物刺激给人带来的情绪响应原理。例如，Zhang 等[80]关于酸味触发厌恶感觉形成机制的最新成果显示，酸味是利用其专用标记线从舌头上的味觉受体细胞（TRCs）到大脑中的微调味觉神经元来触发厌恶行为，2019 年的 *Cell* 上刊登了该项研究发现。随着不同层面研究的展开，破译食物刺激引发情绪认知的确切机制也将指日可待，这也意味着未来情绪食物的设计将可以从本质上实现，而摆脱目前情绪引导对食物外观、饮食环境和氛围营造的依赖。值得欣慰的是，尽管目前还无法给出生理学上的确切机制，但食物特别是碳水化合物和甜食对情绪的直接影响，尤其在降低消极情绪上的作用是非常明确的[81]。

2. 食物刺激触发的情绪认知——有意识系统

除食物本身引发的多感官、多模态刺激外，情绪响应和认知也会受到与摄入食物相关的其他因素的影响。图 4.20 列举了一系列可能引发情绪认知的刺激要素，除了食物自身物质的感官刺激外，来自食物外围环境（如消费情境等）、人的生理因素（如饥饿、饱足和生理反应机制等），以及基于以往经验的期望、记忆和习惯等心理因素，甚至是经济地位、饮食文化等社会因素都会影响摄食后的情绪响应。而正如前文所述，外围环境人的生理和心理因素都是通过有意识系统影响情绪认知的。

图 4.20 触发情绪认知形成的食物刺激及其相关的刺激

从理论角度看，无意识和有意识系统对情绪响应的影响界限很清晰，然而在实际中，摄食行为带来的情绪认知往往是两种系统共同作用促成的，很难界定究竟是哪一种发挥着作用。例如，食物表观的物理刺激会触发不同的情绪认知，那么就情绪本身而言，它可能是无意识的，因为它的形成源自真实的物理刺激。但是不可避免的是，消费者会通过先前已经建立的与该视觉信息相关的风味、口感认知，对这些来自食物自身的外观信息进行“加工”，从而影响最终情绪“信号”的输出，甚至是通过回忆与先前相关的饮食经历等建立关联，显然，这些从意识层面带来的影响应被归类于有意识系统的作用。例如，Jaeger 等[82]在中国、美国、新西兰和乌拉圭四个国家开展了一项总数近 300 人的测试，该测试为被测人员展示外观差异明显的苹果图片（图 4.21）并记录其情绪变化，结果显示，无论是果蔬专家还是普通的消费者，对苹果外观的情绪认知都高度一致，新鲜光泽的苹果总能给人带来一种积极、开心的情绪，相反，外皮褶皱的苹果会带给人消极的负面情绪，这在不同国家之间也没有出现显著差异；另一项意大利学者[83]开展的关于追踪新鲜的、放置冰箱 6 天和 10 天后的水果沙拉引发的消费者情绪变化的研究，也得到了类似的结果，300 名意大利消费者参与了这项测试，统计发现仅仅基于视觉刺激，消费者的情绪可以从平和、友好、期待转化成悲伤、恶心，甚至具有攻击性，当然这些食物传递的视觉信息所激发出的消费者情绪反应，其实可以理解为人类在进化过程中形成的一种保护自身免受伤害的方式。

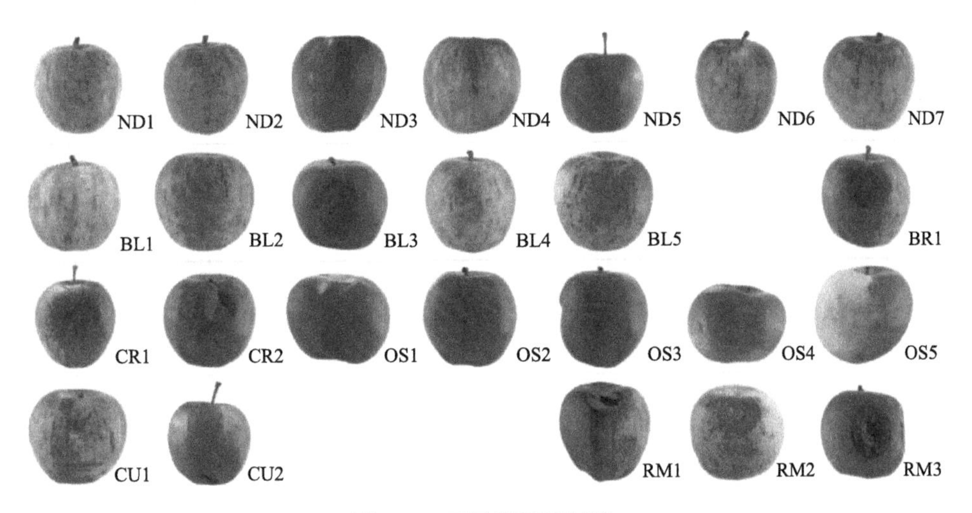

图 4.21　不同苹果图片[82]

人自身的情绪因素及其所处的生理状态（饥饿、饱腹等）对食物刺激所做出的情绪响应的影响显而易见属于有高阶思考介入的有意识范畴。关于不同有意识因素在食物刺激情绪认知中的影响，尽管相关研究非常有限，但现有研究已初步证实：与外观、包装、品牌等外部因素相比[84]，人的内在因素与情绪认知的关联性更强。例如，与外在因素不确定的情绪影响相比，早前饮食经历对食物刺激引发的情绪认知的影响要更明确也更显著。有研究表明，虽然我们不能准确地记得先前吃过的食物，但很容易清晰回忆先前在吃某种食物时所处的情境（环境或者食用的食物品牌），而这些记忆的唤起则会提示当下食物可能“与记忆中食物”所存在的偏差，并激发惊喜、失望甚至警示的情绪[78]。在一项关于食物的“记忆性”的初步研究中，作者表示，尽管情绪色彩是由食物刺激导致的，但关于食物的记忆在非进食情况下是自发发生的，主要是由与进食情况相关的情绪引发的，而不是食物本身的性质，不过这一结论还需要更多的研究来验证。在 Gutjar 等[85]的研究中，受试者被要求对七种早餐饮料进行喜好、情绪等评分，而在随后的真实模拟场景中再次选择，发现之前正面情绪相关的产品，在此次真实品尝中，喜好评分比先前更高，因此作者表示，食物的选择主要受与产品相关的正面情绪驱动，而这种先前正面情绪的记忆又会在很大程度上增强此后对产品的喜好。

尽管关于食物刺激触发的情绪响应机制目前还没有完全明确，但情绪食品营销模式已经在商业体系中被广泛利用，产品本身的感官品质因素在食品广告和营销中逐渐被弱化，情境因素（如与家人欢愉的用餐场景等）在食品推销中越来越成为主流。年轻人普遍趋之若鹜的“喜茶”和“丧茶”，包括“小累小饿来一杯香飘飘奶茶”都是有意识情绪认知的典型成功案例，即使这只是有意识情绪认知的初级形式。未来，在对情绪-刺激-情绪的循环互动机制的认识更深入、更准确的基础上开展食物和情境的统一设计，或许能成为通过食物刺激实现消费者定向情绪满足的创新路径。

4.2.2 食物刺激触发的情绪衡量

食物刺激的情绪认知是非常复杂的认知反应，定性定量地评估食物刺激带来的情绪响应本身就是一项挑战：我们究竟应该衡量一个人在食用某一特定产品时的感受，还是应该衡量食用该产品后对周围环境感知的变化[86, 87]？在这些衡量中，涉及记忆因素又该如何考量？因为记忆是影响此后食物选择的因素，而人们对食物的喜好和气味的感知会随着时间和反复接触而改变[88]。此外，在衡量的过程中，受试者是否能够识别并真实表达自己的感受，是否需要通过提供情绪词汇列表来协助他们？如果是，我们如何摒除衡量过程中来自实验问卷以及测试人员的干扰？为了避免或克服这些因素的干扰，采用皮肤电导、心率等生理学方法和面部阅读、瞳孔测量等间接的方法，依赖微妙的心理生理学参数进行衡量是目前该领域研究学者正在广泛尝试的途径。但这些方法的使用又会派生出新的挑战：心理生理学的信息该如何解读？如何建立这些信息与人的实际情绪的联系？

目前，无论是在应用领域，还是在研究领域，对于食物刺激引发的情绪认知的衡量，直接外显情感测量仍然是最常用的方法。所谓外显情感测量，即让受试者在品尝食物后基于实验人员提供的标准化情感词汇，采用言语自我报告、非言语自我报告或二者相结合的方法来表述自己的情绪反应。

早在 1980 年，Lang[89]从情绪的两个维度效价和唤起度出发，建立了图形化标尺的情绪体验的自我评估法（self-assessment manikin, SAM）情绪量表，如图 4.22 所示。情绪效价是从非常愉快到非常不愉快，而唤起度则是从极其兴奋到表示极其平静，通过两者的结合，共同评估消费者的情绪响应。与之类似的是，Russell[90]提出的情绪 12-指针图，如图 4.23 所示。它也是从情绪响应的两个维度出发，但其将效价维度和唤起度通过相互垂直的形式表现出来，使得这两个维度情绪响应融合在一起，这两种量表都是基于心理学建立的，已被引入食品刺激相关场景中使用，并且已被证明能非常有效地表征食物刺激下的情绪变化[91]。这之后，一些基于食品刺激形成情绪词汇列表或以卡通图片形式呈现的情绪量表也陆续出现，其中较为经典的是基于食物刺激建立的 EsSense Profile[92, 93]（图 4.24）。它包括了 39 个与食物刺激相关的词汇和进一步简化的 25 个词汇，以及如图 4.25 所示的 PrEmo[94]图片形式。这两者的共同点就是不再细化情绪响应不同维度上的差异，而是通过融合效价和唤起度来共同表征食物刺激下的情绪响应。

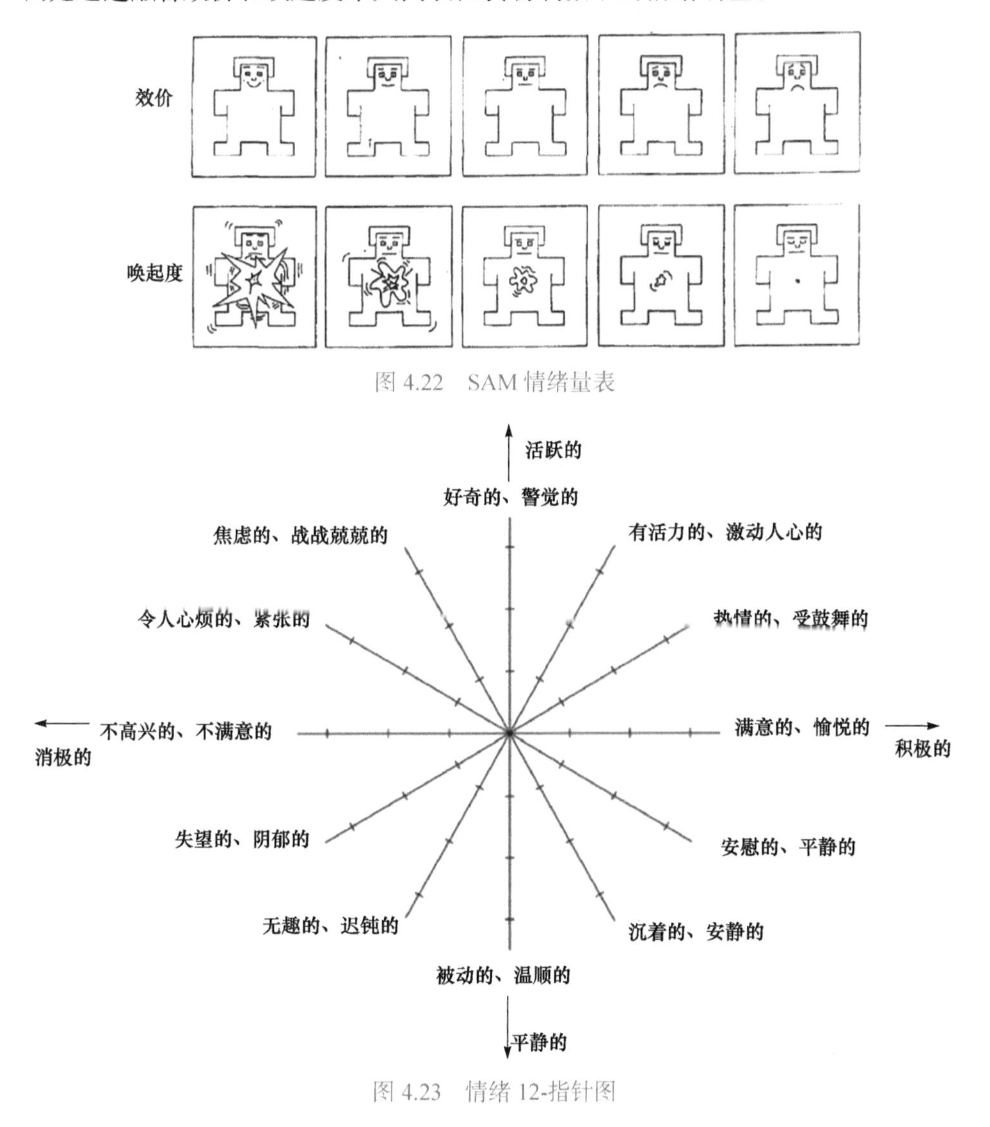

图 4.22　SAM 情绪量表

图 4.23　情绪 12-指针图

活跃的(Active)	钟爱的(Loving)	高兴的(Glad)	温柔的(Tender)
有冒险精神的(Adventurous)	快乐的(Merry)	良好的(Good)	领悟的(Understanding)
有感情的(Affectionate)	温和的(Mild)	性情温和的(Secure)	温暖的(Warm)
好争斗的(Aggressive)	怀旧的(Nostalgic)	内疚的(Guilty)	完整的(Whole)
厌烦的(Bored)	平和的(Peaceful)	幸福的(Happy)	狂野的(Wild)
平静的(Calm)	高兴的(Pleased)	感兴趣的(Interested)	担忧的(Worried)
勇敢的(Daring)	愉快的(Pleasant)	欢喜的(Joyful)	热情的(Enthusiastic)
反感的(Disgusted)	礼貌的(Polite)	自由的(Free)	稳定的(Steady)
渴望的(Eager)	安静的(Quiet)	友好的(Friendly)	乏味的(Tame)
充满活力的(Energetic)	满意的(Satisfied)	安心的(Secure)	

图 4.24 EsSense Profile 方法的词汇列表

此外，不同人群或不同文化背景下，情绪词汇的通用性往往较差，因此有学者提出可以采用如图 4.26 所示的步骤针对一项测试建立词汇表。具体包括三个步骤：首先采集文献中的术语，然后通过焦点消费者小组的讨论明确术语的意义，最后进行试点研究，将高频率使用的适合消费者的词汇形成最终的词汇清单[95]。基于该建议，Hu 和 Lee[96]对韩国和中国消费者由咖啡饮用触发的情绪进行了汇总，结果发现中国消费者给出了 53 个词汇，而韩国人则只有 29 个，两者之间相同的词汇有 23 个。在差异化的词汇中，韩国消费者生成的特有词汇包括“平衡的”“充满能量的”“放松的”等，中国消费者生成的特有词汇有“舒适的”“泰然自若的”“融洽的”“热心的”“社交的”“和平的”等。当然即便在相同文化背景下的人群对一些情绪信息的理解也不尽相同，如在利用表情符号表征情绪时，对于表情符 ，部分人将其理解为无奈，而另一部分人则认为其表示的是欢愉[97]。由此可见，外显情感测量方法的最大难点在于其测量量表通用性较为局限，针对不同人群、不同食物，甚至是评价食物的不同感官维度（如对待气味和口感），情绪测量量表的内容都需要及时调整。

图 4.25　PrEmo 方法中的 12 种不同表情

图 4.26　建立情绪词汇列表的步骤[95]

与外显相对应的是内隐方法，其是一类更自然、更少干预受试者的情绪测量方法。美国心理学奠基人 James[98]提出的关于情绪生理机制的假说认为：人的情绪来源于机体的外周生理反应。基于此，近年来一些学者试图通过测定一系列外周生理学参数来建立其与情绪感受的相关性。Mauss 和 Robinson 表示[99]，可以通过短期皮肤电导反应或心率、血压、总外周阻力和心率变异性测量等进行自主情绪测量。在实际应用中，Jang 等[100]通过研究发现，相比在厌烦状态下，皮肤电导在疼痛状态下显著增加；血容量搏动（BVP）在惊奇状态下显著升高，同时脉搏传播时间显著延长。但 Cacioppo 等[101]通过荟萃分析发现，由于这些自主反应的特异性有限，单一指标与情绪之间并没有很好的对应性，因此通过组合多个自主反应指标来衡量情绪响应可能更为准确。

与上述情绪生理机制理论对立，美国著名生理学家 Cannon[102]提出真正决定情绪性质的是中枢脑区，而这也是近年来利用神经影像学观察大脑激活区域，并与情绪状态建立对应性的理论基础，目前主要是借助脑电波扫描（EEG）和 fMRI 等来采集与情绪相关的大脑响应信息，然而，这些技术的应用往往是基于先前建立的“大脑响应信号与情绪表达逐一对应”的数据库。首先，脑电波对情绪的衡量，主要遵从 Davidson 等的“额叶不对称”观点[103]，通过对比左额叶区域和右额叶区域的 α 波（8～13Hz 波段）判断情绪变化，相对接受度更高的观点认为更大的左侧区域激活与愉快的情绪体验呈正相关，而右侧激活则更多地与一些负面情绪相关。其次，通过采用 fMRI 或正电子发射断层扫描（PET）分析大脑活动，研究人员发现复杂的情绪状态可能会激发不止一个孤立的大脑区域[104]，进一步定位后发现有些区域可能或多或少地与特定情绪有关。Phan 等[105]对 55 项采用 PET 和 fMRI 分析情绪激活模式的研究进行了回顾，发现大脑可被分成 20 个不重叠的区域，而每个区域对应的情绪反应都具有特异性[106]（图 4.27），其中，恐惧的感受往往会激活杏仁核，厌恶的感受会激活岛叶，悲伤的感受则会更多地激活内侧前额叶皮层[105]或前扣带回皮层，但对于愤怒和快乐的感受，没有发现非常明确的对应区域，也可能是对应性相对较低。近年来，面部表情识别技术也被一些学者用来追踪和衡量消费者在食物刺激下形成的情绪认知，这一技术的基本原理是人类在产生喜怒哀乐的情绪时其面部表情相对一致[图 4.28（a）][106]，然而，这一对应关系往往会受到文化背景差异的影响，通过 Jack 等[107]的研究可以发现，如图 4.28（b）所示，西方人和东方人在六种不同情绪状态下的面部表情信号并不相同，西方人的不同情绪主要体现在不同的面部动作上，而东方人则体现在眼部动作上。目前，这些技术在测量食物刺激带来的情绪感知中，大多停留在研究层面，如 Park 等[108]通过 EEG 对不同味觉刺激以及回忆不同饮食经历带来的情绪响应进行表征，发现 EEG 可以很好地区分愉悦、不愉悦、中立等情绪特征，并且发现，与真实味觉刺激相比，回顾过去不同饮食经历时在 EEG 中响应的信号更为强烈，这一结果也正反映了这些透过大脑响应信号表征食物刺激带来的情绪感知技术的最大缺陷：在品尝过程中，任何一个与食物刺激无关的面部表情或肢体动作带来的噪声信号，都可能高于食物本身刺激产生的信号，从而掩盖了不同食物触发的情绪信号之间的差异。简言之，即便食物刺激产生的情绪差异很大，但各种干扰信号的存在，会使得品尝食物后，脑电检测的结果并没有显著差异，以此推断的情绪状态就可能会失真。此外，如前文所述，通过这些内隐手段表征情绪感知的前提是已经建立了“大脑或面部表情信号与情绪状态”一一对应的数据库，但事实上，不同情绪状态所产生的大脑/面部表情信号又会受到不同文化背景、激素水平、大脑结构等因素影响[109]。Marata 等在用 EEG 手段比较亚洲人和欧洲裔美国人在自我抑制条件下的大脑响应时发现，亚洲人的顶叶晚正电位（LPP）下降，而欧洲裔美国人完全不存在顶叶 LPP 抑制效应（图 4.29）。正是这些因素的存在使得现存各种数据库不具普适性，从而大大限制了这些内隐手段的应用，不过相信未来通过神经生理学、食品感知科学等多学科知识汇总，实现客观衡量食物刺激下的情绪响应也是可能的。

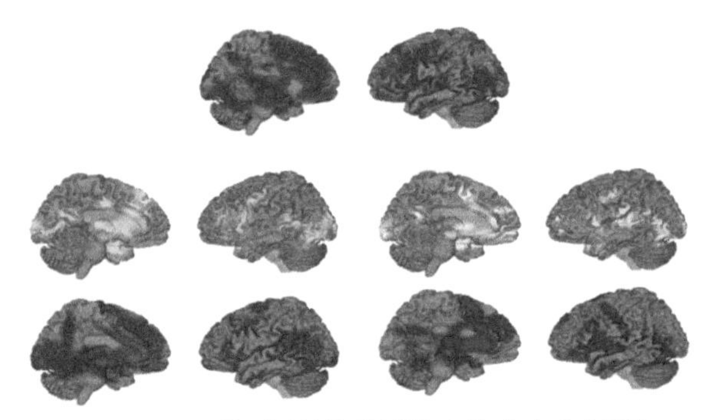

图 4.27　五种不同情绪类别的大脑响应分布[109]
红色-生气，绿色-反感，紫色-恐惧，黄色-开心，蓝色-悲伤

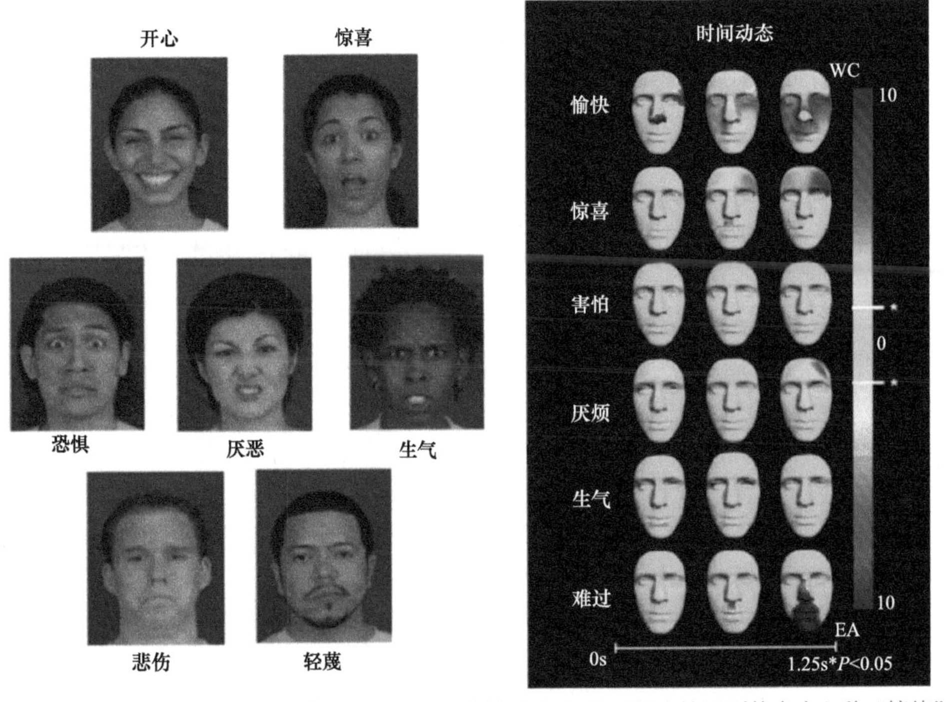

图 4.28　世界公认的七种“情绪”对应的面部表情[1]（a）及面部表情识别技术中六种“情绪”对应的表情信号（b）

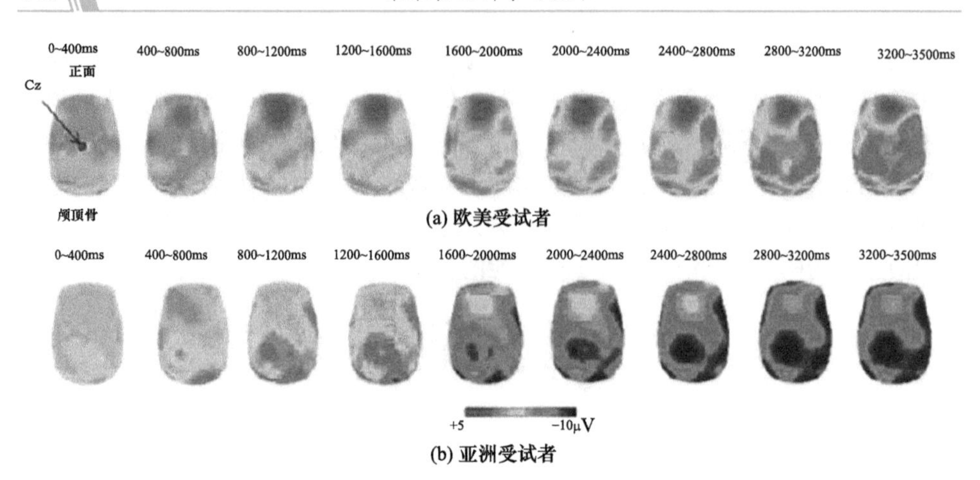

图 4.29　欧美和亚洲受试者面对令人不愉快的图片的大脑响应[109]

在测量食物刺激带来的情绪认知时，除了测量方法外，还需要考虑测试环境背景等因素。目前，大多数与食物刺激相关的情绪研究都是采用实验室集中场所测试环境或通过语言引导环境（如请想象你在什么环境下消费该食物）[110]。情绪测量是否比传统测量（如喜欢、想要和情境适当性）更能洞察与产品相关的食物选择，也与测试环境/情境密切相关。随着消费者测试的深入，“生态效度”这一概念也被引进来强调测试环境的“理想状态”的重要性，简言之就是通过模拟最为真实的消费环境，使得测试结果更具普适性和代表性，这样供实际参考的价值也更高。为此，一些研究者也开始选择沉浸式实验环境、模拟餐厅、家用环境等。de Wijk 等[111]通过两周的持续测试，对比了 18 名荷兰消费者在实验室环境下和家用环境下的五种食物感知与情绪响应，其中情绪响应是通过对受试者面部表情采集衡量的，结果表明，整体上家用环境下，消费者的高兴、蔑视、恶心和无聊的情绪响应都显著高于实验室环境下，而悲伤、生气、困惑等则在实验室环境下更强，在实验室环境下自带一种更高的警觉或唤醒状态，而家用环境下更为放松，对食物的喜恶表现出更为强烈的反应。除此之外，恰当的情绪采集时间节点也是了解情绪响应变化的另一途径，Porcherot 等[88]在模拟餐厅环境下，开展的饮用不同口味开胃酒的研究中发现，如果只采集饮用每杯样品后的情绪，在这种较为自然的环境下，消费者对三种口味样品的情绪响应差异并不大，但分别对饮用每杯开胃酒前、后以及晚宴后进行情绪测量发现，消费者对不熟悉的覆盆子口味的开胃酒的情绪感知变化最大，紧张和焦虑两个负面情绪出现在饮用后状态下。当然，这些结果的适用性以及在不同产品中的表现都可能不同，但启发我们在开展食物刺激引起的消费者情绪认知研究时，应尽可能在一种真实情景下开展测试，情景的代入以及适当的情绪采集时间节点都会使得测量结果更加准确。

综上所述，食物刺激引发的情绪认知包括无意识和有意识机制，无意识情绪与刺激的物质基础相对应，而有意识情绪与食物刺激、感官感知、食物选择的影响不是单向的。人们会将食物刺激带来的情绪响应与食物相关的一系列信息建立联系，而有关这些联系的记忆会在今后的食物选择和食物感知中发挥重要作用，影响食物感知和新的情绪认知，这种影响甚至可能超越食物自身带给人的体验。不过目前，由于食物刺激与情绪认知的相关性研究相对有限，且情绪衡量方法本身存在诸多疑点，情绪认知的无意识机制和有意识机制的明确还有很长一段距离。但可以肯定的是，在消费者的情绪认知中，食物刺激和人与环境的情境因素同等重要，情境设计对消费者情绪的引导在商业化模式中的效果已经显现。建立更广泛和更确切的食物刺激、感官感知、情绪认知联系，是未来食品感知科学领域研究亟待解决的难点，也是实现情绪化、场景化食物设计，驱动未来食品创新的必要前提。

4.3　消费者认知驱动下的未来食品设计

前面介绍了食物刺激与感官感知以及感官感知与情绪认知的关系，那么，如何将这些已知信息应用到食品设计中，尤其是消费者认知驱动下的未来食品设计中呢？毫无疑问的是，无论是过去、现在还是未来，食物首先必须是美味的！不论果蔬基因改造技术如何进步、食品企业如何努力创造更加健康或环保的食物，研究表明，所有投放消费市场的食物成功与否，终究都取决于消费者是否认定它是美味的食物[109]。Mcclements[1]通过一份涉及 1002 人的问卷调查，得到了如图 4.30 所示的结论：85%的消费者表示是否美味是其购买某种食物最关注的要素，其次是价格、是否健康、是否方便和环保。

图 4.30　影响食物购买的因素

如前所述，消费者情绪认知中食物的美味不单纯由食物自身的物质基础决定。首先，多元刺激下的感知交互使得感官感知与物质刺激间失去量效关系。其次，情绪认知中的有意识系统会将感官感知与个人因素结合使消费者情绪认知与感官感知互为因果。未来，基于食品感知科学的研究进展开展创新食品的设计，或许是应对新时代背景下消费者差异化、个性化的饮食刺激和情绪需求的重要路径。

4.3.1 新时代背景下的美味概念演变

在感官科学研究发现“美味”的概念不再单纯依赖于物质基础的同时，社会学和人类文明的进步也在赋予“美味”新的定义。随着全球化发展，一个运转良好的社会，不仅仅要根据人类生存考虑如何养活地球上的所有人，还要解决与食品相关的更大范畴内不同层次的需求，包括满足人们的基本营养需求、确保人们的饮食安全、维持可持续的环境、提供有回报的就业机会和促进健康的食品文化[112]。基于这些变化，目前，“美味”的概念已经超越了满足口腹之欲的“美味”，而上升到更高层面上的“健康敦促下的美味”。当然，这一健康概念可以源自食物成分本身的健康，也可以理解为食物带给人的“精神层面”的健康响应。《柳叶刀》2016 年的一篇文章[113]首次提出了量化健康饮食和可持续食品生产关系的科学目标，并在 2019 年报告了[114]：全球饮食应在 2050 年之前发生巨大转变，糖、红肉等不健康食物的摄入量需减少 50%，水果、蔬菜、豆制品、坚果等健康食物的摄入量应该至少达到 100%增长，倡导利用植物基原料进行创新食品研发，以实现全球范围内的环境保护。

基于这些来自社会整体以及消费者个体的需求，近年来，研究人员、食品企业或餐饮业也重新审视了消费者的“美味需求”，并通过启动新的食品开发策略和路线，改善了许多人们原先所熟知的食物并创造了很多全新的食品[115]。2019 年，*Science* 期刊[116]征集了来自年轻一代科学家对未来食品选择、食品可利用性以及个性化食品选择变化的看法，结果发现：不论是从原生态天然食品（水果、肉类、农作物）的品质优化，还是从个性化饮食定制计划，科学家们都在致力于利用各自所在领域的新技术为未来健康、可持续性发展的美味食物供应服务。来自哈佛医学院的 Mark Martin Jense 指出，他们正致力于利用 3D 打印技术研发 FlavorPack™ 墨，以期让蛋白质材料食品尝起来“肉味”更足、甜品尝起来更甜等；来自印度大学的 Sudhakar Srivastava 介绍了他们正在研发的独特的高能量、营养丰富的小麦-大米杂交品种，不仅从生态利用率的角度提高产量，更可以满足人们对于风味、易消化和健康食品组分的所有需求。

毋庸置疑的是，这些食物最终的成功与否，仍然需要回归到最初的“美味”本身，让食物看起来、闻起来、尝起来以及从情绪响应维度都“美味”。同时，鉴于味觉是遗传和环境因素共同作用的结果，“美味”的定义不仅因人而异，还会在一个人的整个生命周期里不断更迭演变。可见，创造外观、风味和概念俱佳，同时价格可接受且符合可持续发展的更健康美味的食品是一项非常艰巨的挑战，它事实上是一门汇聚了材料科学、化学、物理、感官科学、遗传学、细胞生物学、生理学、香料化学和食品科学等多学科的美味科学。

4.3.2　美味与营养、健康统一的实现通路

2019 年施普林格出版社出版的 *Future Food* 一书中，Mcclements 教授[1]提出了如图 4.31 所示的以建筑设计的思维开展食品设计的理念。其基本逻辑是以食品单一组分为起点，通过食品组分选择、结构设计和加工工艺优化实现其功能和审美需求，强调单一组分的贡献，更强调突破传统束缚进行食品组分的自由选择和差异化完美组合以满足食品的审美和功能诉求。事实上，这一概念对食物营养、健康和满足生活模式需求的功能定位，以及对于食物由外观、质构、风味构成的审美定位是亘古不变的。随着时代的变迁，变化的只是人们食物感官审美要求的不断调整，饮食结构调整带来的营养、健康定义变化，以及可持续概念和多学科交叉带来的食物原料供应和选择变化。基于这些变化，相应地，食品设计的具体需求和实现路径也始终处于变化之中。接下来本节将以减糖策略、特殊质构需求和昆虫基食物为例，简要介绍美味与营养、健康、可持续相统一的未来食品设计新思路。

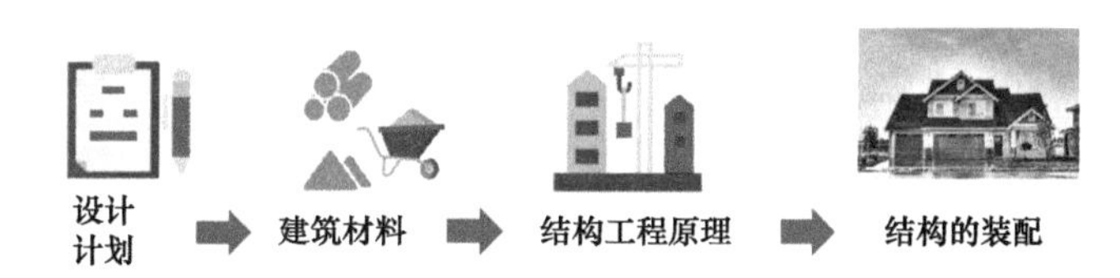

建筑
- **功能——艺术馆、图书馆、商场、工厂**
- **审美——美学、新颖性、兼容性**
- **约束条件——法律、经济、时机、合同**

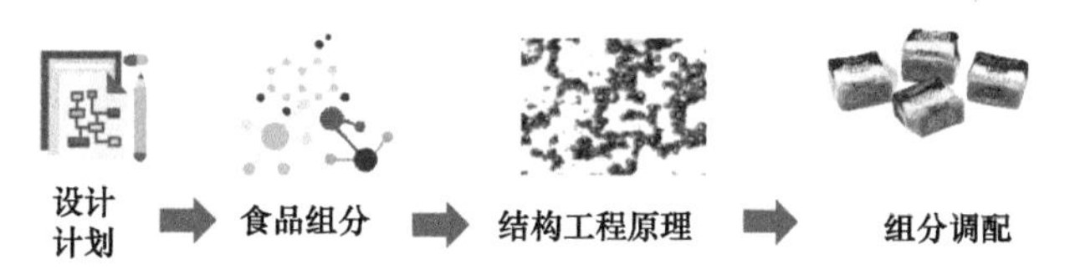

食物
- **功能——营养、健康、生活方式**
- **审美——外观、质构、风味、货架期**
- **约束条件——法律、经济、时机、合同**

图 4.31　建筑设计的思路和食物开发的构建思路[1]

1. 美味与健康需求下的减糖策略

健康概念对人们饮食习惯、“美味”定义的影响，最具代表性的就是正在被消

费者普遍认可的“减糖、减盐、减脂”必要性。2018 年中国青年报社社会调查中心联合问卷网对 2001 名受访者开展了关于饮食习惯的调查，53.5%的受访者表示平时喜欢吃清淡的饮食，24.2%的受访者表示喜欢重口味的，22.3%的受访者则表示都喜欢。在美国，诸多食品公司领先推出了系列低盐、低糖、低脂、低热量的清淡食物，消费者需求的日渐上涨预示着未来持续发展的无限潜力。但是，消费者追崇清淡的同时并没有放弃对甜感、咸感、脂肪感及其他感官轮廓本身的追求，“0 度”可乐始终无法取得与传统可乐相近的市场份额就是典型的例证。在健康需求的引导下选择低糖并接受其低甜是消费者的无奈之举，通过食品原料选择、质构设计实现“减糖不减甜、减盐不减咸、减脂不减脂肪感”才是未来食品应有的属性。但是，从技术角度来说，实现这一目标并非易事。

以“减糖不减甜”为例，蔗糖不仅具有难以复制的独特甜度特征[117]，而且糖在产品结构、质地、风味增强和产品保藏方面也发挥着重要作用[118]。为了做到减糖的同时，尽可能保持食品的甜度且不改变食品的口感和其他风味属性，目前，已经获得产业化应用和正在研究的食品减糖策略主要包括使用甜味替代品、多感官交互作用、食品质构创新以及逐步减糖等四种。如图 4.32 所示，这些减糖策略在减糖目标实现度和食品感官属性保留度上各有优势和不足，真正能够全方位替代或降低蔗糖的完美策略还没有出现[119]。

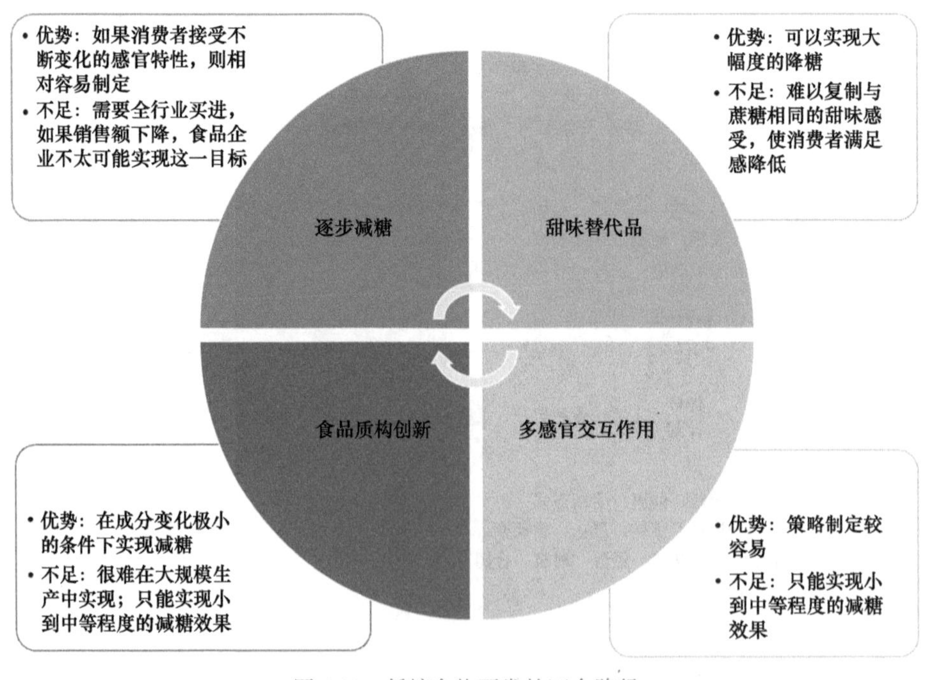

图 4.32　低糖食物开发的四个路径

研究和应用最为广泛的减糖策略是使用甜味替代品，主流的甜味替代品包括甜味剂、糖醇和纤维，其中使用非营养型甜味剂替代蔗糖是最常用的方法，再结合糖醇或纤维来达到在口感上取代大部分蔗糖的要求，但复制蔗糖在食品中呈现的风味轮廓却非常困难。以“消费者更愿意接受的”天然甜味剂——甜菊糖苷为例，不同结构的甜菊糖苷在水溶液中都或多或少地呈现出苦味，且在起甜速度、甜味强度、尾甜和后苦等动态感官属性上也都与蔗糖体系存在显著差异，这些差异会使代糖食品无法复制全糖食品的感官特征。笔者所在课题组在前期的研究分析和对比了 6 种甜菊糖苷单体（莱鲍迪苷 A-RA、RC、RD、RM、甜茶苷和甜菊苷）的风味轮廓（图 4.33），并结合各单体化学结构进行相关性分析发现：C19 位葡萄糖基取代数量的减少会导致苦味的起始刺激时间变短，苦味消散的速度变慢；C13 位葡萄糖基取代数量的增加导致最大甜度增强；C13 位与 C19 位取代基数量的比值越大，甜味下降速率越快，达到甜味峰值所需的时间越长。这些结果

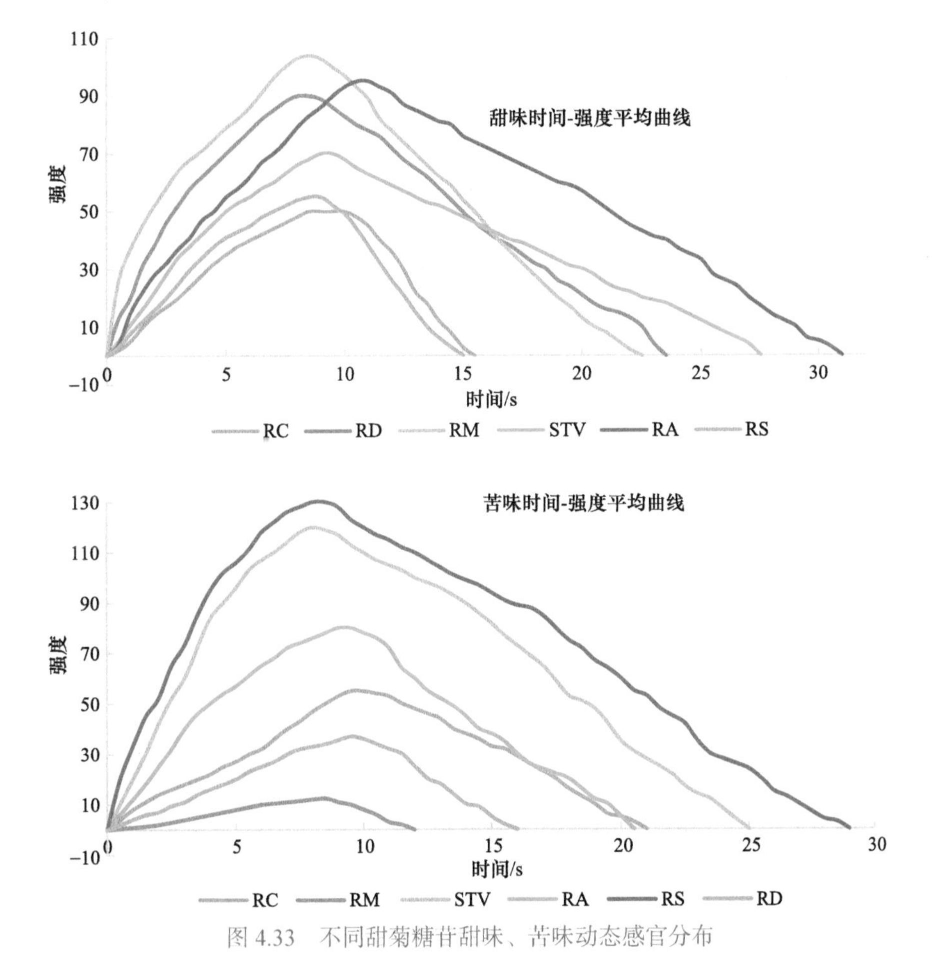

图 4.33　不同甜菊糖苷甜味、苦味动态感官分布

初步解释了甜菊糖苷甜味差异的结构基础，并从甜味对苦味的可能抑制角度部分解释了苦味差异。但由于甜菊糖苷结构在人的生理感知层面，如何与甜味、苦味受体结合，以及是否存在竞争效应、空间位阻效应等并不明确，因此，从根本上通过定向改善甜菊糖苷的感官轮廓仍有待更多研究的突破。

由于蔗糖具有甜味剂所不具备的膨胀作用，甜味剂的使用还存在影响食物质地的问题，当然，这一效应对一些食物的影响究竟是正面的还是负面的，有待进一步研究并结合消费者的认知进行判断。此外，糖替代品对饱腹感的影响也不同于糖，有些甜味剂让人无法感到饱足，Mace 等[120]通过研究证实，除了舌头上拥有甜味感受器外，人体胃肠中也拥有识别甜味信号的细胞组织，葡萄糖可以通过肠道中 SGLT-1 和 GLUT2 蛋白质的转运，刺激肠道激素的分泌，使人产生饱腹感，而这一途径恰好是人工甜味剂所缺少的，因此从长期进食来看，可能会增加人的进食量，反而是一种负面危害，当然这些目前还在研究中，还没有明确结论。

减糖策略中的多感官整合原理是基于视觉、嗅觉会影响味觉感受的原理，即多元刺激与感官交互的原理提出的。研究表明，当一种气味在消费者先前的认知中已经与甜味建立了联系，如草莓味和香草味，添加这种气味就会导致食物的甜味强度增大，或者在降低蔗糖用量的情况下保持相同的甜度。Alcaire 等[121]于 2017 年开展的一项关于牛奶甜品减糖研究发现，添加香草味香精可以在蔗糖的用量减少 20%时使消费者感受到的甜度不受影响，但香草味明显变强，这就使甜度和香草味之间的平衡成为一个问题，且利用这种策略进行减糖效果也会因食物基质和气味变化而不同，故在实际应用时，生产无法控制且减糖水平也不易保持稳定，这也是目前这种方法仍停留在部分研究中而没有广泛应用的原因。

基于食品结构创新的减糖食品设计，主要是通过整个食物中蔗糖的不均匀分布来实现的。蔗糖在食品基质中的不均匀分布会形成脉冲形式的甜味刺激和甜味响应，而这种对味觉受体的不连续刺激[122]，往往会使感知到的甜味强度高于以恒定速率输送相同数量的甜味刺激。Holm 等[123]通过含有不同浓度蔗糖的凝胶层交替分布，形成 7 层促味剂分布不均匀的凝胶样品，相比蔗糖均匀分布的凝胶样品，发现其在前 30s 时不均匀体系的甜度高于均匀体系；但当间隔的凝胶层数减少到 5 层时，其与均匀体系的甜度差异则减小。另外，此方法利用的前提是体系有较大的浓度差。总体而言，利用这种途径产生的味觉感知变化是瞬时性的，从研究角度来看，对其产生的减糖效果和人的感知响应展开研究的技术和手段都存在局限性，而且，从工业化生产来看，在食品工业中实现食品的不均匀空间分布本身是一件很难实现的工艺，即便引入复杂的食品设计流程，也未必能实现。

另一种减糖策略是随着时间的推移逐渐降低食物中的糖含量水平，从而降低消费者的甜味诉求。一项针对瑞士消费者的酸奶研究[124]表明，在 10%蔗糖（瑞士市场更常见）和 7%蔗糖添加下的酸奶在接受度上没有差异。同样，Pineli 等 [125]

以巴西消费者为调查对象，发现将橙汁中的蔗糖含量从 10%降低到 8.5%并不影响接受度，平均理想甜度为 7.3%。以上两个例子都说明了细小的减糖不会引起消费者感官体验和接受度的改变。另外，对乌拉圭消费者的巧克力牛奶研究[126]表明，6.7%的减糖不会影响消费者的感官体验，如果这一策略在三年内得到实施，每年连续两次减糖行动，就可以达到英国卫生部的建议，即在不使用替代品的情况下将糖添加量减少 30%～40%。所有这些研究都表明，在实验室环境中，逐渐减糖策略是有潜力的，从长远来看这是一种最可行、安全有效地降低糖摄入量的方式。但从全行业的加工食品干预来看，这种方法在非控制条件下的长期有效性是未知的，对重复购买的影响也是不确定的。

综上所述，在不改变感官感受的情况下大幅降低任何一种食物中的糖分含量是一项极具挑战性的技术任务[119]。目前，实现减盐不减咸和减脂肪不减脂肪感所采用的策略及存在的问题与减糖不减甜也大都类似，这里就不再赘述。通过单一替代品的筛选实现对糖、盐、脂肪在食品中风味及结构功能的全面替代几乎不可能，通过多路径的协同实现部分糖、盐、脂肪的替代或许是未来食品设计的现实目标。

2. 营养、健康驱动下的食物特殊质构设计

传统意义上，食物的质构以及由质构决定的口感是纯感官的概念，按照建筑理论功能与审美之间的关系来看，我们考量的口感优化属于审美的范畴。但是，基于全球老龄化的背景和咀嚼、吞咽障碍带来的饮食困难问题日益显现，食物的口感逐渐演变成了一个与功能相关的元素。另一个加深食物口感功能化属性的诱因是“脑肠轴”概念的提出，研究表明，基于各种激素和神经递质的释放，大脑和肠道之间的信息互通，可以对摄食后的感官认知、情绪认知进行调节。如图 4.34 所示，食物的质构会影响其口腔加工过程和感官感受，同时这两者分别与进一步的胃肠道消化过程互为因果，也会影响进一步的感官感知和摄食行为，继而影响摄食相关的愉悦感和满足感。

食物质构与口感及功能的首要联系以及最初矛盾发生在口腔加工过程中。对于婴幼儿应食用流质食品以及低龄儿童不能食用果冻类凝胶食品的观点，人们都理所当然地接受。但对于年龄上涨所导致的生理功能衰退，关于老年人的特殊口感食物需求却很少得到公众的关注[127]。事实上，关于老年群体，以及一些患特殊疾病的群体，如唐氏综合征群体，饮食障碍亟待解决。如图 4.35 所示，肌肉和骨质疏松、味觉衰退、感官意识下降、咀嚼吞咽功能下降、胃肠消化能力下降等问题的出现，使得设计特殊质构食品的需求也迫在眉睫。韩维嘉等[128]对上海地区 6 所住养机构的调查显示，有高达 32.5%的老人存在吞咽障碍。若依此比例，到 2051 年我国受吞咽障碍影响进食的老人有可能超过 1 亿，而吞咽障碍有可能引起呛咳，

甚至引发吸入性肺炎，这也是老年人死亡的重要原因。因此，如何设计出既营养可口又安全可靠的食品就是一个亟待解决的重大问题。

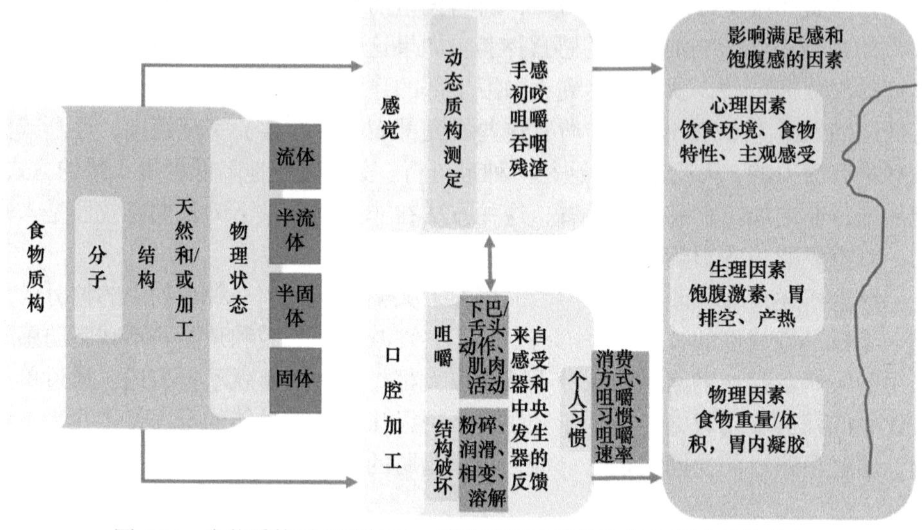

图 4.34　食物质构对口腔加工、感官感受及其他生理心理因素的影响

图 4.35　老年群体机体特征

针对特殊质构的制定，Laguna 和 Chen[129]于 2016 年首先提出与之符合或匹配的特殊人群的饮食能力的概念（图 4.36），它包括了食物的准备或进食能力（也可称作手控能力，如开启包装、餐具使用等）、食物的口腔处理能力和认知能力[130]。随后 Vandenberghe-Descamps 提出了口腔舒适度这一概念，其无疑仍是为量身定制老年食品而提出的。在特殊食品质构标准方面，国际吞咽障碍者膳食标准行动委员会（International Dysphagia Diet Standardization Initiative）于 2016 年发布了适用于吞咽障碍者的特殊食品的质构标准，即 IDDSI 标准（图 4.37）。这个标准主要是基于消费人群的饮食能力和食品质构学原理，用两个三角形分别将固体

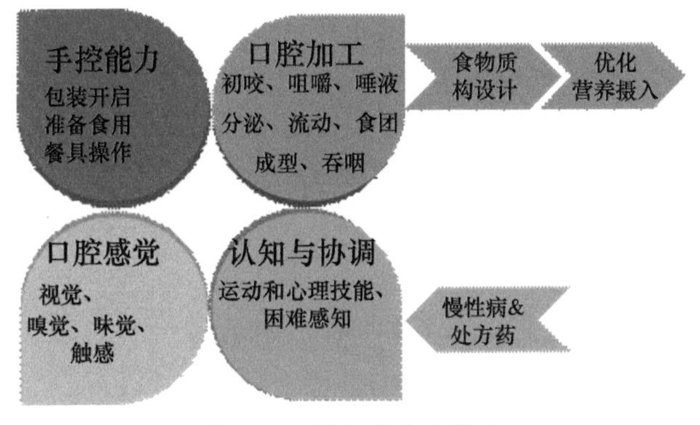

图 4.36　饮食能力示意图

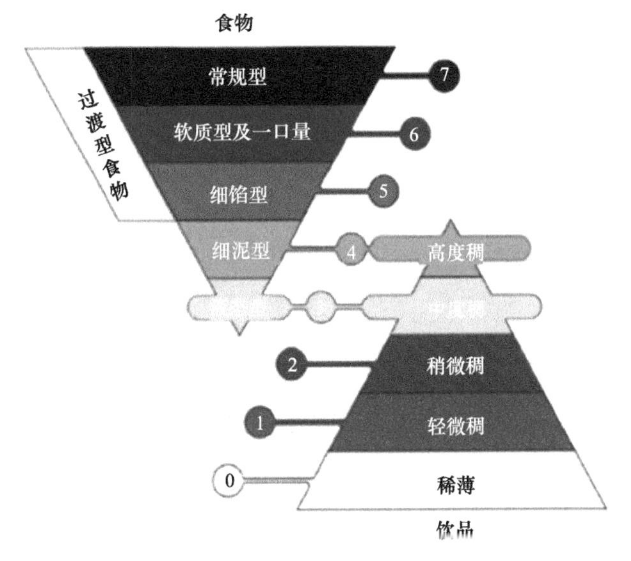

图 4.37　IDDSI 吞咽障碍者的特殊食品质构标准[130]

类和液体类食物的质构进行细分，涵盖了 8 个层次（0　7）的食物质构类型，如第四层的细泥型，通常是通过研磨或混合形成的，在食用时无须咀嚼和口腔用力，使得吞咽变得容易，可预防呛咳。Park 等[131]在最新的文献综述中表示，适合有饮食障碍的老年群体的食品质构应该是软、湿、弹性好、顺滑和易吞咽的，而黏稠、黏附的质地以及稀的液体则应避免，因为这些质地会导致食物残渣在口咽部积聚，并可能导致吞咽后误吸。目前从老年食品开发上来看，无论研究层面还是实际应用层面都有了很大的进展，为了符合老年食品特殊的质构需求及营养需求，往往从所要开发的食物本身出发，选择合适的以及充分利用它们在加工过程中可能发生的理化性质变化，生产一些软质产品（酱料、奶油和浓饮料等）或新型颗粒食品[132]。例如，在蛋白饮料中，加热会使球状蛋白展开并变性，甚至会使之自组装成纳米级的聚集体和原纤维，最终形成凝胶网络结构，这样一来既可以增加液体的黏度以符合老年食品的质构标准，又能为合成有利肌肉蛋白提供必需氨基酸（如亮氨酸）[133]。另外，也有很多老年食品通过添加增稠剂（如淀粉、树胶等）来减缓液体在吞咽过程中的流动，从而避免液体误吸发生呛咳等，目前广泛被应用于开发老年食品中的增稠剂有淀粉和树胶。此外，图 4.38 所示为不同特征的软凝胶颗粒及其在软质食品中的应用[134]。

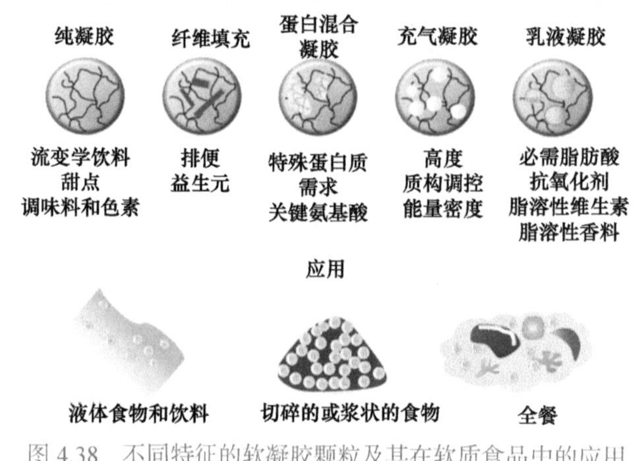

图 4.38 不同特征的软凝胶颗粒及其在软质食品中的应用

老年食品质构设计的初衷是通过帮助老年人安全进食使其获取足够的营养，与此相对立的是，基于“脑肠轴”的食品质构设计往往是为了解决饮食过量引起的肥胖及相关慢性病，或者在控制食物摄入的前提下减少饥饿感。研究发现[135]，食品质构的微调可以改变整个感官认知并调节饱腹感，饱腹信息的读取对进一步摄食行为的影响，甚至超越了食物喜好的影响，如使消费者通过特殊质构食物自身来控制进食，免受思想上强制性干预节食之苦[136]。通过总结截止至今的研究进展可以发现，食物需要的咀嚼次数越多、口腔停留时间越长的小口进食，预期饱腹感越强，总体进食量越低；从质构的角度分析[137]，与液体或软性食物相比，硬的、松脆的和不太潮湿/润滑的食物需要更多的咀嚼和更长时间的口中停留[138]，饱腹感更强[139]。如图 4.39 所示，Lasschuijt 等[140]比较了四种不同断裂质构的半固体凝胶食物，发现在相同的甜度梯度下，相比于较软的凝胶，硬度大的凝胶的总摄入量明显降低，其相应的咀嚼次数大约是较软凝胶的 2.5 倍，进食速度减少 42%，食用至饱腹后的总摄入量减少 21%（40g）；而在 McCrickerd 等[141]的研究中也发现，食用浓粥（含全糙米和半磨细的白米粒各半）时的进食速度慢，比稀粥的咬口大，每次口中停留时间长、咀嚼次数多，因此整体进食量也更低。此外，Zijlstra 等[142]比较了三种不同黏度的乳制品的摄入量，发现黏度的影响非常大，例如，与液体和半固体食物相比，当样品黏度增加 9 倍时，摄入量减少了 30%（243g）。

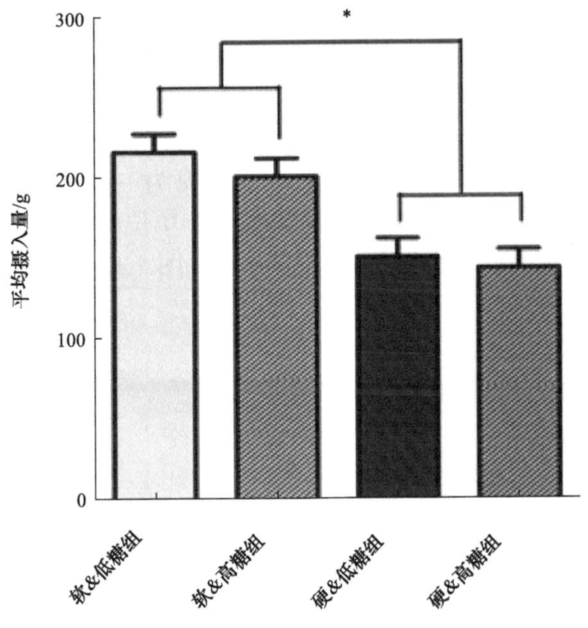

图 4.39　不同状态食物的进食量比较[140]

*表示"软"和"硬"两类凝胶摄入量具有显著差异

除了咀嚼次数和口腔停留时间会影响饱腹感和摄食行为外，基于"脑肠轴"的原理，普渡大学的 Hasek 等[143]发现，在肥胖大鼠的饮食诱导中，如果增加淀粉的抗性使更多的淀粉消化发生在回肠内，脑肠轴就会受到刺激并使下丘脑食欲肽（NPY）和刺鼠相关肽（AgRP）的 mRNA 表达水平显著降低，厌食促肾上腺皮质激素释放激素（CRH）表达水平升高，释放激素降低动物的食欲，增加动物的饱腹感。在有关高脂食物摄入与饱腹感分析的测试中也观察到了类似的效果。这些发现表明，通过恰到好处的食物配方和质构设计调控食物的消化速度，促进停止进食信号的饱腹感刺激素，可以在很大程度上避免通过强制性节食而引发的一系列问题，帮助人们在口感满足和摄入控制之间找到平衡点。当然，这些来自特殊人群需求和对进食量的食品质构需求，多是从全民健康或特殊健康需求的角度提出来的。目前，关于特殊质构的口感感知与情绪认知的相关性研究尚未有太多的报道，但很明确的一点是感官喜好和进食调控的食品质构设计将是未来食品研发的重要方向。

3. 可持续概念驱动下的食物新材料与美味统一

基于环保和可持续发展的概念，植物基替代动物基已经成为食品领域的热点问题。"Impossible Food"（不可思议的食物）和"Beyond Meat"（别样肉客）两大机构在植物基人造肉市场的比拼是可持续未来食品的典型案例。除了用植物蛋白替代传统的动物食品外，我们还有哪些备选的可持续方案呢？

早在 1989 年，威斯康星大学麦迪逊分校著名的昆虫学教授 DeFoliart[144]就提出，可食用昆虫作为食物来源的价值一直被忽略。直到 2003 年，FAO 提出可食用昆虫作为食品来源的潜在价值后，科学家们才开始开展相关研究。2015 年，欧盟新食品法规明确可食用昆虫基食品可被视为一种新型食品[Regulation (EU)2015/2283，2015]。昆虫富含蛋白质和脂质，单位面积的蛋白质产量仅次于植物蛋白，远远高于我们日常所食用的猪牛羊鱼（图 4.40）。是什么阻碍了昆虫蛋白的普遍利用呢？

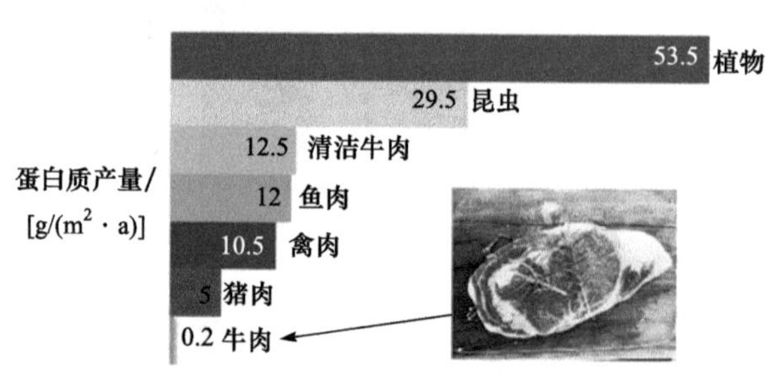

图 4.40 不同来源蛋白质[1]

2011 年，哥本哈根的北欧食品实验室（Nordic Food Lab）举办了一场讨论未来食物的研讨会，会议向参会者提供了活蚂蚁、蜜蜂幼虫做成的蛋黄酱、蚂蚱和蜡螟幼虫发酵做成的鱼露等邀其品尝。尽管尝试的受试者认可了其美味特性，但仍有很多参会者完全不愿意尝试，可见，即使具有生态效价的优势和高营养价值，但让普通消费者从意识上接受那些通常看到会觉得恶心的昆虫仍是一个巨大的挑战，当然如何通过不同工艺加工将它们变得色香味俱全是另一个关键问题。

从消费者的认知和态度角度看，人类有食物厌新的特征[145]。也就是说，大部分消费者对于新型、不熟悉的食物有一种天生的抗拒，这种抗拒是机体的一种自我保护的功能，同时也潜移默化地影响人们的食物选择和偏好，对昆虫基食物的普遍拒绝就是最好的例证。不同文化背景下的消费者“厌新”具体表现可能存在差异，在一些文化中昆虫是被视为肮脏、恶心、危险和有害的象征，但美国人、印度人却表示可以考虑食用昆虫[146]。此外，在一项对昆虫基食物购买意愿的跨文化研究中还发现，通过向参与者传递昆虫基食物相关的正面信息，北欧消费者会更多地接受信息并提升购买意愿，而中欧的消费者则仍然依赖他们先前的知识以及更严重的食物厌新特质拒绝接受[147]。除文化背景外，年龄、性别也是影响对昆虫基食物接受度的主要因素。Verbeke[148]的研究发现，比利时的年轻消费者更愿意食用昆虫基食物，其中，12.8%男性表现出愿意食用，而女性则只有 6.3%；不过有趣的是，另一项在比利时进行的调查中却发现 45 岁以上的消费者表示出了更强烈的意愿[149]，并且这项调查中性别的影响并不显著。由此可见，即便在同一个国家，来自不同地域的消费者的态度也会不尽一致，这在 Sogari 等[150]对意大利消费者的调查中也得到了证实，意大利北部的年轻男性表现出的尝试意愿显著高于南部的年轻女性。综合来看，影响昆虫基食物选择的因素可能是多方面的、复杂交织的，显然这些都意味着推动昆虫基食物规模化进入市场将是一条漫长的道路。这里需要强调的是，上述所有关于昆虫基食物接受性的跨文化调查都是单纯的无品尝条件下的问卷调查，所有的调查都是给消费者一个昆虫基的食物可食用且是美味的假设。

那么，昆虫基食物如何实现感官上的可口美味并带来正面的情绪刺激呢？初步的感官分析表明：烹饪或加工方式会影响昆虫基食物的风味，整体而言其味道是比较温和的，且具有较强的坚果味。部分昆虫会带有一些特殊的气味，如蚂蚁会因为激素的产生而带有特殊的气味和酸的滋味，而蜜蜂和蚕蛹则带有奶香味、黄油味以及一些鲜味特质[151]。昆虫基食物的质构取决于昆虫的种类，Schouteten 等 [152]对比了昆虫基汉堡、植物基汉堡和牛肉汉堡，结果发现昆虫基汉堡的口感缺陷较为明显，有更明显的干燥感和颗粒感（图 4.41）。将昆虫作为一种成分添加到食物中是改善昆虫基食物风味和质构缺陷的有效方式。Megido 等[149]对比了消费者对用甲虫幼虫与小扁豆混合制作的汉堡与牛肉汉堡、小扁豆汉堡的感官喜好，结果发现，对于男性消费者，牛肉汉堡的受欢迎程度远远胜出（7.05），不论甲虫幼虫与小扁豆以何种比例混合，其喜好度与小扁豆汉堡之间始终无显著性差异（5.32　5.95）。女性消费者的偏好与男性消费者差异明显，她们对牛肉汉堡和甲虫幼虫与小扁豆复配汉堡的喜好无显著性差异，只是对 100%小扁豆汉堡的喜好显著性低于前两者。除汉堡外，研究人员采用不同的复配方案和烹饪模式制备出了多种形式的昆虫基食物，如图 4.42 所示，这些食物完全失去了昆虫的原始形态，能否有效消除消费者对昆虫概念的厌恶和拒绝情绪还未可知[153]。

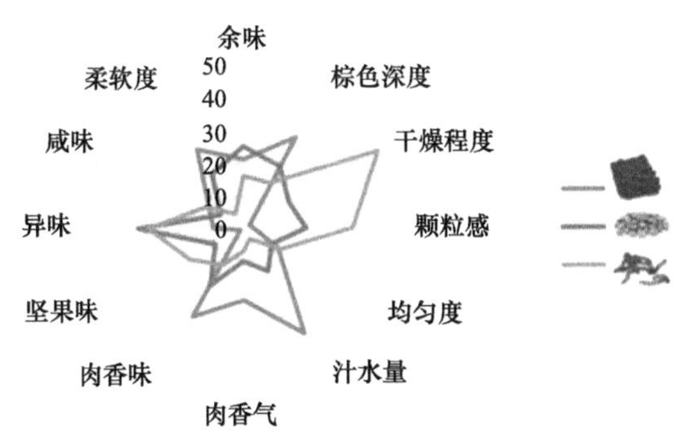

图 4.41　牛肉、植物基、昆虫基汉堡的感官轮廓

未来，从昆虫品种选择、昆虫原料处理、食品加工工艺的角度提升昆虫基食

品的感官接受度，通过消费者教育提升昆虫基食品的情绪认知，实现昆虫基食品的广泛市场认可和推广还有很长的路要走。而这些挑战，对于任何一种待开发的可持续食物资源而言，都是类似的，生物合成肉也是如此。

酥脆蟋蟀零食和蘸酱

油炸蟋蟀和蘸酱(辣味和烟熏辣味)

面包虫鸡肉块

类似杂货店冰箱里的即食鸡块，将一半的鸡肉用面包虫肉末代替

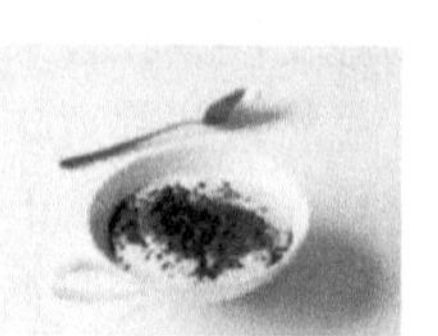

蚂蚁和蓝莓的混合

即干蚂蚁和蓝莓干混合物，可加入酸奶和奶酪中增加风味或用于烘焙

巨型粉虱锅

一种需冷藏的方便食品，即食炒锅里有煮好的米饭、素菜和粉虱，只要将锅加热就可以享用

碾碎的粉虫拌辣椒

一种方便、多功能的食品，可以把它和肉末或者干豆沙末拌在一起作为酱汁食用，产品一般密封在包装袋中，有较长的货架期

蟋蟀-黑麦脆片

在这款零食中，富含蛋白质的蟋蟀和黑麦这两种健康成分被混合在一起，是一个很好的薯片替代品

图 4.42 不同昆虫、昆虫基食品的呈现形式

综上，我们以举例的方式探讨了食品功能和美味双重需求及双重驱动下，未来食品设计和制造面临的新挑战和新机遇。相信随着食品感知生理学、感知心理学研究的不断进步，食物感官感知的物质基础、感官刺激的传导路径、多元感知的生理学和心理学交互密码都将逐渐被破解。结合基于食物建筑构建理念，采用分子料理的模式开展食物的设计和制造，未来，满足不同文化背景、不同年龄、不同性别、不同健康状况、不同摄食目的甚至不同心境的消费者差异化的食物感官、情绪和功能诉求都将成为可能。

钟芳 夏熠珣（江南大学）

参考文献

[1] Mcclements D J. Future Foods: How Modern Science is Transforming the Way We Eat[M]. Berlin: Springer. 2019.

[2] Kramer A, Szczesniak A S . Texture Measurement of Foods: Psychophysical Fundamentals; Sensory, Mechanical, and Chemical Procedures, and their interrelationships [M]. Boston: D.Reidel Publishing Company, 1973.

[3] Hutchings J B. The importance of visual appearance of foods to the food processor and the consumer1[J]. Journal of Food Quality, 1977, 1(3): 267-278.
[4] Jaros D, Rohm H, Strobl M. Appearance properties-A significant contribution to sensory food quality? [J]. LWT-Food Science & Technology, 2000, 33(4): 320-326.
[5] Nelson P. Set-up seen in five years on central meat cutting[J]. Supermarket News, 1964, 13: 48.
[6] Scheide J. Flavour and medium, mutual effects and relationship[J]. Ice Cream & Frozen Confect, 1976: 228-230.
[7] Shankar M U, Levitan C A, Spence C. Grape expectations: the role of cognitive influences in color-flavor interactions[J]. Conscious Cogn, 2010, 19(1): 380-390.
[8] Morizet D, Depezay L, Masse P, et al. Perceptual and lexical knowledge of vegetables in preadolescent children[J]. Appetite, 2011, 57(1): 142-147.
[9] Cheskin L. How To Predict What People Will Buy[M]. New York: Liveright, 1957.
[10] Arrúa A, Curutchet M R, Rey N, et al. Impact of front-of-pack nutrition information and label design on children's choice of two snack foods: comparison of warnings and the traffic-light system[J]. Appetite, 2017, 116: 139-146.
[11] Lennernäs M, Fjellström C, Becker W, et al. Influences on food choice perceived to be important by nationally-representative samples of adults in the European Union[J]. European Journal of Clinical Nutrition, 1997, 51(2): S8-15.
[12] Salles C. Odour-taste interactions in flavour perception // Voilley A, Etiévant P. Flavour in Food[M]. Cambridge: Woodhead Publishing, Ltd, 2006.
[13] Spence C. The Multisensory Perception of Flavour[M]. West Sussex: John Wiley & Sons. 2010.
[14] Spence C. Multisensory flavor perception[J]. Cell, 2015, 161(1): 24-35.
[15] Triller A, Boulden E A, Churchill A, et al. Odorant-receptor interactions and odor percept: a chemical perspective[J]. Chemistry & Biodiversity, 2008, 5(6): 862-886.
[16] 李文琪, 范少光. 嗅觉研究进展——2004 年诺贝尔生理学或医学奖获奖工作简介[J]. 生理科学进展, 2006, 1: 85-98.
[17] Dunkel A, Steinhaus M, Kotthoff M, et al. Nature's chemical signatures in human olfaction: a foodborne perspective for future biotechnology[J]. Angewandte Chemie, 2014, 53(28): 7124-7143.
[18] Xu L, Li W, Voleti V, et al. Widespread receptor driven modulation in peripheral olfactory coding[J]. Science, 2020, 368(6487): 154.
[19] Imam N, Cleland T A. Rapid online learning and robust recall in a neuromorphic olfactory circuit[J]. Nature Machine Intelligence, 2020, 2: 181-191.
[20] 黄赣辉, 邓少平. 人工智能味觉系统: 概念、结构与方法[J]. 化学进展, 2006, 4: 134-140.
[21] Chaudhari N, Roper S D. The cell biology of taste[J]. Journal of Cell Biology, 2010, 191(2): 429.
[22] Sherlley A, Kathrin O. Perceived odor-Taste congruence influences intensity and pleasantness differently[J]. Chemical Senses, 2016, 41(8): 677-684.
[23] Chen J, Engelen L. Food Oral Processing: Fundamentals of Eating and Sensory Perception[M]. West Sussex: John Wiley & Sons, 2012.
[24] Pu D, Zhang H, Zhang Y, et al. Characterization of the aroma release and perception of white

bread during oral processing by gas chromatography-ion mobility spectrometry and temporal dominance of sensations analysis[J]. Food Research International, 2019, 123: 612-622.
[25] Bonneau A, Boulanger R, Lebrun M, et al. Impact of fruit texture on the release and perception of aroma compounds during *in vivo* consumption using fresh and processed mango fruits[J]. Food Chemistry, 2018, 239: 806-815.
[26] Akiyama M, Murakami K, Ikeda M, et al. Analysis of freshly brewed espresso using a retronasal aroma simulator and influence of milk addition[J]. Food Science and Technology Research, 2009, 15(3): 233-244.
[27] Carpenter G. Role of Saliva in the Oral Processing of Food[M]. Chichester: Wiley-Blackwell, 2012.
[28] Ruth S M V, Roozen J P. Influence of mastication and saliva on aroma release in a model mouth system[J]. Food Chemistry, 2000, 71(3): 339-345.
[29] Haahr A M, Bardow A, Thomsen C E, et al. Release of peppermint flavour compounds from chewing gum: effect of oral functions[J]. Physiology & Behavior, 2004, 82(2-3): 531-540.
[30] Spielman A I. Interaction of saliva and taste[J]. Journal of Dental Research, 1990, 69(3): 838-843.
[31] Deborah R, Terry A. Simulation of retronasal aroma using a modified headspace technique: investigating the effects of saliva, temperature, shearing, and oil on flavor release[J]. Journal of Agricultural & Food Chemistry, 2002, 43(8): 2179-2186.
[32] Friel E N, Taylor A J. Effect of salivary components on volatile partitioning from solutions[J]. Journal of Agricultural & Food Chemistry, 2001, 49(8): 3898-3905.
[33] Genovese A, Piombino P, Gambuti A, et al. Simulation of retronasal aroma of white and red wine in a model mouth system. Investigating the influence of saliva on volatile compound concentrations[J]. Food Chemistry, 2009, 114(1): 100-107.
[34] Andrea B. Influence of human salivary enzymes on odorant concentration changes occurring *in vivo*. 1. esters and thiols[J]. Journal of Agricultural & Food Chemistry, 2002, 50(11): 3283-3289.
[35] Heinzerling C I, Stieger M, Bult J H F, et al. Individually modified saliva delivery changes the perceived intensity of saltiness and sourness[J]. Chemosensory Perception, 2011, 4(4): 145-153.
[36] Delwiche J, California U. Changes in secreted salivary sodium are sufficient to alter salt taste sensitivity: use of signal detection measures with continuous monitoring of the oral environment[J]. Physiology & Behavior, 1996, 59(4-5): 605-611.
[37] Scinska-Bienkowska A, Wrobel E, Turzynska D, et al. Glutamate concentration in whole saliva and taste responses to monosodium glutamate in humans[J]. Nutritional Neuroscience, 2006, 9(1-2): 25-31.
[38] Szczesniak A S. Consumer awareness of texture and of other food attributes, II [J]. Journal of Texture Studies, 2010, 2(2): 196-206.
[39] Luckett C R, Seo H S. Consumer attitudes toward texture and other food attributes[J]. Journal of Texture Studies, 2015, 46(1): 46-57.
[40] Szczesniak A S. Texture is a sensory property[J]. Food Quality & Preference, 2002, 4 (13): 215-225.

[41] Lucas P W, Prinz J F, Agrawal K R, et al. Food physics and oral physiology[J]. Food Quality & Preference, 2002, 13(4): 203-213.

[42] Chen J S. Food oral processing: some important underpinning principles of eating and sensory perception[J]. Food Structure, 2014, 1(2): 91-105.

[43] Mosca A C, Chen J. Food-saliva interactions: mechanisms and implications[J]. Trends in Food Science & Technology, 2017, 66: 125-134.

[44] Vingerhoeds M H, Silletti E, Groot J D, et al. Relating the effect of saliva-induced emulsion flocculation on rheological properties and retention on the tongue surface with sensory perception[J]. Food Hydrocolloids, 2009, 23(3): 773-785.

[45] Meullenet J F, Gross J. Instrumental single and double compression tests to predict sensory texture characteristics of foods[J]. Journal of Texture Studies, 1999, 30(2): 167-180.

[46] 蔡慧芳, 陈建设. “口腔”摩擦学在食品质构感官研究中的应用[J]. 食品安全质量检测学报, 2016, 5: 1969-1975.

[47] Godoi F C, Bhandari B R, Prakash S. Tribo-rheology and sensory analysis of a dairy semi-solid[J]. Food Hydrocolloids, 2017, 70: 240-250.

[48] Kamiya T, Toyama Y, Hanyu K, et al. Numerical visualisation of physical values during human swallowing using a three-dimensional swallowing simulator ‘Swallow Vision®’based on the moving particle simulation method: Part 1: quantification of velocity, shear rate and viscosity during swallowing[J]. Computer Methods in Biomechanics and Biomedical Engineering: Imaging & Visualization, 2019, 7(4): 382-388.

[49] Michiwaki Y, Kamiya T, Kikuchi T, et al. Modelling of swallowing organs and its validation using Swallow Vision®, a numerical swallowing simulator[J]. Computer Methods in Biomechanics and Biomedical Engineering: Imaging & Visualization, 2019, 7(4): 374-381.

[50] Delwiche J. The impact of perceptual interactions on perceived flavor[J]. Food Quality & Preference, 2004, 15(2): 137-146.

[51] Blumenthal H. The Big Fat Duck Cookbook[M]. London: Bloomsbury Trade, 2009.

[52] Zampini M, Spence C. The role of auditor cues in modulating the perceived crispness and staleness of potato chips[J]. Journal of Sensory Studies, 2005, 19(5): 347-363.

[53] Crisinel A S, Spence C. Implicit association between basic tastes and pitch[J]. Neuroscience Letters, 2009, 464(1): 39-42.

[54] Wang Q, Woods A T, Spence C. “What’s your taste in music?” a comparison of the effectiveness of various soundscapes in evoking specific tastes[J]. i-Perception, 2015, 6(6): 1-23.

[55] Wang Q J, Klemens K, Charles S. Music to make your mouth water? Assessing the potential influence of sour music on salivation[J]. Frontiers in Psychology, 2017, 8: 1-5.

[56] Carvalho F R, Qian W, Ee R V, et al. “Smooth operator”: music modulates the perceived creaminess, sweetness, and bitterness of chocolate[J]. Appetite, 2016, 108: 383-390.

[57] Christensen C M. Effects of solution viscosity on perceived saltiness and sweetness[J]. Perception & Psychophysics, 1980, 28(4): 347-353.

[58] Bult J H F, Wijk D R A, Hummel T. Investigations on multimodal sensory integration: texture, taste, and ortho-and retronasal olfactory stimuli in concert[J]. Neuroscience Letters, 2007,

411(1): 6-10.
[59] Cruz A, Green B G. Thermal stimulation of taste[J]. Nature, 2000, 403(6772): 889-892.
[60] Bajec M R, Pickering G J, Decourville N. Influence of stimulus temperature on orosensory perception and aariation with taste phenotype[J]. Chemosensory Perception, 2012, 5: 243-265.
[61] Koskinen S, Kälviäinen N, Tuorila H. Perception of chemosensory stimuli and related responses to flavored yogurts in the young and elderly[J]. Food Quality & Preference, 2003, 14(8): 623-635.
[62] Prescott J, Stevenson R J. Effects of oral chemical irritation on tastes and flavors in frequent and infrequent users of chili[J]. Physiology & Behavior, 1995, 58(6): 1117-1127.
[63] Miyazawa T, Matsuda T, Muranishi S, et al. Salty taste enhancers containing spinanthol, flavouring materials containing them, foods and beverages containing the flavouring materials, and taste-enhancing methods: Japan, JP 2006, 296, 357 [P], 2006.
[64] White T L, Thomas-Danguin T, Olofsson J K, et al. Thought for food: cognitive influences on chemosensory perceptions and preferences[J]. Food Quality and Preference, 2020, 79: 1-13.
[65] Barro's-Loscertales A, Julio G, Pulvermüller F, et al. Reading salt activates gustatory brain regions: FMRI evidence for semantic grounding in a novel sensory modality[J]. Cerebral Cortex, 2012, 22(11): 2554-2563.
[66] Yeomans M R, Chambers L, Blumenthal H, et al. The role of expectancy in sensory and hedonic evaluation: the case of smoked salmon ice-cream[J]. Food Quality & Preference, 2008, 19(6): 565-573.
[67] Knoeferle K M, Woods A, Käppler F, et al. That sounds sweet: using cross-modal correspondences to communicate gustatory attributes[J]. Psychology & Marketing, 2015, 32(1): 107-120.
[68] Velasco C, Woods A T, Deroy O, et al. Hedonic mediation of the crossmodal correspondence between taste and shape[J]. Food Quality & Preference, 2015, 41: 151-158.
[69] Canetti L, Bachar E, Berry E M. Food and emotion[J]. Behav Processes, 2002, 60(2): 157-164.
[70] Koster E P, Mojet J. From mood to food and from food to mood: a psychological perspective on the measurement of food-related emotions in consumer research[J]. Food Research International, 2015, 76: 180-191.
[71] Macht M, Meininger J, Roth J. The pleasures of Eatinge: a qualitativeanalysis[J]. Journal of Happiness Studies, 2005, 6(2): 137-160.
[72] Tuorila H, Meiselman H L, Bell R, et al. Role of sensory and cognitive information in the enhancement of certainty and linking for novel and familiar foods[J]. Appetite, 1994, 23(3): 231-246.
[73] Berridge K, Winkielman P. What is an unconscious emotion?(The case for unconscious\ “liking\”)[J]. Cognition & Emotion, 2003, 17(2): 181-211.
[74] Sander D. Models of Emotion: the Affective Neuroscience Approach[M]. NewYork: Cambridge University Press, 2013: 5-53.
[75] Rolls E. Reward systems in the brain and nutrition[J]. Annual Review of Nutrition, 2016, 36(1): 435-470.

[76] Markus C R, Panhuysen G, Tuiten A, et al. Does carbohydrate-rich, protein-poor food prevent a deterioration of mood and cognitive performance of stress-prone subjects when subjected to a stressful task?[J]. Appetite, 1998, 31(1): 49-65.

[77] Gibson E L, Green M W. Nutritional influences on cognitive function: mechanisms of susceptibility[J]. Nutrition Research Reviews, 2002, 15(1): 169-206.

[78] Haddock C K, Dill P L. The effects of food on mood and behavior: implications for the addictions model of obesity and eating disorders[J]. Drugs & Society, 2000, 15(1-2): 17-47.

[79] Rob M, Geert P, Adriaan T, et al. Effects of food on cortisol and mood in vulnerable subjects under controllable and uncontrollable stress[J]. Physiology & Behavior, 2000, 70(3-4): 333-342.

[80] Zhang J, Jin H, Zhang W, et al. Sour sensing from the tongue to the brain[J]. Cell, 2019, 179(2): 392-402.

[81] Macht M, Mueller J. Immediate effects of chocolate on experimentally induced mood states[J]. Appetite, 2007, 49(3): 667-674.

[82] Jaeger S R, Antúnez L, Ares G, et al. Quality perceptions regarding external appearance of apples: insights from experts and consumers in four countries[J]. Postharvest Biology & Technology, 2018, 146: 99-107.

[83] Manzocco L, Rumignani A, Lagazio C. Emotional response to fruit salads with different visual quality[J]. Food Quality & Preference, 2013, 28(1): 17-22.

[84] Spinelli S, Msai C, Zoboli G P, et al. Emotional responses to branded and unbranded foods[J]. Food Quality & Preference, 2015, 42: 1-11.

[85] Gutjar S, De G C, Kooijman V, et al. The role of emotions in food choice and liking[J]. Food Research International, 2015, 76: 216-223.

[86] Barrett L F, Mesquita B, Ochsner K N, et al. The experience of emotion[J]. Annual Review of Psychology, 2007, 58(1): 373-403.

[87] Delplanque S, Grandjean D, Chrea C, et al. Emotional processing of odors: evidence for a nonlinear relation between pleasantness and familiarity evaluations[J]. Chemical Senses, 2008, 33(5): 469-479.

[88] Porcherot C, Petit E, Giboreau A, et al. Measurement of self-reported affective feelings when an aperitif is consumed in an ecological setting[J]. Food Quality & Preference, 2015, 39: 277-284.

[89] Lang P. Behavioral treatment and bio-behavioral assessment: computer applications[J]. Technology in Mental Health Care Delivery Systems, 1980: 119-137.

[90] Russell J A. A circumplex model of affect[J]. Journal of Personality and Social Psychology, 1980, 39(6): 1161-1178.

[91] Jaeger S R, Roigard C M, Jin D, et al. A single-response emotion word questionnaire for measuring product-related emotional associations inspired by a circumplex model of core affect: method characterisation with an applied focus[J]. Food Quality and Preference, 2020, 83:103805.

[92] Nestrud M A, Meiselman H L, King S C, et al. Development of EsSense25, a shorter version of the EsSense Profile?[J]. Food Quality & Preference, 2016, 48: 107-117.

[93] King S C, Meiselman H L. Development of a method to measure consumer emotions associated

with foods[J]. Food Quality & Preference, 2010, 21(2): 168-177.
[94] Desmet P M A, Hekkert P, Jacobs J J. When a car makes you smile: development and application of an instrument to measure product emotions[J]. Advances in Consumer Research, 2000, 13(12): 2253-2274.
[95] Jiang Y, King J M, Prinyawiwatkul W. A review of measurement and relationships between food, eating behavior and emotion[J]. Trends in Food Science & Technology, 2014, 36(1): 15-28.
[96] Hu X, Lee J. Emotions elicited while drinking coffee: a cross-cultural comparison between Korean and Chinese consumers[J]. Food Quality & Preference, 2019, 76: 160-168.
[97] Jaeger S R, Vidal L, Kam K, et al. Can emoji be used as a direct method to measure emotional associations to food names?. Preliminary investigations with consumers in USA and China[J]. Food Quality & Preference, 2017, 56: 38-48.
[98] James W. The physical basis of emotion[J]. Psychological Review, 1994, 101(2): 205-210.
[99] Mauss I B, Robinson M D. Measures of emotion: a review[J]. Cognition & Emotion, 2009, 23(2): 209-237.
[100] Jang E H, Park B J, Park M S, et al. Analysis of physiological signals for recognition of boredom, pain, and surprise emotions[J]. Journal of Physiological Anthropology, 2015, 34(1): 25-36.
[101] Cacioppo J T, Bernston G G, Larsen J T, et al. The psychophysiology of emotion // Lewis M, Haviland-Jones J M. The Handbook of Emotion[M] . New York: Guildford Press, 2003.
[102] Cannon W B. Again the James-Lange and the thalamic theories of emotion[J]. Psychological Review, 1931, 38(4): 281-295.
[103] Ekman P, Davidson R J, Friesen W V. The duchenne smile: emotional expression and brain physiology: Ⅱ [J]. Journal of Personality and Social Psychology, 1990, 58(2): 342-353.
[104] LeDoux J E. Emotion circuits in the brain[J]. Annual Review of Neuroscience, 2000, 23(1): 155-184.
[105] Phan K L, Wager T, Taylor S F, et al. Functional neuroanatomy of emotion: a meta-analysis of emotion activation studies in PET and fMRI[J]. Neuroimage, 2002, 16(2): 331-348.
[106] Meiselman H L. Emotion Measurement[M]. New York: Woodhead Publishing, 2016.
[107] Jack R E, Garrod O G B, Yu H, et al. Facial expressions of emotion are not culturally universal[J]. Proceedings of the National Academy of Sciences, 2012, 19(109): 7241-7244.
[108] Park C, Looney D, Mandic D P. Estimating human response to taste using EEG[J]. Conference proceedings: annual International Conference of the IEEE Engineering in Medicine and Biology Society IEEE Engineering in Medicine and Biology Society Conference, 2011: 6331-6334.
[109] Murata A, Moser J S, Kitayama S. Culture shapes electrocortical responses during emotion suppression[J]. Social Cognitive & Affective Neuroscience, 2013, 8(5): 595-601.
[110] Piqueras-Fiszman B, Jaeger S R. The impact of evoked consumption contexts and appropriateness on emotion responses[J]. Food Quality & Preference, 2014, 32: 277-288.
[111] de Wijk R A, Kaneko D, Dijksterhuis G B, et al. Food perception and emotion measured over time in-lab and in-home[J]. Food Quality & Preference, 2019, 75: 170-178.

[112] Wiseman S A, Dtsch-Klerk M, Neufingerl N, et al. Future food: sustainable diets for healthy people and a healthy planet[J]. Nervenhlkunde, 2019, 12(1): 23-28.

[113] Springmann M, MasonD'Croz D, Robinson S, et al. Global and regional health effects of future food production under climate change: a modelling study[J]. The Lancet, 2016, 387: 1937-1946.

[114] Willett W, Rockström J, Loken B, et al. Food in the anthropocene: the EAT–*Lancet* Commission on healthy diets from sustainable food systems[J]. The Lancet Commissions, 2019, 393: 447-492.

[115] Cost A I,Jongen W M F. New insights into consnmer-led food product development[J]. Trends in Food Science & Technology, 2016, 17(8): 457-465.

[116] Naz S, Tarselli M A, Jensen M M, et al. Foods of the future[J]. Science, 2019, 366(6471): 1306-1307.

[117] Palazzo A B, Bolini H M A. Multiple time-intensity analysis: sweetness, bitterness, chocolate flavor and melting rate of chocolate with sucralose, rebaudioside and neotame[J]. Journal of Sensory Studies, 2014, 29(1): 21-32.

[118] Pareyt B, Talhaoui F, Kerckhofs G, et al. The role of sugar and fat in sugar-snap cookies: structural and textural properties[J]. Journal of Food Engineering, 2009, 90(3): 400-408.

[119] Hutchings S C, Low J Y Q, Keast R S J. Sugar reduction without compromising sensory perception. An impossible dream?[J]. Critical Reviews in Food Science & Nutrition, 2018: 1-21.

[120] Mace O J, Affleck J, Patel N, et al. Sweet taste receptors in rat small intestine stimulate glucose absorption through apical GLUT2[J]. Journal of Physiology, 2007, 582(1): 379-392.

[121] Alcaire F, Antúnez L, Vidal L, et al. Aroma-related cross-modal interactions for sugar reduction in milk desserts: influence on consumer perception[J]. Food Research International, 2017, 97: 45-50.

[122] Burseg K M M, Camacho S, Knoop J, et al. Sweet taste intensity is enhanced by temporal fluctuation of aroma and taste, and depends on phase shift[J]. Physiology & Behavior, 2010, 101(5): 726-730.

[123] Holm K, Wendin K, Hermansson A M. Sweetness and texture perceptions in structured gelatin gels with embedded sugar rich domains[J]. Food Hydrocolloids, 2009, 23(8): 2388-2393.

[124] Chollet M, Gille D, Schmid A, et al. Acceptance of sugar reduction in flavored yogurt[J]. Journal of Dairy Science, 2013, 96(9): 5501-5511.

[125] Pineli L D L D O, Aguiar L A D, Fiusa A, et al. Sensory impact of lowering sugar content in orange nectars to design healthier, low-sugar industrialized beverages[J]. Appetite, 2016, 96: 239-244.

[126] Oliveira D, Reis F, Deliza R, et al. Difference thresholds for added sugar in chocolate-flavoured milk: recommendations for gradual sugar reduction[J]. Food Research International, 2016, 89: 448-453.

[127] Chen J S, Lu Z H. Eating disorders of elderly: challenges and opportunities of food industry[J]. Food Science, 2015, 36(21): 310-315.

[128] 韩维嘉, 孙建琴, 谢华, 等. 老年吞咽障碍者营养与生活质量的现状[J]. 中国老年学, 2014, 34(12): 3438-3440.

[129] Laguna L, Chen J S. The eating capability: constituents and assessments[J]. Food Quality & Preference, 2016, 48: 345-358.

[130] 陈建设. 特殊食品质构标准的口腔生理学和食品物理学依据[J]. 中国食品学报, 2018, 18(3): 1-7.

[131] Park H S, Kim D K, Lee S Y, et al. The effect of aging on mastication and swallowing parameters according to the hardness change of solid food[J]. Journal of Texture Studies, 2017, 48(5): 362-369.

[132] Lesmes U, McClements D J. Structure-function relationships to guide rational design and fabrication of particulate food delivery systems[J]. Trends in Food Science & Technology, 2009, 20(10): 448-457.

[133] Katsanos C S, Kobayashi H, Sheffield-Moore M, et al. A high proportion of leucine is required for optimal stimulation of the rate of muscle protein synthesis by essential amino acids in the elderly[J]. American Journal of Physiology-Endocrinology and Metabolism, 2006, 291(2): E381-E387.

[134] Aguilera J M, Park D J. Texture-modified foods for the elderly: status, technology and opportunities[J]. Trends in Food Science & Technology, 2016, 57: 156-164.

[135] Mosca A C, Torres A P, Slob E, et al. Small food texture modifications can be used to change oral processing behaviour and to control ad libitum food intake[J]. Appetite, 2019, 142: 1-8.

[136] Forde C G. From perception to ingestion; the role of sensory properties in energy selection, eating behaviour and food intake[J]. Food Quality and Preference, 2018, 66: 171-177.

[137] Aguayo-Mendoza M G, Ketel E C, Erik V D L, et al. Oral processing behavior of drinkable, spoonable and chewable foods is primarily determined by rheological and mechanical food properties[J]. Food Quality & Preference, 2019, 71: 87-95.

[138] Forde C G, van Kuijk N, Thaler T, et al. Oral processing characteristics of solid savoury meal components, and relationship with food composition, sensory attributes and expected satiation[J]. Appetite, 2013, 60: 208-219.

[139] Forde C G, Leong C, Chia-Ming E, et al. Fast or slow-foods? Describing natural variations in oral processing characteristics across a wide range of Asian foods[J]. Food & Function, 2017, 8(2): 595-606.

[140] Lasschuijt M, Mars M, Stieger M, et al. Comparison of oro-sensory exposure duration and intensity manipulations on satiation[J]. Physiology & Behavior, 2017, 176: 76-83.

[141] McCrickerd K, Lim C M, Leong C, et al. Texture-based differences in eating rate reduce the impact of increased energy density and large portions on meal size in adults[J]. Journal of Nutrition, 2017, 147(6): 1208-1217.

[142] Zijlstra N, Mars M, de Wijk R A, et al. The effect of viscosity on ad libitum food intake and satiety hormones[J]. Appetite, 2007, 49(1): 272-341.

[143] Hasek L Y, Phillips R J, Zhang G, et al. Dietary slowly digestible starch triggers the gut-brain axis in obese rats with accompanied reduced food intake[J]. Molecular Nutrition & Food

Research, 2017, 62(5):1700117.

[144] DeFoliart G R. The human use of insects as food and as animal feed[J]. Bulletin of the Entomological Society of America, 1989, 35(1): 22-36.

[145] Alley T R. Conceptualization and measurement of human food neophobia // Reilly S. Food Neophobia: Behavioral and Biological Influences[M].Cambridge: Woodhead Publishing, 2018.

[146] Looy H, Dunkel F V, Wood J R. How then shall we eat? Insect-eating attitudes and sustainable foodways[J]. Agriculture & Human Values, 2014, 31(1): 131-141.

[147] Piha S, Pohjanheimo T, Lähteenmäki-Uutela A, et al. The effects of consumer knowledge on the willingness to buy insect food: an exploratory cross-regional study in Northern and Central Europe[J]. Food Quality & Preference, 2016, 70: 1-10.

[148] Verbeke W. Profiling consumers who are ready to adopt insects as a meat substitute in a Western society[J]. Food Quality & Preference, 2015, 39: 147-155.

[149] Megido R C, Gierts C, Blecker C, et al. Consumer acceptance of insect-based alternative meat products in Western countries[J]. Food Quality & Preference, 2016, 52: 237-243.

[150] Sogari G, Menozzi D, Mora C. The food neophobia scale and young adults' intention to eat insect products[J]. International Journal of Consumer Studies, 2019, 43(1): 68-76.

[151] Haber M, Mishyna M, Martinez J J I, et al. Edible larvae and pupae of honey bee (*Apis mellifera*): odor and nutritional characterization as a function of diet[J]. Food Chemistry, 2019, 292: 197-203.

[152] Schouteten J J, de Steur H, de Pelsmaeker S, et al. Emotional and sensory profiling of insect-, plant- and meat-based burgers under blind, expected and informed conditions[J]. Food Quality & Preference, 2016, 52: 27-31.

[153] Mishyna M, Chen J S, Benjamin O. Sensory attributes of edible insects and insect-based foods-future outlooks for enhancing consumer appeal[J]. Trends in Food Science & Technology, 2020, 95: 141-148.

第5章　食品精准营养

引言

随着人类社会的发展与科学技术的进步，工业社会进入全球化发展的新阶段，世界各国也开始高度关注营养健康。人类基因组计划和人类微生物组计划的实施，有助于揭示人类疾病与健康的关键问题，在健康评估与监测、个体化用药，以及慢性病的早期诊断与治疗等方面取得突破性进展。

2015年1月底，美国总统奥巴马在国情咨文演讲中提出启动"精准医疗"计划，即根据每位患者的个人特征制订个性化治疗方案，个性特征包括他们的基因组、微生物组、健康史、生活方式以及膳食。世界各国也开始提出自己国家的精准医疗计划，我国政府将精准医疗列为"十三五"健康保障发展问题研究的重大专项之一，通过系统性地开展相关研究来向临床实践提供精准医疗的科学依据。国务院发布的《"健康中国"2030规划纲要》也指出，要重点提高全民健康素养，重点引导合理膳食，通过深入开展食物营养功能评价研究，全面普及膳食营养知识，发布适合不同人群特点的膳食指南，引导居民形成科学的膳食习惯。

5.1　食品精准营养概述

我国于1989年首次发布了《中国居民膳食指南》，之后分别在1997年和2007年进行了修订。目前最新版的是《中国居民膳食指南（2016）》，由中国营养学会根据我国居民膳食习惯、不同年龄和性别人群的生理需求状况，并结合营养学研究进展制定和完善，包括一般人群膳食指南、特定人群膳食指南和中国居民平衡膳食实践三个部分，并推出中国居民膳食宝塔（2016）、中国居民平衡膳食餐盘（2016）和儿童平衡膳食算盘等三个可视化图形，指导大众日常实践。另外，基于人群调查和研究数据，中国营养学会还制定了《中国居民膳食营养素参考摄入量》，以满足人群预防已知营养缺乏病的相关需求[1]。

随着居民健康意识和消费需求的不断升级，以往"平均化"的营养解决方案已经不能满足人们的需求。目前，我国的营养问题主要有肥胖、微量营养素缺乏、营养慢性病（如心脑血管疾病、糖尿病等）。针对营养失衡问题，传统办法是缺什么补什么、多什么减什么，然而随着营养学研究的不断深入，发现由于个体间年龄、性别、身体状态、病史、生活习惯和生活环境等方面存在差异，个体在营养吸收和代谢方面也各不相同，从而使得营养素的需求和干预效果也存在显著的个体差异性。"一刀切" 式的营养解决方案已经不再适合当前社会发展、居民健康的需求，需要根据个性化需求制定营养健康解决方案。

5.1.1　食品精准营养的概念

营养是医学的重要分支，是健康的重要保障。营养失衡是多种代谢性疾病的重要诱因，进行营养干预可以控制疾病的发生和发展。伴随着精准医疗计划的实施，精准营养也应运而生[2]，通过对个体特征进行精准分析，制定更加客观合理的营养干预策略，从而对相关代谢性疾病进行预防和管理[3]。

精准营养（precision nutrition），也称个性化营养干预，是精准医疗在营养界的延伸，即在综合考虑个体遗传特征、肠道微生态、代谢特征、生活习惯以及生理状态等因素的基础上，给予安全高效的营养干预，从而实现有效预防和控制疾病的目的[4,5]。精准营养的概念，从科学研究到实际应用，主要有三个层次。

第一层次：饮食及生活习惯的分析与干预，主要是指食物成分调查和包括运动在内的生活习惯调查。食物成分检测分析、图像识别、语音识别、可穿戴设备等技术和设备的研发，有助于健康管理公司对信息的收集与分析，从而指导做出个性化的健康餐谱。

第二层次：表观型分析与干预，主要是指在医院中常见的血液、粪便、尿液等检测指标的数据，作为营养干预前期个体营养健康状况以及评价营养干预效果的依据。该层次分析需要建立针对中国人自己的健康指标数据库，根据中国人自己的饮食生活习惯和遗传特征来制定，通过开展细致缜密的技术性工作来制定推荐量和标准。

第三层次：基因型分析与干预，既包括人体的基因分析，又包括人体的微生物组学分析。微生物组学分析主要是肠道微生物组学，还有皮肤微生物组学。越来越多的科学研究发现，大多数疾病与人体中的微生物菌群失调有关，也有一些与疾病相关的关键菌群的报道。随着高通量的二代和三代测序技术的发展与进步，基因的检测成本显著降低，基因检测从科研级别逐步转化到商业应用级别，未来可以实现通过针对性地进行基因检测来对疾病的发生进行预测与监控。

精准营养的三个层次并非孤立，相互之间互相影响。就个体而言，每个人对食物的需求存在差异，同一个人在不同年龄段需要干预的侧重和效果也存在差异，即使是在一天的 24h 之内，我们的营养需求也不同，人体的一些表观型指标、微生物组成也处于动态变化之中。随着年龄增长和环境变化，疾病也在发生发展，个体营养健康处于一个动态的平衡。

因此，精准营养的概念就是通过一个系统性的研发，从科研和应用角度进行量化，通过进行干预、评估，实现闭环式健康管理，为个体提供精准服务。精准营养的总体原则就是针对正确的人，在正确时间给予精准的个性化干预。

5.1.2 食品精准营养的内容

精准营养是为普通人群或亚健康人群乃至慢性疾病等特殊人群量身设计的最佳营养健康解决方案，是精准到从调节基因到机体的个性化营养干预的理论及方法[6]，旨在进行安全、高效的个体化营养干预，以实现维持机体健康、有效预防和控制疾病发生发展的目的。研究发现，多种慢性代谢性疾病、遗传性疾病是由营养代谢失衡引起的，进行相应的营养干预可以有效预防和控制疾病发生、减缓疾病发展[7]、改善疾病临床治疗效果[8]，然而营养需求和营养干预效果因人而异，需要制定个性化的营养干预方案。

因此，精准营养的研究内容主要包括以下几个方面[4-6]。

（1）研究个体遗传特征、肠道微生态、饮食、生活方式与个体疾病状态、临床指标之间的关联性，构建大数据库。

（2）基于大数据库分析，设计不同营养干预策略，研究干预方案对个体生理状态的影响，包括干预方式、强度、频率等，评估干预方案的安全性、有效性。

（3）建立系统化的干预-效应反应的评估体系，实现针对个体营养状态的最优化选择、判别和干预。

5.1.3 食品精准营养的前景

个体化营养的概念早在多年前就已经被提出，但由于科学研究手段、技术水平和理论研究成果缺乏的限制，个体化营养并未实现广泛应用。近年来，伴随着科学技术的进步、生物信息学的快速发展和大数据时代的到来，基因组学、营养组学、蛋白质组学、代谢组学和微生物组学的多组学联合应用技术已经成熟，基于个性化特征的精准营养干预逐渐形成并得到广泛关注[9-11]。

近年来，肠道菌群一直是生命科学领域的研究热点，肠道菌群与人体心脑血管疾病、肠道疾病的关系不断被揭示，一些菌群疗法也被用于相关疾病的治疗当中。多学科交叉、多组学联合应用、大数据分析技术以及肠道菌群研究的新发现，为精准营养打下了坚实的基础。

我国营养健康事业将经历大众干预、特殊人群干预和个性化全生命周期精准营养三个阶段，而目前正处在大众干预阶段[12]。尽管仍处于初级阶段，但精准营养是一个朝阳产业，必将成为营养科学和疾病预防科学的重要发展方向。

5.2　食品精准营养的实现途径

根据国际营养遗传学与营养基因组学学会（ISNN）的观点，精准营养的未来可分为三个层面（图 5.1）：①分层营养，将传统营养指南按年龄、性别和其他社会决定因素细分为人群亚组；②个性化营养，进行深入细化的表型分析；③遗传定向营养，基于罕见的遗传变异，具有高的外显率和影响个人对特定食物的反应[13]。

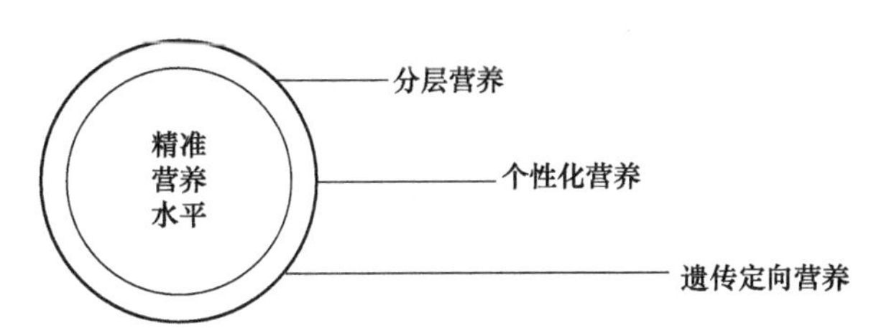

图 5.1　国际营养遗传学与营养基因组学学会规定的精准营养的三个水平[13]

精准营养的最终目标是设计专门的营养建议，以治疗或预防代谢紊乱。更具体地说，精准营养致力于在一个人一生的内外部环境中，根据变化、相互作用的参数，制定更全面和动态的营养建议。在设计个性化饮食时，需要充分预测个人对营养摄入的反应，除遗传因素之外，还要充分考虑饮食习惯、饮食行为、体育活动、营养基因组学、代谢组学、肠道微生物组学等重要因素（图 5.2）[14]。

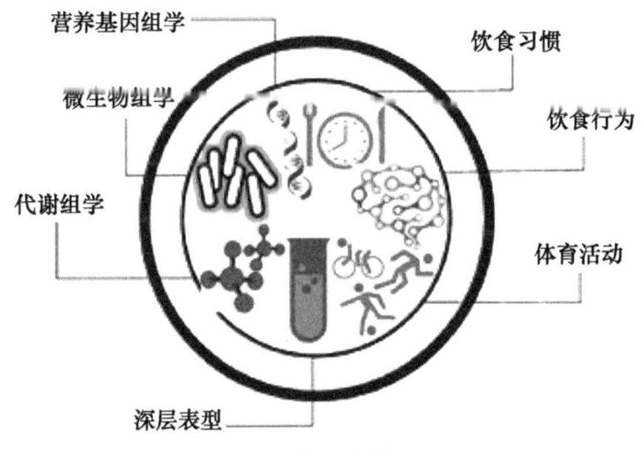

图 5.2　精准营养板[14]

5.2.1　饮食习惯和饮食行为

营养干预的主要目标是评估饮食行为与体内代谢结果之间的关联性，并依此得出特定人群亚组营养建议的临床相关性的结论。然而，传统的营养干预研究往往缺乏检测饮食对代谢参数细微影响的能力，这可能与这种影响持续时间短或参与人数较少有关[15]，缺乏统计能力可能会导致一些额外的问题被放大，其中个体间差异性和有限依从性评估是低估饮食影响的潜在决定因素[16]，精准监测食物和能量摄入的能力仍然是精准营养研究中的一个重要挑战。

1. 饮食数据采集

在特定干预的依从性评估研究中，通常采用主观和基于记忆的饮食评估方法（M-BM），该方法主要包括食物频率（FFQ）问卷、24h 饮食回忆、饮食记录和饮食史。然而，除自我报告数据中固有的回忆偏差外，高成本、回忆、记录的耗时也可能会由于重复测量而引起参与者饮食的无意变化，最终导致营养干预的研究结果出现偏差。因此，客观、全面的饮食数据采集是准确解释饮食诱导代谢结果的关键[17]。

饮食数据采集可以参考两种新型的饮食依从性方法：地中海饮食依从性（MEDAS）筛选仪[18,19]和地中海生活方式（MEDLIFE）指数[20]。MEDAS 采用一个简单的 14 点仪器收集饮食信息，取代了经典耗时的饮食频率问卷调查，可以对地中海饮食依从性进行更有力的评估并用于临床实践。MEDAS 评分从 0 分（最差依从性）到 14 分（最佳依从性），评分也考虑特定地中海食品的消费频率（包括坚果、含糖饮料等），目前 MEDAS 已完成一项预防营养干预试验的验证。除食物消费频率和地中海饮食习惯外，MEDLIFE 还将体育运动和社会互动纳入经典食品消费评估中[20]。其中，体育运动包括每周超过 150min 或每天 30min 慢跑、快走、跳舞或做有氧运动，社会互动包括坐着、看电视或在电脑前、睡觉或与朋友社交的信息。MEDLIFE 指数是首个测量地中海生活方式中食物消费以外的其他变量的指数，有助于完善代谢疾病与饮食、生活方式之间的关联测试。

2. 轨迹分析

饮食数据采集后，采用更复杂的统计方法进行数据分析，有助于监测患者对营养干预的依从性，揭示饮食干预与代谢改善之前的关联。Sevilla-Villanueva 等[21]指出可以采用轨迹分析使研究人员观察参与者在营养干预过程中的演变。轨迹分析基于人工智能的方法，综合考虑了基线区块和习惯区块。基线区块主要指健康状况，包括生物特征测量、烟草和药物消费、社会人口特征、疾病和生物标志物，习惯区块主要指饮食习惯和体育活动。通过观察饮食指标的变化，并根据初始状态和干预措施，创建一个轨迹图。通过饮食轨迹分析，研究人员可以区分参与者，而不仅仅是指定的干预组，可以更准确地描述干预的影响[22]。然而，算法再好，其应用也会受到不充分的自我报告的能量摄入估计的影响，报告中的能量摄入一直是营养研究的主要关注点[23]。Nybacka 等采用快速食物频率问卷（minimeal-Q）

和 4 天基于网络的食物记录工具（riksmaten）对参与者报告的能量摄入与双标记水技术测量的总能量消耗进行对比试验，发现 minimeal-Q 和 riskmaten 方法的报告准确率分别为 80%和 82%[23]。

3. 远程食物摄影法

针对饮食自我报告中存在不充分的问题，研究人员积极开展准确评估食物和能量摄入的替代技术，以便更准确地衡量食品消费，一种基于食物图像的远程食物摄影法已被验证适于测量能量和营养摄入[24, 25]。该方法需要参与者用摄像头捕捉餐前餐盘食物和餐后餐盘食物的图像，并发送至服务器，对能量和营养素的摄入量进行估计[24]（图 5.3）。与经典的食物频率问卷相比，远程食物摄影法能更好地检测个体依从性，更加简单、可靠，但需要对食物的原料组成和食物质量进行准确的估计。

(a)

(b)

图 5.3　餐前餐盘食物（a）与餐后餐盘食物（b）的图像[24]

4. 自动摄食监测仪

除食物摄入总量外，还要记录食物摄入的频率、进食时间、零食习惯等，因此，还需要对饮食行为进行量化。随着人工智能技术的发展与进步，市场上出现了很多智能型的穿戴设备和自动监测仪。Dong 等利用一个基于手腕运动的可穿戴设备和一个微型机电陀螺仪来监测和记录食物的摄入量[26]。Mattfeld 等开发的通用饮食监测仪，可以监测受试者的进食行为，包括进食频率、分量大小、食物与饮料的比例等，并准确地量化受试者随时间消耗的食物量[27]；Fontana 等开发了自动摄食监测仪，这是一种可穿戴的设备，使用了下颌运动、手势和加速度计等 3 个传感器，用来记录食物摄取行为，包括零食、夜间进食等，从而获得可靠的进食行为测量[28]（图 5.4）。以上这几个例子可以很好地解释饮食行为中的个体差异，这些技术、设备的应用，可以收集到准确和有效的临床观察结果，对于优化膳食监测、评估营养干预的依从性，具有重要的推进作用，而这些设备也将会成为精准营养的潜在有用设备。

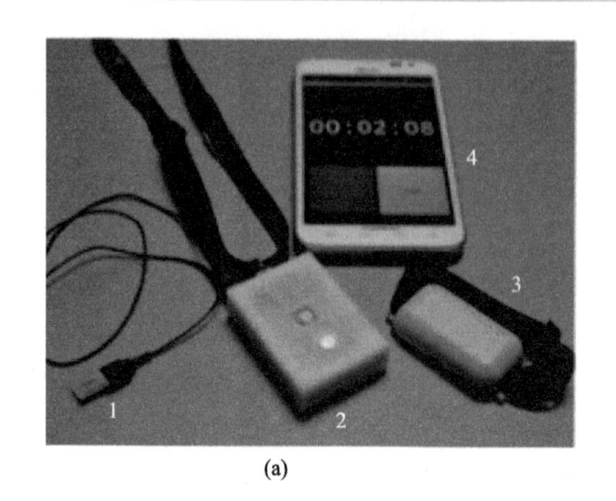

(a)

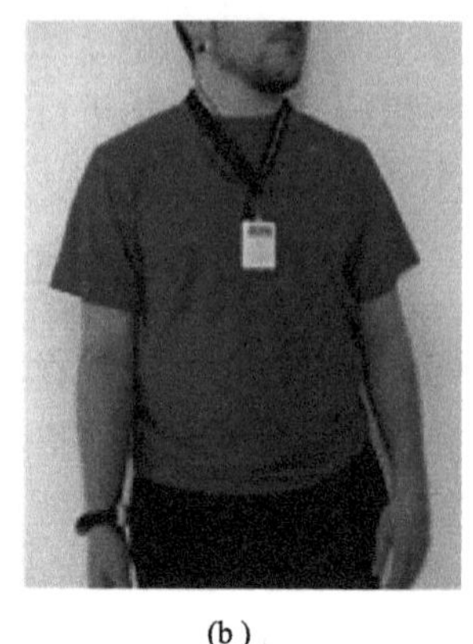

(b)

图 5.4 自动摄食监测仪（a）和穿戴人员（b）[28]

1：下颌运动传感器；2：无线模块；3：射频发射器；4：智能手机

5. 昼夜遗传变异性

饮食行为与昼夜节律系统之间还会发生相互作用，与昼夜基因的遗传变异有关。一项研究用餐时间、遗传和体重减轻之间相互作用的临床试验发现，携带PLIN1 变异基因的人群，晚午餐饮食组（15:00 后）比早午餐饮食组（15:00 前）表现出较低的体重减轻[29]。零食行为也与遗传因素有关，携带 PER2 变种基因的人群会表现出极度的零食欲望、饮食引起的压力和无聊情绪[30]。最近也有研究表明，与生物钟相关的基因与食物行为也具有相关性，长期食用低脂饮食可以改善CLOCK 基因携带者的冠心病患者的心脏代谢指标[31]，携带 CRY1 昼夜节律变异基因的人群与碳水化合物的摄取相互作用产生胰岛素抵抗[32]。因此，研究食物成分如何与生物钟相互作用，用餐时间如何影响代谢过程，对于实现精准营养具有十分重要的意义，对一些具有肥胖相关的代谢紊乱症状的患者制定营养干预策略时，需要考虑昼夜遗传变异性。

5.2.2 精准的体育活动

除饮食外，体育活动也是生活的重要组成部分，其对机体的新陈代谢与生理过程具有重要的影响，体育活动是实现精准营养的一个关键要素。随着社会的发展与进步，人们的生活方式也发生了较大的变化。目前学术界已经形成普遍的共识，久坐的生活方式是导致心脑血管代谢疾病流行的主要因素之一。因此，在对这些心脑血管疾病患者进行营养干预时，也要考虑运动问题，将体育活动的监测作为一个中心因素。正如 Betts 和 Gonzalez 所说，不仅要根据个人当前正在做的事情，也要根据他们应该做的事情来制定个性化最佳饮食方案[33]。Bouchard 等发现，对心血管疾病和 2 型糖尿病的风险因素进行体育活动干预，有益效果存在个体差异性，甚至一些患者还会产生副作用，包括血压升高、空腹血浆胰岛素和血浆甘油三酯水平升高[34]等。de Lannoy 等研究了运动强度和运动频率对久坐、中年腹部肥胖的成人的胰岛素和葡萄糖指标的影响以分析个体间变异性，发现 80% 的参与者没有改善葡萄糖和胰岛素水平，但是还需要测定其他的生理代谢指标，以便对运动产生的代谢效果进行更加全面的评估[35]。这些研究表明，在评估营养方案的干预效果的个体间差异时，要充分考虑受试者内的差异，排除干扰因素以获得真实的个体间差异，并评估其临床相关性[36]。

前期研究发现，运动在与肥胖和相关代谢紊乱的基因关联中能发挥潜在的作用。两个前瞻性队列研究中发现，久坐不动的行为会加重体重指数（body mass index，BMI）增加的遗传倾向（genetic predisposition，GPS），遗传倾向的增加与较高的体重指数具有显著的相关性[37]。FTO 基因是第一个被报道也是相关性最强的肥胖基因[38,39]，最近的一项研究表明运动减弱了 FTO 基因对肥胖的影响，同样携带 FTO 等位基因的不运动个体，体重指数显著增加了 76%[40]。Li 等也比较了爱运动和久坐不动的参与者的体重指数，发现较高的运动水平可以减轻肥胖患者的遗传倾向，久坐组高风险组和低风险组的体重指数差异显著高于运动组[41]。然而，当前的研究还不足以支撑确立增加体育运动和降低肥胖遗传风险之间的因果关系，也还不能用于临床实践[42]。

在人群试验中，运动数据通常是采用自我报告的问卷来估计的，而不是经过客观测量得到，自我报告的运动数据是否充分、完整，将会对评估结果产生重要的影响。因此，用直接和客观的运动测量来重复这些发现变得至关重要。Moon 等和 Celis-Morales 等采用加速度计来客观测量运动水平，发现客观测量的运动水平较高，体重指数相关的 GPS[43]和 FTO 对肥胖易感性的影响[44]都减弱了。这些发现强调了对运动进行可靠评估的重要性，需要对运动进行精准的测量，以便能更准确地解释其对饮食和健康结果之间关系的潜在调节作用。

到目前为止，运动传感器（如加速度计）被视为获得精准运动测量的黄金标准[45]，其在生物医学研究中的应用也日益增多。通过对在自由生活条件下使用加速度计测量运动的系统回顾发现，目前最常用的是三轴加速度计。在与健康和疾病相关的研究中，运动纵向评估最常用的模型是 Actigraph GT3x[46]和 Tracmord[47]。然而，对于大规模的前瞻性流行病学研究，这些方法有一些局限性。包括成本高、需要经过专业培训等[48]，研究人员应设法克服这些局限性，以便能高效、低成本地进行精准营养干预。Thompson 等[49]最近新提出了从多个维度来表示运动，包括职业运动、静坐休息和休闲活动等因素。没有任何一项指标能够充分反映一个人的身体活动，因为生物学上的多个维度是相互独立且无关的。因此，需要利用体育活动的这种多维特征，提供更全面的运动图像，减少与只基于运动本身的单一维度方法相关的偏差，以改善个性化反馈。连同对饮食习惯、饮食行为、遗传学和肠道微生物群因素的准确了解，以及精准的代谢表型、精准的能量消耗测量（包括休息能量消耗、食物的热效应和与活动相关的体育活动），实施精准营养时都需要考虑这些方面（图 5.5）。

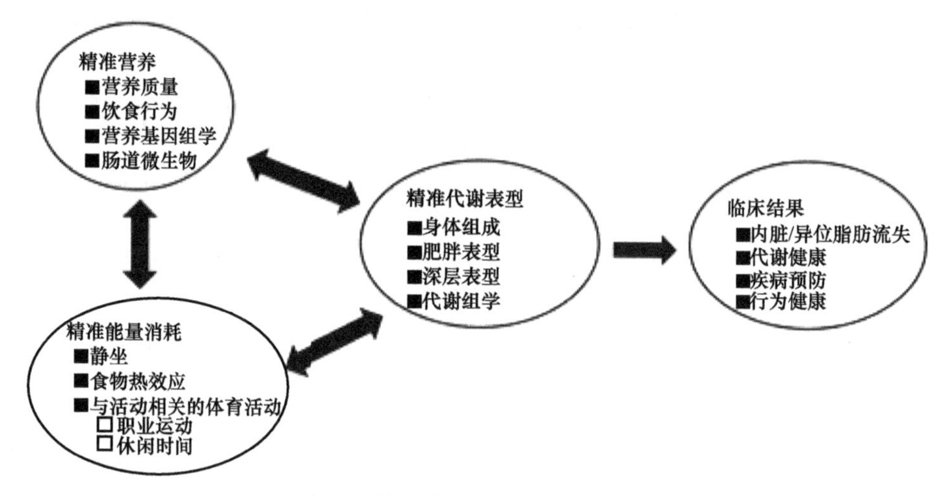

图 5.5 精准营养特征及其相互关系

5.2.3 深层表型

除饮食习惯、饮食行为和体育活动外，还需要对个体的病理状态进行精准的测量，进行深层表型分析来完善表型描述（图 5.6）。通过研究个体间的差异性并监测个体表型随时间的变化情况，从而建立起表型与营养干预策略间的可靠关联。因此，需要对个体的疾病进行更加准确和明确的分层。

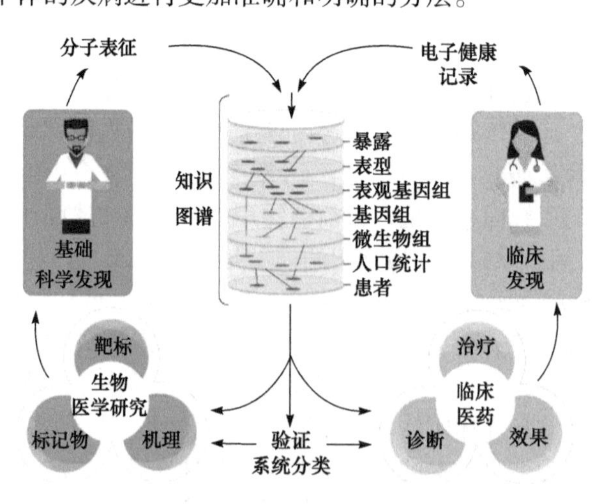

图 5.6 深层表型

系统生物学通过导出和整合生物学信息来描绘相关网络及其动态特性，提供了一种整体方法来解读生理或疾病。它利用“深层表型”来解读人类健康的复杂性，从而使药物具有预测性、预防性、个性化和参与性。这种方法通过纵向汇总个人的高通量信息来定义，包括数字健康数据，临床实验室测试，基于基因组、蛋白质组、代谢组、微生物组和外泌体的组学数据，以及用于生物网络查询的数学和统计模型。这些数据的整合能够确定可改善个人健康的可行方法：采用个性化诊断以识别从健康到疾病的最早转变，以及在疾病显现之前采取可以逆转病理生理变化的预防措施。这种策略包括对个人进行深入的表型分析，并结合数据采取行动来改善健康状况，避免或减轻疾病轨迹，被称为“科学健康”[50]。怀孕适合用于深层表型研究，主要表现在三个方面：①怀孕对终身健康至关重要；②怀孕的复杂性和风险激发了科学的保健方法；③怀孕是拟定未来预测和预防医学原型的合适时期。对怀孕期间正常的动态变化进行全面测绘，将成为与疾病轨迹进行比较的基准（图 5.7），深度表型分析不仅可以生成高分辨率的妊娠生物学影像，还提供了机会来识别最早的从健康到疾病的转变，这种转变可能在 9 个月的任何时间发生，从而发展出预测和预防并发症的手段。图 5.7 还显示了如何使用系统生物学方法来定义人类早期发育的关键表型，深层表型分析可用于促进终身健康和保健，并预防 2 型糖尿病和代谢综合征等疾病[51]。

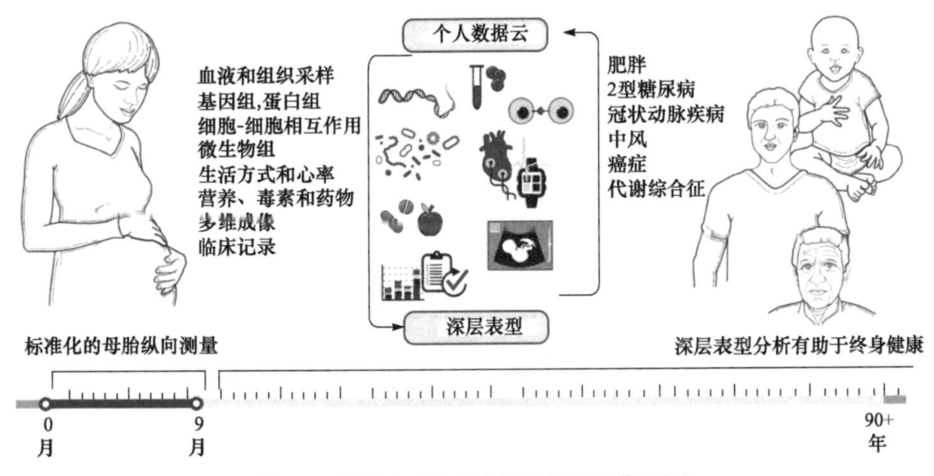

图 5.7　深层表型分析在怀孕期间的作用[51]

复杂疾病意味着表型也会非常复杂，如肥胖、心脑血管疾病和 2 型糖尿病等代谢紊乱相关的疾病，通常伴随着多样的症状。通过开发新的工具或者方法，在疾病的病因、严重程度、发病机制等方面，对不同的疾病表型进行分层和区分，是精准营养领域的一个巨大挑战。虽然肥胖会增加心脑血管和 2 型糖尿病等代谢疾病的发生风险，但是也有相当一部分体重过重的人的代谢指标比预想的要健康很多[52]，因此，体重指数不能真实反映个体的健康状况。另外，体重指数正常的人如果内脏或者肝脏中脂肪含量过高，也可能会具有代谢功能障碍的症状，因为过量的内脏脂肪组织积累和脂肪组织功能障碍与肥胖相关代谢并发症的发生密切相关[53]。一项由 21787 名明显健康的人参与的 10 年随访研究发现，高腰围（WC）和高血浆总甘油三酯（TG）水平与冠状动脉疾病的高风险显著相关。因此，腰围和血浆中总甘油三酯水平可以作为内脏脂肪积累和功能紊乱的廉价标志物，也可以作为心脑血管疾病和 2 型糖尿病发病风险的潜在预测因素[54]。

与皮下脂肪组织相比，内脏脂肪组织积累对代谢健康更为有害，评估内脏脂肪组织积累是对肥胖患者分层时的一个重要挑战。另外，内脏脂肪组织不易获取，通常需要通过活检得到，因此，可以在血液中寻找一些生物标记物，结合传统的临床结果（如腰围、体重指数和血浆总甘油三酯），以便能更好地描述肥胖。研究发现，表观遗传因素（如 DNA 甲基化标记）可以在减肥手术后区分内脏脂肪组织和皮下脂肪组织[55]。Guénard 等证明血液白细胞中一组差异甲基化的胞嘧啶磷酸鸟嘌呤（CpG）位点能够成功地鉴别男性有或无代谢综合征[56]，而这个位点在内脏脂肪组织和血液白细胞中比较常见。因此，血液白细胞的甲基化水平可能是内脏脂肪组织 DNA 甲基化很好的标志物[57]，可以用作识别高风险的个体，从而评估营养干预对内脏脂肪组织积累相关的代谢健康的影响。针对肥胖个体代谢并发症的表观遗传变异预测，可以用于肥胖个体的精准营养干预。

深层表型是对表型的精准和全面分析，尤其是针对表型的个体差异性、时间依赖性和异常表现，可以对疾病进行更好的分层[58,59]。从传统意义上来讲，血压、血脂水平和体重指数，是心脑血管疾病和 2 型糖尿病的危险因素，但是在一些特定的健康状况下并没有足够的代表性。在某些情况下，需要对一些代谢参数进行彻底、个性化和精准的评估，如对糖尿病患者进行连续的血糖监测。Schram 等开展了一个长期的追踪研究，定期对 10000 名 2 型糖尿病患者的队列进行调查，了解了传统的危险因素、病因和相关代谢紊乱之间的关系[60]。在这项研究中，研究人员通过测定全血 DNA 和 RNA、晨尿收集、空腹和口服葡萄糖耐受的血清样品等进行详尽的风险因子分析，采用甲襞毛细管显微镜、血管和心脏超声等进行先进的微血管成像分析，测量运动和静坐时间，以及分析心理社会因素，进行深层次的表型分析。既采用了传统的自我报告数据（体育运动、饮食行为），又结合了先进和客观的测量分析，这是精准营养研究方面的一个巨大进步。Zeevi 等在预测血糖反应和个性化营养的工作中也采用了类似的策略，通过结合传统和深入的测量，包括食物频率问卷、饮食日记、血液测试和微生物组学分析，以及预测血糖对一顿饭的反应，分配特定的饮食，从而成功降低餐后血糖[61]。

近年来，肠道菌群成为心脑血管干预的热门靶点。氧化三甲胺（TMAO）是一种源自肠道菌群的代谢产物，作为动脉粥样硬化病中的新型生物标志物和潜在治疗靶标引起了广泛关注。然而，关于其与动脉粥样硬化和血栓形成的关联的报道相互矛盾，有的甚至显示出相反的关联。然而，在正确的背景下，TMAO似乎是亚临床动脉粥样硬化的极佳生物标志物，可以识别出那些有短期和长期心肌梗死风险的人。Koay等[62]探究了TMAO在肠道内的生成，以及其与小鼠和人群患者动脉粥样硬化相关症状的关系，发现在小鼠和人类中，血浆TMAO与动脉粥样硬化程度没有直接关联。但是，在斑块不稳定性的小鼠模型中，血浆TMAO水平与动脉粥样硬化斑块不稳定性（如炎症、血小板活化和斑块内出血）具有关联性，证实TMAO是心血管风险的标志物。饮食与微生物组之间的不同相互作用，有助于解释TMAO与动脉粥样硬化血栓形成之间的明显矛盾。因此，TMAO具有作为心血管疾病风险的标记物的潜力。

由此可见，深层表型在精准营养中具有很大的优势，不仅可以提供更详细的病理学图片，从而有助于更好的临床决策，也通过病理学机制的深入研究，提高干预结果的有效性。同时，深层表型也具有局限性，如成本高、临床测量密集、需要由训练有素的专业人员进行准确的评估，但深层表型是疾病最佳分层的必要工具，有助于实现个性化饮食的精准营养[63]。

5.2.4　代谢组学

代谢组学是对生物体内所有代谢物进行定量分析，并寻找代谢物与生理病理变化的相对关系的研究方式，是系统生物学的重要组成部分，目前已经应用到疾病诊断、医药开发、食品营养学、毒理学等与人类健康密切相关的领域。在食品营养学中，人们正在研究营养物质如何代谢、转化成何种代谢物，而这些代谢物也可以说明人体对饮食的准确反应。

在精准营养方面，代谢组学是研究饮食对个人健康真正影响的根本手段。采用代谢组学技术识别人体内由食物转化而成的代谢标志物，可以确定不同个体是如何代谢相同的食物，以及这些食物或者代谢物如何影响健康人群、不健康人群或者在不耐受、过敏等非典型情况下的健康的（图5.8）[64]。Séverine等对800名法国健康志愿者的185种血浆代谢物进行分析，建立了一个参考数据集[65]。根据血浆代谢物分析，男性和女性、老年人和青年志愿者可以明显区分开来，同时研究也发现总胆固醇水平高的个体也具有较高浓度的血浆鞘磷脂和磷脂酰胆碱。

客观测量饮食的依从性是实现精准营养所面临的主要挑战，代谢组学的发展则为更好地描述饮食特征提供了一个有希望的途径，可以反映个人饮食的整体情况，采用质子核磁共振波谱技术（^{1}H-NMR）分析尿液的代谢物组成已被证实可以准确、客观地测量整个饮食模式[66]。Garcia-Perez等依据WHO的健康饮食指南制定了四种饮食干预措施，目的在于预防非传染性疾病。志愿者参加了四次住院，每次72h，每次至少间隔5d，在此期间接受一次饮食干预。住院期间，每天在三

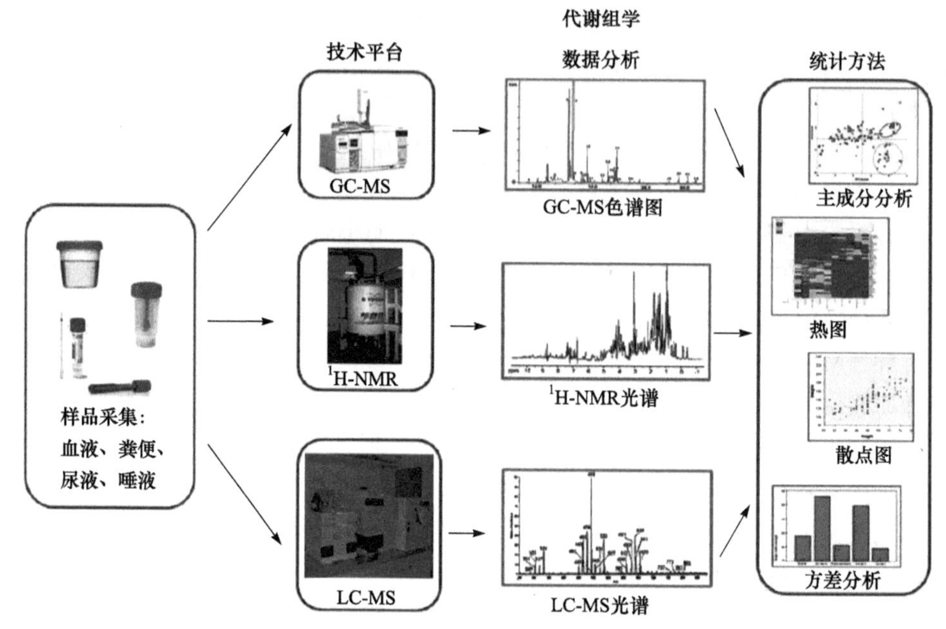

图 5.8 代谢组学示意图[64]

个时间段内收集尿液：上午（9:00～13:00）、下午（13:00～18:00）以及晚上和过夜（18:00～9:00），通过合并这些样品获得 24h 尿液样品。通过质子核磁共振波谱评估尿液样本，并确定饮食差异性代谢物。研究发现，四种饮食的尿代谢谱是不同的。在代谢风险最低和最高的饮食之间，代谢物浓度存在明显的逐步差异。与饮食 4 的受试者相比，饮食 1 的受试者的尿液中发现较高浓度的马尿酸盐（水果和蔬菜）、酒石酸盐（葡萄）或二甲胺（鱼），而其他受试者则明显较低[66]。在高度受控的环境中开发的尿液代谢物模型可以根据多元代谢物类型，将自由生活人群分为与较低或较高的非传染性疾病风险相关的饮食消费者。这种方法可以对人群环境中的饮食习惯进行客观监控，并提高饮食报告的有效性。另外，质子核磁共振波谱技术也被用于表征整个膳食的代谢特征。通过测定餐后尿样中的急性代谢指纹和关键的特征代谢物，可以区分鸡蛋火腿早餐（磷酸肌酸/肌酸、柠檬酸盐和赖氨酸的浓度较高）和谷物早餐（红细胞酶的浓度较高）[67]。

采用代谢组学技术，还可以根据代谢类型对人群进行分类，通过对人群进行共性特征分析，针对性地制定营养干预策略，将精准营养的建议分配给这些具有相似的代谢特征、相对统一的人群。低度炎症是胰岛素抵抗发展的一个重要的影响因素，针对这一类人群的精准营养，需要寻找以减轻炎症状态为重点的营养策略[68]。通过测定基础的代谢特征指标，如血浆脂蛋白和脂肪酸水平、心脏代谢生物标志物、胰岛素和葡萄糖空腹及餐后水平，也可以区分人群对特定营养干预策略的应答能力[69]。

越来越多的证据表明，患者在接受营养干预前后的代谢特征，都可以提供有关代谢类型预测对给定营养素反应能力的有价值的信息，并确定个别食物、全餐和饮食模式对血浆代谢物水平的影响。因此，在精准营养的探索中，代谢组学具有很大的应用潜力。

5.2.5 微生物群表型

肠道菌群是当前生命科学领域的研究热点，越来越多的研究开始关注人体健康与肠道菌群的关联。肠道菌群是人体不可分割的一部分，被称为人体的第二套基因组。目前，肠道菌群分析正成为营养干预的首要任务，许多研究都在关注特定饮食因素对肠道生态多样性的影响。饮食在对调节肠道菌群组成以及协调宿主-微生物群的关系中起到关键作用，而且这种作用从一开始就很明显，母乳寡聚糖（HMO）参与了婴儿早期的微生物菌群成熟，并且随着固体食物的引入和种类的增多，肠道菌群的多样性也在不断增加。而体弱衰老的人群中肠道菌群的丰富性下降，可能与食物多样性降低有关。肠道细菌不仅对某些饮食成分的比例敏感，在各种时期和环境中对营养的反应也不同[70]。

饮食含量及数量在塑造人类微生物群的组成和功能中起着重要作用。饮食影响肠道菌群的一个主要方面是其含量，即构成进餐的大量营养素和微量营养素，这可以从现代城市与农业队列研究、草食动物与肉食动物的研究中得到有力推断。营养物质的缺乏对微生物和宿主具有深远的影响，营养不良通常是一个“双重打击过程”，既包括微生物群的干扰，又包括饮食上的不足。另外，饮食量也可以作为肠道菌群的调节剂，基于在没有营养不良情况下的减少食物摄入的膳食方案（热量限制），可以改变高脂饮食和低脂饮食小鼠的肠道菌群组成，也会对血清和尿液的代谢特征产生影响[71,72]。

工业化国家和发展中国家，常见的多因素疾病通常与饮食有关，但是目前针对其治疗和预防的营养方法有限。另外，由于营养物和微生物之间存在复杂的相互作用，以及个体间的肠道菌群组成不同，不同营养、膳食对宿主的健康作用也存在差异[73]，甚至会出现相互矛盾的研究报告。因此，基于个体特征的营养干预策略是精准营养的发展重点，肠道微生物菌群特征是精准营养的一个关键特征[74]。肠道菌群的组成和多样性已被确定为代谢综合征、2 型糖尿病和心脑血管疾病等几种代谢紊乱病发展的潜在危险因素[75]。临床追踪实验发现，多吃水果、蔬菜及海鲜、坚果等清淡营养食物的地中海饮食或者坚持素食，有助于调节肠道菌群产生短链脂肪酸，减少三甲胺和次级胆酸的生成，从而减少心脏代谢性疾病的发生[76]。Zeevi 等的研究表明肠道菌群分析可以作为一种工具，对餐后准确的葡萄糖反应进行预测[61]。通过对志愿者的粪便样本进行菌群分析，将菌群组成和功能特征整合到餐后葡萄糖反应预测算法中，预测发现21个有益和28个不利的微生物组的特征（分别降低或增加餐后葡萄糖反应）。例如，直肠真杆菌是有益的，而狄氏副拟杆菌则被发现是不利的。其他研究也强调了肠道菌群在定制饮食中与疾病的潜在相关性。例如，Fruvedomics研究是一项行为干预试验，通过增加水果和蔬菜的消费量进行营养干预。较高的厚壁菌门与拟杆菌门比率通常与肥胖和炎症有关。营养干预后，代谢综合征发生风险较高的个体也表现出较低的厚壁菌门与拟杆菌门比率，发病风险降低，心血管健康得到改善[77]。这类试验是基于高危代谢综合征年轻人群体的营养干预，除了能识别不同的饮食组合以改善代谢健康外，也有可能揭示新的生物标志物，包括代谢组学和微生物组学特征，改进表型并最终用于进一步的个性化研究。

研究表明，红肉消费与动脉粥样硬化和心血管疾病的发展有关。L-肉碱是红肉中含量较高的三甲胺，小鼠服用后被肠道菌代谢并产生氧化三甲胺（TMAO），加速了小鼠的动脉粥样硬化。而抑制肠道菌群后，小鼠服用L-肉碱则会降低发生动脉粥样硬化的风险[78]。因此，肠道菌群有助于建立高水平食用红肉与心脑血管疾病风险之间的关联。肠道菌群组成和多样性存在个体差异，而有些人的肠道菌可以更容易地将营养物质转化成促进动脉粥样硬化的代谢物（如TMAO），这类人群应该减少红肉的摄入量[79]。Zhao等研究发现，高纤维饮食能靶向肠道菌群中的短链脂肪酸（特别是丁酸）产生菌，有效改善2型糖尿病患者的血糖控制，表明以微生物组为目标的饮食干预措施可以降低2型糖尿病的发生风险[80]。最新研究表明，根据两种微生物肠型对个体进行分层（占优势的*Prevotella*或*Bacteroides*），将有助于预测对饮食的反应。肠型的特征是具有独特的消化功能，尤其是特定的饮食底物，从而导致短链脂肪酸可能影响宿主的能量平衡。高纤维饮食可以使*Prevotella*肠型受试者的体重减轻最优化，而对*Bacteroides*肠型受试者的体重减轻不明显。因此，肠型作为肠道菌群的预处理生物标志物，有潜力成为个性化营养和肥胖管理的重要工具[81]。

由此可见，肠道菌群生物标记物与营养干预结果存在联系，用饮食营养调节肠道菌群和个性化营养，在疾病防治方面具有潜力。然而，大多数个性化营养的突破性科学证据来自大量表型、基因型和临床数据，而不仅仅是微生物组，需要整合数据以指导临床决策[82]。

5.3 营养靶向设计，食品精准制造

2017年，科学技术部颁布的《“十三五”食品科技创新专项规划》中，围绕食品科技创新提出了几项重点任务，指出营养健康食品产业已从传统“表观营养综合平衡与健康干预”向“食品营养靶向设计与健康个性定制的食品精准制造”

转变。重点推进基于人类基因组学、肠道菌群微生态组学与健康、食材分子营养组学特性与人类营养代谢组学等新认识下的生物信息与大数据分析技术的系统研究。积极探索基于人群膳食营养健康及个性化需求大数据分析基础下的食品营养靶向设计和健康食品精准制造技术，研究开发新型健康食品的营养靶向设计、功能生物修饰、健康个性订制、产品精准制造技术。

营养基因组学是研究营养素和植物化学物质对机体基因的转录、翻译表达及代谢机理的科学，涉及的学科有营养学、分子生物学、基因组学、生物化学和生物信息学等，是基于多学科的边缘学科（图 5.9）[83]。目前，营养基因组学的主要应用范围包括：揭示营养素的作用机制或者毒性作用；阐明动物营养需要量的分子生物标记；个性化精准营养的设计。营养基因组学对精准营养具有重要的指导作用，通过分析各个基因型的代谢特征，给予个性化的精准营养建议，靶向设计营养并实现食品的精准制造。

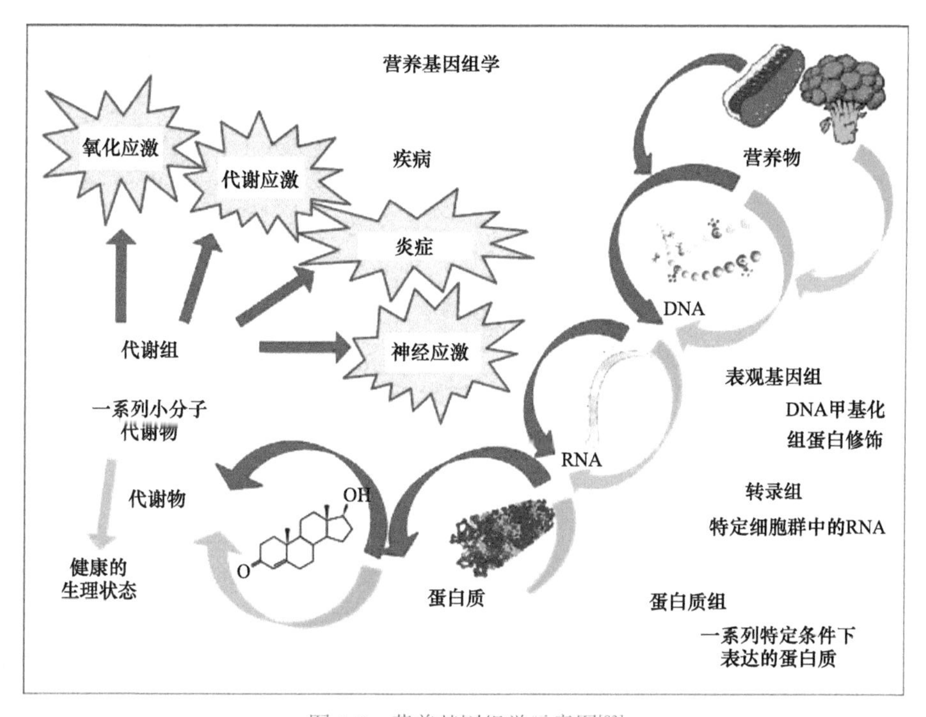

图 5.9　营养基因组学示意图[83]

5.3.1　基于营养基因组学的靶向食品

靶向食品是一类特殊的创新型现代食品，不再强调营养的基本功能，其功能成分需经过严格的筛选和功效评价，食品配方也要通过科学合理的加工富集技术和理性设计验证，可以实现功能成分的稳态化保持。简单来讲，靶向食品就是通过靶向干预疾病的食物中特殊功能因子来帮助人们提前对慢性疾病进行特定营养支持的新型食品。营养基因组学可以揭示饮食与基因间复杂的相互作用关系，挖掘食物中的特殊功能因子，从而为开发靶向食品、人类健康管理和对抗疾病提供指导。

靶向食品既不是药品，也不是普通食品，更有别于现有的保健食品，其具有以下几个特点。

（1）全食物组方：食品来自食品、药食同源或新资源食品原料，并经过严格筛选组方而成，符合国家安全法规，食用安全性有保障。

（2）靶向明确：食物原料中筛选的功能因子有明确的靶向性，靶向特定的分子靶标、病原组织和目标人群。

（3）高效稳定：功效因子在加工过程中实现稳态化富集，并保持高效稳定。

靶向食品的靶向应用主要为三个层面：特定的分子靶标、特定的组织器官和特定人群（图 5.10）。随着精准医学的发展，采用多组学联合技术可以实现人群的精细划分，从而进行精准的全食物营养干预。对食品靶标的精细化分，尤其是基因型和分子标志物的靶向调控，可以填补基因检测与个性化精准健康之间的空白，形成以基因型为基础的靶向食品应用模式：“高危人群细分—基因型—靶向食品干预—精准降低慢性疾病发生风险”。针对性地开展靶向营养干预，也可以解决个体基因差异造成的干预效果不同的问题。

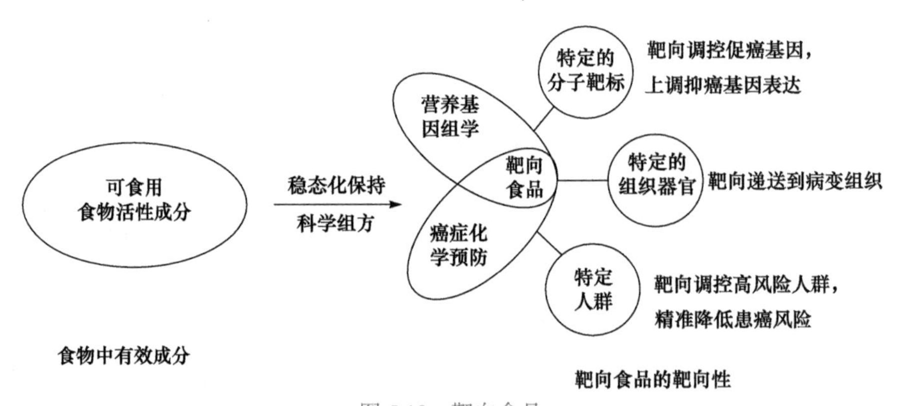

图 5.10 靶向食品

5.3.2 企业精准定制，满足更个性化的需求

在《2017 全球食品营养十大关键趋势》报告中，*New Nutrition Business* 指出个性化定制将成为食品营养健康领域的发展方向之一，越来越多的消费者开始转向个性化定制的饮食，这将是食品饮料公司重要的增长机会。目前，国内外已经有许多企业为消费者提供营养的个性化定制服务，一般的基本流程为：收集个体信息、个体营养评估、提供营养建议/营养产品。

1. 收集个体信息

一般对消费者的营养进行个性化定制时，首先需要收集消费者的个体信息，包括基因组信息、肠道微生物组信息、生物代谢物信息、饮食行为、体育运动信息等。

可穿戴设备是指可以穿戴在身上并帮助收集数据的设备。过去 10 年里，可穿戴设备迅速发展，蓝牙、互联网等技术为改善营养与健康提供了一系列产品。智能手表是一种最早的智能穿戴设备，未来可穿戴设备将有望转移到人体的不同部位。澳大利亚墨尔本的 Nutromics 公司计划推出全球首款个性化营养可穿戴设备——智能贴片[图 5.11（a）]，该贴片通过一个复杂的传感平台和可伸缩的电子设备来敏感地感知皮肤，可以在分子水平上测量关键的饮食生物标志物，并将信息发送至应用程序 APP，让用户精确跟踪身体对不同食物的反应，应用程序 APP 会根据结果向用户提供饮食建议，帮助用户控制和管理疾病（如 2 型糖尿病）。马萨诸塞州塔夫茨大学研究人员开发出一款牙贴[图 5.11（b）]，内置生物传感器，可以跟踪葡萄糖、盐、乙醇和乳酸等的含量，并将数据传输给指定设备。此外，也有一些能监测食物过敏成分的便携设备 Nima、Aibi，这些穿戴设备有助于信息的收集，为营养干预策略制定提供参考，未来可穿戴设备将成为以营养为驱动的生物识别技术之一。

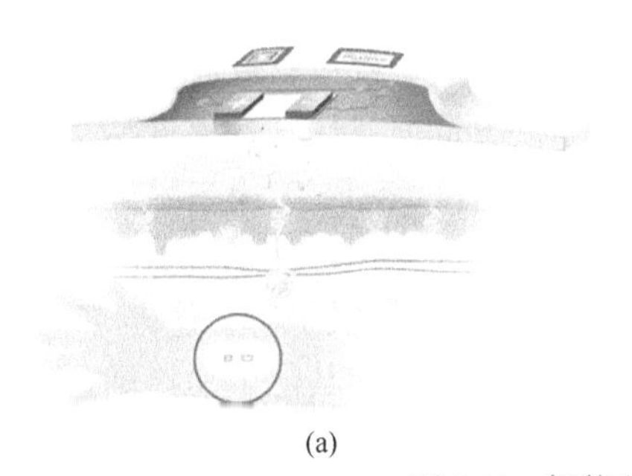

(a)

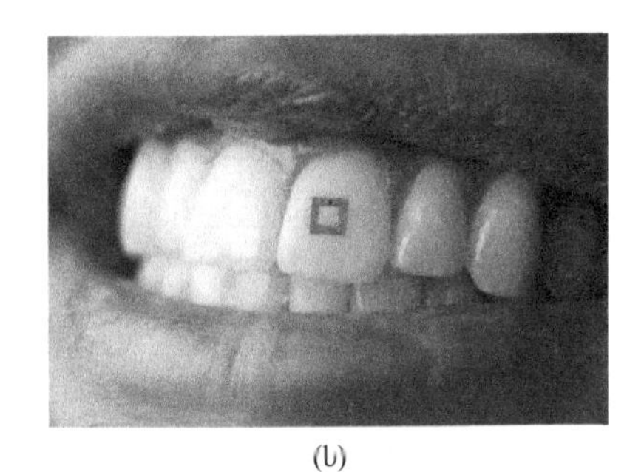

(b)

图 5.11　智能贴片（a）和牙贴（b）

例如，华大基因拥有先进成熟的基因测序技术，结合自身大数据、大平台的优势，打造了精准检测平台，为个性化营养服务提供了坚实的基础。华大基因推出了“妈妈宝宝”“颜质体质”“基因生活”“代谢检测”等几个系列的产品服务，主要包括在家自取样、寄回样本、检测分析、查询报告等流程，检测内容涵盖肠道健康、母乳营养、运动能力、肤质基因评估、酒精基因、肥胖基因以及维生素、激素、氨基酸水平，涵盖了几大类人群的需求。碳云智能致力于建立一个健康大数据平台，运用人工智能技术处理数据，帮助人们做健康管理。其于 2017 年 1 月推出了数字化健康管理平台觅我（meum）和相关应用，包含各种不同认知精度的数字化生命检测包，可以对用户进行基因和代谢双重检测，检测出 38 项核心指标，涵盖饮食、运动、美容、奇妙四大类，并有 AI 助手进行饮食情况监控。

2. 个体营养评估

针对收集到的信息以及一些指标的检测结果，会有专业咨询师进行解读，并有专业人员提供健康建议，进行健康指导。一些智能应用 APP 也可以根据检测结果提供营养建议。

华大基因以深圳国家基因库作为大样本资源库，结合个人检测项目的基因组学、临床基因组学和食品组学数据，对各项指标进行综合的系统化分析，制定有效的健康干预调理方案并持续追踪，建立精准营养指导。

碳云智能根据收集的检测结果，采用人工智能分析用户的大数据，并结合人群特征分组，得到用户的数字模型。根据购买的健康管理计划为用户提供个性化的干预建议和方案，评估干预效果并进行优化，从而为普通消费者提供更贴切的服务。

3. 提供营养建议/营养产品

目前，国内外已经有许多公司为用户提供个性化的精准营养服务，这些精准营养的差异在于精准度和体验，涉及技术、检测指标、服务流程以及后续改善过程中的持续体验和效果等方面。

华大基因是我国精准营养的先行者，致力于打造从检测到干预的精准营养闭环管理，构建精准检测平台，制定个性化健康管理方案，提供营养品和食材优选平台。华大农业与中国农业大学、中国农业科学院共同研发精准营养食品，布局精准营养品板块。目前已经推出了肠道营养益生菌产品，主要有小米系列和水产系列，着手打造小米生态圈。

Habit 是一家美国的个性化营养服务公司，它为用户提供了一个包含 70 多种生物标记物的家庭测试盒，用户取样后寄回公司进行基因和其他生物指标分析，利用计算机算法为用户提供一份个人的营养建议和指导。同时，公司还配有营养师帮助用户达成目标，用户也可在 Habit 上订购符合个人营养的餐食。Habit 完整地解决了用户的需求，形成了个性化营养闭环。Vitagene 公司通过基因检测技术，结合用户的个人生活习惯、家族史和健康目标，可以为用户个性化定制一套饮食、健康和营养补充剂的方案，同时提供个性化配置的 30 天小包装营养补充剂。Styr Labs 专注于个人定制化运动营养领域，拥有运动手环、智能电子秤、智能水杯等整套智能运动穿戴设备，可以实时收集人体数据，并传输到手机 APP 上。用户根据提供的营养建议在 APP 上订购个人定制的营养素包、蛋白包等。

5.4 食品精准营养制造技术

3D 打印技术，又称增材制造（additive manufacturing，AM），其特点是通过层层叠加的方式构造3D实体（图5.12）。该技术以3D设计模型为蓝本，通过计算机软件设计出产品的数字程序，并逐层打印来生产产品。3D打印技术在食品领域的应用有很多优点，如定制化设计食品、个性化营养定制、简化供应链、拓宽食品原料来源等，实现美食与科技的完美结合。我国的食品3D打印研究在世界上占有非常重要的地位，目前基于3D打印技术最有希望生产的食品主要包括个性化设计食品、新型休闲糖果以及特需食品等。

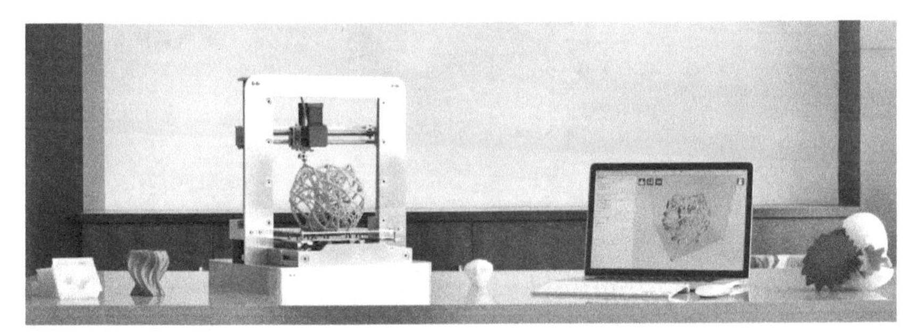

图5.12　3D打印技术

3D打印，助力"健康中国"。

近年来，我国先后启动实施了《"健康中国2030"规划纲要》和《国民营养计划（2017～2030年）》，营养健康已经成为我国农业发展新的历史使命、战略目标和优先领域。中国农业科学院瞄准健康中国战略需求，将"精准营养"与智能制造3D打印技术结合，聚焦食材原料营养素数据库构建、食物加工适应性评价、食品3D打印加工技术、食品3D打印智能制造装备和精准营养健康功能评价与个性化服务等核心技术，创新性地研制出具有全套自主知识产权的"精准营养食品3D打印技术"和食品3D打印装备，根据智能设计的个人营养与健康需求的精准方案，其可以打印出主食、素锦、糖果等个性化精准营养食品，满足儿童、老人、孕妇和特需患者等个体精准健康的差异化营养需求，从而实现精准营养食品的个性化定制[84]。

食品3D打印打破了传统的食品生产模式，能够根据用户需求进行个性化设计，提高食品的附加值。然而，目前食品3D打印也面临一些技术难题。江南大学张慜教授认为，这些难题大多与打印体系的材料特性密切相关，主要表现在产品成型难和稳定性差、高精度打印困难和打印效率较低等方面。因此，基于材料特性调控来开发适合3D打印的特定食品凝胶体系是目前食品3D打印研究的主流内容。另外，未来食品3D打印还应与其他新型技术（图5.13），包括纳米技术、超声技术、低场核磁共振技术、微波技术、气调技术和成型技术等结合，实现3D打印产品的快速打印、精确成型和品质监控，但这些均面临巨大挑战。

图 5.13 3D 打印技术与其他新型技术协同

5.5 我国精准营养的发展愿景

着眼于未来人类营养健康这样一个发展的目标，我国的精准营养主要可以分为三个阶段（图 5.14）：第一阶段，大众营养干预阶段，即根据发布的居民营养膳食指南，指导大家科学膳食；第二阶段，特殊人群营养干预阶段，即针对特殊人群（如妇女、儿童，不同职业人群，不同病患）的营养健康需求，制定相应的膳食指南；第三阶段，个性化营养服务阶段，即终极目标，针对每一个人的全生命周期的、实时在线的精准营养服务。

精准营养发展三个阶段	
大众营养干预	2020年以前
特殊人群营养干预	2020～2035年
个性化营养服务	2035～2050年

图 5.14 精准营养发展的三个阶段

虽然精准营养还处于初级阶段，但它并没有消除这样一个事实：伟大的方法已被逐渐转化为一般实践，整个精准营养框架的可行性将取决于所有相关参与者的共同努力，正逐步形成一个完整的精准营养的个性化服务产业体系，而且是一种有机的、完美融合的商业模式、生产模式、经营模式、管理模式、服务模式（图 5.15）。在这个过程中还需要突破食品生产从手工操作阶段跨越机械化、自动化直接进入到以工业 4.0 为基本版本的智能化生产的时代，实现基于 3D 打印和 4D 打印的营养智能个性化制造。

精准营养的科技进步、创新是无法阻止的，个性化营养为我们打造了一个美好的个性化时代的未来，符合营养的基本特性，能够满足人们的差异化需求。未

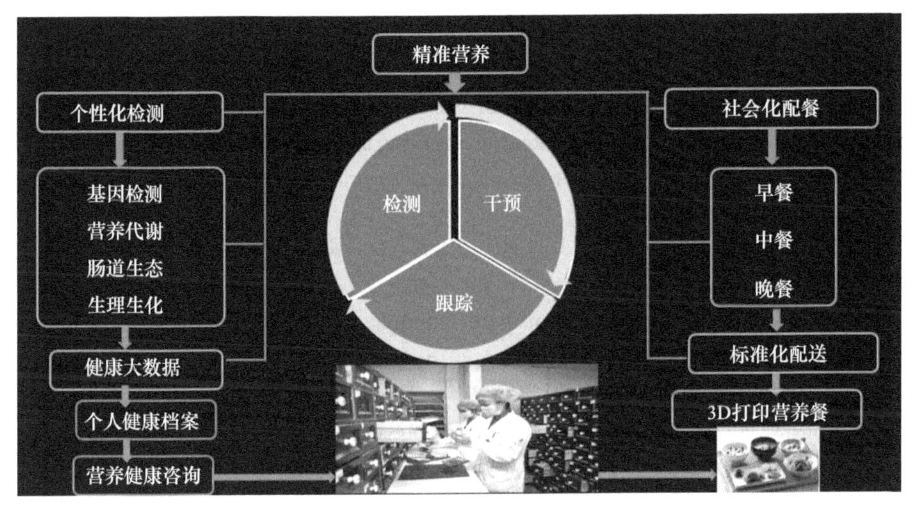

图 5.15　精准营养的个性化服务产业示意图

来，会有更智能化的方式随时随地收集人们的生命数据，每个人都将建有自己的个人健康账户，通过大数据和算法得到个人的健康状况，根据设定的目标，AI 助手提供定制的营养干预计划，并随时监督和调整方案，及时反馈效果。我们每个人在任何时间、任何地方的个性化的精准营养控制将能在未来实现。

毛丙永　陈卫（江南大学）

参 考 文 献

[1] 陈憘战, 王慧. 精准医学时代下的精准营养[J]. 中华预防医学杂志, 2016, 50(12): 1036-1042.

[2] 蔡夏夏, 余焕玲, 肖荣, 等. 精准营养学时代营养学教学面临的机遇和挑战[J]. 卫生职业教育, 2018, 36(20): 91-92.

[3] Wang D D, Hu F B. Precision nutrition for prevention and management of type 2 diabetes[J]. Lancet Diabetes Endocrinol, 2018, 18: 30-37.

[4] da Costa E,Sliva O, Knöll R, et al. Personalized nutrition:an integrative process to success[J]. Genes and Nutrition, 2007, 2(1): 23-25.

[5] Phillips R. Nutrition: glycaemic response variation suggestsvalue of personalized diets[J]. Nature Reviews Endocrinology, 2016, 12(1): 6.

[6] 袁岚, 田博. 精准地制造更加营养、健康的产品[J]. 食品安全导刊, 2017(7): 64-65.

[7] Yang C S, Chen J X, Wang H, et al. Lessons learned from cancer prevention studies with nutrients and non-nutritive dietary constituents[J]. Molecular Nutrition &Food Research, 2016, 60(6): 1239-1250.

[8] Casaer M P, van den Berghe G. Nutrition in the acute phase of critical illness[J]. New England Journal of Medicine, 2014, 370(13): 1227-1236.

[9] Zhang X, Yap Y, Wei D, et al. Novel omics technologies in nutrition research[J]. Biotechnology

Advances, 2006, 26(2): 169-176.

[10] Smirnov K S, Maier T V, Walker A, et al. Challenges of metabolomics in human gut microbiota research[J]. International Journal of Medical Microbiology, 2016, 306(5): 266-279.

[11] Ozdemir V, Kolker E. Precision nutrition 4.0: a big data and ethics foresight analysis- convergence of agrigenomics, nutrigenomics, nutriproteomics, and nutrimetabolomics[J]. Omics, 2016, 20(2): 69-75.

[12] 贺春禄. 个性化全生命周期精准营养时代即将开启[J]. 高科技与产业化, 2018(7): 46-49.

[13] Ferguson L R, de Caterina R, Görman U, et al. Guide and position of the international society of nutrigenetics/nutrigenomics on personalised nutrition: part 1-fields of precision nutrition[J]. Journal of Nutrigenetics and Nutrigenomics, 2016, 9: 12-27.

[14] de Toro-Martín J, Arsenault B J, Jean-Pierre D, et al. Precision nutrition: a review of personalized nutritional approaches for the prevention and management of metabolic syndrome[J]. Nutrients, 2017, 9: 913.

[15] Loos R J F, Janssens A C J W. Predicting polygenic obesity using genetic information[J]. Cell Metabolism, 2017, 25: 535-543.

[16] Hébert J R, Frongillo E A, Adams S A, et al. Perspective: randomized controlled trials are not a panacea for diet-related research[J]. Advances in Nutrition, 2016, 7(3):423-432.

[17] Siebelink E, Geelen A, de Vries J H M. Self-reported energy intake by FFQ compared with actual energy intake to maintain body weight in 516 adults[J]. British Journal of Nutrition, 2011, 106: 274-281.

[18] Schroder H, Fito M, Estruch R, et al. A short screener is valid for assessing mediterranean diet adherence among older spanish men and women[J]. Journal of Nutrition, 2011, 141: 1140-1145.

[19] Martínez-González M A, García-Arellano A, Toledo E, et al. A 14-item Mediterranean diet assessment tool and obesity indexes among high-risk subjects: the Predimed trial[J]. PLoS One, 2012, 7: e43134.

[20] Sotos-Prieto M, Moreno-Franco B, Ordovás J, et al. Design and development of an instrument to measure overall lifestyle habits for epidemiological research: the mediterranean lifestyle (Medlife) index[J]. Public Health Nutrition, 2015, 18: 959-967.

[21] Sevilla-Villanueva B, Gibert K, Sanchez-Marre M, et al. Evaluation of adherence to nutritional intervention through trajectory analysis[J]. IEEE Journal of Biomedical and Health Informatics, 2017, 21: 628-634.

[22] Konstantinidou V, Covas M I, Munoz-Aguayo D, et al. In vivo nutrigenomic effects of virgin olive oil polyphenols within the frame of the Mediterranean diet: a randomized controlled trial[J]. Faseb Journal, 2010, 24: 2546-2557.

[23] Nybacka S, Bertéus F H, Wirfält E, et al. Comparison of a web-based food record tool and a food-frequency questionnaire and objective validation using the doubly labelled water technique in a Swedish middle-age dpopulation[J]. Journal of Nutritional Science and Vitaminology, 2016,5e: 39.

[24] Martin C K, Han H, Coulon S M, et al. A novel method to remotely measure food intake of free-living individuals in real time: the remote food photography method[J]. British Journal of

Nutrition, 2009, 101: 446.
[25] Martin C K, Correa J B, Han H, et al. Validity of the remote food photography method (rfpm) for estimating energy and nutrient intake in near real-time[J]. Obesity, 2012, 20: 891-899.
[26] Dong Y, Hoover A, Scisco J, et al. a new method for measuring meal intake in humans via automated wrist motion tracking[J]. Applied Psychophysiology and Biofeedback, 2012, 37(3): 205-215.
[27] Mattfeld R S, Muth E R, Hoover A. Measuring the consumption of individual solid and liquid bites using a table-embedded scale during unrestricted eating[J]. IEEE Journal of Biomedical & Health Informatics, 2017, 21(6): 1711-1718.
[28] Fontana J M, Farooq M, Sazonov E. Automatic ingestion monitor: a novel wearable device for monitoring of ingestive behavior[J]. IEEE Transactions on Biomedical Engineering, 2014, 61(6): 1772-1779.
[29] Garaulet M, Vera B, Bonnet-Rubio G, et al. Lunch eating predicts weight-loss effectiveness in carriers of the common allele at PERILIPIN1: the ONTIME (obesity, nutrigenetics, timing, mediterranean) study[J]. American Journal of Clinical Nutrition. 2016, 104: 1160-1166.
[30] Garaulet M, Corbalán-Tutau M D, Madrid J A, et al. PERIOD2 variants are associated with abdominal obesity, psycho-behavioral factors, and attrition in the dietary treatment of obesity[J]. Journal of The American Dietetic Association, 2010, 110: 917-921.
[31] Gomez-Delgado F, Garcia-Rios A, Alcala-Diaz J F, et al. Chronic consumption of a low-fat diet improves cardiometabolic risk factors according to the CLOCK gene in patients with coronary heart disease[J]. Molecular Nutrition & Food Research, 2015, 59: 2556-2564.
[32] Dashti H S, Smith C E, Lee Y C, et al. CRY1 circadian gene variant interacts with carbohydrate intake for insulin resistance in two independent populations: mediterranean and North American[J]. Chronobiology International, 2014, 31: 660-667.
[33] Betts J A, Gonzalez J T. Personalised nutrition: what makes you so special? [J]. Nutrition Bulletin, 2016, 41(4): 353-359.
[34] Bouchard C, Blair S N, Church T S, et al. Adverse metabolic response to regular exercise: is it a rare or common occurrence? [J]. PLoS One, 2012, 7: e37887.
[35] de Lannoy L, Clarke J, Stotz P J, et al. Effects of intensity and amount of exercise on measures of insulin and glucose: analysis of inter-individual variability[J]. PLoS One ,2017, 12: e0177095.
[36] Atkinson G, Batterham A M. True and false interindividual differences in the physiological response to an intervention [J]. Experimental Physiology, 2015, 100: 577-588.
[37] Qi Q, Li Y, Chomistek A K, et al. Television watching, leisure time physical activity, and the genetic predisposition in relation to body mass index in women and men[J]. Circulation,2012, 126: 1821-1827.
[38] Loos R J F, Yeo G S H. The bigger picture of FTO: the first GWAS-identified obesity gene[J]. Nature Reviews Endocrinology, 2014, 10: 51-61.
[39] Frayling T M, Timpson N J, Weedon M N, et al. A common variant in the FTO gene is associated with body mass index and predisposes to childhood and adult obesity[J]. Science, 2007, 316: 889-894.

[40] Vimaleswaran K S, Li S, Zhao J H, et al. Physical activity attenuates the body mass index-increasing influence of genetic variation in the FTO gene[J]. American Journal of Clinical Nutrition, 2009, 90: 425-428.

[41] Li S, Zhao J H, Luan J, et al. Physical activity attenuates the genetic predisposition to obesity in 20,000 men and women from EPIC-Norfolk prospective population study[J]. PLoS Medicine, 2010, 7:e1000332.

[42] Ahmad S, Rukh G, Varga T V, et al. Gene × physical activity interactions in obesity: combined analysis of 111,421 individuals of european ancestry[J]. PLoS Genetics, 2013, 9:e1003607.

[43] Moon J Y, Wang T, Sofer T, et al. Gene-environment interaction analysis reveals evidence for independent influences of physical activity and sedentary behavior on obesity: results from the hispanic community health study/study of latinos (HCHS/SOL)[J]. Circulation, 2017, 135: AMP027.

[44] Celis-Morales C, Marsauxn C F M, Livingstone K M, et al. Physical activity attenuates the effect of the FTO genotype on obesity traits in European adults: the Food4Me study[J]. Obesity, 2016, 24: 962-969.

[45] Goodman E, Evans W D, DiPietro L. Preliminary evidence for school-based physical activity policy needs in Washington, DC[J]. Journal of Physical Activity & Health, 2012, 9: 124-128.

[46] Ross R, Hudson R, Stotz P J, et al. Effects of exercise amount and intensity on abdominal obesity and glucose tolerance in obese adults[J]. Annals of Internal Medicine, 2015, 162: 325.

[47] Livingstone K M, Celis-Morales C, Navas-Carretero S, et al. Effect of an internet-based, personalized nutrition randomized trial on dietary changes associated with the Mediterranean diet: The Food4Me Study[J]. American Journal of Clinical Nutrition, 2016, 104: 288-297.

[48] Prince S A, Adamo K B, Hamel M, et al. A comparison of direct versus self-report measures for assessing physical activity in adults: a systematic review[J]. International Journal of Behavioral Nutrition and Physical Activity, 2008, 5: 56.

[49] Thompson D, Peacock O, Western M, et al. Multidimensional physical activity: an opportunity, not a problem[J]. Exercise and Sport Sciences Reviews, 2015, 43: 67-74.

[50] Price N D, Magis A T, Earls J C, et al. A wellness study of 108 individuals using personal, dense, dynamic data clouds[J]. Nature Biotechnology, 2017, 35: 747-756.

[51] Paquette A G, Hood L, Price N D, et al. Deep phenotyping during pregnancy for predictive and preventive medicine[J]. Science Translational Medicine, 2020,12: 1059.

[52] Kramer C K, Zinman B, Retnakaran R. Are metabolically healthy overweight and obesity benign conditions? A systematic review and meta-analysis[J]. Annals of Internal Medicine, 2013, 159:758-769.

[53] Tchernof A, Després J P. Pathophysiology of human visceral obesity: an update[J]. Physiological Reviews, 2013, 93: 359-404.

[54] Sam S, Haffner S, Davidson M H E. Al predicts increased visceral fat in subjects with type 2 diabetes[J]. Diabetes, 2009, 32: 1916-1920.

[55] Macartney-Coxson D, Benton M C, Blick R, et al. Genome-wide DNA methylation analysis reveals loci that distinguish different types of adipose tissue in obese individuals[J]. Clinical

Epigenetics, 2017, 9: 48.

[56] Guénard F, Deshaies Y, Hould F S, et al. Use of blood as a surrogate model for the assessment of visceral adipose tissue methylation profiles associated with the metabolic syndrome in men[J]. Journal of Molecular and Genetic Medicine, 2016, 10: 1-8.

[57] Rönn T, Volkov P, Gillberg L, et al. Impact of age, BMI and HbA1c levels on the genome-wide DNA methylation and mRNA expression patterns in human adipose tissue and identification of epigenetic biomarkers in blood[J]. Human Molecular Genetics, 2015, 24: 3792-3813.

[58] Robinson P N. Deep phenotyping for precision medicine[J]. Human Mutation, 2012, 33: 777-780.

[59] Delude C M. Deep phenotyping: the details of disease[J]. Nature, 2015, 527: S14-S15.

[60] Schram M T, Sep S J S, van der Kallen C J, et al. The maastricht study: an extensive phenotyping study on determinants of type 2 diabetes, its complications and its comorbidities[J]. European Journal of Epidemiology, 2014, 29: 439-451.

[61] Zeevi D, Korem T, Zmora N, et al. Personalized nutrition by prediction of glycemic responses[J]. Cell, 2015, 163:1079-1095.

[62] Koay Y C, Chen Y, Wali J A, et al. Plasma levels of TMAO can be increased with 'healthy' and 'unhealthy' diets and do not correlate with the extent of atherosclerosis but with plaque instability[J]. Cardiovascular Research, 2020,117(2): cvaa094.

[63] Lanktree M B, Hassell R G, Lahiry P, et al. Phenomics: expanding the role of clinical evaluation in genomic studies[J]. Journal of Investigative Medicine, 2010, 58: 700-706.

[64] Chierico F D, Gnani D, Vernocchi P, et al. Meta-omic platforms to assist in the understanding of NAFLD gut microbiota alterations: tools and applications[J]. International Journal of Molecular Sciences, 2014, 15: 684-711.

[65] Séverine T, Abdallah A S, Vincent C N C, et al. The human plasma-metabolome: reference values in 800 French healthy volunteers; impact of cholesterol, gender and age[J]. PLoS One, 2017, 12: e0173615.

[66] Garcia-Perez I, Posma J M, Gibson R, et al. Objective assessment of dietary patterns by use of metabolic phenotyping: a randomised, controlled, crossover trial[J]. Lancet Diabetes & Endocrinology, 2017, 5: 184-195.

[67] Rådjursöga M, Karlsson G B, Lindqvist H M, et al. Metabolic profiles from two different breakfast meals characterized by ^{1}H NMR-based metabolomics[J]. Food Chemistry, 2017, 231: 267-274.

[68] Allam-Ndoul B, Guénard F, Garneau V, et al. Association between metabolite profiles, metabolic syndrome and obesity status[J]. Nutrients, 2016, 8: 324.

[69] Riedl A, Gieger C, Hauner H, et al. Metabotyping and its application in targeted nutrition: an overview[J]. British Journal of Nutrition, 2017, 117:1631-1644.

[70] Zmora N, Suez J, Elinav E. You are what you eat: diet, health and the gut microbiota[J]. Nature Reviews Gastroenterology & Hepatology, 2019, 16: 35-56.

[71] Zhang C, Li S, Yang L, et al. Structural modulation of gut microbiota in life-long calorie-restricted mice[J]. Nature Communications, 2013, 4:2163.

[72] Wu J, Yang L, Li S, et al. Metabolomics insights into the modulatory effects of long-term low calorie intake in mice[J]. Journal of Proteome Research, 2016, 15:2299-2308.

[73] Smits S A, Marcobal A, Higginbottom S, et al. Individualized responses of gut microbiota to dietary intervention modeled in humanized mice[J]. mSystems, 2016, 1(5):e00098-16.

[74] Kang J X. Gut microbiota and personalized nutrition[J]. Journal of Nutrigenetics Nutrigenomics, 2013, 6: 6-7.

[75] Ridaura V K, Faith J J, Rey F E, et al. Cultured gut microbiota from twins discordant for obesity modulate adiposity and metabolic phenotypes in mice[J]. Science, 2014, 341: 1241214.

[76] Tindall A M, Petersen K S, Kris-Etherton P M. Dietary patterns affect the gut microbiome-the link to risk of cardiometabolic diseases[J]. The Journal of Nutrition, 2018, 148(9):1402-1407.

[77] Famodu O A, Cuff C F, Cockburn A, et al. Impact of free-living nutrition intervention on microbiome in college students at risk for Disease: FRUVEDomic pilot study[J]. The FASEB Journal, 2016, 30: 146-147.

[78] Koeth R A, Wang Z, Levison B S, et al. Intestinal microbiota metabolism of *L*-carnitine, a nutrient in red meat, promotes atherosclerosis[J]. Nature Medicine, 2013, 19: 576-585.

[79] Rohrmann S, Overvad K, Bueno-de-Mesquita H B, et al. Meat consumption and mortality-results from the European Prospective Investigation into Cancer and Nutrition[J]. BMC Medicine, 2013, 11: 63.

[80] Zhao L, Zhang F, Ding X, et al. Gut bacteria selectively promoted by dietary fibers alleviate type 2 diabetes [J]. Science,2018, 359: 1151-1156.

[81] Christensen L, Roager H M, Astrup A, et al. Microbial enterotypes in personalized nutrition and obesity management[J]. The American Journal of Clinical Nutrition, 2018, 108(4): 645-651.

[82] Loughman A, Staudacher H M. Treating the individual with diet: is gut microbiome testing the answer?[J]. The Lancet Gastroenterology & Hepatology, 2020, 5(5):437.

[83] Gonzalez M J, Miranda-Massari J R, Duconge J, et al. Nutrigenomics, metabolic correction and disease: the restoration of metabolism as a regenerative medicine perspective[J]. Journal of Restorative Medicine, 2015, 4:74-82.

[84] 王壹. 3D 打印食品:让营养更精准[J]. 农村科学实验, 2019(3): 10-11.

第6章 食品纳米技术

引言

就行业的范围、投资和多样性而言，食品行业是最重要的行业之一。在一个不断变化的社会中，饮食需求和偏好发生了很大的变化。健康和福祉是食品行业的关键驱动力，但市场力量力求在整个食品链中进行创新，包括原材料/配料采购、食品加工、成品质量控制和包装。在科技水平日新月异、全球科技水平都在不断提高的21世纪，纳米技术作为当下最具前景的高端技术之一，已经应用于食品工业的每一个环节，从农业（即农药生产和加工、肥料或疫苗输送、动植物病原体检测，以及有针对性的基因工程）到食品生产和加工（即风味或气味增强剂的封装、食品质地或质量的改善、新的凝胶或黏度增强剂）、食品包装（即病原体、理化和机械制剂传感器；防伪装置；紫外线防护；以及设计更坚固、更不渗透的聚合物膜）和营养补充剂（即营养制剂、食品生物活性物质的更高稳定性和生物利用度等）。

纳米技术在食品科学中最具创新性和研究性的应用旨在增加风味、确保营养物质的封装和输送、将抗菌纳米颗粒引入食品和包装、延长保质期、污染检测、改进食品储存、跟踪、追踪和品牌保护。通过纳米加工，可以改变食品的许多特性，包括全新的特性。颜色、风味或感官特性的变化；营养功能的改变；以及从食品中去除化学物质或致病性污染物是食品纳米加工的最著名方法。此外，智能纳米材料的发展还产生了专门包装的设计，这种包装能够延长食品的保质期，提高食品安全性，在食品被污染或变质时提醒消费者，修复包装中的裂痕，甚至释放出具有防腐性能的活性纳米粒子或物质，以延长包装产品的使用寿命。食品操作和商业化也得益于用于食品标签、监测和分销的纳米条形码的发展。纳米封装是食品设计中一个新的、多功能的、备受关注的概念。通过各种封装技术，基本营养素、具有药用价值的食品衍生化合物和补充剂可以容易地并入特定结构中，并以可控和及时的方式释放。

食品纳米技术因其具有无可比拟的优越性和广阔的应用前景正在食品储藏、包装、检测、研发等方面飞速发展。食品纳米技术在群众日常生活中的深入，为人们提供更加便捷的生活方式，保证食品具有更高的安全性，保障人们的身体健康以及物质需求。当下纳米技术虽然并不完善，但是未来发展潜力巨大，尤其是食品科学工程中，纳米技术能够引领其走向新道路，为企业以及群众谋取福利，让其传播得更加广泛，成为科学技术中的引领者。因此，我国应不遗余力地加强食品纳米技术的研究与应用，以推进食品行业的进一步发展，增强我国食品加工质量，打造新时代的食品行业帝国。因此，本章将从以下5个方面对食品合成生物学进行介绍：①食品纳米技术的范畴与特征；②食品纳米加工制造；③食品纳米包装材料；④食品纳米表征方法；⑤食品纳米技术的未来方向。

6.1 食品纳米技术的范畴与特征

6.1.1 基本概念

纳米技术是指在 0.1～100 nm（即十亿分之一米）尺度的空间内，研究物质（包括原子、分子操纵）的结构、特性和相互作用，以及其应用的多学科交叉的科学技术制造物质的科学技术，其实质是基于纳米尺度通过直接操纵原子、分子来组装和创造具有特殊功能的新产品[1]。大多数纳米技术应用的核心基本驱动因素是材料性能的改善、新功能的开发和/或功能所需（化学）物质数量的减少。这是因为，在同等质量的基础上，一种材料的纳米形式的表面质量比其传统的体积当量要大得多。因此，从理论上讲，少量的纳米颗粒可以提供功能性水平，否则将需要大量的传统形式的相同材料。“一点点就可以走很长的路”这个概念可能是许多纳米技术应用背后唯一最有力的理由。

食品纳米技术是指在生产、加工或包装过程中采用了纳米技术手段或工具的食品技术，主要包括纳米食品加工、纳米包装材料和纳米检测技术。食品纳米技术关注的焦点在小尺寸下食品原料表现出的理化性质，以及在小尺寸下通过物理化学改性手段赋予食品原料新的营养和功能特性及相关的安全理解。例如，采用食品纳米技术可以使水不溶性物质转化为可分散在水相体系中的形式。类似的水不溶性食品添加剂，如色素、香料和防腐剂的纳米加工技术能够改善它们在低脂产品中的分散性。相比相同的体积当量，纳米形式的各种营养素和补充剂在体内有更大的摄入、吸收和生物利用度。仅此一点就吸引了人们对纳米材料在补充剂、保健品和（健康）食品应用中的极大兴趣。纳米食品不仅仅是原子修饰食品或纳米设备生产的食品，还包括采用纳米技术对食物进行分子、原子的重新改性使之结构发生改变，从而显著提高某些成分的吸收率，加快营养成分在体内的运输，延长食品的保质期。也有学者将纳米食品定义为通过对以人类可食用的天然物、合成物、生物生成物等原料采用工程技术加工制成的可用分子式表示的分子级物质，并根据人体寿命与健康进行不同配制的食品[2]。

食品纳米技术的应用也被广泛认为有可能彻底改变整个农业食品行业，从生产、加工、包装和运输到储存。这些可能包括更大的营养/健康益处、新的或改进的口味、质地和风味，以及含有少量添加剂的食品，如糖、盐、脂肪和人工防腐剂、色素和香料。纳米技术在食品包装中的应用在于开发质量轻、强度高的包装材料，这些材料能够保证食品在运输过程中的安全性、长时间的新鲜度和免受病原体的危害。目前正在开发包含纳米颗粒的创新智能标签，致力于在包装食品开始变质时向消费者提供警示。另一个新兴的研发和应用领域涉及纳米载体的使用，以增强营养素和其他生物活性物质在补充剂、营养品、保健食品中的传递。这些配方通常是从食品材料的纳米级加工中获得，以形成胶束或脂质体，或将生物活性补充剂封装在天然或合成的可生物降解聚合物材料中，增强某些吸收不良的矿物质和其他促进健康的补充剂的吸收与生物利用度，或在体内定向释放，都可能使一般消费者和某些人群受益，如老年人、患者和运动员。

纳米技术已成为主要的融合技术之一，通过与其他科学和技术学科的融合，为进一步的新发展提供了潜力。已有一些实例表明，纳米技术与生物技术和信息技术的结合使微型传感和监测设备得以发展，如纳米生物传感器。这些技术的发展有望能够在食品加工、运输和储存过程中检测出食品中的病原体和污染物，并加强食品的安全和保障。鉴于已知和设想的技术发展，毋庸置疑，食品行业是急切寻求实现纳米技术潜在好处的行业之一[3]。

6.1.2　产生背景

与其他行业一样，食品行业也是由创新、竞争力和盈利驱动发展的行业。因此，食品行业一直在寻求新技术，以生产品质良好（口感、风味、质地）、保质期长、安全性高、可追溯性和具有竞争力成本的产品。消费者日益增强的健康意识和严格的监管也在不断推动食品行业寻找减少食品中某些添加剂（如盐、糖、脂肪、人工色素和防腐剂）含量的新方法。同时，来自社会各方的监管压力迫使该行业解决某些与食品相关的疾病，如肥胖、糖尿病、心血管疾病、消化系统疾病、某些类型的癌症（如肠癌）和食物过敏。随着时间的推移，食品包装材料也发生了变化，从木材、纸板、纸张和玻璃转变为更坚固、质量轻、可回收和功能性强的包装材料。食品标签标准也发生了改变，提供的信息远不止一份配料单和烹饪说明，而智能标签将在确保供应链环节中食品的质量和安全方面得到越来越多的应用。随着全球食品商品贸易的日益增长，食品工业面临着新的社会和技术压力，以确保食品中的病原体、毒素和其他污染物的控制，并减少包装、食物垃圾和整个食品生命周期中的碳排放量。在目前的情况下，纳米技术的出现带来了新的希望，它可以满足目前许多食品行业的需求。

目前已确定的纳米技术在食品行业的应用包括使用工程纳米材料以及纳米结构或纳米封装的食品成分和添加剂[2, 4-9]。目前这类应用的一个优势在于食品、医药和化妆品行业的交叉领域，在这些领域，产品以增强不同生活方式和年龄段人群的营养、改善健康状况等功效推向市场。纳米技术衍生产品的第一个例子是以补充剂、保健食品、保健品、化妆品和营养品的形式出现的，在主流食品和饮料产品中的应用进展较慢。然而，尽管许多纳米技术在食品方面的应用还处于新兴阶段，但人们普遍认为食品纳米技术有可能对整个食品产业链产生重大影响。目前工程纳米粒子的一个主要应用领域是食品包装，已经开发出具有改进的机械和阻隔性能和/或抗菌活性的新型工程纳米粒子聚合物复合材料。

据估计，有 200～400 家公司正在进行将纳米技术用于食品应用的研究[10, 11]。这些公司很可能包括一些主要的国际食品和饮料公司。然而，尽管有许多商业利益，但由于某些商业和其他敏感性，很难准确估计这一领域工业活动的真实规模。在食品纳米技术研发领域处于前列的一些食品企业，已经逐渐脱离了对这一领域的开放参与。由于纳米食品没有任何质量评价标准，将真正的纳米产品与那些可能是基于未经证实的声称为短期商业利益投射纳米技术的产品区分开来变得更加困难。这也引起了人们的担忧，至少有一部分，即使不是很多，声称是从纳米技术中获得的产品而事实上可能并非如此。相反，一些产品可能含有纳米组分，但可能尚未声明其存在。在这种情况下，市场对纳米食品行业未来大幅增长的预测需要谨慎看待。然而值得注意的是，在过去几年中，纳米（保健）食品的数量一直在稳步增加，而且更多目前正在研发的产品和应用很可能在未来几年里出现在市场上。纳米技术的商业开发几乎与消费品在线营销同时开始，这一新现象使世界各地的消费者能够在线购买纳米技术衍生产品。现有报告显示，目前的纳米食品行业由美国主导，日本和中国紧随其后。尽管纳米食品行业尚处于起步阶段，但 2006 年全球市场的总体规模估计在 4.1 亿～70 亿美元，2012 年的估计数值在 58 亿至 204 亿美元之间，尽管存在一些异常情况，但纳米食品应用的上升趋势似乎将继续，并可能在未来几年加快步伐[11-13]。

6.1.3 技术特征

纳米技术在食品加工、食品包装、食品保存和食品监测等多个方面的应用为食品带来了巨大的效益。

（1）针对性强。食品加工中纳米技术的发展更多地集中在即食食品成分的口感和质地、成分或添加剂的封装、控制风味的释放等方面的改善，提高营养成分的生物利用度，使食品更具营养性和卫生性。根据消费者的需要对食品进行有针对性的加工和生产。食品纳米技术能够有效保护食品工业中使用的许多功能性食品成分，如酶、维生素、抗微生物剂、抗氧化剂、调味剂、着色剂和防腐剂。功能性食品成分通常需要被输送到特定的位置发挥功能，食品纳米技术的应用能够将功能性食品成分运送到所需的作用部位，并在加工和运输过程中保护它们免受化学或生物降解，以使功能性材料保持活性状态，并且还能够根据触发释放的特定环境条件来控制功能性食品成分的释放。目前，已经开发了包括简单溶液、胶体、乳剂、生物聚合物基质等在内的几种递送系统来封装功能性材料[14]。此外，纳米封装的功能性食品成分，添加剂和补品可以改善食品的味道，改善脂溶性添加剂在食品中的分散性；进行卫生的食品储存；减少脂肪、盐、糖和防腐剂的使用；并提高养分的吸收和生物利用度。纳米胶囊还有助于掩盖某些添加剂的不良味道，防止补充剂如维生素 A 和 E、异黄酮、β-胡萝卜素、叶黄素等在加工过程中的降解[6]，还可根据消费者自己的营养需求和口味来修改食品。已经发现表面活性剂胶束、囊泡、双层、反胶束和液晶是用于递送功能性食品成分的纳米分散和纳米囊封的理想纳米材料。在现有食品中添加纳米颗粒不仅可以增加营养的吸收，还可以使添加剂更容易被人体吸收并延长保质期。

（2）灵敏度高。纳米技术在食品工程中的主要应用是作为食品纳米传感器和纳米结构成分。纳米传感装置属于食品质量安全评价的范畴。基于纳米材料的生物传感器，如金属纳米粒子、纳米棒、纳米线和碳纳米管正应用于食品工业中病原体的检测和分析[15]。例如，利用生物功能磁性纳米颗粒（20nm）结合三磷酸腺苷生物发光能够快速检测食品中的大肠杆菌；抗体结合二氧化硅荧光纳米粒（60nm）在超灵敏免疫分析中的集成可用于现场检测和有效定量添加绞碎牛肉样品中的病原体；采用银纳米壳抗体偶联的等离子体共振带可实现对大肠杆菌快速、可靠的检测。目前，基于纳米技术的生物传感器应用于食品中农药残留的检测也已成功开发。例如，将以聚苯胺固定乙酰胆碱酯酶为基础，在垂直组装的单壁碳纳米管上制备了端巯基单链寡核苷酸（ssDNA）修饰的电化学生物传感器可用于测定最常用的有机磷杀虫剂[16]。一些研究者基于纳米技术构建了用于检测和定量食品中葡萄糖的纳米生物传感器。例如，通过全氟磺酸辅助交联技术，将葡萄糖氧化酶固定到氧化锌：钴（ZnO : Co）纳米簇组装薄膜中，构建了用于检测葡萄糖的安培型生物传感器；基于吡喃糖氧化酶的金纳米粒子的生物传感器对 d-葡萄糖具有很高的亲和力，可用于检测果汁（石榴、桃子、橙子和混合水果）中的糖水平。食品包装内过多的水分和气体含量是导致食品变质的主要原因，基于纳米技术的非侵入性气体感测方法连续且快速地监测包装顶空气体的含量是评估食品质量和安全性的有效方法。目前开发的一种包含在食品包装中的电子舌是由一系列对食品腐败释放的气体极其敏感的纳米传感器组成，食品的腐败变质可导致传感器条变色，发出清晰可见的食品新鲜度信号。

（3）安全环保。食品加工过程中的工作表面、设备或加工环境中会引起食品表面脱水、水分流失、氧化、褐变和交叉污染的问题。食品包装可减少食品变质，延长保质期并保持品质和安全性。常规的食品包装材料通常由聚烯烃（如聚丙烯、聚乙烯、聚苯乙烯和聚氯乙烯）制成的，不可降解，会严重影响环境[17]。纳米技术在食品包装中的应用有助于克服缺点，并改善食品塑料包装的阻隔性能。纳米食品包装已经成为商业现实，并且正在彻底改变食品工业。由食品级蛋白质、多糖和脂质制成的环保型可降解生物聚合物已成为替代的包装材料[18]。根据原料的来源及其制造工艺，可以将生物聚合物可分为天然生物聚合物（包括植物碳水化合物、动物或植物来源的蛋白质）、合成的可降解的生物聚合物（如聚乙醇酸、聚己内酯、聚丁二酸酯、聚乙烯基醇等）以及通过微生物发酵生产的生物聚合物（如微生物聚酯、微生物多糖等）。然而，这些材料表现出差的阻隔性和机械性能，如易脆性、热变形温度低、气体渗透性高和熔融黏度低。纳米食品包装材料因其具有安全性高、环境危害小等优点受到消费者的普遍认可。已经开发出了多种用于食品包装的纳米材料，如用作阻气层的纳米黏土，用于抗菌的纳米银和纳米氧化锌，用于紫外线防护的纳米二氧化钛，用于改善机械强度和加工助剂的纳米氮化钛以及用于表面涂层的纳米二氧化硅[6]。纤维素纳米结构具有生物相容性、可食用性、自然丰度、优异的阻隔性能和低成本的优势，目前也已广泛应用于食品包装领域。

6.2 食品纳米加工制造技术

纳米技术的出现几乎为所有学科和技术领域开辟了新的视野。在食品领域，纳米技术可以提供新的方式和手段来控制食品的特性和结构，甚至引入新功能并创造附加值[19]。通常认为，在生产、加工或包装过程中采用纳米技术手段或工具的食品称为纳米食品[20]。这些纳米技术手段用于改变食品及相关产品的质量、结构、质地等，从而改善食品风味和营养，大大提高食品的生物利用率，再通过一些递送方式的改进，食品包装的改善，延长食品货架期和优化食品营养[21]。

就全世界范围来看，无论是发达国家还是发展中国家都在投资这项技术以确保市场份额。其中美国通过其国家纳米技术计划（national nanotechnology initiative，NNI），以近 4 年 37 亿美元的投资处于领先地位，紧追其后的是日本、中国和欧盟国家[22]。在 2009～2012 年，有关纳米食品的专利多达 186 项，其中食品安全检测方面约占 10%，纳米食品添加剂方面占 19%，食品的纳米包装材料约占 47%[23]。目前，我国纳米技术在食品工业中的运用还处于初级阶段，但是已渗透到食品工业中的很多领域，其中以纳米食品和纳米保鲜技术尤为突出。从具体种类来看，目前在食品市场上，从畜牧到水产、从蛋奶到蔬菜、从生鲜品到制成品，均能见到相应的纳米食品。如含有纳米酪蛋白的牛奶、纳米纤维素的肉类、纳米银的饼干、纳米脂质体的橄榄油等与公众生活紧密相关的食品。根据美国新兴纳米技术项目（project on emerging nanotechnology，PEN）网站的数据资料，截至 2014 年 11 月，全球范围内开发的纳米食品多达 116 种[24,25]。

纳米技术在食品领域的研究开发将给整个食品行业带来新的挑战和机遇。目前，食品纳米加工制造主要集中在以下三个方面（图 6.1）：①纳米结构或者纳米配方食品的生产，主要用于提高食品质构、风味和口感；②纳米尺寸或者纳米包封的添加剂的制备，主要用于保护色素、风味物质和其他食品成分；③开发功能食品，主要用于提高食品营养价值，保护生物活性成分，提高它们的生物利用度[20]。本节主要总结了一些常用的食品纳米加工技术和在食品加工中的应用，并简单讨论了食品纳米加工技术潜在的危害。

图 6.1　食品纳米加工制造的应用

6.2.1　常用的食品纳米加工技术

1. 食品纳米颗粒制备技术

目前，利用纳米技术将食品原材料加工成纳米尺寸的食品纳米颗粒受到了非常广泛的关注。这些食品纳米颗粒具有出色的理化性质，相比于化工合成的纳米颗粒，它们更健康、更环保，易被人体消化吸收，在化工、医学、化妆品、食品等领域应用越来越广。在食品领域，这些食品纳米颗粒可以直接作为食品原料，如纳米茶粉、纳米果蔬粉，还可以作为微米/纳米运载体系的材料，如应用在皮克林乳液、纳米乳液、微/纳米胶囊、纳米凝胶中等。

纳米颗粒的制备方法很多，理论上任何制备纳米颗粒的技术和方法都可以制备出食品纳米颗粒，但由于食品的特殊性，用于食品纳米颗粒的制备方法会受到限制[7]。目前，应用最为广泛的方法是物理加工法，其中机械破碎、高压均质、微射流和超声技术在食品纳米颗粒制备中最为常见。机械破碎法利用机械研磨破碎散装材料将物料尺寸减小到纳米级[7]，是一种制备超细微粒最简单的方法。李琳等[26]采用球磨法制备纳米级绿茶粉，其可提高茶粉的浸出率，也可使抗氧化活性增强。Lu 等[27]采用介质研磨手段将原先 10～90 μm 的纤维素颗粒研磨成 38～671 nm 的纤维素纳米颗粒。高压均质法利用物料在高压均质机内受到高速剪切、高频振荡、空穴现象和对流撞击等机械力作用，引发物料的尺寸和理化性质发生改变。Thiebaud 等[28]采用 200 MPa 的均质压力处理牛乳中的脂肪球颗粒，显著提高了牛奶乳液的稳定性。Ni 等[29]采用高压均质法从白果壳中制备纤维素纳米颗粒时发现，调节均质压力（10～70 MPa）可以得到不同长度的纤维素纳米颗粒且展现出不同的理化性质。侯淑瑶等[30]采用 80 MPa 和均质次数为 25 次的高压均质工艺制备甘薯纳米淀粉，得到的甘薯纳米淀粉呈椭圆形，平均粒径为 214.3 nm。微射流技术在超高压力作用下，对流体混合物料进行强烈剪切、高速撞击、压力瞬时释放、高频振荡、膨爆和气穴等一系列综合作用，对物料超微化、微乳化和均一化处理。Bucci 等[31]采用温和热处理和微射流技术生产奶酪牛奶，经过处理以后乳液的粒径大幅降低，从起始的 4127 nm 降低到 390 nm。李良等[32]采用压力为 123.5 MPa 的微射流处理豆乳粉，不仅可以降低豆乳粉的粒径，还可以提高可溶性固形物含量、蛋白分散指数、休止角、溶解度、分散性和水合能力。超声法利用高功率超声波产生的超声空化气泡，气泡爆炸会释放出巨大的能量，产生局部高温高压环境和强烈冲击力的微射流，使物料达到纳米破碎。Chang 等[33]采用 100 W 输出功率的超声处理马铃薯淀粉 30 min，使得淀粉的平均分子量由 8.4×10^7 降低到 2.7×10^6，最终淀粉颗粒尺寸为 75 nm。

除此之外，超临界流体法的使用也逐渐变多。超临界流体技术是利用超临界流体独特的理化性质，以及溶质和溶剂在超临界流体中溶解度不同来制备纳米颗粒[7]。其中，超临界二氧化碳流体法在食品工业生产中应用最为广泛，因为超临界二氧化碳分子间作用力很小，密度接近于液体，黏度接近于气体，具有低黏度、高密度、高溶解性以及高传质性等多种优点，并且价廉易得、安全无毒[34]。Zhao 和 Temelli[35]采用超临界二氧化碳减压技术制备脂质体，并考察了压力、减压速率和温度对脂质体特性的影响。随着压力增加至 300 Pa，获得的脂质体具有相对较大的粒径 523 nm 和较小的多分散指数（PdI）。将降压速率提高至 120 Pa/min 可使 PdI 降低至 0.198±0.016，以获得相对较高的均质性。超过 200 Pa 的压力产生具有良好均匀性的球形囊泡，脂质体可以存储长达 4 周。

除以上几种食品工业中常用的物理方法外，还有一些其他制备方法，如分子自组装方法、酶法、沉降法、反溶剂法、薄膜分散法、界面聚合法、化学交联法和相转变温度法等。

2. 纳米包封技术

食品中很多脂溶性生物活性物质既可以用作食品添加剂提高食品色泽和风味，也可以作为功能成分开发功能食品，如类胡萝卜素和姜黄素。但是，这些活性物质的生物利用度往往会因为它们较差的水溶性、从食物基质中不完全释放以及消化过程中的降解而降低。此外，生物活性物质在食品基质中易于氧化降解，不仅会降低产品的营养价值，还会引发其他质量恶化的问题，如脂质促氧化剂（自由基）的形成、食品的变色或变味[18]。纳米包封技术（nanoencapsulated techniques）是一种物理化学过程，旨在将活性物质截留在结构工程化的纳米系统中，以建立一个有效的热力学和物理屏障来应对恶化的环境条件，如水蒸气、氧气、光、酶和 pH 等，并且包封技术还可以通过调节亲脂性生物活性物质从载体系统的释放动力学，增加溶解度和界面特性来提高其生物利用度[36,37]。

纳米包封体系主要包括纳米乳液（nanoemulsions）、纳米微胶囊（nano-microcapsules）、纳米凝胶（nanogels）、纳米脂质体（nanoliposomes）、脂质纳米粒（lipid nanoparticles）和纳米纤维(nanofibers)等[38]，见图 6.2。纳米乳液至少有三种组分：油相、水相和乳化剂，乳液的平均粒径在 50～500 nm[39]。纳米乳液是

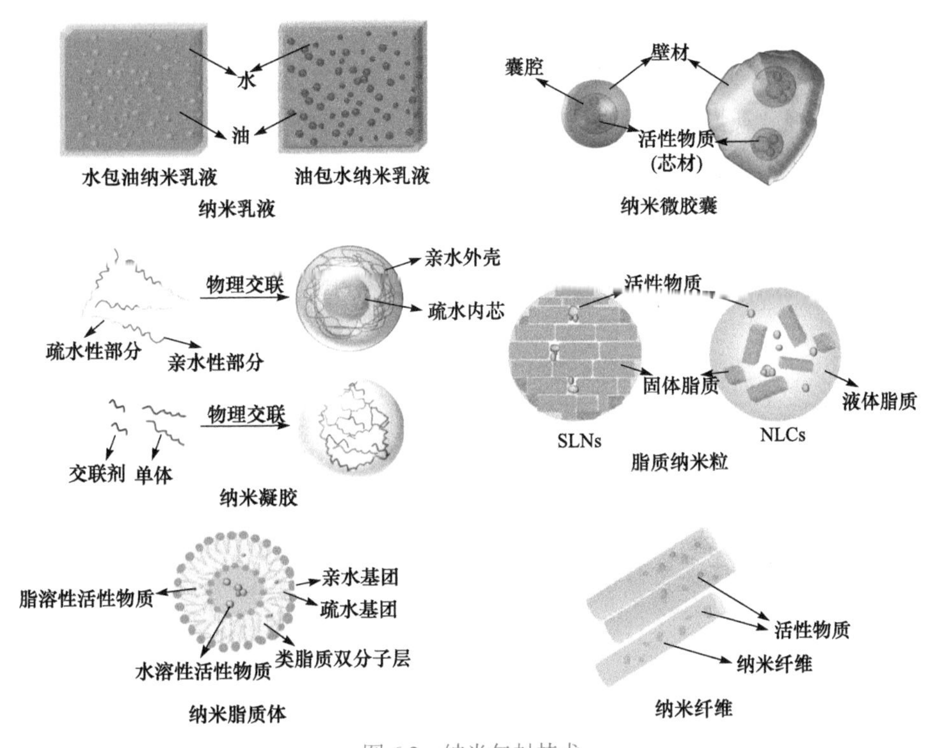

图 6.2　纳米包封技术

一种常见且合适的生物活性成分运载体系，它们既可以通过某些天然表面活性剂自发形成，也可以通过高压均质或超声方法用于工业生产[40, 41]。但是由于纳米乳液的液态“外壳”及其较小的尺寸，生物活性物质在纳米乳液中的控制释放比较困难[42]。可以将基于纳米乳液的输送系统加入到食品和饮料配方中，以保护不溶性生物活性成分并降低所需的化合物浓度[40]。此外，由于微弱的光散射，小尺寸的纳米乳液适合用于透明和半透明的饮料与食品中。

纳米微胶囊是纳米尺寸的新型微胶囊，利用天然或者合成的高分子材料，将活性物质包埋形成具有半透性或密封囊膜的具有纳米尺寸的胶囊[43]。与微胶囊相比，纳米微胶囊具有更好的分散性、靶向性和缓释性。其制备方法有乳液聚合法、界面聚合法、层层自组装法、超临界流体技术、脂质体技术等[25]。微胶囊所用的壁材可以降低外界环境对芯材物质的氧化等破坏，控制芯材物质的释放，因此受到食品和医药领域的广泛关注。

纳米凝胶是最通用的递送体系之一，它们在制药和食品工程中都有较广泛的应用。它们是一种内部交联的纳米或微米级粒子，能形成 3D 网络结构，可以通过单体或聚合物的物理或化学交联来产生[44]。交联赋予纳米凝胶独特的性能，这使得纳米凝胶溶胀而不是溶解。纳米凝胶可以制造出具有不同孔径的多孔结构以及可调节的孔结构，这些结构具有较高的负载能力[40]。

纳米脂质体是脂质体的纳米版本，适合用于亲水、疏水和两亲物质的包封。脂质体是一种微观囊泡，可以通过不同的有机溶剂来制备，如薄膜水化法、乙醇注入法和反相蒸发法[40]。它们具有一个亲水中心，周围有一个或多个磷脂双层。基于此，可以将亲水性物质掺入亲水中心，将疏水性物质截留在疏水性双层中，并且两亲化合物存在于脂质/水界面中。但是脂质体的物理和化学稳定性较差，当其以辅料形式加入到食品基质中时，脂质体容易发生酰基链氧化和酯键水解，从而导致生物活性物质被破坏降解[40]。

脂质纳米粒是一种胶体运载体系，它由脂质部分组成，呈现为 50～1000 nm 尺寸大小的球体[45]。这些脂质在人体环境或室温下均能保持其晶体结构。其中，固体脂质纳米粒（SLNs）和纳米结构脂质载体（NLCs）是最为广泛应用的两种脂质纳米粒[22, 23]。SLNs 仅由固体脂质（如甘油三酸酯、甘油酯混合物或蜡）构成，而 NLCs 由固体和液体脂质的混合物配制（但是固体脂质的量高于液体脂质）[40]。这些脂质纳米颗粒由于具有持续和控制释放活性物质、无生物毒性、卓越的亲脂活性成分的包封率等特性，在制药和食品工业中作为传递系统受到广泛关注。

纳米纤维是一种既可以用于亲水活性物质又可以用于疏水活性物质的纳米运载体系。纳米纤维可以利用静电纺丝包封方法制备得到，所得到的纳米纤维具有较高的比表面积，且对环境变化比较敏感，适用于控制包封的生物活性化合物的释放[40,46]。另外，静电纺丝技术在室温下即可进行，非常适于敏感和易挥发性活性物质的封装。

3. 纳滤膜分离技术

纳滤与超滤、微滤、反渗透膜分离过程一样，都是压力驱动型的膜分离过程。不过，纳滤介于超滤与反渗透之间，纳滤膜所截留物的分子量为 200～1000，孔径仅为几纳米[47]。通常，描述纳滤膜分离机理的模型主要包括非平衡热力学模型、电荷模型（空间电荷模型和固定电荷模型）、细孔模型、静电位阻模型等[48]。纳滤膜技术由于在常温下进行，不发生相变化，营养成分和风味物质损失较少，适合热敏性物质的分离、分级、浓缩和富集，并且纳滤膜技术不使用化学试剂，适应性强，在食品、化工和医药领域应用广泛。Machado 等[49]联用微滤和纳滤工艺来分离浓缩朝鲜蓟提取物中的低聚果糖。纳滤膜技术还可以用于氨基酸和多肽的分离、果蔬汁的高度浓缩、油脂中游离脂肪酸的分离和牛奶及乳清蛋白的浓缩等[47]。

6.2.2　食品纳米加工制造

1. 纳米结构的食品

食品纳米技术在食品加工中的一个关键应用就是开发纳米结构的食品（nanostructured foods）。像其他任何行业一样，食品行业也受到创新、竞争和盈利的驱动。因此，整个食品行业一直在寻求新技术，以提供具有改善的口感、风味、质地，更长的保质期，更好的安全性，可追溯和成本低的产品。食品纳米技术的出现在一定程度上缓解了这些压力。与传统的加工方法相比，食品纳米技术生产的纳米结构食品具有新的口味、质地、稠度和乳液稳定性。纳米结构食品的一个典型例子是低脂产品，如基于纳米乳液制备的冰淇淋，其油脂含量显著低于常规全脂冰淇淋，但是质地上和全脂一样“柔滑”[50]。除此之外，由含有纳米水滴的纳米胶束制备出的蛋黄酱与全脂蛋黄酱相比，有着相似的口感和质感，但脂肪含量大大减少[51]。这些产品为消费者提供了“健康”的选择，而不会影响口味或质地。在面制品中，压缩饼干由于密度大、硬度高，较难吞咽，采用微粉特性的物料制作的压缩饼干，有较好的流动相，方便下咽[52]。肉是人类日常饮食中的重要组成部分，不仅仅因为它的营养价值，还因为它独特的风味。肉含有很多微米/纳米级肌肉纤维，这样肉中的风味物质在咀嚼过程中才会缓慢释放出来。有研究者设想在植物蛋白的基础上利用纳米技术生产出相似结构的“素肉”产品，其具有和动物肉类相似的风味和口感。另外，利用食品纳米颗粒制备技术和手段对食品物料进行尺寸纳米化处理，会使得物料展现出更优良的理化性质，如采用超微粉碎技术制备的绿茶粉比普通绿茶粉具有更强的抗氧化能力，且绿茶香气更浓郁[26]。利用高压均质处理牛奶后，乳中的脂肪球尺寸会降低，牛奶的口感和稳定性会提高[26]。

2. 纳米尺寸或者纳米包封的添加剂

纳米尺寸或者纳米包封的添加剂是食品纳米加工制造的另一个重要的应用。这涉及纳米包封技术，即用磷脂、蛋白质或者其他可消化易降解的聚合物将食品添加剂包埋其中制成脂质体、纳米乳液或者纳米胶囊等。纳米包封技术可以有效改善脂溶性添加剂在食品中的分散性，控制添加剂与食物基质的相互作用，改善食品品质。例如，Borrin 等[53]利用姜黄素负载纳米乳液作为黄色染料替代人工黄色染料用于菠萝冰淇淋中，其不仅有助于改善冰淇淋口感，更完全取代了人工色素的使用。巴斯夫股份公司（BASF）已成功研发出多种纳米胶囊化的类胡萝卜素，在果汁饮料和人造黄油的生产中得到广泛应用[52]。芬兰保利希食品公司采用食品纳米加工技术将植物固醇制成纳米微粒，解决了纯植物固醇难溶解的难题[54]。此外，纳米包封技术还可以保留或者掩盖风味和芳香化合物，并加强它们的热和氧化稳定性，克服高挥发性的局限，控制释放速率并提高生物利用度[37]。例如，Chen 和 Zhong[55]采用反溶剂法利用玉米醇溶蛋白制备成小于 200 nm 的玉米醇溶纳米颗粒并包裹薄荷油，将常规反溶剂法中的乙醇替换成不易燃的丙二醇，这种方法更适用于食品工业。澳大利亚的一家知名面包企业利用微/纳米胶囊技术将富含 ω-3 不饱和脂肪酸的金枪鱼鱼油制备成纳米胶囊，并将其用于面包产品中，纳米胶囊鱼油在胃酸的刺激下才会破裂释放鱼油，避免了鱼油在口腔中散发令人不愉快的异味，影响面包风味[54]。除此之外，表 6.1 列举了一些近年来利用纳米包封技术包埋风味和香气物质的研究。

表 6.1 部分风味物质的纳米包封文献

风味物质	包封体系	包封方法	包封材料	参考文献
薄荷油（peppermint oil）	纳米颗粒	反溶剂法和冷冻干燥	玉米醇溶蛋白和阿拉伯胶	Chen 和 Zhong[55]
薄荷酮（menthone）	纳米颗粒	原位纳米沉淀	糯玉米淀粉	Qiu 等[56]
柠檬烯（limonene）	纳米乳液	自发乳化	中链甘油三酯油和乳化剂（吐温 40、吐温 60 和吐温 80）	Saberi 等[57]
香芹酚（carvacrol）	纳米胶囊	反溶剂/高剪切均质化	麦芽糊精和吐温 20	Hussein 等[58]
咖啡因（caffeine）	纳米管	自组装和冷冻干燥	α-乳白蛋白	Fuciños 等[59]
D-柠檬烯（*D*-limonene）	基于有机凝胶的纳米乳液	高压均质	单硬脂酸酯和中链甘油三酸酯	Zahi 等[60]

3. 功能食品的开发

近年来，“营养食品”在健康促进方面的应用受到了越来越多的关注。我国功能食品行业进入到高速发展的阶段，这不仅归因于我国功能食品市场的逐步完善和消费者对于功能食品逐年增长的需求，还归因于食品纳米技术在功能食品开发中起到的推动作用。营养物质的生物利用度是开发功能性食品时必须考虑的主要因素[41]。生物利用度是指能进入血液的生物活性化合物的量。低溶解度、胃肠道（GIT）中的降解以及低吸收是降低脂溶性活性物质生物利用度的主要障碍[41, 61]。成功克服这些障碍，生物利用度便可以得到提高。

纳米包封技术在克服这些障碍提高生物利用率方面展现出出色的能力。例如，在提高活性物质溶解度方面，Aditya 等[62]将姜黄素加入纳米脂质载体中，研究其体外溶解度，结果发现当姜黄素被包封在 NLCs 中时，其在模拟肠道培养基中的溶解度大于 75%，而纯姜黄素的溶解度低于 20%。Feng 等[63]利用美拉德反应制备卵清蛋白-葡聚糖纳米凝胶包埋姜黄素，发现纳米凝胶可以显著增加姜黄素的溶解，并且使得纯粉的姜黄素生物可接受率从 18%提高到 52%。在提高活性物质的生物利用度方面，Arunkumar 等[64]利用低分子量壳聚糖制备的包封叶黄素纳米微胶囊的生物利用度显著高于未包封的叶黄素。Sari 等[65]利用 MCT-60、吐温 80 和乳清蛋白浓缩物制备纳米乳液包封姜黄素，并研究了姜黄素的体外释放。结果表明，纳米乳剂中封装的姜黄素在胃中释放较慢，纳米乳液显著提高了其生物利用度。

在增强上皮细胞对活性物质的吸收方面，纳米包封体系已被用作一种促进酚类物质渗透到血液中的方案[41]，纳米载体先通过黏液层，然后通过细胞旁路或细胞外途径两种机制从肠上皮进入血流[61]。研究表明，基于脂质的纳米载体已经能够通过黏液渗透、渗透促进剂和胞吞作用克服这些障碍[66, 67]。Ji 等[68]利用单硬脂酸甘油酯和大豆卵磷脂制备 SLNs 包埋姜黄素，研究发现负载在 SLNs 中的姜黄素具有更长的药时曲线下面积和生物利用度，并且 SLNs 能够改善姜黄素在原位肠道的渗透。Wu 等[69]利用纳米脂质体负载木犀草素，发现负载木犀草素的纳米脂质体与游离木犀草素相比具有更高的生物利用度。

表 6.2 展示了部分近年来科研人员利用不同纳米包封体系对于生物活性物质的包封研究。在设计一种提高生物利用度的纳米包封体系时，除了要解决活性物质的低溶解度、胃肠道中的降解以及低吸收等问题外，还需要考虑纳米载体的粒径大小和脂质的消化率以及化学性质。因为较小粒径的载体可以提供较大的界面表面积，这不仅有利于脂肪酶对脂质的水解，还有利于增加吸收。脂质的化学性质也可以改善脂溶性活性物质吸收。例如，与中链甘油三酸酯（MCT）

相比，长链甘油三酸酯（LCT）作为纳米封装系统中的壁材料可提供更高的吸收率[41]。

表 6.2　近年来纳米包封体系包埋活性物质的部分文献案例

种类	制备材料（配方）	活性物质	尺寸/nm	参考文献
纳米乳液	油相：玉米油；水相：磷酸缓冲液；乳化剂：皂树皂苷/吐温 80/酪蛋白酸钠	叶黄素	200	Weigel 等[70]
	油相：MCT；乳化剂：辛烯基琥珀酸（OSA）修饰淀粉	番茄红素	145～162	Li 等[71]
	油相：橙子油；乳化剂：吐温 20 和β-乳球蛋白	β-胡萝卜素	>100	Qian 等[72]
纳米微胶囊	玉米醇溶蛋白和藻酸丙二醇酯	β-胡萝卜素	350～800	Wei 等[73]
	低分子量壳聚糖	叶黄素	80～600	Arunkumar 等[64]
	大豆蛋白和大豆多糖	姜黄素	100～800	Chen 等[74]
纳米凝胶	壳聚糖-肉豆蔻酸	丁香精油	<100	Rajaei 等[75]
	卵清蛋白-葡聚糖	姜黄素	200	Feng 等[63]
	蛋黄蛋白-果胶	姜黄素	58	Zhou 等[76]
纳米脂质体	大豆卵磷脂和水	叶黄素	150～170	Zhao 等[77]
	磷脂、乙醇和水	槲皮素	130～300	Azzi 等[78]
	L-α-磷脂酰胆碱、乙醇和水	橄榄果渣提取物	134	Trucillo 等[79]
脂质纳米颗粒	甘油双硬脂酸酯和甘油单硬脂酸酯	番茄红素	75～183	Akhoond 等[80]
	棕榈酸、玉米油和乳清分离蛋白	β-胡萝卜素	>220	Mehrad 等[81]
	鱼油、巴西棕榈蜡和硬脂酸甘油酯	叶黄素	187～387	Lacatusu 等[82]
纳米纤维	葡聚糖	维生素 E	400～1000	Fathi 等[83]
	明胶	丁香油/壳聚糖纳米颗粒	325	Cui 等[84]
	可溶性膳食纤维	α-生育酚	—	Li 等[85]

在这些纳米包封技术的基础上，市面上出现了一些相应保健食品的产品，如类胡萝卜素纳米微胶囊、DHA 纳米微胶囊。但是，食品公司在生产功能食品

时必须要考虑和遵守一些规则。首先，食品中活性物质的功能特性需要通过体内和体外实验来证实。其次，还需要研究功能性食品的安全性，特别是将纳米包封体系掺入食品配方中的安全性。最后，需要从消费者的角度分析和研究功能食品的感官和理化性质，这些纳米包封体系不能对食品的最终特性产生不良影响[86]。

6.2.3　食品纳米技术潜在的风险

食品纳米技术的应用在赋予纳米食品新的风味和质构、延长食品保质期、提高食品营养价值的同时，可能存在一定的安全隐患。纳米食品的一个重要标志就是含有纳米尺寸的颗粒物质。这种极其微小的尺寸赋予了颗粒独特的理化性质，但也恰是纳米食品风险存在的根源[24]。例如，在食品添加剂中广泛使用的二氧化钛（TiO_2）会因为它的尺寸大小不同而展现出不同的毒性。30 nm 的 TiO_2 纳米颗粒会使小鼠大脑产生大量自由基免疫细胞，25 nm 及 80 nm 的 TiO_2 颗粒能够破坏雌鼠的肝脏功能，而粒径在 155 nm 以上的 TiO_2 颗粒却没有表现出明显致病性[87, 88]。

由于纳米颗粒的微小尺寸，它们比大颗粒更容易快速扩散，且借助特异性大分子如蛋白质和多肽直接进入上皮细胞，同时也可通过跨细胞途径被吸收，这使得细胞屏障（如细胞膜）不能阻止纳米颗粒的扩散吸收。如果纳米食品中存在不干净或者有毒物质，很容易引起急性毒性反应。此外，由于纳米颗粒特有的性质导致其在体内没有明显的刺激性，纳米食品在胃肠道的时间延长，可能会导致胃肠道炎症和氧化损伤。纳米颗粒通过毛细血管进入血液循环，穿过生物膜进入细胞、器官组织，在人体器官、神经系统和血液中蓄积，最终可能导致人体对含有纳米颗粒的食物吸收过量，从而使中枢神经系统、男性生殖功能，以及胚胎发育受到不良影响。食品纳米加工技术从本质上改变了食品的属性，促进了食品工业的发展，但同时也带来了一定的安全隐患。因此，食品纳米加工技术在食品领域广泛且成功的应用离不开科学全面的风险评估与监管，需要国家相关部门和科学研究团队共同努力，更有效地推动纳米技术在食品领域的应用发展，使纳米食品更具营养和更加安全。

6.3　食品纳米包装材料

纳米包装材料种类繁多,有通过纳米技术加工工艺制备的纳米结构包装材料，有通过将功能性分子与高分子材料进行复合制备的纳米包装材料。纳米粒子的加入赋予了包装材料特殊的性能，纳米分子筛使得材料具有良好的透气性和保鲜性能。纳米复合材料方法对未来主动、智能和柔性包装系统的发展具有重要的作用。此外，纳米技术还可以通过调整材料的渗透性能和增加屏障性能（机械、化学和微生物），提供抗菌剂而改善耐热特性。目前，纳米技术在食品包装的应用主要有如下几类。

6.3.1 抗菌性纳米包装材料

近年来，抗菌性纳米包装材料成为包装领域，特别是食品包装领域的研究热点。纳米抗菌材料的抗菌功能具有局限性，只对某种特定的微生物具有抑制其繁殖和杀灭的功能，继而科学家们又研制出将多种抗菌剂复合，从而获得多功能的抗菌材料。不仅解决了单一抗菌材料性能的局限性，还提高了材料的综合性能。相比于传统抗菌性包装材料，纳米抗菌包装材料具有抗菌能力强、抗菌时效长的特点。在食品工业中，运用包装材料和方法来降低食品的质量损失、提供安全和卫生的产品一直是研究的热点。其中，生物纳米复合材料是新一代的纳米食品包装材料，它能有效地抑制微生物的增长、延长食品货架期，并且保证食品在储藏中的质量与安全。纳米复合材料已经成为食品包装的重要材料，这主要是由于提高了包装材料的以下几种性能，包括气体（氧气和二氧化碳）和水蒸气阻隔性能、机械强度、热稳定性、化学稳定性、可回收性、生物降解性、尺寸稳定性、耐热性、良好的光学清晰度、有效的抗菌和抗真菌表面、感知和信号微生物与生化变化。下面将讨论不同生物纳米复合材料在食品包装方面的应用。

1. 生物聚合物制备的抑菌生物纳米复合材料

用于制备抑菌生物纳米复合材料的生物聚合物如图 6.3 所示。多聚糖类生物聚合物制备的生物纳米复合材料最为常见[89]。此外，海藻酸钠由于其低成本、无毒性、可生物降解性、生物相容性、稳定性、凝胶生成和增稠性能，也是一种很有吸引力的成膜组分。在蛋白类制备的抑菌生物纳米复合材料中，乳清蛋白分离物在结构上具有大量的亲水氨基酸，可形成柔性、透明的膜，具有较低的机械强度和较高的透气性。相比于多糖或脂类形成的包装膜，乳清蛋白纳米复合膜可以更好地保护气体或芳香族化合物以及油[90]。通过加强纤维素纳米纤维（CNF）的方法可以生产乳清蛋白系的纳米复合材料，2% CNF 膜具有最强的机械强度、较低的伸长率和较高的硬度。在鱼肌原纤维蛋白膜中添加蒙脱石（1 wt%～5 wt%）和微生物谷氨酰胺转氨酶（1 wt%～3 wt%）可以提高生物纳米复合膜的透湿性、拉伸强度和机械强度[91]。在脂类制备的抑菌生物纳米复合材料中，环氧化甘油三酯油和含硅烷偶联剂的环氧乙烷的酸催化固化反应可以形成可降解的纳米复合材料，形成有机聚合物和二氧化硅网络的均匀结构，与环氧化天然油相比，纳米复合涂层的硬度和杨氏模量都可以显著增加。此外，在聚合物基体中分散厚度为8～20 nm的蒙脱土层，通过在油基聚合物基体中加入黏土，可以改善蒙脱土的力学性能。

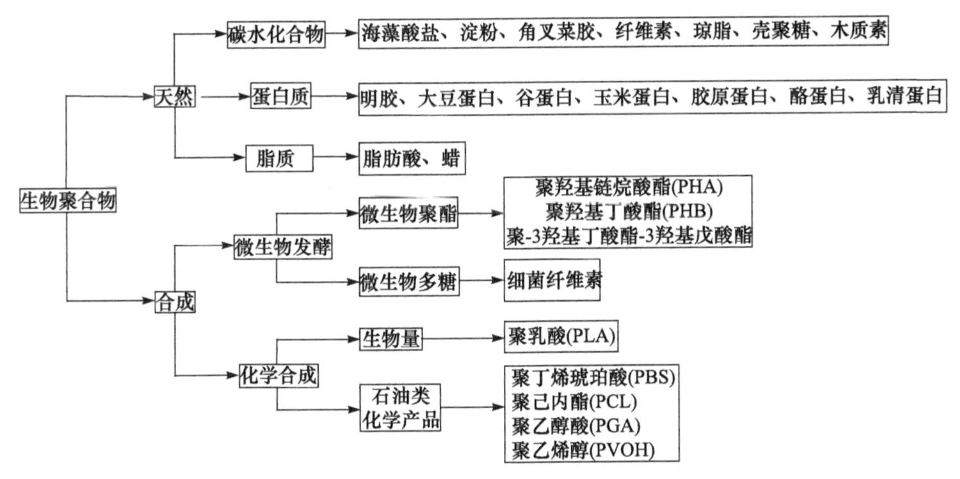

图6.3　生物聚合物的分类及来源

2. 生物可降解聚合物制备的抑菌生物纳米复合材料

塑料包装的大量使用引起了许多环境问题，在国家和国际各级部门的鼓励和工业需求的增长下，人们对开发和使用可通过分解或生物降解将其变成二氧化碳和水等的材料产生了浓厚的研究兴趣。通常降解的高分子材料分为三类：光降解高分子材料、生物降解高分子材料和光-生物降解高分子材料。聚乳酸是目前市场上最重要的生物可降解热塑性聚酯之一。创新的聚乳酸基纳米生物复合膜以不同浓度的百里酚为主要活性成分。由于百里酚的加入，它们还降低了氧传递速率，其也可以被认为是一种有前途的抗氧化活性纳米生物复合材料的包装材料。以纳米黏土C30B（5.0% w_B）为载体，在一定浓度下，将聚乳酸与肉桂醛交联反应制备成生物纳米复合膜（11%～17% w_B）。活性化合物和纳米黏土的加入会引起革兰氏阳性和革兰氏阴性微生物的结构、热、机械和抗菌性能的变化，进而达到抑菌的目的[92]。采用熔融共混工艺制备的聚乳酸增塑样品，经铜掺杂氧化锌粉末增塑和银纳米粒子功能化处理后，其热性能、机械性能（透过率和拉伸强度）、阻隔性能和抗菌性能均有一定的提高。

不同的可降解聚合物具有不同的应用性能，如可塑化壳聚糖，对气体具有良好的阻隔性能，然而在有水分的情况下，阻隔性能会显著降低；而聚水杨酸具有很高的水阻隔性能。这些以生物为基础的聚合物，如聚乳酸和淀粉对二氧化碳的渗透性相比于它们对氧的渗透性（穿透选择性）高于大多数传统矿物油基聚合物。这适用于需要高阻隔氧的食品包装，但是产品产生的二氧化碳应由包装顶部及时排除，以避免包装膨胀。然而，其中一些塑料的生产成本较高，并且缺乏与其他塑料产品相媲美的竞争性。因此，仍需研究如何改善大多数生物可降解聚合物的某些特性，如气体阻隔特性和机械性能，使它们能够与石油基材料竞争。通过纳米创新技术对可生物降解聚合物进行改性是材料科学家面临的重大挑战。

3. 不同填料和纳米粒子的抑菌生物纳米复合材料

（1）金属基抑菌性生物纳米复合材料：金属氧化物纳米材料由于具有稳定的性质，且通常含有金属阳离子和氧负离子，通过电荷间的相互作用以离子键或者共价键相结合。由于金属阳离子可变的化学价态和氧负离子灵活的电荷分配，金属氧化物常形成各种类型的晶体结构。目前，世界各国对金属氧化物纳米微粒的研究已经相当成熟，其主要研究集中在纳米微粒的制备，条件优化进行可控微观结构的设计与调控合成，同时进行宏观物理性质和化学性质的把握，以及在不同领域具体实际应用的要求标准等方面，在此过程中有关纳米微粒的制备技术是核心部分，因为通常设计的制备工艺和过程调控均对纳米微粒的微观结构组成、形貌等宏观性能的具体应用会产生重要的影响。银、铜、金、钛、锌等金属的抗菌活性各有不同的性质和效能，几个世纪以来一直为人所知和应用。以金属银为例，银是一种广谱抗菌剂，对多种细菌、真菌和某些病毒毒株有毒性，而不像其他抗菌剂对特定微生物有选择性。由于银的保质期较长，适合用作包装材料的保质期增强剂。纳米银颗粒因具有更强的抗菌性也可以防止微生物的攻击。总体来说，银颗粒通过与蛋白质或酶膜表面的二硫化物或巯基结合，或通过破坏 DNA 复制过程和/或活性氧的形成，导致氧化应激增加，从而干扰微生物的重要代谢过程（图 6.4）[93]。

（2）蒙脱土基抑菌性生物纳米复合材料：蒙脱土作为一种天然的层状硅酸盐矿物，由于其丰富的资源、低廉的价格和优良的性能，被广泛应用于聚合物改性。蒙脱土的结构属于层状硅酸，为 2∶1 型。在一层铝氧八面体和两个硅氧四面体的中间，由共同的氧原子连接，晶胞平行重叠，高度有序，层间不容易滑倒[94]。这种特殊的晶体结构使蒙脱石具有较高的表面活性和阳离子交换能力，但天然蒙脱土具有亲水和疏水性质，不能均匀分散在有机物质中。因此，它将被有机改性以增加其亲脂性。通过离子交换，烷基离子进入蒙脱石层以增大蒙脱石的层间间距，长烷基链部分覆盖片状的表面，这使得它是油性的，因此改善蒙脱石和聚合物的兼容性。尽管蒙脱土系列纳米复合材料在食品包装上的应用较少，但已发现卡帕卡拉胶/刺槐豆胶与有机改性蒙脱土（cloisite 30B）的共混物对单核细胞有抑制作用。掺有 cloisite 30B 的壳聚糖基纳米复合膜对革兰氏阳性细菌（包括金黄色葡萄球菌和明串珠菌）具有抗菌活性[95]。

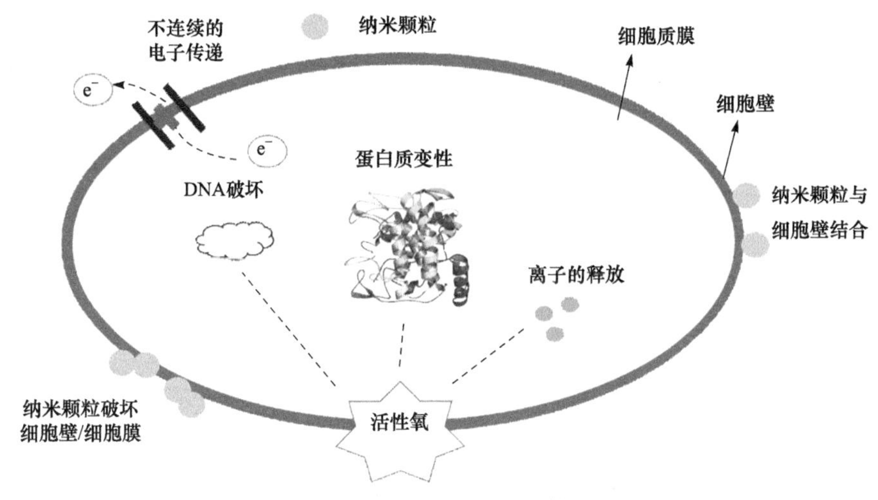

图 6.4　纳米颗粒抑菌机制图

（3）纳米纤维素基抑菌生物纳米复合材料：纳米纤维素是指细长的、薄的、线状的结构，这些结构是由合成聚合物、天然聚合物或生物聚合物组成的[96]。聚合物纳米纤维在力学、电学和热性能方面表现出不同寻常的特性，使其在制药、化妆品、纺织、食品工业生产、具有新特性或改良特性的材料方面都具有一定的应用潜力。其中在食品工业方面的主要应用包括用于包装的元素构建和增强，用于复制人工食品的食品阵列元素构建，以及用于细菌培养的纳米结构支撑。近几年来，拉伸、模板合成、相分离、自组装、静电纺丝等加工技术被广泛应用于高分子纳米纤维的制备中[97]。表 6.3 列举了不同纳米纤维加工技术的优缺点。其中，制作纳米纤维最简单的方法是拉伸。在纤维工业中，拉伸和干纺丝的过程类似，可以逐一制造出长的纳米纤维，该拉伸工艺适用于强变形的黏弹性材料，且其内聚力应足以承受牵引过程中产生的压力。静电纺丝法是目前应用最广泛的制备高分子纳米纤维的方法，具有重复性好、易于放大、可生产长而连续的纳米纤维等优点（图 6.5）。此方法生产的纳米纤维直径为 10～1000 nm，且有较高弹性、强度和表面积，也取决于使用的聚合物[98]。此外，这些结构较大的表面积使生产的纳米纤维具有高的孔隙体积和不同尺寸。正是这些孔隙的存在促进了生物活性分子的装载以及营养物质和废物的运输，使聚合物纳米纤维成为一类重要的生物材料。

表 6.3 不同纳米纤维加工技术的优缺点

加工方法	优点	缺点
拉伸	• 操作简单 • 选材广泛	• 分批加工 • 产量低 • 难以形成统一直径的纤维 • 纤维素尺寸及排列有限
模板合成	• 纤维素直径统一 • 通过不同模型易于改变纤维素直径 • 选材广泛	• 操作复杂 • 纤维素尺寸及排列有限
相分离	• 设备要求简单 • 孔隙 3D 排列	• 操作复杂 • 生产时间长 • 只适用于特定的聚合物 • 缺乏对纤维素排列的控制
自组装	• 易获得更小的纳米纤维素 • 孔隙 3D 排列	• 操作复杂 • 准备时间长 • 缺乏对纤维素定向和排列的控制
静电纺丝	• 简单且经济有效 • 易设置 • 适用于多种材料 • 可生产长纤维，连续且随机分布 • 纤维直径、微观结构、排列等易于控制 • 适用于工业生产	• 溶剂回收问题 • 低生产率 • 喷射不稳定

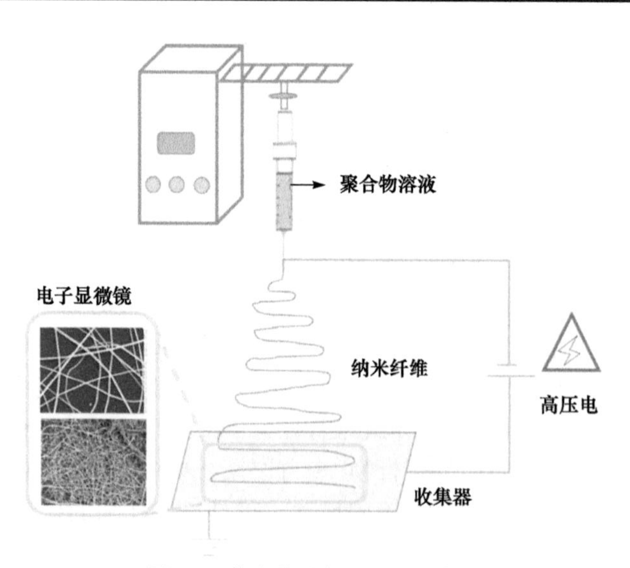

图 6.5 静电纺丝加工过程示意图

6.3.2 保鲜性纳米包装材料

果蔬在采摘后，由于自身的新陈代谢、细菌的入侵等，容易腐烂变质，其中，乙烯对果蔬的成熟度有很大的影响。乙烯是许多果蔬正常代谢的产物，当乙烯的量达到一定程度时，果蔬就会加速腐烂。因此，通过清除或减少乙烯的量，能够对果蔬起到保鲜的作用，而纳米银及纳米 TiO_2 对乙烯的氧化有催化作用。纳米 SiO_x 也是一种可起保鲜作用的纳米材料，可用纳米涂膜的形式将其与其他材料复合在一起，通过调节膜内外二氧化碳和氧气的交换量来抑制产品呼吸强度，从而对产品进行保鲜。此外，纳米纤维也是典型的保鲜性纳米包装材料，下面将逐一阐述其作为保鲜性纳米复合材料的特点。

1. 抑菌作用

食品的保鲜包装是指对人类和环境无害的抗微生物化合物和天然保存包装。其主要目的是提高产品的保质期，从而减少食品损失。包装的创新与新材料的开发以及不同性能的纳米复合材料和聚合物的组合有关。在这种情况下，具有抗菌特性的包装可以防止微生物引起的食品变质，延长产品的保质期[99]。通过将无机纳米颗粒（铜和银）与聚合物基体结合，可以开发出这种包装。目前已经有将铜、银等无机纳米颗粒与纳米纤维结合的做法。此外，当抗菌肽直接暴露于蛋白质、酶、脂类和化学物质中时，其抗菌活性会显著降低。因此，在纳米纤维中掺入这些物质来维持抗菌肽的抗菌活性已经得到了研究，纤维与抗菌肽的结合具有抑制食品致病菌的作用，并可以延长食物的保质期。

2. 隔绝 O_2 和 CO_2

食品包装中的一个关键问题是大气气体和水蒸气的迁移与渗透。在某些情况下，气体迁移或扩散的高障碍是不利于食品保鲜的。水果和蔬菜的包装依赖于获得细胞呼吸所需的持续的氧气供应。然而，用于碳酸饮料的包装必须对 O_2 和 CO_2 有较高的阻隔性，以阻止氧化和脱碳反应。目前已经将鱼油和纤维素通过静电纺丝结合到一起，进而阻隔 O_2 的渗透。经紫外线活化的静电纺丝制成的聚环氧乙烯（PEO）纤维包裹着二氧化钛纳米粒子的氧气指示器也已经问世。由于纳米纤维材料具有较大的表面积/体积比，因此纳米纤维可以增强指示剂的性能，这有利于增强由紫外辐射激发的电子的形成。

3. 水蒸气渗透性

在食品包装中，经常需要减少或防止湿度转移。例如，淀粉基质的纳米材料本质上是亲水的，与传统聚合物相比，其阻隔性能较差。然而在热塑性淀粉基质中加入 5%～10%（w_B）的几丁质纳米纤维（CTNs）可以显著降低水的透过率[100]。但 20%的 CTNs 添加量反而会增加水的透过率。湿度传感器是控制大气和某些工业过程中水汽含量的重要设备，已成为高质量产品的必要条件之一。基于纳米金属氧化物封装的涂层可以提高其阻隔性能，湿度传感器由金属氧化物（TiO_2、SnO_2、NiO、ZnO、In_2O_3 或 WO_3）、聚合物和复合材料发展而来，NiO-SnO_2 纳米纤维就是很好的湿度传感器。当水蒸气存在时，这些纳米纤维的表面传导增加，这反映了 NiO-SnO_2 纳米结构对湿度的敏感性。

4. 酶的固定化

酶的低催化效率和稳定性一直被认为是食品在大规模生产和应用中的瓶颈。聚合载体中酶和蛋白质的固定化是一个热门的研究领域，其目的是提高酶和蛋白质在生物过程中的功能和性能。纳米纤维可以包覆酶并保持其催化功能的效率，也可以作为酶的纳米反应器或酶的缓释系统。使用纳米纤维的另一个优点是可以从反应介质中回收纳米纤维供以后使用。β-半乳糖苷酶、溶菌酶和荧光素酶正是由聚合物纳米纤维酶释放的典型例子。除了提高酶的催化效率外，纳米纤维素也可以增加酶的热稳定性。固定化酶热稳定性的提高可能和酶与纳米纤维聚合物链之间的共价键和/或在较高温度下对底物扩散的最小限制有关。

5. pH 指示器

近年来，光、热、pH 等外部刺激使颜色发生可逆变化的铬材料吸引了许多研究人员的关注。变色纤维或 pH 敏感型纤物是一种会因 pH 变化而变色的材料。pH 的测量对于临床、环境和食品工业应用非常重要，pH 指标已经在组织工程、水过滤、生物加工过程中的 pH 变化、智能食品包装和饮料以及纺织领域有了广泛的应用。通常所用的玻璃电极监测 pH 的方法存在成本高、不灵活、微型化困难等缺点，而电纺生产的纳米纤维具有孔径小、孔隙率高、比表面积大、吸收能力强等特点，非常适合用于 pH 传感器。

6.3.3 高阻隔性纳米包装材料

食品包装，特别是饮料、肉类、油炸类等食品的包装，对包装材料的阻隔性要求很高，包装材料的阻隔性直接关系到食品的保存质量和保质期，关系到消费者的健康。高阻隔性的包装能够长时间地保持食品的营养成分、风味和品质，防止微生物入侵，从而减少因食品变质而带来的食品安全事故。随着人们对包装的要求越来越高，一些传统包装材料的阻隔性不能满足人们的需要，而纳米技术能够很好地提高包装材料的阻隔性。聚烯烃、聚丙烯和各种等级的聚乙烯（如 HPDE 和 LDPE）、聚对苯二甲酸乙二醇酯（PET）、聚苯乙烯和聚氯乙烯等高分子材料已经陆续取代传统的玻璃和金属包装材料。尽管这些高聚物的某些特性使其具有比传统材料更多的优点，但它们对气体分子和其他小分子的固有渗透性极大地限制了它们的应用。

目前热塑性聚合物、热固性聚合物、弹性体聚合物、淀粉和可生物降解聚酯等已广泛应用于纳米复合材料的开发。聚酶铵-6 塑料（NPA_6）是一种新型包装材料，其采用纳米复合技术制成。与传统的尼龙塑料相比，NPA_6 的阻气性和阻水性更高，能够增长食品的保质期。日常生活中，玻璃瓶及金属罐广泛应用于啤酒包装，但由于玻璃瓶具有易碎、质量较大、容易爆炸伤人等问题及金属罐成本高等原因，许多商家希望用 PET 瓶来包装啤酒，但 PET 瓶的阻隔性不能满足啤酒包装的需要，因此人们希望通过相关技术来改善 PET 的阻隔性。通过纳米技术提高 PET 阻隔性的方法有表面涂覆、纳米改性等。无定形纳米碳涂覆技术（ACTIS）是一种由法国 Sidel 公司开发的表面涂覆技术，能够很好地提高 PET 瓶的阻隔性，经此技术处理的 PET 瓶，较普通 PET 瓶的防乙醛渗入性和气体阻隔性都有很大的提高。

6.3.4　其他纳米包装材料

其他类型的纳米包装材料有防伪型纳米包装材料、防静电型纳米包装材料、智能型纳米包装材料等。产品的造假不仅会给厂家、消费者带来损失，有些造假产品还会影响消费者的身体健康。因此，如何提高包装的防伪性，是厂家面临的紧迫问题。

1. 防伪型纳米包装

在包装防伪技术中，纳米防伪技术是一项前沿的防伪技术。纳米防伪技术可在包装材料、包装印刷、包装工艺等方面进行应用，从而使包装具有防伪性。例如，有些物质在纳米级时，不同物质或不同粒度可呈现出不同颜色，使包装防伪，当把这种纳米粒子加入到油墨或包装材料中后，消费者可利用这些物质对周围环境（温湿度、光等）的敏感性来判别产品真假。

2. 防静电型纳米包装

静电的存在给一些产品带来很大的危险性，如军工产品。防静电型纳米包装材料是在包装材料中加入金属纳米微粒、纳米掺锑二氧化锡等材料，这些材料能够很好地消除静电，从而减少包装件的损坏。

3. 智能型纳米包装

过去几年里，化学传感器和生物传感器已经有了飞速的发展，且在包括食品技术在内的许多领域内都有很大的应用前景。这些传感器与食品包装技术的结合产生了我们所说的智能包装。智能包装使用化学传感器或生物传感器来监控食品从生产者到消费者的整个过程中的质量和安全，常用来控制食品质量和安全的指标有新鲜度、病原体、泄漏度、二氧化碳、氧气、pH、时间或温度等，人们可根据这些参数来判断产品是否损坏、变质等。大多数智能包装是由氧探测器主导的。许多烘焙食品和肉类已经采用了纳米包装。对食品环境中的氧含量、温度、病原体等进行连续检测，并使用指标进行适当的报警。在纳米传感器的帮助下，它们还可以显示产品的保质期。尽管纳米技术在包装领域具有优势和应用，但仍需要对纳米尺度下颗粒行为的毒性进行相关研究。主要应考虑纳米颗粒从包装迁移到食品的过程，需要研究它们对消费者和环境的影响，并制订应用这项技术的相关规定。

6.4 食品纳米表征方法

纳米技术在食品中的应用可以改善食品的质构、风味及营养价值等，其发挥作用依赖于食品体系中的纳米颗粒（nanoparticles，NPs）。此外，纳米颗粒的存在也可能对食品品质及人体健康存在未知的影响。因此，为深入研究纳米技术及其对人体的影响，发展能够检测及表征食品体系纳米颗粒的分析手段十分重要。纳米颗粒的尺寸与分布、聚集状态、表面电荷、形状、结构、溶解率、化学组成、数目及浓度都可能影响食品的品质及人体健康，都应被纳入检测和表征的范畴。实际上，表征纳米级物质不仅仅是纳米食品研究者面临的问题，也是化学家和生物学家几十年来一直研究的问题。随着 20 世纪 80 年代一些新仪器如原子力显微镜的诞生，纳米级物质的表征成为可能。最近几十年越来越多相关的分析技术和仪器纷纷出现，得到了快速的发展并日趋成熟，也大多在纳米食品的检测与表征中得到了应用。本节将按照检测目的对纳米颗粒的表征技术进行概述，不仅会介绍不同技术所具有的优势，也将阐述其在食品纳米表征中应用所面临的挑战及局限性，从而让读者对其有更加全面的了解。此外，需要说明的是，由于食品纳米包装材料属于材料科学的范畴，本节将不作重点介绍，而仅将混入食品基质的纳米包装材料颗粒囊括在内，重点介绍食品基质中的纳米颗粒的表征方法。

6.4.1 粒度与分布

食品中含有的纳米颗粒的粒度会在很大程度上影响食品的理化特性，同时由于粒度会直接决定纳米颗粒的转运性能，因而也会影响食品的安全性及生理活性。例如，作为膳食补充剂的纳米铁，其颗粒尺寸的降低会同时带来溶解性以及生物利用度的提高[101]；某些食品中广泛存在的活性成分，尤其是一些水溶性差的功能性脂质（如类胡萝卜素、植物甾醇、ω-3 脂肪酸）及天然抗氧化剂等，在以纳米颗粒形式存在时生物利用度更高[102]。此外，组成食品的颗粒大小也会极大地影响食品的口味和口感。由此可见，对纳米食品粒度及分布进行表征可以指导食品的研发与生产，也有助于认识纳米技术对食品品质、安全性及健康的影响，具有非常重要的意义。

食品中纳米颗粒粒度的分析方法有很多，目前应用较为广泛的有激光散射法、色谱法、场流分级法、毛细管电泳法和显微镜法等。需要指出的是，不同测定方法所依据的原理和特性不同，测得的粒径是等效意义上的粒径，其和实际的粒径有一定差异。例如，尺寸排阻色谱法（size exclusion chromatography，SEC）、水动力色谱法（hydrodynamic chromatography，HDC）、场流分离法（field flow fractionation，FFF）、动态光散射法（dynamic light scattering，DLS）、纳米颗粒跟踪分析法（nanoparticle tracking analysis，NTA）等测定的是纳米颗粒的流体动力学参数，而多角度静态光散射法（multi-angle laser-light scattering，MALLS）测定的是回转半径[103]；又如，电子显微镜法（electron microscope，EM）能够识别纳米颗粒表面附着的其他物质，而光散射法的测定结果则包括了真实内核及其表面附着的物质。因此，粒度的测定结果只能进行等效比较，而不能进行不同测定方法间的横向比较。此外，由于不同方法各有所长，因此利用多种方法测定粒度更加全面客观。例如，一项玉米蛋白纳米颗粒的研究[104]利用静态光散射法测定粒度大于 400 nm 的颗粒，而利用动态光散射法测定粒度小于 400 nm 的颗粒，并且使用透射电镜对颗粒粒径及分布进行分析，透射电镜结果表明表面活性稳定的玉米蛋白颗粒的粒径为 50～100 nm，这和动态光散射法测得的平均粒径 80 nm 相近。图 6.6 展示了 MALLS 法、DLS 法和扫描电镜法对乌贼墨汁粒度测定的结果，DLS 和 MALLS 法测定的粒径一般要大于扫描电镜法；对于同一样品，前两者提供的粒径范围为 180～260 nm，而后者则为 100～140 nm。

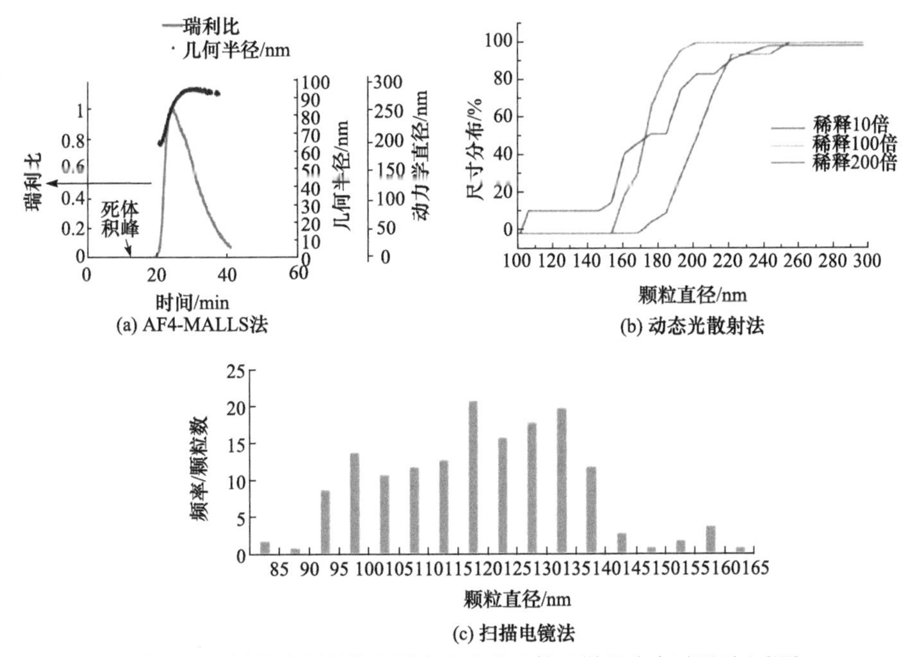

图 6.6　不同纳米颗粒粒度测定方法的比较（样品为乌贼墨汁）[110]

1. 光散射法

光散射法（light scattering），可分为静态和动态两种。当一束波长为 λ 的激光照射在球形颗粒上时，会发生偏离其直线传播方向的衍射和散射现象，当粒径小于 10λ 时，以散射现象为主，散射光的角度和颗粒直径成反比，散射光强随角度的增加呈对数衰减，而散射光的能量分布与颗粒粒度分布直接相关。通过接收和测量散射光光强、角度及能量分布就可以得出颗粒粒度及其分布信息[105]。光散射粒度分析仪可以和超声、搅拌及循环等样品分散系统联用，不受颗粒理化性质的限制，具有仪器造价低、自动化程度高、测量范围广（可达 1 nm～3000 μm）、操作方便、测定速度快、测量准确性高、重复性好等优点。此外，该仪器还可以通过施加电偏压从而具有测定 Zeta 电位的功能，这是其他仪器难以比拟的。当然，该方法也存在一些局限性，如对样品纯度要求高（任何异质都会影响测定结果）、不适用于高浓度样品、在分析非球形颗粒时容易引起误差等。

在各种食品纳米表征方法中，以激光为光源，基于动态光散射原理的激光纳米粒度分析仪最为常用。动态光散射法，也被称作光子相关光谱法（photon-correlation spectroscopy，PCS），测定的是纳米颗粒在液体中运动时的流体动力学粒径。纳米颗粒的运动可以引起散射光强度的波动，而散射光强度的波动和颗粒粒度（反映为颗粒的运动特性）相关，据此可以计算出粒度。由于操作方便，价格低廉，基于动态光散射原理的激光纳米粒度分析仪被广泛应用于食品特别是乳液中纳米粒度的表征[106, 107]。但是，一项对食用级二氧化硅添加剂的研究[108]发现，动态光散射法极易受到食品体系中大尺寸聚集物沉降速度的影响，因此并不能准确提供颗粒粒度分布的信息。与动态光散射法测定单角度动态散射光强度波动不同，多角度激光散射法测定的是多角度下颗粒的回旋半径。多角度激光散射法测定时间短，这意味着更适合在线测定，其一般与颗粒分离方法联用，如和非对称场流分离（asymmetric-flow field-flow fractionation，AF4）联用的 AF4-MALLS。AF4-MALLS 在食品蛋白质及聚合物的表征中得到了广泛的应用[109,110]，在某些应用方面可能比动态光散射法更具优势，在表征颗粒粒度分布特别是宽粒径分布和多模式分布方面，AF4-MALLS 比动态散射法更加可靠。还有一种基于光散射原理的方法是纳米粒子追踪分析，其通过二维光散射中心逐步追踪单个粒子的位置变化来分析单个粒子的布朗运动。优点是需要的样品量很少（小于 0.5 mL），成本低，测定速度快；缺点是只能测定低浓度的、粒度大于 10 nm 的颗粒[111]。例如，在研究由酪朊酸钠和大豆蛋白提取物混合稳定的乳液时，纳米粒子追踪分析法便被用于表征粒度约为 250 nm 的纳米液滴[112]。

2. 显微镜法

显微镜在纳米颗粒粒度测定中也得到了较为广泛的使用，这是一种直观的检测方法，常见的显微镜类型是扫描电镜（scanning electron microscope，SEM）、透射电镜(transmission EM, TEM)及原子力显微镜(atomic force microscope, AFM)。扫描电镜通过低能电子束（1～30 keV）扫描样品，可以获得样品 3D 景深图像。而透射电镜则是靠高能电子束（80～300 keV）穿透样品层而提供细节更丰富的 2D 形态图像。与光散射法不同，电镜法可以测定固态食品中纳米颗粒的粒度，而对于液态食品则需要进行前处理。在此需要特别指出的是，电镜法只能测定干燥的样品，而绝大部分食品都是含水的，这意味着电镜法在分析食品样品时需要经过除水前处理，如化学脱水、干燥以及冷冻等，而对于液态或乳状食品（饮料、牛奶及酸奶等）还可以利用琼脂进行微胶囊处理[113]。除此之外，还需要进行镀膜导电处理。扫描电镜的扫描范围较大，原则上从纳米到毫米级的颗粒都可以通过扫描电镜进行粒度分析，研究者[114]利用扫描电镜测定了用β-环糊精包裹儿茶素的纳米微胶囊颗粒的粒度在 67～470 nm，还有研究者[115]利用扫描电镜测定了粒度分别为 20 nm 和 10 μm 的颗粒。除上述两种显微镜外，原子力显微镜也在食品纳米颗粒的粒度表征中得到了应用，其优点是高分辨率、样品表面的 3D 成像和对样品无损，如图 6.7 所示，同扫描电镜及透射电镜相同，原子力显微镜也可以获得纳米颗粒的分布信息。

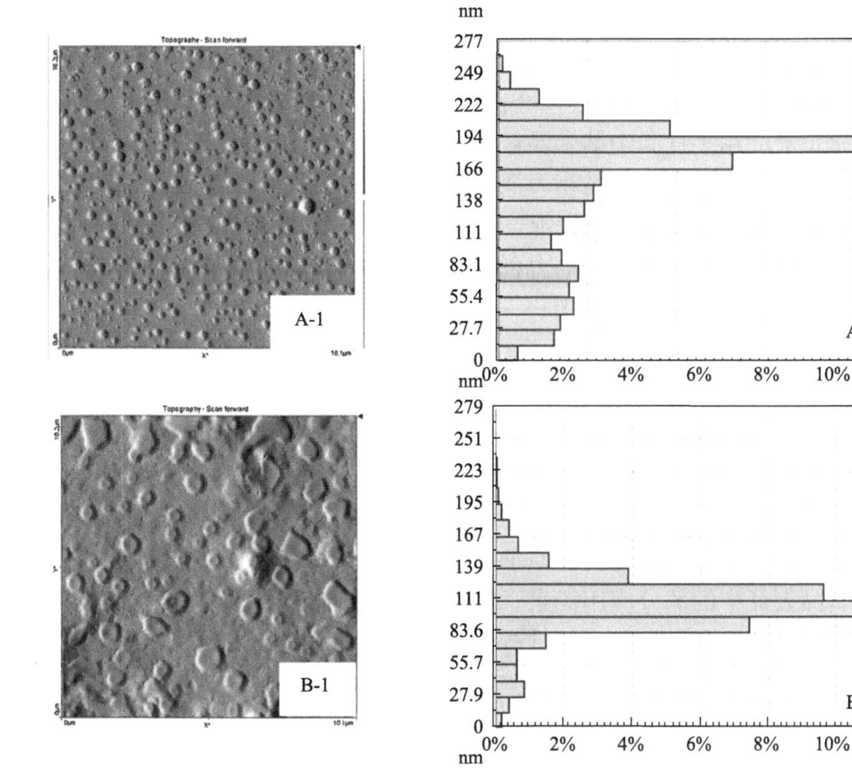

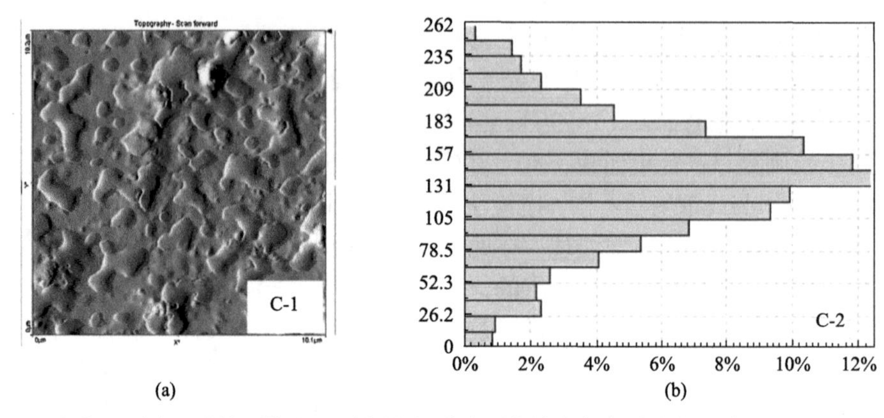

图 6.7 根据原子力显微镜图像（a）测定果胶-乳清蛋白纳米复合颗粒在不同 pH 下（A：pH 3；B：pH 6；C：pH 9）的尺寸及分布（b）[116]

3. 其他方法

还有一些方法也在食品纳米颗粒的粒度测定中得到了一定应用。离心沉降法（centrifugal liquid sedimentation）是通过颗粒在液体中离心沉降从而确定颗粒粒度及分布的方法。该方法适用于可以分散在液体中的粉末、以浆液形式存在的粉末和某些乳液，在食品中比较典型的应用是饮料及乳制品。离心沉降法的优势是能够测定高浓度样品的粒度与分布。此外，该方法还可以测定食品乳液中颗粒的稳定性[117]，测定粒度范围为 10 nm～20 μm；缺点是对小粒度颗粒测定重复性差。水动力色谱也被应用于食品中纳米颗粒的粒度测定。水动力色谱适用于溶液和悬浊液中颗粒的粒度表征，特别是在表征脂质纳米胶囊粒度及分布方面，水动力色谱和 UV 检测器联用具有出色的表现。有学者[118,119]在对粒度为 20～100 nm 的脂质纳米胶囊进行研究时发现，水动力色谱可以检测出脂质纳米胶囊制备副产物胶束，而光子相关光谱则不能检测到。

6.4.2 成像分析

纳米食品的成像分析可以对食品的几何形貌、颗粒度及其分布、微区组成及物相结构等进行全面考察，而这些指标直接决定了纳米食品的理化特性及功能性，因此成像分析是纳米食品分析中的重要内容。纳米食品常用的成像分析方法有扫描电子显微镜、透射电子显微镜和原子力显微镜。图 6.8 展示了常用成像分析方法在纳米食品表征中的部分应用场景。接下来，我们将分别综述它们在食品纳米表征中的应用，并对其优势与不足进行具体的讨论。

图 6.8　（a）和（b）冷冻扫描电镜和扫描电镜图像，ε-聚赖氨酸保护的β-胡萝卜素纳米颗粒[130]；（c）场发射扫描电镜图像，蛋黄多肽胶束稳定的皮克林乳液和葵花籽油经喷雾干燥得到的粉末[106]；（d）扫描电镜（SEM）图像，食品包装抗菌成分纳米氧化锌（ZnO）样品[131]；（e）透射电镜（TEM）图像，含有番茄红素的以淀粉和果胶为基质的纳米传递系统 LycoVit[132]；（f）原子力显微镜图像，0.1%蛋黄多肽胶束颗粒分散体系[106]

1. 透射电镜

透射电镜是以短波电子束为光源，基于立体角散射的，用电磁透镜聚焦成像的显微镜。其特点是分辨率高（约为 0.2 nm），可以得到内部结构的 2D 图像，适合对晶体结构进行分析；缺点是样品必须非常薄，样品制备比扫描电镜更加复杂，制备过程可能破坏样品形貌和颗粒特征及聚集状态，价格昂贵，不能得到 3D 图像等。尽管有诸多不足之处，但透射电镜在食品纳米表征的某些独特场景下仍有用武之地。如在最近的研究中，透射电镜被用于β-乳球蛋白纳米结构的表征[120]和皮克林乳液中蛋白与多糖颗粒的界面成像[121]等。此外，透射电镜还被用作分析脂质体传递系统形貌的重要手段[122]。

2. 扫描电镜

扫描电镜是目前在食品纳米成像表征中使用最广泛的分析方法。与透射电镜不同，由于不需要极薄的样品厚度，加之检测所用的样品量较多，因此扫描电镜可以在一定程度上避免取样不具代表性等问题，样品制备也相对容易。如液体样品可以直接在电镜托上干燥，而像沙拉调料等样品则可以经化学处理后封装在琼脂胶囊中[123]。扫描电镜的优势之一在于其大景深可以一次性实现大量样品的聚焦观察。此外，扫描电镜还可以提供高分辨率的图像，从而可以在更高的放大倍数下观察到更多空间特征的细节。扫描电镜在食品纳米成像分析中扮演着重要角色，广泛用于脂质体纳米胶囊的结构、稳定性及释放特性分析[124]、多糖封装的纳米颗粒的补体激活作用分析[125]及脂肪酸的封装作用[126]等方面。然而，扫描电镜检测价格昂贵，操作复杂，并且样品制备也会对样品的形貌及纳米颗粒的特征和聚集状态等造成较大影响，这些缺点限制了扫描电镜在食品中更加广泛的应用。

3. 原子力显微镜

原子力显微镜是一种从扫描隧道显微镜发展而来的高分辨率的扫描探针显微镜。原子力显微镜用作成像分析时能够提供 3D 的表面形貌图像，纵向分辨率高达 0.01 nm，样品制备简单，不需要进行额外的特殊处理，同时在真空、气体和液体中均可使用，具备分析复杂食品样品的潜力。其劣势为成像范围小而导致的重现性差，测定速度慢，并且针尖易污染，从而影响分辨率，清洗困难。在食品纳米成像分析中，原子力显微镜主要用于活性物质传递系统的结构与形貌分析，如封装苦瓜提取物的脂质体[127]、传输橘皮油的果胶-乳清蛋白纳米复合物[128]及封装多酚抗氧化剂的果胶颗粒[129]等。此外，原子力显微镜还在食品包装材料如有机酸抗菌剂的表征中得到应用[130]。

6.4.3 化学成分分析

化学成分是决定纳米颗粒用途的关键信息，不同化学成分的纳米颗粒拥有截然不同的特性，从而具有不同的用途，如纳米硒可以作为营养补充剂，而纳米银则用作抗菌剂，一些脂质体、脂肪及蛋白颗粒则可以用作活性物质的传递系统，达到环控释放或提高生物利用度的目的。无论是为了研究纳米食品的理化特性或功能性还是分析其安全性，化学成分分析都是一个必要的步骤。在组成较为复杂的食品纳米化学成分分析中，最常用的方法为串联质谱法，即质谱一般与分离仪器或电离装置联用，从而达到准确分析纳米颗粒化学成分的目的，如 MALDI-TOF-MS 或具有更好的分离效果的凝胶渗透色谱/液相色谱与 MALDI-TOF-MS 在线联用等。在一项对 21 种食品和饮料的研究[133]中，研究者利用单颗粒（single particle，SP）-ICP-MS 和 AF4-MALLS-ICP-MS 在卡布奇诺咖啡粉、热巧克力、口香糖和糕点装饰品中发现了含硅、铝及银等不同金属的纳米颗粒。此外，随着新型电离技术的发展，离子迁移谱在纳米颗粒分离方面得到了应用，离子迁移谱与 MALDI/ESI-MS 联用（IMMS）在分析纳米颗粒时，可以识别纳米颗粒是基于蛋白质、多糖还是脂质[134]。

6.4.4　聚结状态和相互作用分析

纳米颗粒的聚结状态和相互作用是与纳米食品稳定性密切相关的变量，如果不能保证纳米颗粒的稳定性，那么基于其原始状态而设计的传递性和功能性就失去了意义。此外，纳米颗粒的聚结状态还会影响纳米颗粒的毒性评估。因此，纳米颗粒的聚结状态和相互作用分析非常重要。首先要指出的是纳米颗粒的聚结状态和相互作用分析受样品制备的影响很大（如干燥处理会使纳米颗粒趋于聚结），因此应首选无损或样品处理温和的分析手段。分析聚结状态的方法是同时测定粒度和颗粒数量浓度，再分析两者的变化规律，从而判断出颗粒的聚结状态。具体的测定方法有电镜、纳米颗粒跟踪分析及扫描电迁移率颗粒物粒径谱仪等。正如前面提到的，采用多种技术对食品纳米颗粒进行表征更加准确全面，在聚结状态和相互作用分析方面也是如此。例如，最新的一项研究[135]采用动态光散射、扫描电镜及傅里叶红外光谱等多种方法对乳清蛋白颗粒进行了表征，从而研究了醛类对乳清蛋白颗粒稳定性的影响。另一项对含叶黄素的玉米蛋白颗粒的研究[136]采用了光散射法、凝胶电泳法、沉降倾向法及原子力显微镜等多种分析手段研究了其在模拟肠胃消化过程中的聚结等特性。

6.4.5　其他表征

除了上述表征内容外，食品纳米技术表征还有一些常用的检测指标，如纳米颗粒的形状、结构及界面作用等。在动态光散射法测定纳米颗粒粒度时，颗粒被看作理想化的球形，而事实上颗粒有时甚至经常不是球形的。想要窥探颗粒的真实形状，显微镜法是最为常用的方法。一项对用于传递辅酶 Q_{10} 的玉米醇溶蛋白-藻酸丙二醇酯-鼠李糖脂三元复合纳米颗粒的研究[137]利用原子力显微镜和电场发射扫描电镜证明了纳米颗粒为球形，而另一项研究则通过透射电镜研究了封装槲皮素的玉米醇溶蛋白纳米颗粒的形状[138]。纳米颗粒的结构在食品中也是一个较为重要的指标，特别是对活性物质传递系统来说，纳米颗粒的结构可能会影响传递系统的传递性能。在最近的一项研究中，研究者[139]采用傅里叶变换红外光谱分析了用于传递橄榄叶酚类物质的乳清蛋白纳米颗粒结构。

前文概述了在食品纳米技术表征中的主要内容及其实现方法，需要指出的是，具体研究中，有时只有某一个指标受到特殊关注，此时可能只采用一种方法便可以满足要求；有时一种分析方法便可以同时提供几类颗粒信息；但更加常见的是研究者需要采用多种方法对纳米颗粒的多种指标进行全面表征，这需要综合权衡不同方法的利弊及其功能的重叠性，从而设计并优化一套检测流程。不仅如此，样品前处理对纳米颗粒表征结果的影响也应考虑在内，从而对分析结果做出全面且准确的评估。随着纳米技术在食品中的应用越来越多，笔者相信，更多关于食品纳米技术表征的研究会相继涌现，更多新的表征方法会应用到食品中，不同纳米食品的表征空白也会得以填补，表征方法在食品中的应用也会越来越成熟。

6.5 食品纳米技术的未来方向

作为一种新兴技术，纳米技术在食品中的应用与发展有望在未来对食品生产、包装、安全、营养及可持续发展产生重大影响。由于纳米技术在食品领域的巨大应用潜力，很多国家早已开始了战略层面的顶端设计。如美国 2000 年便启动了政府性研发计划“国家纳米技术计划”（the national nanotechnology initiative，NNI），其 2019 年的重点研发方向包括纳米技术在食品与农业中的应用；美国的纳米纤维素商业化项目将“纳米纤维素材料用于食品保存”等作为商业化投资方向；欧盟食品安全局（EFSA）在 2018 年发布了《纳米科学和纳米技术在人类和动物健康食品和饲料链中的应用指南》；韩国将食品纳米技术纳入其国家纳米技术发展部署中；而作为纳米技术领域的重要贡献者，中国的纳米食品发展也得到了重视，如 2007 年我国现代农业技术领域“863”计划便对“食品用纳米材料及纳米营养物制备技术”项目进行了重点资助；世界食品巨头如雀巢、卡夫及联合利华等都投入资金助力纳米食品领域的研究与开发。需要提醒的是，纳米技术在食品中的发展方向应以功能性、安全性和可持续发展为导向，而非盲目地将食品包装材料和食品组分纳米化。笔者认为，食品纳米技术未来的发展方向主要有以下几个。

6.5.1 功能特性

纳米技术在食品中的应用可以提供给食品新的功能特性，随着人们对健康饮食的不断认识与追求，这将得到越来越多来自市场与学界的关注。如备受消费者关注的添加剂领域，由于纳米添加剂具有相对大的表面积，可以凭借更少的添加量起到相同的作用，从而减少添加剂用量（如着色剂、防腐剂和增味剂等），进而降低添加剂对人体健康可能存在的威胁。一个典型的例子是摄入纳米盐可以在提供相同咸味的前提下减少钠的摄入量，而钠的过量摄入可能导致患心血管疾病的概率增大。此外，许多活性物质（如叶黄素、番茄红素、维生素 D、植物甾醇、辅酶 Q_{10} 及黄酮等）在水中具有较差的溶解性，难以被人体吸收，而在纳米尺度则具有更好的溶解性，在人体中也更容易吸收，从而可以提高生物利用度。另外，还有些活性物质对人体消化系统敏感，会在消化过程中失去活性和营养价值，而通过纳米传递系统可以对这些活性物质进行封装,达到降低活性物质损失的目的,加之纳米传递系统还具有靶向性,能够提高活性物质的吸收率和生物利用度,间接提升了营养补充剂与其他功能食品的营养水平。由于纳米技术在提高食品营养方面具有巨大优势,因此相关的研究和应用相继涌现;然而需要指出的是,截至目前,纳米技术在提高食物营养方面的研究和应用还处于初级阶段,应用场景少,纳米营养素剂量与功效的关系、纳米营养素或纳米传递系统的生物利用度数据、纳米食品功能性变化规律等基础问题还需要更深入的研究。

6.5.2 纳米包装

笔者认为,未来纳米包装的发展方向将主要集中在抗菌性和保鲜性两方面。在抗菌性方面,目前常用的纳米抗菌成分有纳米银、纳米二氧化钛、纳米氧化锌、纳米二氧化硅、纳米黏土、一些无机聚合物等,纳米银价格比较高,纳米二氧化钛在光催化的条件下才能发挥抗菌效果。相对来说,纳米氧化锌和二氧化硅拥有更广的应用范畴。未来需要筛选更多能够用于工业化生产的、价格低廉的、抗菌效果好的纳米抗菌成分,从而提高抗菌性能,降低成本。类似的,在保鲜性方面,需要继续开发新型保鲜性能良好且价格低廉的保鲜成分。此外,对不同纳米保鲜成分在不同食品中的适用性应进行深入研究,基于不同食物不同原理(如利用光学特性或生长激素吸附等)的纳米保鲜技术需要持续开发,从而拓展纳米包装的应用范围。某些纳米抗菌剂/保鲜剂存在稳定性较差的问题,需要从生产工艺和结构上进行改良,抑或是开发更加稳定的新型纳米抗菌/保鲜成分,并且纳米包装材料具体的抗菌/保鲜机理还存在争议,这也需要进一步研究。

6.5.3 可持续发展

纳米技术在食品中的应用有利于食品工业的可持续发展,这势必将得到极大的关注,也将成为未来的发展方向之一。首先,某些纳米包装材料具有可自然降解、不污染环境的特性,特别是以生物质材料为基体的可降解纳米包装。如以纳米纤维素为基体的纳米包装材料,不仅具有高弹性、高强度和高结晶度等优良特性,还具有纳米材料的大比表面积、小尺寸效应、可进行特定化学修饰、良好的生物相容性和光学性能等[140]。从纳米纤维素的例子引申出未来的发展方向将是聚焦于能够实现可降解、生产过程绿色环保的纳米包装材料。其次是纳米技术在食品生产过程中的应用有利于其可持续发展。如抗菌纳米添加剂可以防止或减少食品加工生产线形成生物膜,这些生物膜使用常规消毒方法很难清除。最后,含有纳米颗粒的智能标签,可以准确并直观地反映食品的变化,有助于消费者判别食品的质量和安全性,从而减少不必要的食物浪费。这些都代表了纳米技术能够推进食品工业可持续发展。随着社会和公众对可持续发展的意识越来越趋于一致，这些方向必将在未来得到更多的关注。

6.5.4 安全性评价

食品组分的纳米尺度给食品带来了在质构、风味和营养方面的新特征，因此纳米食品具有巨大的发展潜力；但也因为同样的原因，纳米食品可能存在安全隐患。纳米尺度的粒子带来的新属性会影响其在人体中的吸收、分布、代谢等过程，从而改变其安全性。越来越多细胞水平的研究表明，一些纳米颗粒特别是无机纳米颗粒具有一定的细胞毒性[141]。在体内实验方面，经由消化道进入人体的纳米颗粒的安全性研究较少，主要集中在作为包装材料抗菌成分的纳米金属和金属氧化物颗粒上。现有研究[88, 142]表明，纳米颗粒的毒性与粒度、涂层和化学成分有关，高剂量口服可能会发生急性中毒，然而其在漫长的消化道消化过程中发生何种具体的变化还尚未十分清楚。纳米尺度的颗粒难以被巨噬细胞清除，并具有更强的穿透能力，极易转移，从而引起多处器官的损伤。其常见的毒性作用包括引发组织炎症以及改变胞内氧化还原平衡导致的功能紊乱甚至细胞坏死[143]。食物成分若是本就存在毒性，那处在纳米尺度下其毒性必将被放大，并难以被人体清除，造成积累；原本安全性依赖于剂量的成分则可能因为其纳米尺度而使剂量超标；甚至一些原本安全无毒的组分也有可能在纳米尺度下表现出毒性。正是由于纳米尺度的粒子可以带来一些根据现有经验无法推测的新属性，有些粒子可能有毒，有些粒子可能对健康有益，而有些纳米粒子的安全性则未被改变，因此有必要对纳米粒子进行广泛的、细致的和深入的研究，从而全面评估其安全性。

6.5.5 监管

作为一种新兴技术，食品纳米技术在承载人们对其革新食品工业期望的同时，也引发了人们对其安全性的担忧。我们当然要承认无论是对人体健康还是对环境安全来说，纳米技术在食品中的应用都存在无法预料的风险，但这并不妨碍我们对这种新技术的使用，只是应该建立一套开放且严格的监管系统，从而防范和管理风险。首先从立法层面对食品纳米技术进行针对性强的、强制性的规定。由于应用纳米技术的食品具有新的特性和风险，因此应该作为新食品进行评估和监管。在这方面，欧洲显然走得更远。在欧洲，纳米材料在食品中的应用受到欧盟关于新食品的法规的监管，其监管包括上市前需要得到授权及强制的标签标识等非常有必要的措施。其次是行业内部的监管。行业内部可以制定相关的行业标准，指导不同规模的食品制造商遵守标准，形成行业自律。特别是应注重保护在生产过程中可能接触纳米食品的员工，制定纳米食品领域的职业安全和健康标准，避免纳米成分对人体可能造成的损害。最后，政府还应投入资金资助对于食品纳米技术安全性及其对环境影响的研究，密切监管纳米食品生产、运输、消费及丢弃过程可能对人体健康和环境造成的危害。

范柳萍（江南大学）

参考文献

[1] Chen J, Miao Y, He N, et al. Nanotechnology and biosensors[J]. Biotechnology Advances, 2004, 22(7): 505-518.

[2] Huang Q. Nanotechnology in the Food, Beverage and Nutraceutical Industries[M]. 1st ed. Cambridge: Elsevier, 2012.

[3] Chaudhry Q, Castle L, Watkins R. Nanotechnologies in Food[M]. 2nd ed. Croydon: Royal Society of Chemistry, 2010.

[4] Sabliov C, Chen H, Yada R. Nano-and Micro-scale Vehicles for Effective Delivery of Dioactive Ingredients in Functional Foods[M]. 1st ed. Oxford: Wiley-Blackwell, 2015.

[5] Frewer L J, Norde W, Fischer A, et al. Nanotechnology in the Agri-Food Sector: Implications for the Future[M]. 1st ed. Weinheim: Wiley, 2011.

[6] Rissanen M E, Grobe A. Nanotechnologies in agriculture and food - an overview of different fields of application, risk assessment and public perception[J]. Recent Patents on Food Nutrition and Agriculture, 2012, 4(3): 176-186.

[7] Peters R, Brandhoff P, Weigel S, et al. Inventory of Nanotechnology applications in the agricultural, feed and food sector[J]. EFSA Supporting Publications, 2014, 11(7): 621.

[8] Sekhon B S. Nanotechnology in agri-food production: an overview[J]. Nanotechnology, Science and Applications, 2014, 7: 31-53.

[9] Nakajima M, Wang Z, Chaudhry Q, et al. Nano-science-engineering-technology applications to food and nutrition[J]. Journal of Nutritional Science and Vitaminology, 2015, 61: S180-S182.

[10] Chaudhry Q, Watkins R, Castle L. Nanotechnologies in the food arena: new opportunities, new questions, new concerns[J]. Nanotechnologies in Food, 2010(14): 1-17.

[11] Cushen M, Kerry J, Morris M, et al. Nanotechnologies in the food industry–Recent developments, risks and regulation[J]. Trends in Food Science and Technology, 2012, 24(1): 30-46.

[12] Sabourin V, Ayande A. Commercial opportunities and market demand for nanotechnologies in agribusiness sector[J]. Journal of Technology Management and Innovation, 2015, 10(1): 40-51.

[13] Ravichandran R. Nanotechnology applications in food and food processing: innovative green approaches, opportunities and uncertainties for global market[J]. International Journal of Green Nanotechnology Physics and Chemistry, 2010, 1(2): 72-96.

[14] Chau C F, Wu S H, Yen G C. The development of regulations for food nanotechnology[J]. Trends in Food Science and Technology, 2007, 18(5): 269-280.

[15] So H M, Park D W, Jeon E K, et al. Detection and titer estimation of *Escherichia coli* using aptamer-functionalized single-walled carbon-nanotube field-effect transistors[J]. Small, 2008, 4(2): 197-201.

[16] Viswanathan S, Radecka H, Radecki J. Electrochemical biosensor for pesticides based on

acetylcholinesterase immobilized on polyaniline deposited on vertically assembled carbon nanotubes wrapped with ssDNA[J]. Biosensors and Bioelectronics, 2009, 24(9): 2772-2777.
[17] Kirwan M J, Strawbridge J W. Food Packaging Technology[M]. 1st ed. Oxford: Wiley-Blackwell, 2003.
[18] Tharanathan R N. Biodegradable films and composite coatings: past, present and future[J]. Trends in Food Science and Technology, 2003, 14(3): 71-78.
[19] Rossi M, Cubadda F, Dini L, et al. Scientific basis of nanotechnology, implications for the food sector and future trends[J]. Trends in Food Science and Technology, 2014, 40(2): 127-148.
[20] Chaudhry Q, Scotter M, Blackburn J, et al. Applications and implications of nanotechnologies for the food sector[J]. Food Addit Contam Part A Chem Anal Control Expo Risk Assess, 2008, 25(3): 241-258.
[21] Blasco C, Picó Y. Determining nanomaterials in food[J]. Trac Trends in Analytical Chemistry, 2011, 30(1): 84-99.
[22] Thiruvengadam M, Rajakumar G, Chung I M. Nanotechnology: current uses and future applications in the food industry[J]. 3 Biotech, 2018, 8(1): 74.
[23] Takeuchi M T, Kojima M, Luetzow M. State of the art on the initiatives and activities relevant to risk assessment and risk management of nanotechnologies in the food and agriculture sectors[J]. Food Research International, 2014, 64: 976-981.
[24] 梅星星. 纳米食品应用研究进展[J]. 食品研究与开发, 2019, 40(2):202-210.
[25] 钱雪丽, 陶宁萍, 王锡昌. 食品中纳米颗粒的制备、表征及其应用的研究进展[J]. 食品工业科技, 2018, 39(16): 313-317, 324.
[26] 李琳, 刘天一, 李小雨, 等. 超微茶粉的制备与性能[J]. 食品研究与开发, 2011(1):61-64.
[27] Lu X, Zhang H, Li Y, et al. Fabrication of milled cellulose particles-stabilized pickering emulsions[J]. Food Hydrocolloids, 2018, 77: 427-435.
[28] Thiebaud M, Dumay E, Picart L, et al. High-pressure homogenisation of raw bovine milk. effects on fat globule size distribution and microbial inactivation[J]. International Dairy Journal, 2003, 13(6): 427-439.
[29] Ni Y, Li J, Fan L. Production of nanocellulose with different length from ginkgo seed shells and applications for oil in water pickering emulsions[J]. International Journal of Biological Macromolecules, 2020, 149: 617-626.
[30] 侯淑瑶, 代养勇, 刘传富, 等. 高压均质法制备甘薯纳米淀粉及其表征[J]. 食品工业科技, 2017(12): 239-248.
[31] Bucci A J, Van Hekken D L, Tunick M H, et al. The effects of microfluidization on the physical, microbial, chemical, and coagulation properties of milk[J]. Journal of Dairy Science, 2018, 101(8): 6990-7001.
[32] 李良, 周艳, 王冬梅, 等.微射流处理对豆乳粉溶解特性的影响[J]. 中国粮油学报, 2019, 34(8): 20-25.
[33] Chang Y, Yan X, Wang Q, et al. High efficiency and low cost preparation of size controlled starch nanoparticles through ultrasonic treatment and precipitation[J]. Food Chemistry, 2017, 227: 369-375.

[34] 孙勤, 孙丰来, 杨阿三, 等. 超临界二氧化碳制备微胶囊的研究进展[J]. 化工进展, 2004, 23(9): 953-957.

[35] Zhao L, Temelli F. Preparation of liposomes using supercritical carbon dioxide via depressurization of the supercritical phase[J]. Journal of Food Engineering, 2015, 158: 104-112.

[36] Soukoulis C, Bohn T. A comprehensive overview on the micro- and nano-technological encapsulation advances for enhancing the chemical stability and bioavailability of carotenoids[J]. Critical Reviews in Food Science and Nutrition, 2018, 58(1): 1-36.

[37] Saifullah M, Shishir M R I, Ferdowsi R, et al. Micro and nano encapsulation, retention and controlled release of flavor and aroma compounds: a critical review[J]. Trends in Food Science and Technology, 2019, 86: 230-251.

[38] 李季楠, 吴艳, 胡浩, 等. 食品纳米乳液的研究进展[J]. 食品与机械, 2019, 35(2): 223-231.

[39] Anton N, Benoit J P, Saulnier P. Design and production of nanoparticles formulated from nano-emulsion templates-a review[J]. Journal of Controlled Release, 2008, 128(3): 185-199.

[40] Rezaei A, Fathi M, Jafari S M. Nanoencapsulation of hydrophobic and low-soluble food bioactive compounds within different nanocarriers[J]. Food Hydrocolloids, 2019, 88: 146-162.

[41] Faridi E A, Assadpour E, Jafari S M. Improving the bioavailability of phenolic compounds by loading them within lipid-based nanocarriers[J]. Trends in Food Science and Technology, 2018, 76: 56-66.

[42] Fathi M, Mozafari M R, Mohebbi M. Nanoencapsulation of food ingredients using lipid based delivery systems[J]. Trends in Food Science and Technology, 2012, 23(1): 13-27.

[43] 杨小兰, 袁娅, 谭玉荣, 等. 纳米微胶囊技术在功能食品中的应用研究[J]. 食品科学, 2013, 34(21): 359-368.

[44] Abaee A, Mohammadian M, Jafari S M. Whey and soy protein-based hydrogels and nano-hydrogels as bioactive delivery systems[J]. Trends in Food Science and Technology, 2017, 70: 69-81.

[45] Rostamabadi H, Falsafi S R, Jafari S M. Nanoencapsulation of carotenoids within lipid-based nanocarriers[J]. Journal of Controlled Release, 2019, 298: 38-67.

[46] Rezaei A, Nasirpour A, Fathi M. Application of cellulosic nanofibers in food science using electrospinning and its potential risk[J]. Comprehensive Reviews in Food Science and Food Safety, 2015, 14(3): 269-284.

[47] 王艳领, 田春美. 纳滤膜分离技术在食品中的应用[J]. 农产品加工, 2011(12): 63-64.

[48] 王晓琳, 张澄洪, 赵杰. 纳滤膜的分离机理及其在食品和医药行业中的应用[J]. 膜科学与技术, 2000(1): 31-38.

[49] Machado M T C, Trevisan S, Pimentel-Souza J D R, et al. Clarification and concentration of oligosaccharides from artichoke extract by a sequential process with microfiltration and nanofiltration membranes[J]. Journal of Food Engineering, 2016, 180: 120-128.

[50] Singh T, Shukla S, Kumar P, et al. Application of nanotechnology in food science: perception and overview[J]. Frontiers in Microbiology, 2017, 8: 1501.

[51] Chaudhry Q, Castle L. Food applications of nanotechnologies: an overview of opportunities and challenges for developing countries[J]. Trends in Food Science and Technology, 2011, 22(11):

595-603.
[52] 陈榕钦, 孙潇鹏, 刘灿灿. 纳米食品的研究进展[J]. 包装与食品机械, 2018(4): 49-53.
[53] Borrin T R, Georges E L, Brito-Oliveira T C, et al. Technological and sensory evaluation of pineapple ice creams incorporating curcumin-loaded nanoemulsions obtained by the emulsion inversion point method[J]. International Journal of Dairy Technology, 2018, 71(2): 491-500.
[54] 刘安然, 李宗军. 纳米食品加工技术及安全性评价[J]. 河南工业大学学报（自然科学版）, 2014, 35(6): 103-108.
[55] Chen H, Zhong Q. A novel method of preparing stable zein nanoparticle dispersions for encapsulation of peppermint oil[J]. Food Hydrocolloids, 2015, 43: 593-602.
[56] Qiu C, Chang R, Yang J, et al. Preparation and characterization of essential oil-loaded starch nanoparticles formed by short glucan chains[J]. Food Chemistry, 2017, 221: 1426-1433.
[57] Saberi A H, Fang Y, Mcclements D J. Influence of surfactant type and thermal cycling on formation and stability of flavor oil emulsions fabricated by spontaneous emulsification[J]. Food Research International, 2016, 89(1): 296-301.
[58] Hussein J, El-Banna M, Mahmoud K F, et al. The therapeutic effect of nano-encapsulated and nano-emulsion forms of carvacrol on experimental liver fibrosis[J]. Biomed Pharmacother, 2017, 90: 880-887.
[59] Fuciños C, Míguez M, Fuciños P, et al. Creating functional nanostructures: encapsulation of caffeine into α-lactalbumin nanotubes[J]. Innovative Food Science and Emerging Technologies, 2017, 40: 10-17.
[60] Zahi M R, Liang H, Yuan Q. Improving the antimicrobial activity of *D*-limonene using a novel organogel-based nanoemulsion[J]. Food Control, 2015, 50: 554-559.
[61] Hu B, Liu X, Zhang C, et al. Food macromolecule based nanodelivery systems for enhancing the bioavailability of polyphenols[J]. Journal of Food and Drug Analysis, 2017, 25(1): 3-15.
[62] Aditya N P, Shim M, Lee I, et al. Curcumin and genistein coloaded nanostructured lipid carriers: *in vitro* digestion and antiprostate cancer activity[J]. Journal of Agricultural and Food Chemistry, 2013, 61(8): 1878-1883.
[63] Feng J, Wu S, Wang H, et al. Improved bioavailability of curcumin in ovalbumin-dextran nanogels prepared by Maillard reaction[J]. Journal of Functional Foods, 2016, 27: 55-68.
[64] Arunkumar R, Harish P K V, Baskaran V. Promising interaction between nanoencapsulated lutein with low molecular weight chitosan: characterization and bioavailability of lutein *in vitro* and *in vivo*[J]. Food Chemistry, 2013, 141(1): 327-337.
[65] Sari T P, Mann B, Kumar R, et al. Preparation and characterization of nanoemulsion encapsulating curcumin[J]. Food Hydrocolloids, 2015, 43: 540-546.
[66] Lundquist P, Artursson P. Oral absorption of peptides and nanoparticles across the human intestine: opportunities, limitations and studies in human tissues[J]. Advanced Drug Delivery Reviews, 2016, 106(B): 256-276.
[67] Vieira A C C, Chaves L L, Pinheiro S, et al. Mucoadhesive chitosan-coated solid lipid nanoparticles for better management of tuberculosis[J]. International Journal of Pharmaceutics, 2018, 536(1): 478-485.

[68] Ji H, Tang J, Li M, et al. Curcumin-loaded solid lipid nanoparticles with Brij78 and TPGS improved *in vivo* oral bioavailability and *in situ* intestinal absorption of curcumin[J]. Drug Delivery, 2016, 23(2): 459-470.

[69] Wu G, Li J, Yue J, et al. Liposome encapsulated luteolin showed enhanced antitumor efficacy to colorectal carcinoma[J]. Molecular Medicine Reports, 2018, 17(2): 2456-2464.

[70] Weigel F, Weiss J, Decker E A, et al. Lutein-enriched emulsion-based delivery systems: influence of emulsifiers and antioxidants on physical and chemical stability[J]. Food Chemistry, 2018, 242: 395-403.

[71] Li D, Li L, Xiao N, et al. Physical properties of oil-in-water nanoemulsions stabilized by OSA-modified starch for the encapsulation of lycopene[J]. Colloids and Surfaces A: Physicochemical and Engineering Aspects, 2018, 552: 59-66.

[72] Qian C, Decker E A, Xiao H, et al. Physical and chemical stability of *β*-carotene-enriched nanoemulsions: influence of pH, ionic strength, temperature, and emulsifier type[J]. Food Chemistry, 2012, 132(3): 1221-1229.

[73] Wei Y, Sun C, Dai L, et al. Structure, physicochemical stability and *in vitro* simulated gastrointestinal digestion properties of *β*-carotene loaded zein-propylene glycol alginate composite nanoparticles fabricated by emulsification-evaporation method[J].Food Hydrocolloids, 2018, 81: 149-158.

[74] Chen F P, Ou S Y, Tang C H. Core-shell soy protein-soy polysaccharide complex (nano)particles as carriers for improved stability and sustained release of curcumin[J]. Journal of Agricultural and Food Chemistry, 2016, 64(24): 5053-5059.

[75] Rajaei A, Hadian M, Mohsenifar A, et al. A coating based on clove essential oils encapsulated by chitosan-myristic acid nanogel efficiently enhanced the shelf-life of beef cutlets[J]. Food Packaging and Shelf Life, 2017, 14: 137-145.

[76] Zhou M, Wang T, Hu Q, et al. Low density lipoprotein/pectin complex nanogels as potential oral delivery vehicles for curcumin[J]. Food Hydrocolloids, 2016, 57: 20-29.

[77] Zhao L, Temelli F, Curtis J M, et al. Encapsulation of lutein in liposomes using supercritical carbon dioxide[J]. Food Research International, 2017, 100(1): 168-179.

[78] Azzi J, Jraij A, Auezova L, et al. Novel findings for quercetin encapsulation and preservation with cyclodextrins, liposomes, and drug-in-cyclodextrin-in-liposomes[J]. Food Hydrocolloids, 2018, 81: 328-340.

[79] Trucillo P, Campardelli R, Aliakbarian B, et al. Supercritical assisted process for the encapsulation of olive pomace extract into liposomes[J]. The Journal of Supercritical Fluids, 2018, 135: 152-159.

[80] Akhoond Z A, Mohebbi M, Farhoosh R, et al. Production and characterization of nanostructured lipid carriers and solid lipid nanoparticles containing lycopene for food fortification[J]. Journal of Food Science and Technology-Mysore, 2018, 55(1): 287-298.

[81] Mehrad B, Ravanfar R, Licker J, et al. Enhancing the physicochemical stability of *β*-carotene solid lipid nanoparticle (SLNP) using whey protein isolate[J]. Food Research International, 2018, 105: 962-969.

[82] Lacatusu I, Mitrea E, Badea N, et al. Lipid nanoparticles based on omega-3 fatty acids as effective carriers for lutein delivery. preparation and *in vitro* characterization studies[J]. Journal of Functional Foods, 2013, 5(3): 1260-1269.

[83] Fathi M, Nasrabadi M N, Varshosaz J. Characteristics of vitamin E-loaded nanofibres from dextran[J]. International Journal of Food Properties, 2016, 20(11): 2665-2674.

[84] Cui H, Bai M, Rashed M M A, et al. The antibacterial activity of clove oil/chitosan nanoparticles embedded gelatin nanofibers against Escherichia coli O157:H7 biofilms on cucumber[J]. International Journal of Food Microbiology, 2018, 266: 69-78.

[85] Li J, Chotiko A, Narcisse D A, et al. Evaluation of α-tocopherol stability in soluble dietary fiber based nanofiber[J]. LWT - Food Science and Technology, 2016, 68: 485-490.

[86] Granato D, Nunes D S, Barba F J. An integrated strategy between food chemistry, biology, nutrition, pharmacology, and statistics in the development of functional foods: a proposal[J]. Trends in Food Science and Technology, 2017, 62: 13-22.

[87] Long T C, Saleh N, Tilton R D, et al. Titanium dioxide (P25) produces reactive oxygen species in immortalized brain microglia (BV2): implications for nanoparticle neurotoxicity[J]. Environmental Science and Technology, 2006, 40(14):4346-4352.

[88] Wang J, Zhou G, Chen C, et al. Acute toxicity and biodistribution of different sized titanium dioxide particles in mice after oral administration[J]. Toxicology Letters, 2007, 168(2): 176-185.

[89] Sharma R, Jafari S M, Sharma S.Antimicrobial bio-nanocomposites and their potential applications in food packaging[J]. Food Control, 2020, 112: 107086.

[90] Umaraw P, Verma A K. Comprehensive review on application of edible film on meat and meat products: an eco-friendly approach[J]. Critical Reviews in Food Science and Nutrition, 2017, 57: 1270-1279.

[91] Rostamzad H, Paighambari S Y, Shabanpour B, et al. Improvement of fish protein film with nanoclay and transglutaminase for food packaging[J]. Food Packaging and Shelf Life, 2016, 7: 1-7.

[92] Villegas C, Arrieta M P, Rojas A, et al. PLA/organoclay bionanocomposites impregnated with thymol and cinnamaldehyde by supercritical impregnation for active and sustainable food packaging[J]. Composites Part B: Engineering, 2019, 176: 107336.

[93] Hoseinnejad M, Jafari S M, Katouzian I. Inorganic and metal nanoparticles and their antimicrobial activity in food packaging applications[J]. Critical Reviews in Microbiology, 2018, 44: 161-181.

[94] Kenane A, Galca A C, Matei E, et al. Synthesis and characterization of conducting aniline and *o*-anisidine nanocomposites based on montmorillonite modified clay[J]. Applied Clay Science, 2020, 184: 105395.

[95] Rhim J W, Hong S I, Park H M, et al. Preparation and characterization of chitosan-based nanocomposite films with antimicrobial activity[J]. Journal of Agricultural and Food Chemistry, 2006, 54: 5814-5822.

[96] de Morais M G, Vaz B d S, de Morais E G, et al. Biological effects of *Spirulina* (*Arthrospira*) biopolymers and biomass in the development of nanostructured scaffolds[J]. Biomed Research

International, 2014, 2014: 762705.

[97] Nayak R, Radhye R, Kyratzis I L, et al. Recent advances in nanofibre fabrication techniques[J]. Textile Research Journal, 2011, 82: 129-147.

[98] Kai D, Liow S S, Loh X J. Biodegradable polymers for electrospinning: towards biomedical applications[J]. Materials Science and Engineering: C, 2014, 45: 659-670.

[99] Liang Z, Yin Z, Yang H, et al. Nanoscale surface analysis that combines scanning probe microscopy and mass spectrometry: a critical review[J]. Trac Trends in Analytical Chemistry, 2016, 75: 24-34.

[100] Xie F, Pollet E, HalleyP J, et al. Starch-based nano-biocomposites[J]. Progress in Polymer Science, 2013, 38: 1590-1628.

[101] Zimmermann M B, Hilty F M. Nanocompounds of iron and zinc: their potential in nutrition[J]. Nanoscale, 2011, 3(6): 2390-2398.

[102] Chen L, Remondetto G E, Subirade M. Food protein-based materials as nutraceutical delivery systems[J]. Trends in Food Science and Technology, 2006, 17(5): 272-283.

[103] Fishman M L, Rodriguez L, Chau H K. Molar masses and sizes of starches by high-performance size-exclusion chromatography with on-line multi-angle laser light scattering detection[J]. Journal of Agricultural and Food Chemistry, 1996, 44(10): 3182-3188.

[104] Hu K, Mcclements D J. Fabrication of biopolymer nanoparticles by antisolvent precipitation and electrostatic deposition: zein-alginate core/shell nanoparticles[J]. Food Hydrocolloids, 2015, 44: 101-108.

[105] 朱永法. 纳米材料的表征与测试技术[M]. 北京：化学工业出版社, 2006.

[106] Du Z, Li Q, Li J, et al. Self-assembled egg yolk peptide micellar nanoparticles as a versatile emulsifier for food-grade oil-in-water pickering nanoemulsions[J]. Journal of Agricultural and Food Chemistry, 2019, 67(42): 11728-11740.

[107] Simões L S, Araújo J F, Vicente A A, et al. Design of β-lactoglobulin micro- and nanostructures by controlling gelation through physical variables[J]. Food Hydrocolloids, 2020, 100: 105357.

[108] Barahona F, Ojea-Jimenez I, Geiss O, et al. Multimethod approach for the detection and characterisation of food-grade synthetic amorphous silica nanoparticles[J]. Journal of Chromatography A, 2016, 1432: 92-100.

[109] Eckel V P L, Vogel R F, Jakob F. In situ production and characterization of cloud forming dextrans in fruit-juices[J]. International Journal of Food Microbiology, 2019, 306: 108261.

[110] De La Calle I, Soto-Gómez D, Pérez-Rodríguez P, et al. Particle size characterization of sepia ink eumelanin biopolymers by SEM, DLS, and AF4-MALLS: a comparative study[J]. Food Analytical Methods, 2019, 12(5): 1140-1151.

[111] Jarzębski M, Bellich B, Białopiotrowicz T, et al. Particle tracking analysis in food and hydrocolloids investigations[J]. Food Hydrocolloids, 2017, 68: 90-101.

[112] Ji J, Zhang J, Chen J, et al. Preparation and stabilization of emulsions stabilized by mixed sodium caseinate and soy protein isolate[J]. Food Hydrocolloids, 2015, 51: 156-165.

[113] Kaláb M, Larocque G. Research note: suitability of agar gel encapsulation of milk and cream for electron microscopy[J]. LWT - Food Science and Technology, 1996, 29(4): 368-371.

[114] Krishnaswamy K, Orsat V, Thangavel K. Synthesis and characterization of nano-encapsulated catechin by molecular inclusion with β-cyclodextrin[J]. Journal of Food Engineering, 2012, 111(2): 255-264.

[115] Hussain S T, Zia F, Mazhar M. Modified nano supported catalyst for selective catalytic hydrogenation of edible oils[J]. European Food Research and Technology, 2009, 228(5): 799-806.

[116] Ghasemi S, Jafari S M, Assadpour E, et al. Production of pectin-whey protein nano-complexes as carriers of orange peel oil[J]. Carbohydrate Polymers, 2017, 177: 369-377.

[117] Shimoni G, Shani L C, Levi T S, et al. Emulsions stabilization by lactoferrin nano-particles under *in vitro* digestion conditions[J]. Food Hydrocolloids, 2013, 33(2): 264-272.

[118] Yegin B A, Lamprecht A. Lipid nanocapsule size analysis by hydrodynamic chromatography and photon correlation spectroscopy[J]. International Journal of Pharmaceutics, 2006, 320(1): 165-170.

[119] Gollwitzer C, Bartczak D, Goenaga-Infante H, et al. A comparison of techniques for size measurement of nanoparticles in cell culture medium[J]. Analytical Methods, 2016, 8(26): 5272-5282.

[120] Simoes L S, Araujo J F, Vicente A A, et al. Design of β-lactoglobulin micro- and nanostructures by controlling gelation through physical variables[J]. Food Hydrocolloids, 2020, 100: 11.

[121] Sarkar A, Ademuyiwa V, Stubley S, et al. Pickering emulsions co-stabilized by composite protein/ polysaccharide particle-particle interfaces: impact on *in vitro* gastric stability[J]. Food Hydrocolloids, 2018, 84: 282-291.

[122] Laridi R, Kheadr E E, Benech R O, et al. Liposome encapsulated nisin Z: optimization, stability and release during milk fermentation[J]. International Dairy Journal, 2003, 13(4): 325-336.

[123] Egelandsdal B, Christiansen K F, Høst V, et al. Evaluation of scanning electron microscopy images of a model dressing using image feature extraction techniques and principal component analysis[J]. Scanning,1999, 21(5): 316-325.

[124] Taylor T M, Weiss J, Davidson P M, et al. Liposomal nanocapsules in food science and agriculture[J]. Critical Reviews in Food Science and Nutrition, 2005, 45(7-8): 587-605.

[125] Bertholon I, Vauthier C, Labarre D. Complement activation by core–shell poly (isobutylcyanoacrylate)–polysaccharide nanoparticles: influences of surface morphology, length, and type of polysaccharide[J]. Pharmaceutical Research, 2006, 23(6): 1313-1323.

[126] Parris N, Cooke P H, Hicks K B. Encapsulation of essential oils in zein nanospherical particles[J]. Journal of Agricultural and Food Chemistry, 2005, 53(12): 4788-4792.

[127] Erami S R, Amiri Z R, Jafari S M. Nanoliposomal encapsulation of Bitter Gourd (*Momordica charantia*) fruit extract as a rich source of health-promoting bioactive compounds[J]. LWT-Food Science and Technology, 2019, 116: 108581.

[128] Torkamani A E, Syahariza Z A, Norziah M H, et al. Production and characterization of gelatin spherical particles formed via electrospraying and encapsulated with polyphenolic antioxidants from momordica charantia[J]. Food and Bioprocess Technology, 2018, 11(11): 1943-1954.

[129] Sullivan D J, Azlin-Hasim S, Cruz-Romer M, et al. Antimicrobial effect of benzoic and sorbic acid salts and nano-solubilisates against Staphylococcus aureus, Pseudomonas fluorescens and chicken microbiota biofilms[J]. Food Control, 2020, 107: 7.

[130] Zhu Z, Margulis-Goshen K, Magdassi S, et al. Polyelectrolyte stabilized drug nanoparticles via flash nanoprecipitation: a model study with β-carotene[J]. Journal of Pharmaceutical Sciences, 2010, 99(10): 4295-4306.

[131] Król A, Pomastowski P, Rafińska K, et al. Zinc oxide nanoparticles: synthesis, antiseptic activity and toxicity mechanism[J]. Advances in Colloid and Interface Science, 2017, 249: 37-52.

[132] Peters R, Dam G T, Bouwmeester H, et al. Identification and characterization of organic nanoparticles in food[J]. Trac Trends in Analytical Chemistry, 2011, 30(1): 100-112.

[133] De La Calle I, Menta M, Klein M, et al. Study of the presence of micro- and nanoparticles in drinks and foods by multiple analytical techniques[J]. Food Chemistry, 2018, 266: 133-145.

[134] Luykx D M A M, Peters R J B, van Ruth S M, et al. A review of analytical methods for the identification and characterization of nano delivery systems in food[J]. Journal of Agricultural and Food Chemistry, 2008, 56(18): 8231-8247.

[135] Boeve J, Joye I J. Food-grade strategies to increase stability of whey protein particles: particle hardening through aldehyde treatment[J]. Food Hydrocolloids, 2020, 100: 105353.

[136] Cheng C J, Ferruzzi M, Jones O G. Fate of lutein-containing zein nanoparticles following simulated gastric and intestinal digestion[J]. Food Hydrocolloids, 2019, 87: 229-236.

[137] Wei Y, Zhang L, Yu Z P, et al. Enhanced stability, structural characterization and simulated gastrointestinal digestion of coenzyme Q10 loaded ternary nanoparticles[J]. Food Hydrocolloids, 2019, 94: 333-344.

[138] Rodriguez-Felix F, Del-Toro-Sanchez C L, Javier Cinco-Moroyoqui F, et al. Preparation and characterization of quercetin-loaded zein nanoparticles by electrospraying and study of in vitro bioavailability[J]. Journal of Food Science, 2019, 84(10): 2883-2897.

[139] Soleimanifar M, Jafari S M, Assadpour E. Encapsulation of olive leaf phenolics within electrosprayed whey protein nanoparticles; production and characterization[J]. Food Hydrocolloids, 2020, 101: 105572.

[140] 郄冰玉，唐亚丽，卢立新，等. 纳米纤维素在可降解包装材料中的应用[J]. 包装工程, 2017, 38(1): 19-25.

[141] Soenen S J, Rivera-Gil P, Montenegro J M, et al. Cellular toxicity of inorganic nanoparticles: common aspects and guidelines for improved nanotoxicity evaluation[J]. Nano Today, 2011, 6(5): 446-465.

[142] Wang B, Feng W, Wang M, et al. Acute toxicological impact of nano- and submicro-scaled zinc oxide powder on healthy adult mice[J]. Journal of Nanoparticle Research, 2008, 10(2): 263-276.

[143] Buzea C, Pacheco I I, Robbie K. Nanomaterials and nanoparticles: sources and toxicity[J]. Biointerphases, 2007, 2(4): MR17-MR71.

第7章　食品增材制造（3D打印）

引言

增材制造也被广泛称为3D打印（3D printing），是20世纪80年代诞生的一项革命性技术。因为具有产品无须组装、降低生产成本、缩短制造周期和自定义产品形状等多个优点，该技术在近些年得到了快速的发展，如今已成为制造行业研究的热点之一。它被英国《经济学人》杂志认定为能与其他数字化生产模式一起推动第三次工业革命的实现[1]。

根据美国材料与试验协会（ASTM）F42国际委员会对增材制造和3D打印的定义，增材制造是指基于3D计算机辅助设计（computer aided design，CAD）数据将材料连接制作的过程，而3D打印是指采用打印头、喷头或其他打印技术沉积材料来制造物体的技术[1]。这意味着增材制造侧重于理念和宏观方法，而3D打印是增材制造采用的主要技术手段。但从狭义的角度来看，这两者所指的为同一技术，即从CAD数据到零件的逐层制造技术。3D打印因通俗易懂而为研究者和普通民众广为接纳与采用。本章将主要用3D打印来进行表述和说明。

目前，3D打印中应用比较广泛的方法及技术有熔融沉积成型（fused deposition modeling，FDM）、选择性激光烧结（selected laser sintering，SLS）、分层实体制造（laminated object manufacturing，LOM）和光固化立体成型（stereolithography，SLA）等。打印材料则主要包括工程塑料、金属材料、橡胶材料、光敏树脂、细胞生物材料和陶瓷材料等。在长期的发展过程中，3D打印技术最早被应用于军事领域，然后逐渐应用于医疗、工业制造、生物组织、建筑、航空航天、教育、服装和包装等多个领域。

3D打印在食品领域中的应用有很多优点，如定制化食品设计、个性化和数字化营养定制、简化食品供应链和拓宽食品原料来源等。该技术能够创造有趣的新形状，并提供创新的生产理念，创造出在成分、结构、质地和口味上更自由的食品。随着人们对于饮食个性化、营养化和趣味化需求的增加，3D打印技术将在未来的食品制造中得到更多的关注，发挥更大的作用。

本章旨在通过对食品3D打印的原理及主要打印方法、打印凝胶体系、打印过程及其优化、打印前后处理4个方面对食品3D打印的理论与技术进行系统和详细的介绍，并对食品3D打印用于未来食品制造的前景进行展望。

7.1　增材制造理念与食品 3D 打印概论

7.1.1　增材制造理念

增材制造理念出现于 20 世纪 80 年代，具体指基于数字模型并通过分层沉积材料生产 3D 物体的方法。该种制造方法集信息技术、材料技术、制造技术等于一体，是一个横跨多个学科的技术领域[2]。与传统的减材制造方法通过钻孔、切割等工序完成产品生产不同，增材制造方法不需要传统刀具、夹具及多道加工工序，利用预先设计的数据模型，在一台设备上即可快速而精确地完成任意复杂零件的一体化成型，解决了过去难以制造复杂结构零件的问题，并大大简化了加工工序，减少了加工废料的产生[1]（图 7.1）。增材制造作为革命性的理念，以其独有的优越性，已经逐渐渗入到各个制造领域，悄悄地带动整个制造业的变革。

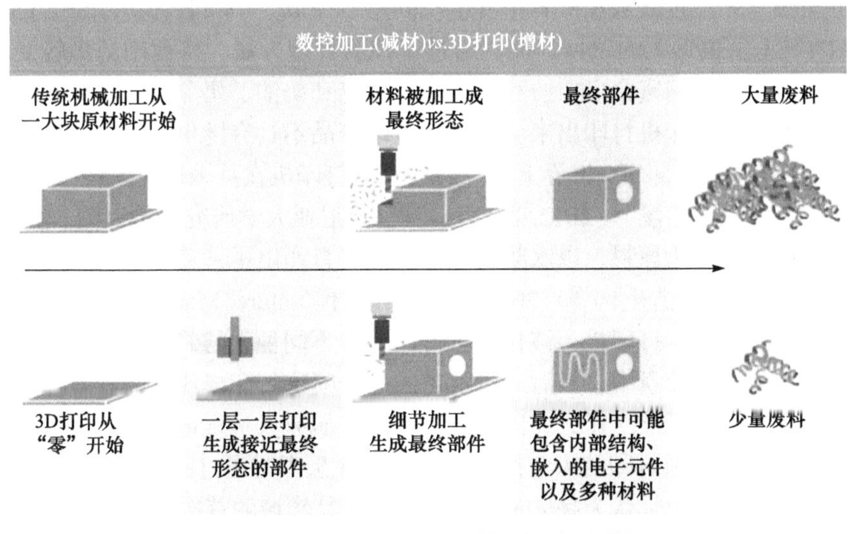

图 7.1　减材制造与增材制造的对比图[3]

7.1.2　食品 3D 打印概论

1. 食品 3D 打印：全新的食品制造方式

食品 3D 打印是一种基于数据模型，并采用可食用材料（如巧克力、面团、奶酪、水凝胶、肉类等）逐层沉积的方法制造实体产品的技术。与基于机器人技术的食品制造通过将人工操作自动化来减少人的参与不同，食品 3D 打印技术允许用户将创造力植入到打印过程中，直接参与食品的形状、颜色、味道和营养的定制中来。随着食品 3D 打印技术的发展，以及人们对该技术在新领域的不断尝试，3D 打印已经被应用于军事食品、航天食品、儿童/老年食品、甜食和休闲食品等多个食品领域。

目前报道较多的用于 3D 打印的材料主要为细胞/组织、聚合物、金属、塑料、陶瓷等。由于食品打印体系的复杂性和严格的食用安全要求，3D 打印在食品材料中研究和应用的门槛较高、进展较为缓慢。

2. 食品 3D 打印的发展情况及国内外代表性研究团队简介

1）食品 3D 打印的发展情况

2001 年，美国 Nanotek Instruments 公司研究人员报道了使用挤出成型技术生产复杂 3D 蛋糕的案例，3D 打印技术被首次引入食品领域[4]。自此，3D 打印技术在食品领域逐渐发展起来。近 20 年来，研究人员主要着眼于食品 3D 打印新原料的拓宽、个性化食品的开发和打印设备设计，并取得了一定的成果。例如，2011 年，英国科学家经过欧盟和世界粮食组织同意，完成了一项名为“INSECTS AU GRATIN”（昆虫焗）的项目。他们通过一种前处理方法，将食用昆虫转变成面粉，所得的昆虫面粉富含蛋白质和矿物质，可以和奶油、奶酪、巧克力或香料混合，再通过 3D 打印机打印出来。而且，打印产品不具有昆虫的外表，因此更容易被人们所接受[5]。同年，世界上第一台巧克力打印机在英国埃克塞特大学诞生，并于次年 4 月进入市场[6]。2012 年，美国宾夕法尼亚大学研究人员以糖、蛋白质、脂肪和肌肉细胞等为原料，以水凝胶为增黏剂，打印出了营养、口感和外观与真实的生肉接近的人造生肉[6]。2014 年，西班牙 Nature Machines 公司发布了“Foodini”食品 3D 打印机，该打印机打印时，不同种类的浆状材料可以先被储存在打印机的六个胶囊中，然后通过配备的六个喷嘴打印成比萨饼、意大利面和汉堡等多种产品[6]。2017 年，美国麻省理工学院研究人员报道了一种以蛋白质、纤维素或淀粉为原料打印的可食用薄片，薄片在烹煮时通过吸收水分而具有 3D 立体结构，该食品也被认为是 4D 打印技术在食品领域的首次应用[7]。2018 年，江南大学研究人员以土豆泥和草莓汁凝胶为打印材料并通过双挤出 3D 打印机打印出了观赏性更高、几何形状更复杂的食品[8]。意大利福贾大学的研究人员则以香蕉为主要原料的打印体系打印出了世界上首款基于水果的 3D 打印儿童零食[9]。2019 年，江南大学研究人员利用花青素的颜色对酸碱度敏感的性质设计并打印了多款 4D 打印食品，这些打印食品会随着时间的推移而发生自发的颜色变化[10, 11]。同年，江南大学的研究人员将双歧杆菌添加到食品 3D 打印体系中，经打印条件优化后获得了具有高益生菌含量的打印健康食品[12]。

2）国内外代表性研究团队简介

食品 3D 打印的持续发展，得益于国内外多个研究团队的不断探索和实践。

其中，江南大学张慜教授团队、澳大利亚昆士兰大学 Bhandari Bhesh 教授团队、意大利福贾大学 Derossi Antonio 教授团队是目前国内外食品 3D 打印领域中较具代表性的团队。

张慜教授团队的研究内容涵盖淀粉类、藻类、果蔬类、蛋白类和鱼类等可食用材料的 3D 打印。该团队研究人员通过计算机模拟、打印材料预处理和打印过程优化实现了 20 多种可食用材料体系的精准打印，并通过富含益生菌、虫草花粉、花青素、维生素 D 等组分食材的保护性打印，获得了 20 多款具有良好功能性的 3D 打印食品。另外，该团队率先进行了微波高效打印、打印产品质构/质地智能调整和食品智能色变/形变 4D 打印等方面的开创性研究。

Bhandari Bhesh 教授团队主要从事巧克力、肉类和蛋白类食材的 3D 打印研究。该团队研究人员以黑巧克力、牛肉酱、猪脂肪或蛋清蛋白为打印材料，通过构建合理的 3D 模型、加入添加剂、优化配方和打印参数成功获得了多款品质良好的打印食品。此外，该团队还率先开展了打印巧克力质构调整和打印牛肉后处理等方面的研究。

Derossi Antonio 教授团队的研究致力于将昆虫和果蔬材料转化为具有良好打印性能的 3D 打印体系，并取得了一定的创新性成果。该团队通过材料前处理（均质和过滤）和配方优化对果蔬凝胶体系、含黄粉虫粉小麦面团的打印性能进行了改善，并经打印条件优化后获得了多种健康食品和首款以果蔬为基础的打印儿童零食。此外，该团队还对打印食品的保质期进行了评价和模拟。

3. 3D 打印在食品领域的应用概况

1）军事和太空食品

由于食品 3D 打印技术在军用食品生产中的多个优势，如：①允许士兵在战场上按需制作餐食；②可根据士兵的营养和能量需求进行个性化定制；③可以通过以原料形式而不是以最终产品形式储存来延长食品材料的保质期，美军对军用食品的 3D 打印产生了极大的兴趣[13]。在美国陆军的食品 3D 打印研究中，利用超声波聚集技术的 3D 打印机被用来生产许多种类的餐食，从而为士兵提供更多的食品选择。美国陆军还打算建立一个 3D 打印餐食研究中心，意在将饲料原料（如树皮、浆果）转化为食物[14]。

目前，美国国家航空航天局的食品系统不能满足长期任务的营养供给和食品五年保质期的要求。这是因为用传统烹饪方法加工的独立包装食品会随着时间的推移而降解，制冷保存设备又会占用太多的航天器资源。此外，目前的太空食品系统无法满足宇航员个性化的营养和能量需求[15, 16]。因此，美国国家航空航天局对该国系统和材料研究公司进行了资助，用来研究 3D 打印在长期太空任务中生产食物的可能性和应用。他们希望在使用最少量航天器资源的情况下，利用食品

3D打印技术来满足长期航天任务的食品安全性、营养稳定性和膳食可接受性的要求。为了满足宇航员长期空间任务的营养和个性化需求，系统和材料研究公司设计了一个食品系统，即使用食品3D打印来为宇航员提供常量营养素（碳水化合物、蛋白质和脂肪）和微量营养素。3D打印前，常量营养素材料被储存在干燥的无菌容器中，微量营养素和调味料则被储存为溶液或分散液。在食品3D打印时，常量营养素材料会与水或油混合后加入到3D打印机中，在挤出时与打印头中的微量营养素和调味料混合，最终被打印成具有理想形状和营养的食品[17]。

2）老年食品和儿童食品

日本、瑞典、加拿大等许多国家都面临着老龄化问题。50岁以上的老年人中，有15%～25%的老年人和60%的养老院居民患有咀嚼和吞咽困难[18]。为了解决这个问题，欧盟资助了一项名为“PERFORMANCE”的项目，即使用3D打印技术为老年人提供个性化和特殊质感的食品。在该项目中，科学家们创造出了许多模拟食物，老年人不仅喜欢吃这些食物，而且柔软的质地使这些食物更容易被吞咽。该项目研究人员所做的调查显示，54%的参与者认为3D打印食物质地良好，79%的人认为打印食品相当于传统烹饪方法制作的食品，43%的人认为打印食品在吞咽障碍患者中更受欢迎。这说明3D打印技术在老年食品制造中具有良好的应用前景[19]。此外，德国的一些疗养院也为患有咀嚼和吞咽困难的老年人提供了打印的软食[20]。

儿童每日需摄入适当的能量、维生素和矿物质来满足生长所需，但由挑食（尤其如蔬菜）引起的营养失衡很容易影响儿童的身体健康和生长发育。将食材打印成具有有趣形状和丰富色彩的食品可能更容易吸引儿童食用，从而改善其饮食习惯和营养平衡。意大利福贾大学研究人员通过食品3D打印将蘑菇、白豆、香蕉和牛奶打印成了具有章鱼形状的儿童营养零食。因为具有新颖的外观，该款零食一经打印就获得了儿童的青睐[21]。此外，他们还根据零食为儿童提供营养的相关标准对打印零食的配方进行了优化，使打印零食在具有理想外观的基础上为儿童提供更均衡和丰富的营养[9]。

3）甜食和休闲食品

甜食和休闲食品是食品产业中重要的组成部分。近些年，食品3D打印技术也已经被逐步应用于甜食和休闲食品加工领域。

在巧克力3D打印方面，2012年英国埃克塞特大学与Choc Edge公司合作推出了世界上第一款商用3D巧克力打印机Choc Creator，采用注射式“打印头”进行巧克力的3D打印[6]。2015年3D Systems公司与Hershey公司合作，开发了一款名为Cocojet的挤出型巧克力打印机，可以打印各种形状的巧克力[22]。2013年，武汉巧意科技有限公司发布了最新款巧克力3D打印机Choc Creator 2.0，并迅速打开国内巧克力3D打印机市场[23]。2014年，郑州乐彩科技股份有限公司研发了一款新型的巧克力 3D 打印机，其最大的亮点在于将巧克力材料的加热装置设置成圆管状，使巧克力材料能够均匀受热，从而具有更好的打印性能[23]。2015 年华东理工大学的学生设计并制作了一款巧克力 3D 打印机，可方便、快捷地打印出造型各异的巧克力[24]。目前大多数 3D 打印巧克力使用熔融挤出成型 3D 打印机进行制作，而来自滑铁卢大学的学生则利用选择性激光烧结打印机进行 3D 巧克力结构的制作，并获得了感官品质良好的定制巧克力产品[25]。

在糖果 3D 打印方面，2007 年，CandyFab 项目首次使用糖粉来制作 3D 打印糖果，并且推出了基于选择性激光烧结技术的打印机 CandyFab[26]。基于选择性激光烧结技术，荷兰 TNO 公司用糖粉生产了许多不同形态的糖果[27]。两名伦敦学生发明了一款名为 GumJet 3D 的打印机来打印吸引人的口香糖[28]。Wacker 公司设计的口香糖 3D 打印机则可以使用果汁、椰子和植物提取物来制作口香糖，并生产出了许多口感和味道不同的口香糖。此外，Wacker 公司还发明了一种称为 Candy2Gum 的新方法，可以把现有的糖果变成口香糖[29]。几种 3D 打印甜食和休闲食品见图 7.2。

(a)

(b)

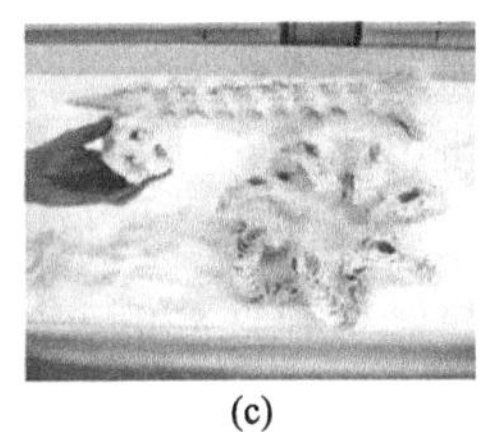
(c)

(d)

图 7.2　3D 打印甜食和休闲食品[20]

(a) 黑先生；(b) 五颜六色的糖果；(c) 糖结构；(d) 巧克力玫瑰花

7.2　食品 3D 打印基本原理及主要方法

7.2.1　食品 3D 打印的基本原理

食品 3D 打印的基本原理主要分为三个部分。首先，通过计算机辅助设计或逆向工程技术建立 3D 模型，并转化为 STL 格式文件。然后，使用切片软件将 STL 文件进行切片处理（即将复杂的 3D 模型“切”成设定厚度的一系列片层），得到打印机能够识别的 G-code 代码。最后，打印机按照上述切片和设定参数将食品材料逐行、逐层沉积直至打印完成。

7.2.2　食品 3D 打印的主要方法

目前，可用于食品加工的 3D 打印方法主要包括四种类型：挤出成型技术、选择性激光烧结技术、黏结剂喷射打印技术和喷墨打印技术。这些打印技术具有不同的方法/技术特点，适用范围也不尽相同。

1. 挤出成型技术

挤出成型3D打印是目前主要的食品3D打印方法。根据打印温度和打印材料状态的不同，挤出成型技术可分为室温挤出成型、熔融挤出成型和凝胶挤出成型三种方式（图7.3）。

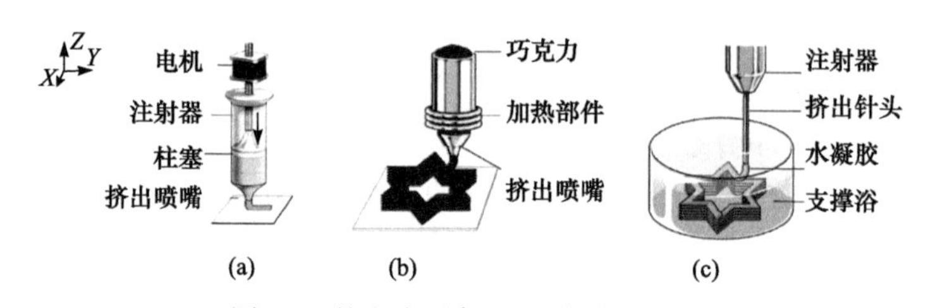

图7.3 挤出成型食品3D打印方法[30]

(a) 室温挤出成型；(b) 熔融挤出成型；(c) 凝胶挤出成型

1）室温挤出成型

室温挤出成型不需要温度控制，但要求打印原料具有适当的材料黏弹性，它允许材料通过细孔的挤出喷嘴，并支持沉积后的产品结构。面团的3D打印就属于该种成型方式。操作过程中，首先将面粉、黄油、鸡蛋、芝士和牛奶等原料混合均匀，制备成具有良好材料性能的面团，而后通过打印机进行挤出成型制造，打印产品包括饼干、比萨等（图7.4）。但是，该种形式打印的产品一般需要通过油炸、蒸煮和烘烤等后处理方法进行熟化。

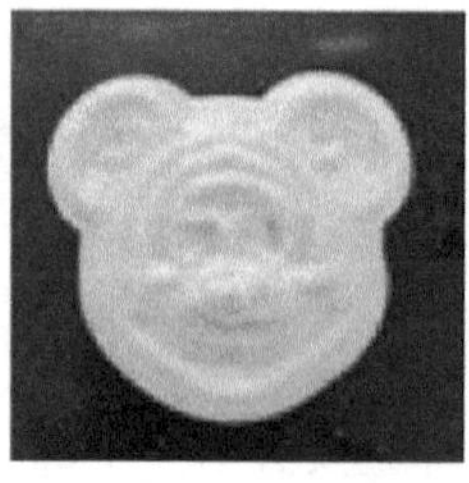
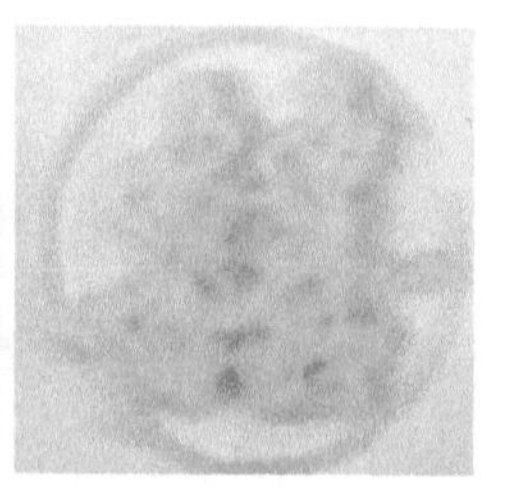

图7.4 室温挤出成型3D打印食品

2）熔融挤出成型

熔融挤出成型过程中，熔融物料从喷嘴挤出，几乎立即凝固并连接到上一层上，这使得打印产品具有较好的形状和结构稳定性。而且，产品一般不需要进行熟化处理，可以直接食用。该技术已广泛用于打印定制3D巧克力产品，由于巧克力打印凝固后形状稳定性强，因此可以打印出结构精细复杂的模型（图7.5）。

  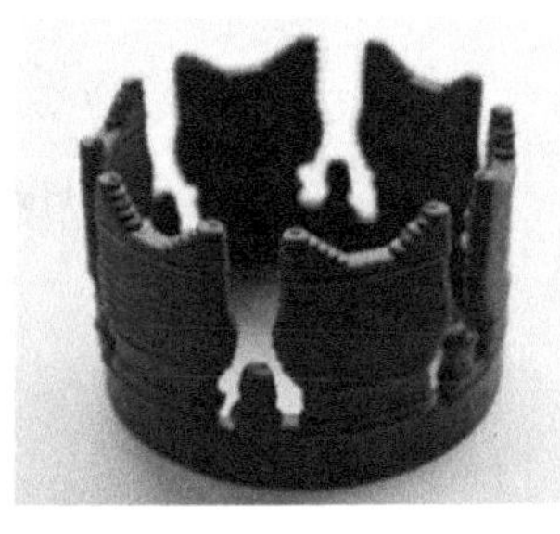

图 7.5　3D 打印巧克力产品

3）凝胶挤出成型

与前两种挤出成型方式不同，凝胶挤出成型在食品领域的应用更为广泛，可进行水凝胶、肉类、水果和蔬菜等材料的打印。食品材料在打印前通常需要经过热处理、酶交联、离子交联等预处理以形成凝胶体系，从而具有良好的打印性能。此种挤出成型的食品 3D 打印机由日本山形大学发明[30]。几种凝胶挤出成型 3D 打印食品见图 7.6。

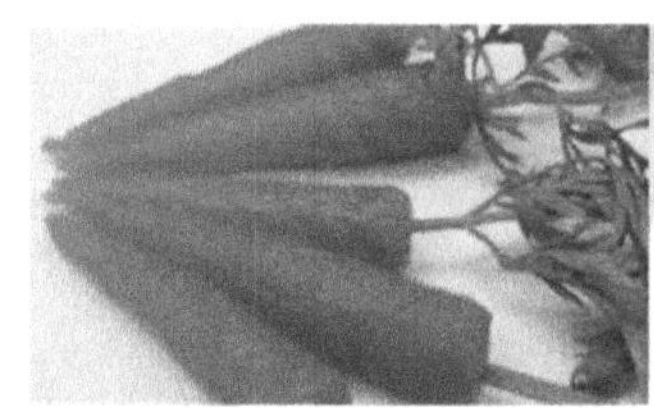  

图 7.6　凝胶挤出成型 3D 打印食品

2. 选择性激光烧结技术

选择性激光烧结是一种利用激光逐层选择性地将粉末颗粒凝结成 3D 结构的技术。激光通过扫描每层表面的截面来选择性地凝结粉末，完成一个截面后，粉末床降低并覆盖一层新的粉末，然后重复这个过程，直到所需的结构完成（图 7.7）。最后，将未处理的粉末除去并回收用于下一次打印。选择性激光烧结广泛应用于金属和陶瓷制造行业，但由于其在食品打印中受到一定的限制，因此仅用于打印低熔点粉状材料（如巧克力粉、以糖为基础的材料、以脂肪为基础的材料等）。因为该种形式的 3D 打印是通过粉末的逐层铺设来完成的，所以每一层的粉末可以是不同的，这有利于完成不同材料，特别是营养物质均衡搭配的食品的加工。荷兰 TNO 公司的研究人员使用糖和 NesQuik 粉末创建了精致而复杂的 3D 结构[26]（图 7.8）。使用选择性激光烧结技术，CandyFab 打印机成功地制造了传统方式无法生产的各种食品结构[27]。

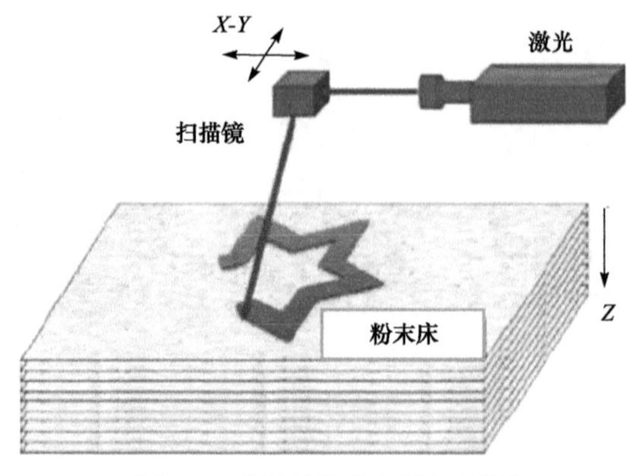

图 7.7 选择性激光烧结技术[31]

图 7.8 选择性激光烧结 3D 打印食品[32]

3. 黏结剂喷射打印技术

黏结剂喷射打印在原理上与选择性激光烧结相似。在打印过程中，黏结剂被选择性地喷到材料层的特定区域上，将当前的粉体薄层和之前及之后的薄层黏结在一起，从而经逐层组合后形成复杂的 3D 结构（图 7.9）。对于食品 3D 打印而言，黏结剂也同样可以作为打印产品风味和色泽的调节剂，从而丰富产品的口味和颜色。目前，可食用黏结剂多为糖和淀粉的混合物与水或醇的混合溶液，但产品中

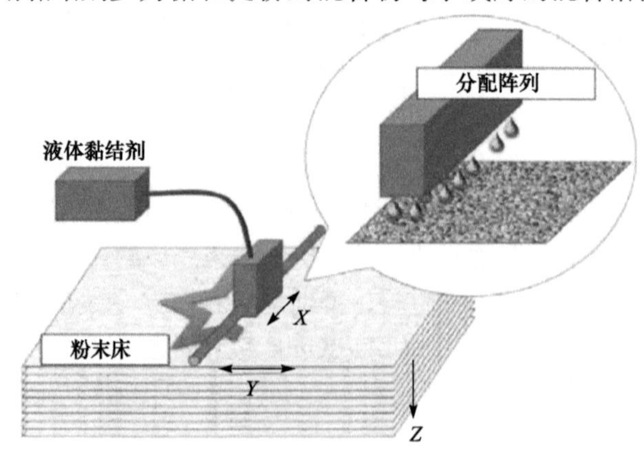

图 7.9 黏结剂喷射打印技术[31]

过高的糖含量不利于身体健康，所以选取低能量的替代物作为黏结剂是食品黏结剂喷射打印需要解决的问题。纤维素作为一种天然多糖，由于不能被人体消化吸收，且具有促进减肥、降低血脂等诸多优势，可作为传统可食用黏结剂的良好替代物。

黏结剂喷射打印具有加工速度快、成本低等优点，但产品的光滑度不够，需要高温固化等后处理加工。目前，该技术主要用于糖粉和淀粉粉末的 3D 打印。基于黏合剂喷射技术，西英格兰大学研究人员使用糖和淀粉混合物制造了复杂的食品结构[33]。

4. 喷墨打印技术

与挤出成型打印不同，喷墨打印不用于逐层沉积以获得立体打印产品，而常用于打印二维图像（图 7.10）。食品喷墨打印的“油墨”通常为低黏度材料，如奶油、意大利面酱等，其不具有足够的机械强度来保持 3D 结构。在打印过程中，流动的材料经喷嘴分配到食品表面（如饼干、蛋糕和比萨）的某些特定区域，从而起到装饰和填充的目的（图 7.11）。喷墨打印有连续喷墨打印和按需喷墨打印两种类型。连续喷墨打印机通过恒定频率振动的压电晶体连续地喷射“油墨”来完成图像打印。在按需喷墨打印机中，“油墨”则通过阀门施加的压力从喷嘴喷出。一般来说，按需喷墨打印的打印速度比连续喷墨打印要慢，但所产生的图像的分辨率和精确度要高。

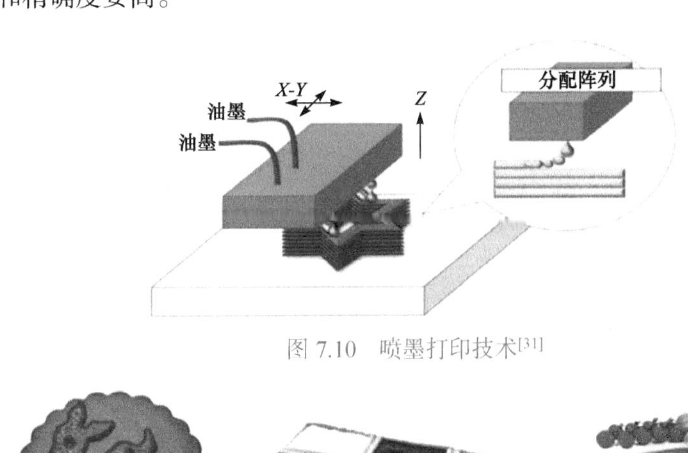

图 7.10 喷墨打印技术[31]

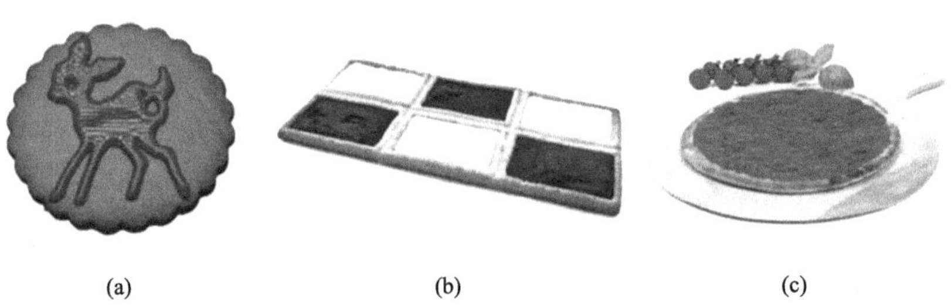

图 7.11 喷墨 3D 打印食品[30]

（a）图形装饰；（b）腔体沉积；（c）表面填充

7.3 食品3D打印过程及其模拟与优化

7.3.1 食品3D打印过程

食品3D打印遵循一系列明确的顺序流程（图7.12）。首先打印模型由计算机辅助设计软件或逆向工程技术创建；其次使用合适的切片软件将模型切成单独的片层，并生成3D打印机能够识别的数据文件（G-code代码）；然后对打印食品配方进行制定；最后3D打印机根据数据文件中的指令打印出预先设计的具有良好品质的食品。对于需要后处理的打印食品则进行后期处理。

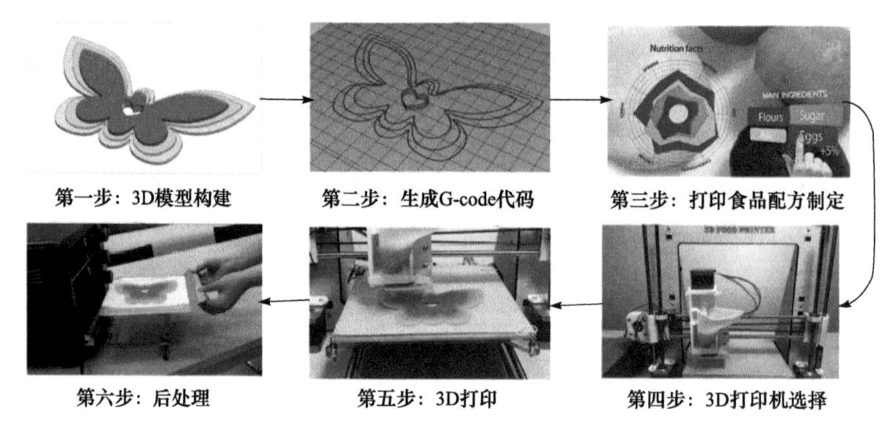

图7.12 食品3D打印过程[34]

7.3.2 食品3D打印过程的模拟与优化

1. 食品3D打印过程的模拟

打印模型的质构特性、打印过程中的流体特性等多个因素都会影响打印产品的质量。为了高效、准确地获得理想的打印产品，利用数值模拟，如有限元法（finite element method，FEM）进行打印前的模拟来获得最佳的打印模型和打印参数。通常，食品3D打印过程的数值模拟可分为两个部分：①3D模型的数值模拟；②挤出过程的数值模拟。

1）3D模型的数值模拟

数学模拟可以用来分析设计模型的局部效应，如缺陷和应力[35]。目前，一些公司已经发布了用于3D打印的模型模拟优化软件，如Virfac AM、Simufac Additive、exaSim和3D Experience。通过上传3D模型和打印参数，软件就会反馈设计模型的残余应力和变形的可视信息。通过这些信息，设计者可以对设计的模型进行优化和调整。在食品 3D 打印方面，比利时鲁汶大学研究人员使用不同浓度的果胶和 $CaCl_2 \cdot 2H_2O$，并结合有限元分析预测了蜂窝结构的质构特性，并对测得的杨氏模量和分析模型进行了较好的拟合[36]。

2）挤出过程的数值模拟

有限元分析和计算流体力学（computational fluid dynamics，CFD）是了解挤出机内部流体特性的有效方法。在食品加工中，FEM 和 CFD 已经成功用于模拟和分析挤出过程的流动性[37]。对于食品 3D 打印而言，打印头或挤出管中的流体特性和基本原理与食品挤出机相似。因此，CFD 和 FEM 也可以应用于基于挤出成型的食品 3D 打印过程中的流体特性的模拟。这有助于了解打印头或挤出管中材料的状态，从而获得适当的切片参数。目前，常见的 CFD 软件有 COMSOL、ANSYS、POLYFLOW、Phoenics 和 OpenFOAM 等。江南大学研究人员使用 POLYFLOW 软件模拟和研究了不同工艺参数（如材料黏度、弛豫时间、入口体积流量、喷嘴直径等）条件下，挤出管和喷嘴内的流速、剪切速率和压力分布，并利用上述模拟结果改进了柠檬汁凝胶体系的 3D 打印过程，解决了挤出过程中的膨胀问题[38]。江南大学的另一项研究则利用 COMSOL 软件的计算模拟模型和打印试验，比较了注射器式挤出成型 3D 打印机和螺杆式挤出成型 3D 打印机在流体流动特性和打印剖面上的差异（图 7.13）。结果表明，螺杆式挤出成型食品 3D 打印机具有复杂的流体特性，在挤出管的内壁和螺杆间隙处发生了一些回流。然而，注射器式食品 3D 打印机的流体特性更简单，并可以很容易地进行调整。此外，螺杆式的食品 3D 打印机不适合高黏度材料的挤出[39]。

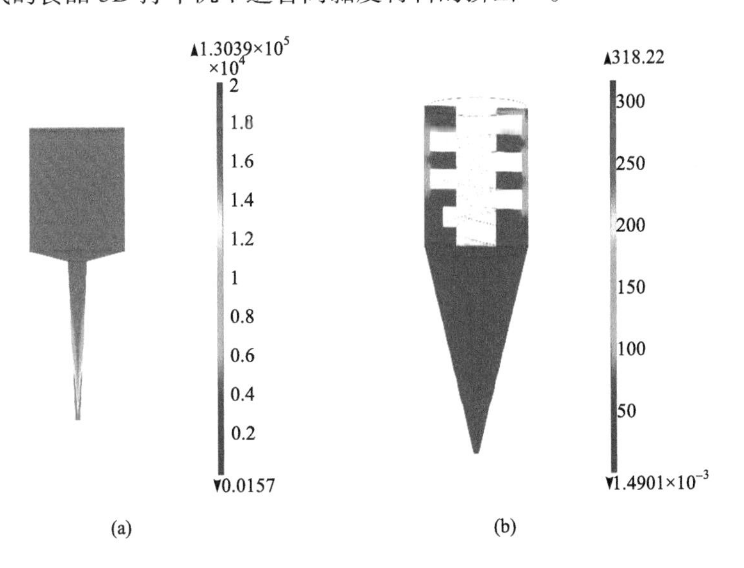

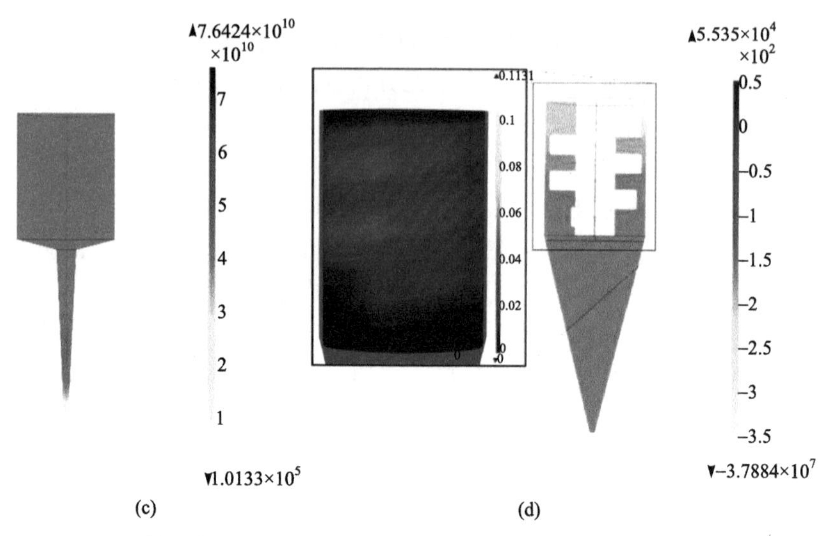

图 7.13 注射器式和螺杆式 3D 打印机的剪切速率分布[（a）和（b）]和压力分布[（c）和（d）]模拟[39]

2. 食品 3D 打印过程的优化

为了实现产品的精准打印，以数值模拟和多次试验获得的理想参数为基础，对打印过程进行优化是至关重要的。打印过程的优化可分为两个部分：①打印参数的优化；②食品材料性能的优化。第一部分用来优化打印机的打印参数，第二部分则用来优化材料本身，经两部分之间协调优化，最终获得理想的打印产品(图 7.14)。

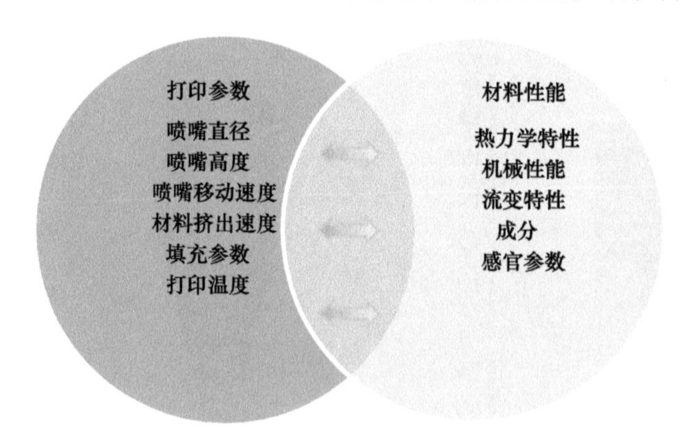

图 7.14 影响食品 3D 打印的因素

1）打印参数的优化

A. 喷嘴直径

喷嘴直径主要影响打印精度和产品表面的精美程度。较大的喷嘴可以提高打印速度，但打印的精确度较差。喷嘴直径越小，打印产品的细化程度越高，质量越好。然而，喷嘴直径的减小不仅增加了打印时间，也增加了进料压力，过大的进料压力会导致 3D 打印设备过载，进而造成机器磨损[40]。江南大学研究人员发现，当喷嘴直径为 0.8 mm 和 1.5 mm 时，喷嘴挤出鱼糜凝胶时会出现不连续沉积现象，而当喷嘴直径为 2 mm 时，鱼糜凝胶可以被准确挤出，这说明打印过程中喷嘴直径越小，打印材料所需的压力就越大。若喷嘴直径过小，打印材料由于得不到足够的挤出压力，就无法连续沉积[41]。因此，在选择喷嘴直径时，需要考虑设备所能提供的最大压力，以避免材料无法顺利挤出和机器过载的情况。

B. 喷嘴高度

喷嘴高度指的是喷嘴出口到成型平台的距离，合适的喷嘴高度对确保精确打印起着至关重要的作用。喷嘴高度过高，挤出材料容易因拖拽而发生断裂或扭转，喷嘴高度过低，喷嘴出口则会将已经沉积的材料挤压变形，而材料也会污染和粘连喷嘴出口[6]。英国埃克塞特大学研究人员通过对巧克力打印过程的研究，提出了最佳喷嘴高度方程，见（7-1）：

$$h_c = \frac{V_d}{v_n D_n} \tag{7-1}$$

其中，h_c 为最佳喷嘴高度；V_d 为材料挤出速度，cm^3/s；v_n 为喷嘴移动速度，mm/s；D_n 为喷嘴直径，mm。研究表明，当喷嘴高度低于 h_c 时，喷嘴的挤压作用会导致打印产品较为“肥大”，但高度较低。相反，过高的喷嘴高度会导致挤出的巧克力线条在没有到达构造表面就发生扭转，使打印产品和预期有较大的差别[42]。意大利福贾大学研究人员报道了三种喷嘴高度情况，当喷嘴高度低于 h_c 时，材料在打印时由于喷嘴的拖拽，直径变小。当喷嘴高度高于 h_c 时，挤出材料在成型平台有不规则沉降，直径变大。当喷嘴高度和 h_c 相等时，挤出材料表现出最佳沉积，这得益于合适的喷嘴高度以及挤出速度和打印速度之间的平衡[43]。江南大学研究人员进行大量试验后发现喷嘴高度和喷嘴直径对 3D 打印过程的影响是相同的。但是，他们认为喷嘴高度不能作为影响食品 3D 打印精度的关键因素，因为当喷嘴直径和喷嘴高度相同时，挤出速度与喷嘴移动速度之间的失配是影响打印效果的主要原因。在挤出材料不收缩或不膨胀的理想打印过程中，挤出材料的直径和喷嘴的直径是一致的。喷嘴高度应尽可能低，以确保挤出材料能附着到上一层，从而避免因延迟沉积而造成的误差[44]。因此，喷嘴的高度应等于喷嘴的直径和单层的高度。所以，方程可以调整为式（7-2）：

$$V_d = \frac{\pi}{4} v_n D_n^2 = \frac{\pi}{4} v_n h_c^2 \tag{7-2}$$

其中，h_c 为最佳喷嘴高度；V_d 为材料挤出速度，cm^3/s；v_n 为喷嘴移动速度，mm/s；

D_n为喷嘴直径，mm。

C. 喷嘴移动速度

喷嘴移动速度是打印轮廓、填充物和支撑材料时决定打印速度的参数。适当的喷嘴移动速度有利于提高打印效率和效果。美国德雷塞尔大学研究人员报道了一个确定最佳喷嘴移动速度的方程[式（7-3）]：

$$v_n = \frac{4Q}{\pi D_n^2} \quad (7\text{-}3)$$

其中，v_n为最佳喷嘴移动速度，mm/s；Q为材料挤出速度，cm^3/s；D_n为喷嘴直径，mm。同时，他们也研究了喷嘴移动速度相对于最佳喷嘴移动速度（v_n）的三种情况。喷嘴移动速度大于v_n时，打印材料的直径小于喷嘴直径，这使得打印精度较低，每一层的高度和打印产品的总高度也较低。喷嘴移动速度小于v_n时，打印出的材料直径大于喷嘴直径。较大的材料直径增加了层高，导致喷嘴在打印多层结构时刺入打印对象。当喷嘴速度等于v_n时，喷嘴挤压产生合适的材料直径且等于喷嘴直径[45]。因此，为了获得合适的打印效率和最佳的打印效果，喷嘴移动速度的设置应遵循最佳喷嘴移动速度，并尽可能接近最佳喷嘴移动速度。另外，由于目前的食品 3D 打印机大多采用步进电机作为喷嘴运动的驱动，因此喷嘴的运动速度通常不能太快，以免产生失步等引起精度下降。根据之前的研究，喷嘴移动速度的建议设置值在 10～60 mm/s[20]。然而，对于不同的食品配方，黏度的变化会影响打印材料的挤出速度，从而影响最佳喷嘴移动速度。因此，喷嘴移动速度和挤出速度之间的最佳平衡应进行相应的计算或测试。

D. 材料挤出速度

在熔融沉积制造 3D 打印中，挤出速度是一个与物料每秒挤出量相关的参数，合适的材料挤出速度也是影响 3D 打印精度的关键因素。江南大学研究人员认为，材料挤出速度和喷嘴移动速度之间有一定的联系[44]。材料挤出速度过快，喷嘴移动速度则慢于材料挤出速度，导致材料堆积，产生较大直径的波浪线；材料挤出速度过慢，喷嘴移动速度则快于材料挤出速度，低压力和低流量会导致断线；如果喷嘴移动速度和材料挤出速度在一个合适的匹配范围内，挤出材料则为平滑的直线。他们还发现材料挤出速度对挤出材料的直径有较大影响。高挤出速度（0.004 cm^3/s和 0.005 cm^3/s）导致挤出材料直径超过喷嘴直径，而低挤出速度（0.002 cm^3/s）降低了挤出压力，则会导致挤出材料直径不一。当挤出速度为最佳挤出速度（0.003 cm^3/s）时，挤出材料直径一致（2.0 mm）且等于喷嘴直径[9]。澳大利亚昆士兰科技大学研究人员也提出，在较低的挤出压力设定下，挤出的巧克力线条并不总是均匀一致的[46]。

另外，当挤出速度不变时，活塞成功挤出不同黏度材料需要的压力是不同的。

当打印材料的黏度较高时，活塞连接的步进电机往往需要提供较高的压力才能成功挤出材料。当挤出材料所需压力超过电机提供的压力时，即使可以挤出材料，实际挤出速度也会与设定的参数不同[37]。换句话说，在设定挤出速度时，不仅要考虑其他参数的影响，还要考虑材料的黏度和打印机的性能。西安交通大学研究人员也认为不应该简单地固定挤出速度，这可能会导致打印产品的部分膨胀或缺失[34]。

E. 填充参数

3D 物体通常需要内部支撑来满足它的机械平衡。大多数切片软件为用户提供了选项来自定义 3D 打印对象的填充模式和填充率。无论是填充模式还是填充率都会对打印效率和打印效果产生重要的影响。江南大学研究人员研究了三种填充率和填充模式对 3D 打印马铃薯泥质构和力学性质的影响。研究发现，填充率与打印产品的质构（硬度和胶度）及力学性质（牢固度和杨氏模量）呈正相关，当填充率从 10%增加到 70%时，打印产品的硬度、胶度、牢固度和杨氏模量也相应地从 101.21 g、22.47 g、25.14 g 和 487.99 Pa 增加到 451.00 g、163.40 g、144.81g 和 43306.50 Pa。然而，不同的填充模式（“直线”、“蜂窝”和“Hibert 曲线”）只会造成进料量的略微差异（从 5.97%到 9.07%不等），不会对产品的质构和力学性质产生显著影响[47]。澳大利亚昆士兰大学研究人员也报道了类似的结果，他们认为打印巧克力的机械强度会随着填充率的增加而增强。填充率由 5%增加到 60%时，产品的破碎力相应地由 1.9～12.4 N 增加到 8.8～47.4 N[48]。填充参数的不同不仅可以获得不同质构特性的打印产品，还可以控制打印时间。因为当填充率较低时，打印机只需要打印较少的材料，从而减少了打印时间。也就是说，在满足质构要求的前提下，降低填充率可以有效提高打印效率。此外，合适的低填充率可以产生松脆的口感，这对零食来说是有益的。目前的切片软件提供了填充率设置，许多软件也提供了多种填充模式的选择。但对于具有独特质构和口感的食品的定制，只能通过构建模型或直接编写 G-code 代码得以实现[49]。

F. 打印温度

打印温度对材料的热力学和流变性能也有显著影响。例如，加热可以降低巧克力的黏度，使其具有流动性，但过高的温度则会使巧克力挤出后无法快速成型。大量研究发现，32℃是形成熔融巧克力的最佳温度，该温度不仅能够保证巧克力打印的流畅性，还能使挤出的巧克力较快地固化成型[46]。鱼糜凝胶的黏度会随着温度的升高而下降，流变性能则呈现先下降后上升的趋势。当温度较低时，鱼糜凝胶处于凝胶裂解阶段，肌原纤维蛋白大量伸展，导致鱼糜流动性增加，弹性模量显著降低。当温度升高到 50℃时，鱼糜凝胶的黏度明显降低，流动性下降，弹性模量显著增加[50]。因此，根据不同的打印材料，需要选择合适的打印温度来保证打印效率和准确度。

2）打印材料性能的优化

3D 打印过程中，打印材料需要经历沉积制造和后处理两个过程。沉积制造过程中，用于挤出成型制造的食品材料应该具有良好的打印性和适应性。需要后处理的食品材料也应该具有抵抗后处理中变形和变色的能力。这取决于材料的多种性能，如流变特性、热力学性质和机械性能等。另外，含有不同成分的食品材料在材料性能方面具有很大的差异。因此，以食品材料的成分为基础，优化打印材料的性能，是实现精准化（高分辨率和高精确度）食品 3D 打印中至关重要的部分。

A. 淀粉类材料

淀粉具有剪切变稀的特性（黏度随剪切速率的增加而降低），在沉积后又会恢复到高黏状态，这有利于打印体系的顺利挤出和保持沉积结构的形状稳定。另外，淀粉还具有结合水的能力，这可以减少 3D 打印产品在脱水时的收缩变化。因此，淀粉可以作为添加剂加入到其他食品材料中，使其具有良好的打印性能，从而促进产品的精准打印。江南大学研究人员研究了马铃薯淀粉对糊化马铃薯泥打印体系流变特性的影响。结果显示，添加天然未糊化马铃薯淀粉可以增加马铃薯泥打印体系的黏度，但当马铃薯淀粉含量达到 4%时，马铃薯泥打印体系流动性变差，表现出固相性。当添加 2%的马铃薯淀粉时，马铃薯泥打印体系可以很容易地从喷嘴挤出，并具有合适的机械强度来支撑沉积产品的形状[51]。江南大学的另一项研究也发现，马铃薯淀粉的加入可以增加柠檬汁凝胶的硬度、弹性和黏度，从而有效抵抗外部凝胶的损伤[44]。除马铃薯淀粉外，小麦淀粉和紫薯淀粉也可用作食用材料的添加剂。江南大学研究人员通过混合浓缩橙汁、小麦淀粉和卡拉胶制备了具有良好打印性能的凝胶体系[52]，也通过加入 1%的紫薯粉和 2%的马铃薯淀粉对马铃薯泥打印体系进行打印性能优化，并获得了高分辨率和平滑度的马铃薯泥打印产品[51]。

此外，添加凝胶等添加剂可以进一步增强淀粉的打印性能，使其更有效地用于食品 3D 打印。例如，添加海藻酸钠和卡拉胶可以保持富含淀粉的、膨胀的刚性颗粒的颗粒结构，从而增加材料的黏度。而黄原胶和瓜尔胶的加入可以防止水的渗透，从而抑制颗粒的膨胀。江南大学研究人员研究了阿拉伯胶、瓜尔胶、卡拉胶和黄原胶对浓缩橙汁小麦淀粉混合物的打印性能的影响。结果显示，瓜尔胶、卡拉胶和黄原胶的加入都增加了混合材料的表观黏度、储能模量和损耗模量。而且，加入卡拉胶的混合材料显示出了良好的打印性能，打印产品也具有良好的微观结构和咀嚼性[52]。

B. 动物源材料

动物源材料如猪肉、鱼和乳制品的黏度很低，不能直接用于食品 3D 打印，这些材料必须通过加入添加剂来改善打印性能。在这些添加剂中，酶是较常用的一种。据报道，酶的加入会改变蛋白质的构象，从而导致材料性质的变化。例如，谷氨酰胺转氨酶被认为是制备可打印肉酱的理想食品添加剂，因为谷氨酰胺转氨酶可以催化蛋白质之间的交联，从而产生自我支撑结构[53]。美国康奈尔大学研究人员通过加入转谷氨酰胺酶来改善扇贝肉泥和火鸡肉泥的流变特性，并打印出了具有良好感官品质的产品[54]。葡萄糖酸内酯是一种广泛用于食品工业的酸性物质。当它溶解在水中时，会释放出葡萄糖酸，并慢慢分解出氢离子。因此，将葡萄糖酸内酯加入到动物源材料中，可以降低蛋白质系统的酸性，改变肌原纤维蛋白所在的微环境，从而减弱蛋白质分子之间的静电斥力，增强相互作用，最终导致蛋白质聚集沉淀，形成凝胶体系[55]。葡萄糖酸内酯形成的凝胶体系的硬度和强度均弱于加热或添加多糖胶体等其他方式形成的凝胶体系，流动性较好，被认为更适用于 3D 打印。在某些情况下，动物结缔组织和骨骼中提取的明胶也可以作为可食用材料的添加剂。明胶的加入可以改善食物的弹性。同时，明胶会在高温（>35℃）条件下熔化，这使其具有更好的流动性[56]。这些特点使得明胶非常适合于食品 3D 打印。在康奈尔大学研究人员的报道中，明胶等水凝胶被混合于食品材料中，用于制备适合食品 3D 打印的材料[57]。

油脂具有改善产品硬度、多汁性和风味等多种功能。但由于 3D 打印的特点，在打印过程中脂肪的添加主要影响打印材料的流动性和成型效果。适当的脂肪含量使食品材料在 3D 打印中具有适当的流动性和黏度，但过高的脂肪含量会显著降低食品材料的黏度。因此，对于食品材料来说，适当的脂肪含量也是其具有良好打印性能的重要原因。芬兰研究人员将脱脂奶粉和半脱脂奶粉应用于食品 3D 打印中，以评价脂肪对 3D 打印材料性能的影响。研究表明，半脱脂奶粉中的脂肪起到增塑剂或润滑剂的作用，使打印材料更容易流动，从而具有良好的打印性能[58]。

C. 水果与蔬菜

水果和蔬菜不仅水分含量高，而且富含人体所需的维生素、矿物质和纤维素。将水果和蔬菜应用到 3D 打印中，对个性化营养食品的定制将产生重要的影响。然而，目前与果蔬 3D 打印相关的研究仍然较少。限制果蔬在食品 3D 打印领域中应用的主要原因是果蔬较差的材料性能。果蔬含有大量的水分，降低了打印材料的黏度。降低食品材料含水量的方法有两种：一是加入高浓度的增黏剂，如蛋白质、淀粉或水胶体；二是通过去湿处理降低食品材料中的水分含量。目前，研究较多的方法是通过控制增黏剂的添加量来帮助材料获得理想的打印性能。例如，美国康奈尔大学研究人员通过向芹菜汁中添加琼脂，使芹菜汁凝胶化，从而使其可用于 3D 打印[54]。江南大学研究人员则通过调整马铃薯淀粉的浓度来获得具有最优流变特性和机械性能的柠檬汁凝胶[38]。此外，当水果和蔬菜被榨汁或制浆时，残留的大颗粒会导致喷嘴堵塞。为了避免堵塞喷嘴，意大利福贾大学研究人员使用均质机来处理果蔬浆料，并通过过滤得到了均匀的可打印食品材料[59]。

7.4 食品 3D 打印前处理和后处理

7.4.1 打印前处理

1. 打印对象前处理

1）3D 模型的构建

与图片打印需要数字对象一样，3D 打印同样需要建立一个数字对象，即 3D 模型。3D 模型可以通过两种方法来建立：①利用计算机辅助设计软件建立 3D 模型；②利用逆向工程（reverse engineering，RE）建立 3D 模型。

A. 利用计算机辅助设计软件构建 3D 模型

计算机辅助设计技术是指通过计算机及其图形设计设备辅助设计人员进行设计工作的技术。使用 CAD 软件进行模型构建时，设计者不但要有丰富的专业知识，而且要精通模型设计软件。专业的建模软件，如 SolidWorks、SketchUp、AutoCAD 和 Rhinoceros 3D 具有强大的功能，但对初学者来说这些软件使用难度过高，而且它们大多是商用的。因此，一些公司也开发了供初学者和儿童使用的建模软件。与专业的建模软件相比，这些软件操作相对简单，并提供了更简单的接口。Tinkercad 是目前世界上最简单的建模软件之一，它在网页上就可以进行操作，而不需要下载；而且该软件更注重模型的快速简单构建，用户通过组合各种不同的基本形体，即可快速构建自己的设计[37]。3D Slash 是一种相对新颖的 3D 打印软件，用户可以通过它使用模块来简单地构建 3D 模型。在模型构建中，用户从最原始的模型入手，使用各种剪切工具将原始模型中多余的部分逐一去除，即可得到理想的打印对象[37]。至于免费软件或开源软件，德国研究人员从易用性、功能性和专业版本三个角度出发，对九种 CAD 软件进行了比较和评价，并将 Onshape 推荐为最好的免费软件或开源软件[60]。该软件允许团队在同一个共享设计上进行协作，就像多个作者可以通过云服务一起编辑共享文档一样。

B. 利用逆向工程构建 3D 模型

食品 3D 打印时，若想要获得实物的 3D 模型，逆向工程是一种非常有效、可靠的方法。逆向工程也称为反求工程、反向工程，是指用一定的测量手段对实物或模型进行测量，然后根据测量数据通过 3D 几何建模方法重构实物的 3D 模型的过程[61]。

在逆向工程中，数据测定是第一步，也是最关键的一步。实物数据测量的精度直接影响 CAD 重建模型的精度。根据测量方法的不同，数据采集方法一般可分为接触式测量和非接触式测量两种。接触式测量，如单个点数据采集、磁力线切割采集等，具有较高的测量精度，但效率较低，且较依赖测量人员的经验。非接触式测量，如激光扫描系统和 3D 视觉系统，具有速度快，可测量实物内部结构等优点，但其测量精度较差[62]。

在完成实物或模型的数据采集后，需要对数据进行科学的处理，主要包括回复、修补和基础分析[61]。一方面除去测量中产生的误差和弥补遗漏的细节，另一方面根据软件显示出的图像结构分析实物的颜色、结构等。最后根据处理后的数据进行产品 3D CAD 模型的构建，并可在此基础上修改以进行新产品设计。

2）3D 模型的切片处理

3D 打印是根据打印对象每一层的界面轮廓来进行打印的，因此在打印前，3D 模型必须使用切片软件进行切片处理。切片软件是在 3D 模型和 3D 打印机之间进行路径规划和分段计算的中间驱动程序。实际操作中，操作者首先需要在切片软件的界面中对层高、打印速度、出丝宽度、表皮圈数、填充率和喷嘴温度等多个关键参数进行设置（图 7.15）。然后，切片软件根据设定参数对 3D 模型进行水平切片处理、规划打印路径、计算打印时间和耗材，即将 3D 模型（STL 文件）转换成 3D 打印机能够识别的 G-code 代码，进而驱动 3D 打印机进行打印工作。

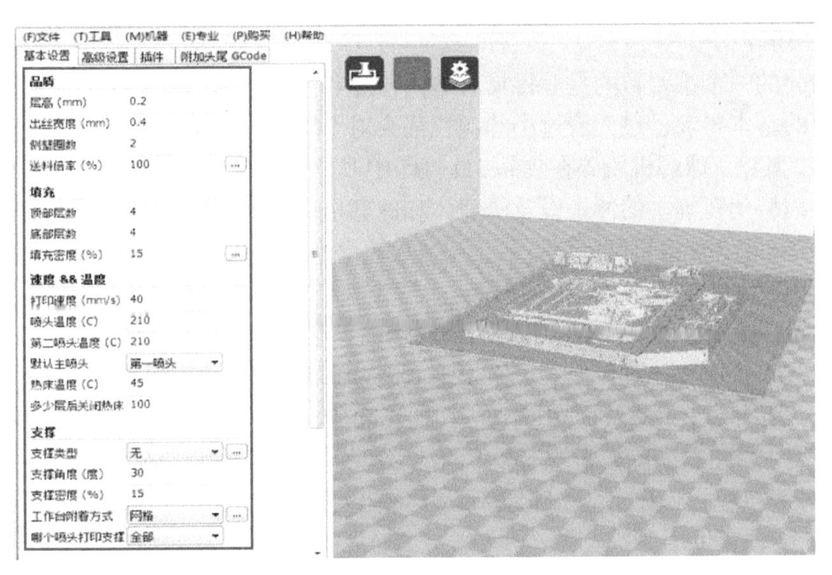

图 7.15 切片软件打印参数设置界面[63]

根据之前的研究工作，Cura、Repetier 和 Slic3r 是提及最多的用于食品 3D 打印机管理的切片软件，它们在熔融沉积制造 3D 打印机和计算机系统中具有广泛的适用性。

2. 打印材料前处理

对于 3D 打印而言，首先，最重要的是选择具有适当物理和化学性质（如颗粒大小、流动性、流变性和机械性能）的材料。最初，3D 打印常用的材料为金属、陶瓷、细胞、组织和合成聚合物，这些材料在有机溶剂、交联剂和极端条件下进行打印，且不符合食品安全标准。因此，食品级材料的选择成为食品 3D 打印的一大挑战。食品材料应具有适当的流动性、黏度和机械强度，使其易于从喷嘴尖端流出，并能在打印后保持原有的形状。因此，通过打印前处理，使食品材料具备上述特性是实现成功打印的关键。

1）粉末材料的制备

粉末材料广泛应用于上述四种 3D 打印技术中，但每种技术对粉末性能都有一定的要求。例如，熔融沉积制造要求粉末具有较低的熔点，理想的冷却速度，适当的粒度、黏度和流动性，从而促进喷嘴的挤出和保持沉积后产品的形状稳定。除了合适的粒度和流动性外，选择性激光烧结和黏结剂喷射打印还要求粉末具有一定的堆密度和润湿性。为了满足各种打印技术对材料的要求，通常需要在打印前对材料进行前处理，如粉碎、微胶囊化等。

A. 粉碎

粉碎的一个重要目的是获得具有适当粒度和流动性的粉末，这是材料从喷嘴中流出的基本要求，过大或过小的颗粒都会对 3D 打印产生负面影响。粉碎的方法很多，其中，球磨机粉碎在食品 3D 打印中非常常见。它利用下落的研磨体（如钢球、鹅卵石等）的冲击以及研磨体和球磨机内壁的研磨作用来粉碎和混合物料。研究表明，球磨研磨可以将结晶纤维素转化为非结晶状态，并在合适的条件下再结晶形成刚性结构[64]。英国诺丁汉大学研究人员对纤维素粉末进行球磨机处理后发现，将少量黄原胶与纤维素混合可协同增强黏结性能并改善其喷墨打印性能[65]。在该团队的另一项研究中，纤维素与槐豆胶或魔芋胶以 9∶1 的比例混合后进行球磨研磨，所得粉末最终被成功打印成了 10 mm×10 mm 的方块[66]。此外，一些研究人员使用中性蛋白酶除去新鲜肉类中的结缔组织和脂肪，然后将处理材料进行冷冻干燥、球磨机粗粉碎和超微粉碎处理，最终获得了适合食品 3D 打印的纳米肉粉[20]。

B. 微胶囊化

微胶囊技术是一种通过在微胶囊中嵌入气体、液体和固体来形成固体颗粒的技术。在食品领域中，其常被用于将功能成分如多酚、酶、益生菌、功能油、维生素和矿物质等包封至胶囊中，从而抵御周围环境对上述成分的影响。研究表明，通过控制微胶囊化条件，微胶囊粉的粒径可以呈现双峰分布，这是黏结剂喷射打印的理想选择。在打印中，较小的颗粒填充于较大的颗粒间隙之间，从而降低了孔隙率，提高了打印产品的机械强度[67]。因此，微胶囊化是一种很有前途的 3D

打印材料预处理方法。

2）面团的制备

为了成功地打印面团，通常要求面团能够顺利地挤出并在打印后具有保持结构和形状的能力。但有时这两个条件是矛盾的，机械强度低的面团可以顺利挤出，但形状稳定性差，容易坍塌；机械强度高的面团形状稳定性好，但不易挤出。因此，面团 3D 打印成功的关键是使面团具有合适的理化性质。为了使面团具有良好的打印性能，江南大学研究人员对打印面团进行了配方优化研究，结果表明，当糖粉、黄油、低筋面粉、鸡蛋和水的比例为 6.6∶6∶48∶10.4∶29 时，面团具有良好的凝胶和物理性质，可以被准确地打印并具有良好的形状稳定性[68]。新加坡科技与设计大学研究人员研究发现，与未糊化的面团相比，高温糊化面团的 3D 打印精度更高，形状稳定性更好[69]。荷兰瓦格宁根大学研究人员研究了含益生菌面团在熔融沉积制造中的打印性能。结果显示，由 30 g 水、39 g 面粉（蛋白质含量 7.2%）和 1.17 g 酪蛋白酸钙混合制备而成的面团具有良好的打印性能和结构稳定性，打印产品经 145℃烘烤 16 min 后，益生菌的存活量仍达到 10^6 CFU/g，这说明 3D 打印产品可以作为益生菌的良好载体[70]。江南大学研究人员将浓缩芦笋汁、功能性碳水化合物（海藻糖、高麦芽糖）和陈年面粉混合制成高纤维面团，用于 3D 打印。结果表明，在合适的配方和工艺条件下，打印产品的精度可达 95% 以上，且具有良好的结构稳定性（30 min 内未发生结构破坏）[71]。

3）凝胶体系的建立

根据分散介质的不同，凝胶可分为干凝胶、水凝胶、气凝胶和有机凝胶。在食品领域中，许多高分子聚合物如多糖、多肽和蛋白质亲水聚合物可溶于水，因此水常被用作分散介质来形成凝胶。水凝胶的挤出打印是近年来食品 3D 打印的主要研究课题之一。凝胶的打印性能取决于聚合物溶液的流变性能（黏弹性）和凝胶性能。食品 3D 打印中常用的凝胶体系建立方法可大致分为离子亲和交联法、热处理凝胶法和酶交联法等。

A. 离子亲和交联法

离子亲和交联是一种物理交联方法，即聚电解质与离子交联形成网状结构，最典型的例子是海藻酸钙凝胶的制备。海藻酸是一种由 *β-D-* 甘露糖醛酸和 *α-L-* 古罗糖醛酸组成的天然阴离子聚合物，其结构中的多个氧原子可以与二价阳离子螯合形成具有 3D 网状结构的凝胶（图 7.16）。由于二价钙离子（Ca^{2+}）是人体中最重要的元素之一，因此，其最常被当作交联离子使用。据报道，海藻酸和 Ca^{2+} 交联形成的海藻酸钙凝胶微球是带负电荷的，它可以在电场的驱动下根据既定的路线沉积，从而完成 3D 打印[72]。新加坡南洋理工大学研究人员将海藻酸钠溶液与小鼠纤维细胞混合，然后用 100 mmol/L 氯化钙溶液进行快速凝胶化。结果显示，通过改变海藻酸钠溶液的浓度，可以打印出不同力学性质的 3D 结构，同时能够维持细胞活性[73]。虽然这个例子是海藻酸钙凝胶在小鼠细胞 3D 打印中的应用，但它为打印含益生菌等功能成分的食品提供了一个思路。

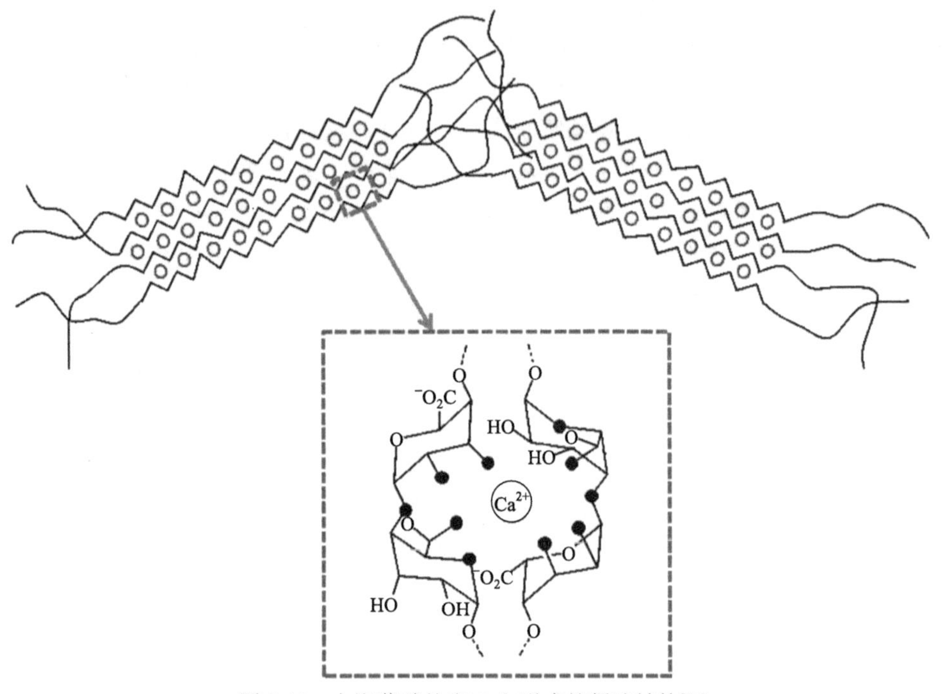

图 7.16 由海藻酸盐和 Ca^{2+}形成的凝胶结构[74]

另一种凝胶体系形成材料是果胶，它是由鼠李糖醛酸和同型半乳糖醛酸组成的非均相多糖聚合物[75]，其中半乳糖醛酸可以进行甲基化。根据甲基化程度的高低，果胶可被分为低甲氧基果胶和高甲氧基果胶。两种果胶具有不同的凝胶机制，高甲氧基果胶通常被溶解在低 pH 和高糖溶液中，并通过疏水相互作用和氢键形成凝胶。低甲氧基果胶则通过自由羧基和 Ca^{2+}之间的离子交联形成凝胶[76]，这与海藻酸和 Ca^{2+}形成凝胶的机制类似。比利时鲁汶大学研究人员通过改变低甲氧基果胶、氯化钙和牛血清白蛋白的浓度制备了一系列以果胶为基础的凝胶。研究发现，R 值（$R=[Ca^{2+}]^2/[COO^-]$）在 0.2～0.5 的凝胶具有适当的流动性和稳定性，可用于 3D 打印；当 $R>0.5$ 时，凝胶的打印性能良好，但打印产品的机械性能较差[77]。

B. 热处理凝胶法

热处理凝胶法也广泛应用于食品 3D 打印。与离子交联凝胶法不同，热处理凝胶法主要依靠材料对温度的敏感性来形成凝胶。许多天然聚合物或改性聚合物具有一定的热敏感性，如明胶、淀粉、琼脂、卡拉胶和纤维素衍生物[72]。这些热可逆凝胶的行为类似，在较高的温度下，它们会溶解成胶体，但随着温度的下降，它们开始形成螺旋结构和聚集体，进而形成凝胶。许多研究人员利用这一机制来打印蛋白质、马铃薯淀粉、水果和蔬菜。目前，应用最广泛的热处理方法是水浴加热。例如，河南科技大学研究人员将蛋清蛋白溶液和明胶、玉米淀粉、蔗糖进行混合，于 55℃条件下加热 10 min 后得到复合打印体系，该体系在 40℃条件下保存 20 min 后进行 3D 打印试验。结果显示，蛋清蛋白的添加不仅显著提高了凝胶的硬度和弹性，也提高了打印精度和打印产品的形状稳定性[78]。芬兰研究人员将 30%黑麦麸皮和 35%燕麦蛋白浓缩液或 45%蚕豆蛋白浓缩液混合后在水浴中进行加热，然后冷却至 4℃形成凝胶体系，并用于 3D 打印。经过该方法处理后，凝胶的打印性能良好，产品的稳定性也较高[58]。

江南大学研究人员将卡拉胶、黄原胶和马铃薯淀粉按一定比例溶解在水中，溶液在 90℃水浴中加热 30 min 后被冷却至 4℃形成凝胶体系，并用于 3D 打印试验。结果显示，在基于卡拉胶的打印体系中，加入淀粉和黄原胶可以缩短凝胶时间，提高打印体系的打印性能和产品的形状稳定性[79]。在江南大学的另一项研究中，100 g 橙汁浓缩液、15 g 小麦淀粉和 1 g 不同种类的亲水胶体（阿拉伯胶、瓜尔胶、卡拉胶和黄原胶）被混合后在 86℃下加热 20 min，待混合溶液的温度降至 40℃时，加入 1 mL 维生素 D，搅拌 5 min 后形成富含维生素 D 的凝胶体系，并进行 3D 打印。结果显示，卡拉胶能与直链淀粉的双螺旋结构结合，提高凝胶体系的打印性能和机械强度，从而使打印产品具有光滑的表面和良好的微观结构[52]。

与传统的水浴加热相比，微波加热具有加热速度快、能效高、控制方便、卫生条件好等优点[58]。一些研究人员利用微波加热诱导鱼糜凝胶体系的形成，并将此方法与传统的水浴加热进行了比较。在常规水浴加热制备鱼糜凝胶时，鱼糜需要先在 40℃水浴中加热 30 min，然后在 85℃水浴中加热 30 min。然而，微波热处理只需要将鱼糜在 15 W/g 功率下加热 60 s 即可制备鱼糜凝胶体系，且该体系具有较好的机械性能[80]。中国海洋大学研究人员比较了微波加热和水浴加热对多糖蛋白凝胶体系的影响。他们发现，与水浴加热相比，微波加热可以显著减少热处理时间，而且使凝胶体系具有更均匀分布的多糖网络结构[81]。这意味着微波加热可能是食品 3D 打印中一种更有效的诱导凝胶体系形成的方法。

C. 酶交联法

谷氨酰胺转氨酶是一种来源广泛、底物特异性低、环境敏感性（如热、pH）低的胞外酶，并常用于诱导蛋白质凝胶的形成。转谷氨酰胺酶可以改变蛋白质的结构，催化谷氨酰胺残基的 γ-羧酰胺基和蛋白质中赖氨酸的 ε-氨基之间的酰基转移反应，导致分子间或分子内交联[ε-(γ-谷氨酰胺)-赖氨酸交联]，从而促进蛋白凝胶的形成[82]。而且，在谷氨酰胺转氨酶诱导凝胶形成的最后阶段，可通过改变温度使酶失活来终止交联反应，操作简单，易于控制。美国康奈尔大学研究人员通过将谷氨酰胺转氨酶添加到火鸡肉泥和扇贝肉泥中实现了肉的 3D 打印，而且打印产品在烹饪后可以保持稳定的结构[54]。荷兰瓦格宁根大学研究人员制备了酪蛋白酸钠分散体系并考察其打印性能。经谷氨酰胺转氨酶交联处理后，酪蛋白酸钠的凝胶温度升高，这使得只含有低浓度酪蛋白酸钠的分散体系也可以进行 3D 打印[83]。新加坡南洋理工大学研究人员则建立了将转谷氨酰氨酶和明胶用于细胞 3D 打印的方法，该方法可用于开发含有生物活性细胞的功能性食品[84]。

D. 其他方法

除上述方法外，还可以通过酸诱导、复合凝聚形成、双交联凝胶等方法形成 3D 打印凝胶体系。酸诱导凝胶的形成有两种方式：①在蛋白溶液中添加酸或酸性物质；②透析法，通过在酸性溶液中透析来实现缓慢的 pH 下降[84]。葡萄糖内酯是一种弱酸，在食品体系中酸化缓慢但易于控制。当它被溶解在水中时，会释放出葡萄糖酸并缓慢分解出氢离子，从而降低蛋白质溶液的酸性。同时，它会减弱蛋白质分子之间的静电斥力，并增加它们之间的相互作用，从而造成蛋白质的聚集和沉淀，形成凝胶体系。这种酸诱导凝胶体系适用于基于挤出成型的 3D 打印。例如，江南大学研究人员使用葡萄糖酸内酯诱导鱼糜肌原纤维蛋白形成凝胶体系并用于 3D 打印[41]。

复合凝聚态凝胶形成的一个典型例了是黄原胶与明胶相互作用形成凝胶体系。明胶是一种两性聚合物，黄原胶是一种阳离子聚合物，二者都可以通过氢键和离子相互作用形成凝胶体系的 3D 网络结构[85]。美国康奈尔大学研究人员利用明胶与黄原胶的相互作用制备凝胶体系，并将各种食物风味（如草莓、香蕉、番茄、巧克力等）混合其中进行 3D 打印，打印产品具有类似于许多常见的液体和固体食品的风味和口感[56]。

为了解决单交联凝胶体系机械强度低、稳定性差的问题，有学者采用双交联凝胶法（在凝胶制备过程中同时使用两种不同的交联方法）来强化凝胶的性能[86]。为了制作用于生物医学的 3D 打印部件，一些研究人员使用了具有足够机械强度的双交联透明质酸体系进行生物打印[87]。

7.4.2 打印后处理

3D 打印非食品类产品的后处理技术相对成熟，包括支架去除、模型修复、抛光、表面喷涂和着色等。然而，3D 打印食品的后处理是完全不同的，主要包括干燥、快速冷冻、烹饪和 4D 打印。

1. 干燥

目前用于 3D 打印产品后处理的干燥方法有冷冻干燥、烘箱干燥和真空微波干燥等。芬兰研究人员比较了烘箱干燥（100℃干燥 20～30 min）和冷冻干燥（–18℃）对富含蛋白质和纤维素的 3D 打印产品形状稳定性的影响。结果表明，初始干物质较低（初始干物质<35%）的打印产品通过冷冻干燥可以更稳定地保持结构；初始干物质较高（初始干物质>45%）的产品经两种干燥方法干燥后，形状和结构稳定且没有明显差异，部分原因是含水量较低的产品具有较高的初始结构强度，能更有效地抵抗后处理造成的形状变化[58]。江南大学研究人员将马铃薯淀粉与浓缩芒果汁以 13.04∶86.96 的比例混合制成果汁凝胶体系，3D 打印后进行干燥后处理研究。在 150 W 条件下真空微波干燥 4 min 后，打印产品保持了非常好的形状稳定性（形状精度达到 99.8%）和良好的感官品质[88]，这说明真空微波干燥是一种很有前途的维持打印产品形状和感官品质的方法。

2. 快速冷冻

快速冷冻是有效保持 3D 打印产品结构稳定性的另一种方法。例如，美国康奈尔大学研究人员研究发现，快速冷冻后的打印糕点即使经过烘烤处理，其形状和内部结构也能良好保留[54]。江南大学研究人员将 3D 打印面团样品放置于超低温（−65℃）冰箱中快速冷冻后进行烘烤处理。研究发现，没有经过冷冻过程的面团在烘烤前就会倒塌，快速冷冻 5～10 min 后，产品具有很好的形状和结构稳定性，尤其是快速冷冻 10 min 后的产品，经烘烤处理后，其形状和结构与初始设计有非常高的匹配度[68]。

3. 烹饪

1）传统烹饪

为了促进 3D 打印食品的商业化和提高消费者的接受度，3D 打印应适应传统食品加工技术，如烘烤、蒸煮、油炸等烹饪方法。然而，在烹饪过程中保持打印产品的形状稳定性是食品 3D 打印的一大挑战。保存打印产品在烹饪过程中形状稳定性的方法主要有两种：①配方控制；②加入添加剂。意大利福贾大学研究人员经过配方优化后将 100 g 小麦粉与 54 g 蒸馏水混合制成面团进行 3D 打印。打印产品经 200℃烘烤 15 min 后，形状与目标结构非常接近，但由于烘烤过程中蛋白质变性、脱水、淀粉糊化等物理化学变化，烘烤后的样品表面粗糙[43]。美国康奈尔大学研究人员则通过向扇贝肉酱中添加谷氨酰胺转氨酶来提高打印产品的形状和结构稳定性。经过谷氨酰胺转氨酶的处理，油炸打印产品保留了大部分的原始形状，变形区域比较少（图 7.17）[54]。

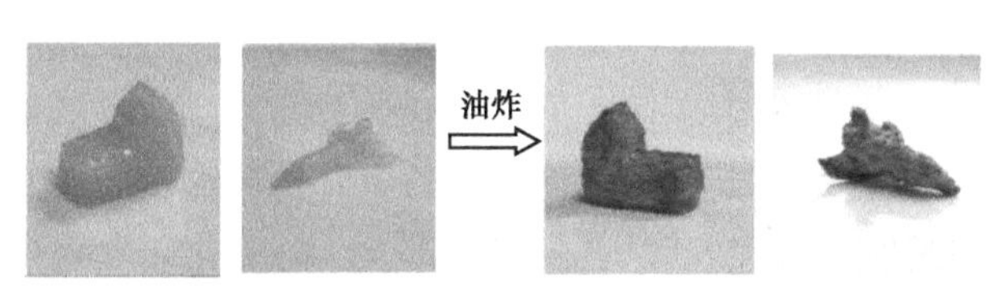

图 7.17　扇贝肉 3D 打印产品油炸前后差异[54]

2）现代烹饪技术

现代烹饪技术通常使用先进的技术（如信息技术和机电一体化）以获得产品新的风味。不像传统烹饪方法将所有的材料进行均匀加热，现代激光烹饪技术可以在短时间内局部加热材料，从而产生新的食物风味和饮食体验。近年来，研究人员将 3D 打印和激光烹饪结合起来进行食品加工。例如，美国哥伦比亚大学研究人员使用两片伺服驱动的镜子将激光反射到打印的食物上，从而使这些食物可以在精准加热模式下进行烹饪[89]。该大学的另一项研究将面团打印成厚度为 3 mm、长和宽分别为 30 mm 的长方体，而后使用两种不同的烹饪方法（烘烤和激光烹饪）对打印好的面团进行加工。结果显示，激光烹饪和烤箱烘烤的面团样品有非常相似的淀粉膨胀水平和营养水平。但激光烹饪可以更容易地控制成品的品质，让产品更容易被消费者接受[90]。

此外，真空烹饪是另一种现代烹饪方法，即将食品真空包装在耐热真空袋中并进行长时间的低温加热[16]。与传统烹饪方法相比，真空烹饪可以抑制一些物质的氧化而避免异味，防止烹饪过程中风味物质和水分的挥发，从而提高食品的品质。美国康奈尔大学研究人员将打印产品进行真空烹饪处理后发现，打印产品的整体形状被良好保留且具有较好的感官品质[54]。

4. 4D 打印

4D 打印是在 3D 打印基础上发展起来的，其被用于描述 3D 打印技术与智能材料的结合，即以智能材料为 3D 打印对象。打印后的产品暴露在预定的刺激环境（如热、渗透压、光等）下，可以在形状和功能上进行自我转换，形成一种新的形态，称为四维打印，即 4D 打印[91]。4D 打印自问世以来就受到广泛关注，并被广泛应用于材料科学、制造业、生物工程和医学领域。美国麻省理工学院研究人员首次报道了 4D 打印食品，他们将普通的食品材料（蛋白质、纤维素或淀粉）打印成可食用的 2D 薄片，当 2D 薄片被烹煮时，这些薄片以一种独特的方式扭曲和卷曲，形成 3D 食品（图 7.18）[7]。江南大学研究人员使用双挤出打印机打印了富含花青素的彩色食品。花青素的存在使马铃薯泥在碱性条件下呈现绿色，在中性条件下呈现蓝紫色，在酸性条件下呈现红色。当混合体系中含有 27%的碱性、23%的中性和 15%的酸性马铃薯泥时，随着时间的推移，打印产品会呈现出不同的颜色（图 7.19）[10]。江南大学的另一项研究还使用含花青素的马铃薯淀粉凝胶体系打印了受到外部刺激会发生颜色变化的 4D 打印产品，即当外部喷洒不同 pH 的溶液时，产品的颜色会发生不同程度的变化，且溶液的 pH 越低，打印产品的颜色变化越明显。在此基础上，他们使用花青素马铃薯淀粉凝胶和柠檬汁凝胶进行了多材料产品的打印，且该产品会随着内部 pH 的变化而发生自发变色[11]。目前，食品的 4D 打印仍处于发展初期，但该技术可以显著增强打印产品的创新性和趣味性，在未来食品加工中的应用潜力巨大。

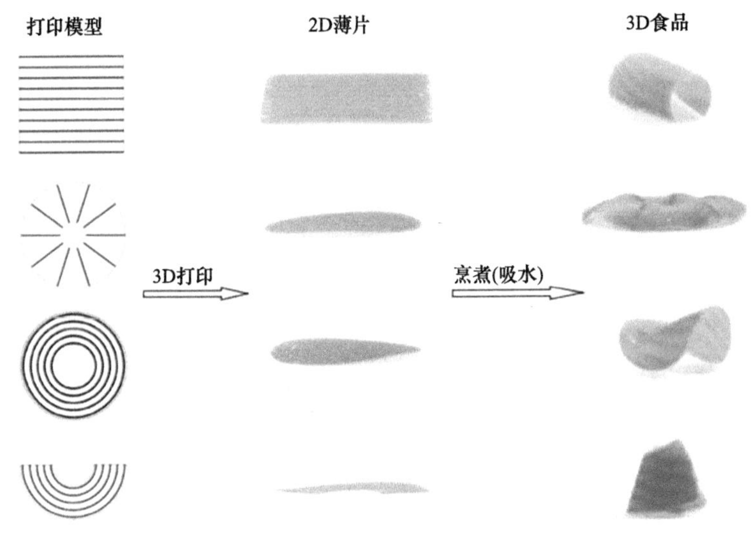

图 7.18　4D 打印变形薄片的设计原理[7]

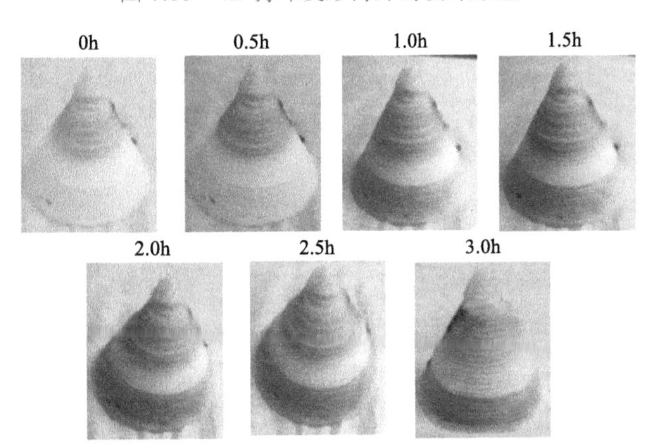

图 7.19　含有不同 pH 马铃薯泥的多材料 3D 打印产品的颜色随时间的变化[10]

7.5　食品 3D 打印用于未来食品制造的优势、前景和展望

7.5.1　食品 3D 打印用于未来食品制造的优势

1. 定制化食品设计

传统食品制造技术主要用于大规模生产，具有生产效率高、成本低等优点，但其对于产品的形状、结构和口味上的创造力通常比较欠缺。而常见的定制产品

一般需要特定的手工技艺，生产效率低，价格高昂。食品 3D 打印技术的应用，可以在很大程度上促进食品的款式和结构多样化，且生产成本相对较低。3D 打印技术不仅可以打印出具有新颖外观的零食，获得儿童和青少年的喜爱。也可以打印出松脆、光滑和柔软的食物来满足吞咽或咀嚼困难的老年人和患者的特定需求。另外，随着食品 4D 打印技术的不断发展，未来打印食品的结构、形状、质地和颜色因为时间这个维度的影响，必将变得更加多样和有趣。

2. 个性化和数字化营养定制

3D 打印技术可以无缝整合营养物质，制造个性化的食品，满足不同职业、性别、年龄和生活方式消费者的要求。例如，士兵需要营养成分长期稳定的食品作为营养需求，食品 3D 打印技术可以通过打印脱水食品原料得到长保质期的产品，而这恰恰是传统加工方法无法达到的。另外，3D 打印技术可以通过改变打印原料中蛋白质、脂肪和纤维素等营养物质的含量，并通过引入花青素、类胡萝卜素等功能化合物来实现适于运动员和孕妇的定制食品的制备[92]。糖尿病患者也可以将自己的血糖数据上传到云服务平台，然后电脑通过内部程序计算出下一餐的营养平衡食谱，食品 3D 打印机则根据接收的指令生成定制的餐食。这样，他们就可以避免食用不健康和非定制的食物。这些例子的成功使得通过 3D 打印技术为特殊人群，如军人、运动员、宇航员、老年人和孕妇定制餐食在未来成为可能。

3. 简化食品供应链

食品 3D 打印技术也可以简化传统的食品供应链。未来，3D 打印的普遍应用将使得食品生产制造不再局限于食品工厂，而慢慢流向客户终端，小型作坊和个人都可以自主定制饮食。人们可以通过计算机辅助设计软件，扫描实物的某些部分，或从网上下载产品数据并根据自己的喜好进行微调，从而创造出符合个人想象的模型。然后，定制的模型信息将被发送到 3D 打印机，打印机则根据指令使用打印材料完成食品制作。

4. 拓宽食品原料来源

全球人口增长造成粮食需求的不断增加，粮食供应问题日益突出。食品 3D 打印技术可以使用全新或人们不常用的原料进行食品打印，得到健康营养的定制化非传统食品。例如，使用昆虫、藻类、真菌等非传统食品材料以及农业和食品加工生产的副产物中获得的营养物质来拓宽现有食材的来源。另外，一些先进技术的应用，可以使这些非传统的食品材料在更大程度上被细化，这也使得打印食品具有更高的稳定性，营养物质也更容易被人体吸收。这些非传统食品材料的应用，不仅拓宽了食品 3D 打印材料的来源，缓解了食品供应问题，也为食品 3D 打印提供了新的思路。

5. 促进环境友好和可持续发展

食品 3D 打印技术具有加工集成度高、材料利用率高等特点。因此，在制造类似产品的情况下，相比传统制造技术，3D 打印过程只需要更少的原材料和能量消耗。数据显示，欧洲每年产生约 7700 万吨的垃圾，其中有 70%的垃圾来自制造业和家庭[93]。这不仅体现着严峻的垃圾产出问题，也表现出制造业和家庭在垃圾产出中的重要“贡献”。未来，随着食品 3D 打印技术的普及，3D 打印机将会被更多地引入这两个领域中，也将相应减少传统制造技术造成的原材料和能量浪费，促进社会更环保和可持续发展。

7.5.2 食品 3D 打印的前景和展望

3D 打印与食品加工的结合，不仅将 3D 打印技术加工集成度高、空间占用小、产品精细、多样、无须组装等优势移植于食品工业，也为食品生产加工开辟了一条新的道路。食品 3D 打印技术的应用，不仅使各种打印食品的结构、质地、成分、营养和口感显示出精细、定制和创新的潜力，也对食品产业商业模式的更新产生了推动作用。作为一项革命性的加工制造技术，3D 打印以其独有的优势将在未来食品制造中产生不可替代的作用。

然而，食品 3D 打印发展时间尚短，目前仍处于成长阶段，技术本身还存在很大的局限性。打印产品也多为结构简单、颜色单一的同质性零食。为了促进食品 3D 打印技术的快速发展，在未来的研究过程中，需要对相关软件、硬件和材料等各个方面的技术进行全方位的提升。

在软件方面，专用于食品 3D 打印的数值模拟软件、模型设计软件和切片软件的开发势在必行。这些软件要操作界面简单，易掌握，并能满足不同类型用户的特定需求。例如，对于非专业人员，完全依靠自身能力进行模型设计是不可能的，因此，模型设计软件自身要有丰富的模型数据储备，或者具有网络接口，使用户能够快速获得其他用户在网络上共享的模型数据。在这些模型数据的基础上，帮助用户通过简单的调整和修改获得预想的打印对象。

在硬件方面，打印机的设计和制造技术需要进一步提升，从而降低仪器价格，提高打印精度和仪器的生产能力。另外，可以开发开放的网络接口，使打印机形成一个网络机器的生态，使其可以用来订购食品材料，然后按需制作定制的食品。

在材料方面，材料来源多样化和使用种类多样化是未来研究中需要涉及的，并应建立成熟的模拟模型，用于不同打印材料的打印过程模拟和优化。另外，应该优化打印材料的前后处理技术，微波处理、超声波处理、4D 打印等新型高效技术应该得到进一步的研究，从而使打印材料遭受最小的营养损失，并具有最好的打印性能和品质稳定性。

除了上述各方面的技术进步外，食品 3D 打印领域应该更多地关注打印食品的安全性问题，制定和完善相关的法规和标准，通过普及和宣传提高人们对于打印食品的接受度，并培养更多食品 3D 打印方面的专业人才。

目前，我国仍存在着人口基数大、环境污染严重、耕地面积减少、食品加工水平低和食品浪费严重等问题。此外，随着生活水平的提高，人们所面临的营养问题从营养不良转变为营养过剩，不合理的饮食结构直接导致了过度肥胖、内分泌紊乱等问题，进而提高了高血压、糖尿病、冠心病、癌症等疾病的患病风险。食品 3D 打印是食品工业高效化、节能化的重要方向，也是实现食品个性化、营养化和定制化的重要方法。随着 3D 打印技术与食品行业的进一步融合，食品 3D 打印作为食品工业的重要组成部分，将弥补传统食品工业加工技术的不足，从而有效改善环境污染、能源过度消耗和粮食短缺等问题，促进社会朝着更环境友好和可持续的方向发展。食品 3D 打印也使得不同人群可根据自身健康状况和营养需求，针对性地获得营养、健康的定制食品。因此，加快食品 3D 打印的发展，使其在我国未来食品制造中发挥更大的作用，对我国复杂国情的改善和人民身体健康的保障具有深远而重大的意义。

张慜　陈凯（江南大学）

参考文献

[1] 卢秉恒, 李涤尘. 增材制造(3D 打印)技术发展[J]. 机械制造与自动化, 2013, 42(4): 7-10.
[2] 廖文俊, 胡捷. 增材制造技术的现状和产业前景[J]. 装备机械, 2015(1): 5-11.
[3] UFC 通力有限公司今天来聊聊: 增材制造与仿真技术这对儿 CP[EB/OL]. https://www.sohu.com/a/270408943_727876[2018-10-22].
[4] Yang J, Wu L W, Liu J. Rapid prototyping and fabrication method for 3-D food objects: U.S. Patent 6, 280, 785[P]. 2001-8-28.
[5] 吴世嘉, 张辉, 贾敬敦. 3D 打印技术在我国食品加工中的发展前景和建议[J]. 中国农业科技导报, 2015, 17(1):1-6.
[6] 丁易人. 基于挤出成型的食材 3D 打印工艺研究[D]. 杭州: 浙江大学, 2017.
[7] Wang W, Yao L, Zhang T, et al. Transformative appetite: shape-changing food transforms from 2D to 3D by water interaction through cooking[C]. Proceedings of the 2017 CHI Conference on Human Factors in Computing Systems, 2017: 6123-6132.
[8] Liu Z, Zhang M, Yang C. Dual extrusion 3D printing of mashed potatoes/strawberry juice gel[J]. LWT-Food Science and Technology, 2018, 96: 589-596.
[9] Derossi A, Caporizzi R, Azzollini D, et al. Application of 3D printing for customized food. A case on the development of a fruit-based snack for children[J]. Journal of Food Engineering, 2018,

220: 65-75.
[10] He C, Zhang M, Guo C. 4D printing of mashed potato/purple sweet potato puree with spontaneous color change[J]. Innovative Food Science & Emerging Technologies, 2020, 59: 102250.
[11] Ghazal A F, Zhang M, Liu Z. Spontaneous color change of 3D printed healthy food product over time after printing as a novel application for 4D food printing[J]. Food and Bioprocess Technology, 2019, 12(10): 1627-1645.
[12] Liu Z, Bhandari B, Zhang M. Incorporation of probiotics (*Bifidobacterium animalis* subsp. Lactis) into 3D printed mashed potatoes: Effects of variables on the viability[J]. Food Research International, 2020, 128: 108795.
[13] Jennifer K P. US army looks to 3D print food for soldiers[EB/OL]. https://www.forbes.com/sites/jenniferhicks/2014/12/31/us-army-looks-to-3d-print-food-for-soldiers/#5351266f1fe7 [2014-12-31].
[14] Sher D, Tutó X. Review of 3D food printing[J]. Temes de Disseny, 2015, 31: 104-117.
[15] Lin C. 3D food printing: a taste of the future[J]. Journal of Food Science Education, 2015, 14(3): 86-87.
[16] Lipton J I, Cutler M, Nigl F, et al. Additive manufacturing for the food industry[J]. Trends in Food Science & Technology, 2015, 43(1): 114-123.
[17] Irvin D. 3D printed food system for long duration space missions[EB/OL]. https://sbir.gsfc.nasa.gov/SBIR/abstracts/12/sbir/phasel/SBIR-12-1-H12.04-9357.html/[2013-03-28].
[18] Sun J, Peng Z, Yan L, et al. 3D food printing-an innovative way of mass customization in food fabrication[J]. International Journal of Bioprinting, 2015, 1(1): 27-38.
[19] Lunardo E. In dysphagia patients and elderly, swallowing made easy through 3D-printed food[EB/OL]. https://www.belmarrahealth.com/in-dysphagia-patients-and-elderly-swallowing-made-easy-through-3d-printed-food/[2016-02-11].
[20] Liu Z, Zhang M, Bhandari B, et al. 3D printing: printing precision and application in food sector[J]. Trends in Food Science & Technology, 2017, 69: 83-94.
[21] Hanna W. Could 3D printed vegetables encourage kids to eat healthily? [EB/OL]. https://all3dp.com/3d-printed-vegetables/[2017-07-24].
[22] Millen C I. The development of colour 3D food printing system[D]. Palmerston:Massey University, 2012.
[23] 谢翼. 巧克力 3D 打印机的关键技术研究与实现[D]. 武汉：武汉理工大学, 2016.
[24] 零食也定制华理学子发明巧克力 3D 打印机[EB/OLJ]. https://www.sohu.com/a/33369594.248591/.
[25] Victor A. Food 3D printing starts from the sweet ending[EB/OL]. https://all3dp.com/food-3d-printing-starts-sweet-ending/[2015-02-13].
[26] Gray N. Looking to the future: creating novel foods using 3D printing[EB/OL]. https://www.foodnavigator.com/Article/2010/12/23/Looking-to-the-future-Creating-novel-foods-using-3D-printing#[2010-12-23].
[27] CandyFab. The CandyFab project[EB/OL]. https://www.evilmadscientist.com/2007/candyfab-

org-the-candyfab-project/[2007-07-25].

[28] Krassenstein B. GumJet-3D print your own chewing gum[EB/OL]. https://3dprint.com/44851/gumjet-3d-printer/[2015-02-16].

[29] Corey C. Wacker create new way to 3D print chewing gum[EB/OL]. https://3dprintingindustry.com/news/wacker-create-new-way-3d-print-chewing-gum-100539/[2016-12-08].

[30] 刘倩楠, 张春江, 张良, 等. 食品 3D 打印技术的发展现状[J]. 农业工程学报, 2018, 34 (16): 273-281.

[31] Sun J, Zhou W, Huang D, et al. An overview of 3D printing technologies for food fabrication[J]. Food and Bioprocess Technology, 2015, 8(8): 1605-1615.

[32] Van der Linden D. 3D Food printing creating shapes and textures[R/OL]. https://www.tno.nl/media/5517/3d_food_printing_march_2015.pdf [2015-10-25].

[33] Southerland D, Walters P, Huson D. Edible 3D printing[C].NIP & Digital Fabrication Conference. Society for Imaging Science and Technology, 2011, 2011(2): 819-822.

[34] Sun J, Zhou W, Yan L, et al. Extrusion-based food printing for digitalized food design and nutrition control[J]. Journal of Food Engineering, 2018, 220: 1-11.

[35] Chen C, Lu T J, Fleck N A. Effect of inclusions and holes on the stiffness and strength of honeycombs[J]. International Journal of Mechanical Sciences, 2001, 43(2): 487-504.

[36] Vancauwenberghe V, Delele M A, Vanbiervliet J, et al. Model-based design and validation of food texture of 3D printed pectin-based food simulants[J]. Journal of Food Engineering, 2018, 231: 72-82.

[37] Guo C, Zhang M, Bhandari B. Model building and slicing in food 3D printing processes: a review[J]. Comprehensive Reviews in Food Science and Food Safety, 2019, 18(4): 1052-1069.

[38] Yang F, Guo C, Zhang M, et al. Improving 3D printing process of lemon juice gel based on fluid flow numerical simulation[J]. LWT-Food Science and Technology, 2019, 102: 89-99.

[39] Guo C F, Zhang M, Bhandari B. A comparative study between syringe-based and screw-based 3D food printers by computational simulation[J]. Computers and Electronics in Agriculture, 2019, 162: 397-404.

[40] Feng C, Zhang M, Bhandari B. Materials properties of printable edible inks and printing parameters optimization during 3D printing: a review[J]. Critical Reviews in Food Science and Nutrition, 2019, 59(19): 3074-3081.

[41] Wang L, Zhang M, Bhandari B, et al. Investigation on fish surimi gel as promising food material for 3D printing[J]. Journal of Food Engineering, 2018, 220: 101-108.

[42] Hao L, Mellor S, Seaman O, et al. Material characterisation and process development for chocolate additive layer manufacturing[J]. Virtual and Physical Prototyping, 2010, 5(2): 57-64.

[43] Severini C, Derossi A, Azzollini D. Variables affecting the printability of foods: preliminary tests on cereal-based products[J]. Innovative Food Science & Emerging Technologies, 2016, 38: 281-291.

[44] Yang F, Zhang M, Bhandari B, et al. Investigation on lemon juice gel as food material for 3D printing and optimization of printing parameters[J]. LWT-Food Science and Technology, 2018, 87: 67-76.

[45] Khalil S, Sun W. Biopolymer deposition for freeform fabrication of hydrogel tissue constructs[J]. Materials Science and Engineering: C, 2007, 27(3): 469-478.

[46] Lanaro M, Forrestal D P, Scheurer S, et al. 3D printing complex chocolate objects: platform design, optimization and evaluation[J]. Journal of Food Engineering, 2017, 215: 13-22.

[47] Liu Z, Bhandari B, Prakash S, et al. Creation of internal structure of mashed potato construct by 3D printing and its textural properties[J]. Food Research International, 2018, 111: 534-543.

[48] Mantihal S, Prakash S, Bhandari B. Textural modification of 3D printed dark chocolate by varying internal infill structure[J]. Food Research International, 2019, 121: 648-657.

[49] Mantihal S, Prakash S, Godoi F C, et al. Optimization of chocolate 3D printing by correlating thermal and flow properties with 3D structure modeling[J]. Innovative Food Science & Emerging Technologies, 2017, 44: 21-29.

[50] Seighalani F Z B, Bakar J, Saari N, et al. Thermal and physicochemical properties of red tilapia (*Oreochromis niloticus*) surimi gel as affected by microbial transglutaminase[J]. Animal Production Science, 2017, 57(5): 993-1000.

[51] Liu Z, Zhang M, Bhandari B, et al. Impact of rheological properties of mashed potatoes on 3D printing[J]. Journal of Food Engineering, 2018, 220: 76-82.

[52] Azam R S M, Zhang M, Bhandari B, et al. Effect of different gums on features of 3D printed object based on vitamin-D enriched orange concentrate[J]. Food Biophysics, 2018, 13(3): 250-262.

[53] Davis N E, Ding S, Forster R E, et al. Modular enzymatically crosslinked protein polymer hydrogels for in situ gelation[J]. Biomaterials, 2010, 31(28): 7288-7297.

[54] Lipton J, Arnold D, Nigl F, et al. Multi-material food printing with complex internal structure suitable for conventional post-processing[C].Solid Freeform Fabrication Symposium, 2010: 809-815.

[55] Weng W, Zheng W. Effect of setting temperature on glucono-δ-lactone-induced gelation of silver carp surimi[J]. Journal of the Science of Food and Agriculture, 2015, 95(7): 1528-1534.

[56] Young S, Wong M, Tabata Y, et al. Gelatin as a delivery vehicle for the controlled release of bioactive molecules[J]. Journal of controlled release, 2005, 109(1-3): 256-274.

[57] Cohen D L, Lipton J I, Cutler M, et al. Hydrocolloid printing: a novel platform for customized food production[C].Solid Freeform Fabrication Symposium. Austin, TX, 2009: 807-818.

[58] Lille M, Nurmela A, Nordlund E, et al. Applicability of protein and fiber-rich food materials in extrusion-based 3D printing[J]. Journal of Food Engineering, 2018, 220: 20-27.

[59] Severini C, Azzollini D, Albenzio M, et al. On printability, quality and nutritional properties of 3D printed cereal based snacks enriched with edible insects[J]. Food Research International, 2018, 106: 666-676.

[60] Junk S, Kuen C. Review of open source and freeware CAD systems for use with 3D-printing[J]. Procedia Cirp, 2016, 50: 430-435.

[61] 杨晓英, 陈明航. 浅析逆向工程在产品设计中的应用[J]. 内燃机与配件, 2017(20): 130-131.

[62] 缪晓宾. 逆向工程在产品设计中的应用研究[J]. 科学咨询, 2016(27): 46-47.

[63] 蓝映雪. 3D 打印的切片处理是怎么样的[EB/OL]. https://zhidao.baidu.com/question/

460943636780385965. html[2018-04-01].
[64] Abbaszadeh A, MacNaughtan W, Foster T J. The effect of ball milling and rehydration on powdered mixtures of hydrocolloids[J]. Carbohydrate Polymers, 2014, 102: 978-985.
[65] Holland S, Foster T, MacNaughtan W, et al. Design and characterisation of food grade powders and inks for microstructure control using 3D printing[J]. Journal of Food Engineering, 2018, 220: 12-19.
[66] Holland S, Tuck C, Foster T. Selective recrystallization of cellulose composite powders and microstructure creation through 3D binder jetting[J]. Carbohydrate Polymers, 2018, 200: 229-238.
[67] Carneiro H C F, Tonon R V, Grosso C R F, et al. Encapsulation efficiency and oxidative stability of flaxseed oil microencapsulated by spray drying using different combinations of wall materials[J]. Journal of Food Engineering, 2013, 115(4): 443-451.
[68] Yang F, Zhang M, Prakash S, et al. Physical properties of 3D printed baking dough as affected by different compositions[J]. Innovative Food Science & Emerging Technologies, 2018, 49: 202-210.
[69] Ding Z, Yuan C, Peng X, et al. Direct 4D printing via active composite materials[J]. Science Advances, 2017, 3(4): e1602890.
[70] Zhang L, Lou Y, Schutyser M A I. 3D printing of cereal-based food structures containing probiotics[J]. Food Structure, 2018, 18: 14-22.
[71] Zhang M, Liu Z, Chaohui Y. Method for improving moldability and 3D precision printing performance of high-fiber dough system by adding functional carbohydrate: U.S. Patent Application 15/673,897[P], 2018-02-22.
[72] Chen Y W, Shen Y F, Ho C C, et al. Osteogenic and angiogenic potentials of the cell-laden hydrogel/mussel-inspired calcium silicate complex hierarchical porous scaffold fabricated by 3D bioprinting[J]. Materials Science and Engineering: C, 2018, 91: 679-687.
[73] Shi P, Laude A, Yeong W Y. Investigation of cell viability and morphology in 3D bio-printed alginate constructs with tunable stiffness[J]. Journal of Biomedical Materials Research Part A, 2017, 105(4): 1009-1018.
[74] He C, Zhang M, Fang Z. 3D printing of food: pretreatment and post-treatment of materials[J]. Critical Reviews in Food Science and Nutrition, 2019, 17: 1-14.
[75] Vancauwenberghe V, Katalagarianakis L, Wang Z, et al. Pectin based food-ink formulations for 3-D printing of customizable porous food simulants[J]. Innovative Food Science & Emerging Technologies, 2017, 42: 138-150.
[76] Fraeye I, Duvetter T, Doungla E, et al. Fine-tuning the properties of pectin-calcium gels by control of pectin fine structure, gel composition and environmental conditions[J]. Trends in Food Science & Technology, 2010, 21(5): 219-228.
[77] Vancauwenberghe V, Verboven P, Lammertyn J, et al. Development of a coaxial extrusion deposition for 3D printing of customizable pectin-based food simulant[J]. Journal of Food Engineering, 2018, 225: 42-52.
[78] Liu L, Meng Y, Dai X, et al. 3D printing complex egg white protein objects: properties and

optimization[J]. Food and Bioprocess Technology, 2019, 12(2): 267-279.

[79] Liu Z, Bhandari B, Prakash S, et al. Linking rheology and printability of a multicomponent gel system of carrageenan-xanthan-starch in extrusion based additive manufacturing[J]. Food Hydrocolloids, 2019, 87: 413-424.

[80] Fu X, Hayat K, Li Z, et al. Effect of microwave heating on the low-salt gel from silver carp (*Hypophthalmichthys molitrix*) surimi[J]. Food Hydrocolloids, 2012, 27(2): 301-308.

[81] Ji L, Xue Y, Zhang T, et al. The effects of microwave processing on the structure and various quality parameters of Alaska pollock surimi protein-polysaccharide gels[J]. Food Hydrocolloids, 2017, 63: 77-84.

[82] Dickinson E, Yamamoto Y. Rheology of milk protein gels and protein-stabilized emulsion gels cross-linked with transglutaminase[J]. Journal of Agricultural and Food Chemistry, 1996, 44(6): 1371-1377.

[83] Schutyser M A I, Houlder S, de Wit M, et al. Fused deposition modelling of sodium caseinate dispersions[J]. Journal of Food Engineering, 2018, 220: 49-55.

[84] Irvine S A, Agrawal A, Lee B H, et al. Printing cell-laden gelatin constructs by free-form fabrication and enzymatic protein crosslinking[J]. Biomedical Microdevices, 2015, 17(1): 16.

[85] Hou T, Zhang H, Bi Y, et al. Recent progress in gelation mechanism and synergistic interaction of common gums[J]. Food Science, 2014, 35: 347-353.

[86] Tan H, Li H, Rubin J P, et al. Controlled gelation and degradation rates of injectable hyaluronic acid-based hydrogels through a double crosslinking strategy[J]. Journal of Tissue Engineering and Regenerative Medicine, 2011, 5(10): 790-797.

[87] Ouyang L, Highley C B, Rodell C B, et al. 3D printing of shear-thinning hyaluronic acid hydrogels with secondary cross-linking[J]. ACS Biomaterials Science & Engineering, 2016, 2(10): 1743-1751.

[88] Yang F, Zhang M, Liu Y. Effect of post-treatment microwave vacuum drying on the quality of 3D printed mango juice gel[J]. Drying Technology, 2019, 37(14): 1757-1765.

[89] Cameron. 3D printing food: lab creates 3D food printer that cooks its prints with a laser[EB/OL]. https://www.3ders.org/articles/20181231-columbia-university-3d-food-printer-that-cooks-its-prints-with-a-laser.html [2018-12-31].

[90] Blutinger J D, Meijers Y, Chen P Y, et al. Characterization of dough baked via blue laser[J]. Journal of Food Engineering, 2018, 232: 56-64.

[91] Shin D G, Kim T H, Kim D E. Review of 4D printing materials and their properties[J]. International Journal of Precision Engineering and Manufacturing-Green Technology, 2017, 4(3): 349-357.

[92] Dankar I, Haddarah A, Omar F E L, et al. 3D printing technology: the new era for food customization and elaboration[J]. Trends in Food Science & Technology, 2018, 75: 231-242.

[93] Galdeano J A L. 3D printing food: the sustainable future[D]. Universitat Politècnica de Catalunya. Escola Tècnica Superior d'Enginyeria Industrial de Barcelona, 2014 (Programes de mobilitat "outgoing"(ETSEIB)), 2014.

第8章 食品工业机器人

引言

随着食品产业的发展和国际化竞争态势的日趋激烈，食品产业面临诸多新的挑战。以现代信息技术为标志的第四次工业革命（工业4.0）正影响着食品制造业，其突出特点是“互联网+智能制造”，即充分利用互联网技术、数据库技术、嵌入式技术、无线传感器网络、工业机器人（industrial robot，IR）等多种技术融合实现制造业智能化、远程化测控，通过人、设备与产品实现实时连通、相互识别和有效交流，从而构建一个灵活度高、个性化、数字化的智能制造模式。欧盟第七框架计划资助的“未来工厂”行动和日本发布的《工业价值链参考架构》（Industrial Value Chain Reference Architecture，IVRA）都指引着食品制造进入智能时代，未来食品制造将实现从“传统机械化加工和规模化生产”向“工业4.0”与“大数据时代”下的“智能互联制造”、从“传统多次过度加工”向“适度最少加工”、从“劳动密集型加工”向“工业机器人自动化生产”等方向的转变。在新一代信息技术与制造业深度融合的发展主线下，食品工业机器人将引领食品制造业不断创新发展。

近年来，工业机器人开始被广泛应用于全球食品产业，2018年全球食品工业机器人供应量超过12000个，增幅较2017年提高32%，覆盖了食品原料预处理、食品加工、食品包装与物流等领域。随着系统化生产的发展以及模糊控制、人工神经网络等技术的进一步应用，工业机器人控制系统正向基于计算机的开放型控制器发展，以便实现标准化及网络化；器件集成度也在提高，且采用模块化结构，便于工厂按需装配；人机界面更加友好，大大提高了系统的可靠性、易操作性，降低了维修难度。例如，FANUCM-1iA小型高速拳头型机器人能够完成拣选巧克力豆、高速搬运钢珠、插取密封垫和贴标签等操作；“冰淇淋自动装箱工作站”已经被广泛应用于冰淇淋、饼干等袋装或盒装产品的装箱工序中，能让生产流程更加高效、快速。

现代食品工业不仅面临资源和劳动力紧缺的问题，在保障食品质量和产量方面也面临许多挑战，急需研发可完成多项任务的工业机器人来推动食品产业自动化发展。目前食品工业机器人正从传统的码垛、包装、分拣等应用，逐渐向自动化屠宰、肉类加工、果蔬拣选、食品修饰等精细化加工工序拓展。除了现有的应用外，食品工业机器人有望在未来得到更快的发展，实现食品行业供应链的全覆盖，甚至实现智能厨房、无人食品工厂等一系列应用。因此，必须加强食品工业机器人的研发及推广应用，率先打造以工业机器人为基础的智慧工厂和智能制造系统，进一步解放生产力，提升生产效率及产品品质，实现食品生产和食品企业管理的智能化，推动我国食品工业转型升级。

本章将从以下4个方面对食品工业机器人进行介绍：①工业机器人的发展与应用；②食品工业机器人的类型与结构；③食品工业机器人的感知与控制；④食品工业机器人的应用与发展。

8.1 工业机器人的发展与应用

8.1.1 工业机器人概述

根据国际标准化组织（International Organization for Standardization，ISO）的定义，工业机器人是一种自动控制、多轴编程（3种及以上）、程序可修改的多用途机械手，可以固定在特定位置也可以自由移动以适应工业自动化需求。使用工业机器人不仅可以提高生产效率，还可以完全避免因工人疲劳而导致的产品质量问题。工业机器人的诞生经历了漫长的过程，尽管传统的机械科学不断突破瓶颈、拓宽机器人的应用范围，但工业界总体对于工业机器人的认知仍存在局限性。最初的工业机器人仍需要人工操纵，其目的是替代人类完成危险的任务。而随着计算机科学、数控技术、传感器技术、工程科学和材料科学的不断发展，人们在机械科学的基础上又赋予了机器人自主感知、调整并自动完成作业的能力，最终逐步演变为工业机器人，为生产制造业翻开了自动化的新篇章。

相较传统的人工生产，工业机器人所展现的优点使其必将在工业生产中扮演重要角色。工业机器人诞生的初心是取代工人完成一些高重复性的或高危险性的工作，在保留这一特点的前提下，辅以高速传动的机械臂和能够精确感知的传感设备，工业机器人可以在保持高速、无间断工作的同时保证产品的高均一性；对质量、结构强度的调整使得现代的工业机器人在悬挂于墙壁、天花板的情况下仍能轻松进行工作，从而能够有效提升空间利用率，为工厂设计提供许多新的思路。除此之外，对于食品、药物生产等对卫生要求较高的行业，工业机器人的使用还能够减少工人直接接触所带来的污染。工业机器人生产自动化的进一步发展是柔性自动化，可随其工作环境变化的需要而再编程，在小批量多品种、具有均衡高效率的柔性制造过程中，工业机器人能发挥很好的功用，是柔性制造系统中的一个重要组成部分；工业机器人在控制上有计算机，在机械结构上有类似人的腿、腰、大臂、小臂、手腕、手等部分。此外，智能化工业机器人还有许多类似人类感知系统的“生物传感器”，如力传感器、负载传感器、视觉传感器、声觉传感器等，有的还具有语言功能，大大提高了工业机器人对周围环境的自适应能力；工业机器人技术涉及的学科相当广泛，第三代智能化工业机器人不仅具有获取外部环境信息的各种传感器，还具有记忆能力、语言理解能力、图像识别能力、推理判断能力等人工智能，这些都与微电子技术的应用，特别是计算机技术的应用密切相关。因此，机器人技术的发展带动了其他技术的发展，机器人技术的发展和应用水平也可以表明一个国家科学技术和工业技术的发展水平。

8.1.2 工业机器人的发展

1. 工业机器人萌芽阶段

机器人的研究始于20世纪中期，第二次世界大战之后美国阿贡国家能源实验室（Argonne National Laboratory）为了解决核污染问题，首先研制了“遥控机械手”，用于代替人生产和处理放射性材料[1]。1948年，人们对这种较简单的机械装置进行改进，开发出了一套机械结构相似的主、从机械手，主机械手位于控制室内，从机械手与主机械手之间隔了一道透明的防辐射墙，操作者用手操纵主机械手，控制系统自动检测主机械手的运动状态，并控制从机械手跟随主机械手运动，从而实现远距离处理放射性材料，提高了核工业生产的安全性。1952年，美国麻省理工学院（MIT）受美国空军委托成功开发了第一代数控（CNC）机床——一台直线插补连续控制的三坐标立式数控铣床，并进行了与CNC机床相关的控制技术及机械零部件的研究，为机器人的开发奠定了技术基础，它的诞生推动了机械制造自动化技术的发展[2]。

工业机器人领域的第一件专利由George Devol在1958年申请，名为“可编程的操作装置”。Joseph F. Engelberger对此专利很感兴趣，联合Devol在1959年共同制造了世界上第一台工业机器人，称之为robot，其含义是“只要人手把着机械手把任务做一遍，机器人就能再按照任务的程序重复地进行工作”，特称之为工业机器人。20世纪60年代，随着传感技术和工业自动化的发展，工业机器人进入初步成长期，机器人开始向实用化发展，并被用于焊接和喷涂作业中。1968年，美国通用汽车公司（GM）订购了68台工业机器人，1969年该公司又自行研制出SAM型工业机器人，并用21台工业机器人组成了点焊小汽车车身的自动化焊接流水线。同样在这一时代，克多·施恩曼设计的“斯坦福手臂”对今后的机器人设计雏形产生了巨大影响。图8.1为世界工业机器人发展的时间线，有助于全面了解世界工业机器人发展趋势。

2. 液压伺服驱动阶段

20世纪70年代，随着计算机的发展，机器人进入实用化时代，ASEA公司（现在的ABB公司）推出了第一台由微型计算机控制、完全电气化的工业机器人IRB6，它可以进行连续的路径移动，随后很快被应用到汽车的焊接和装卸中，这

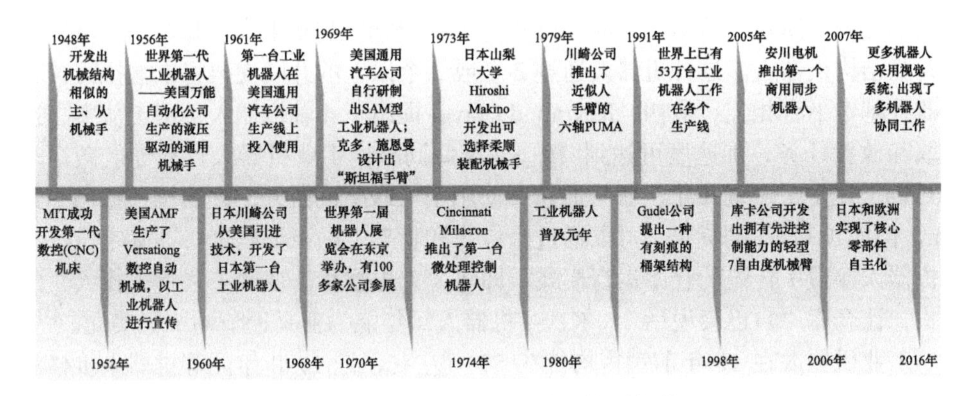

图 8.1　世界工业机器人发展的时间线

种机器人的使用寿命高达 20 年。日本的工业机器人研究虽起步较晚，但其结合国情，采取了一系列鼓励中小企业使用机器人的措施。1970 年 7 月，东京举办了世界上第一届机器人展览会，100 多家公司推出了自己制作的机器人样板。1973 年，日本山梨大学的 Hiroshi Makino 开发出一种可选择柔顺装配机械手，极大地促进了世界范围内高容量电子产品和消费品的发展。1974 年，Cincinnati Milacron 推出了第一台微处理器控制机器——T3（未来工具）机器人，它使用液压驱动，后来被电动机驱动替代。1979 年，川崎公司推出了六轴、近似人手臂的 PUMA（programmable universal machine for assembly），它是当时最流行的手臂之一，且在之后许多年中都是机器人研究的参考对象[3]。

20 世纪 80 年代，机器人发展成为具有各种移动机构、通过传感器控制的机器。工业机器人进入普及时代，开始在汽车、电子等行业得到大量使用。这一时期，日本成为工业机器人应用最多的国家，赢得了“机器人王国”的美誉，并正式把 1980 年定为工业机器人的普及元年。

3. 电气伺服驱动阶段

20 世纪 90 年代初期，工业机器人的生产与需求进入了高潮期。1991 年，世界上已有 53 万台工业机器人在各式各样的生产线上工作。1998 年，Gudel 公司提出了一种有刻痕的桶架结构，让机器人的手臂在一个封闭的运动框架中循迹并循环运动，这种悬挂式机械臂是弯曲门架的传输系统，在一个闭环传输中一个或多个机械臂用作承运装置，该系统可以在弯曲门架中安装，也可以作为一个走廊支撑系统，一个信号总线便能完成多个机器人的控制和协同。

21 世纪，工业机器人进入了商品化阶段。2005 年安川电机（简称安川）推出了第一个商用的同步双臂操作机器人。2006 年，库卡（KUKA）公司开发了一款拥有先进控制能力的轻型 7 自由度机械臂，其机械臂自重与负载比可达到 1∶1，另一个能做到质量轻但结构坚固的机器人是从 20 世纪 80 年代就开始一直被探索的并联结构机器人。这种机器人通过 2 个或 2 个以上的并联支架将末端执行器与机器人基本平台相连。最初，Reymond Clavel 提出了 4 轴机器人，用于从事高速抓取和放置任务，加速度可达到 10 g。与此同时，工业机器人自动导航搬运车（AGVs）诞生了。近几年，亚马逊仓库使用了 KIVA 机器人，它的长和宽均不到 1 m，但能顶起 1 t 的货物，可以通过摄像头和货架上的条形码进行准确定位。工业机器人颠覆了传统的仓库运行模式，即将“人去找货”变成了“货去找人”的模式，让仓库“自己会说话”。KIVA 机器人每年能为亚马逊节约 9 亿美元。

工业机器人在 10 年前销售均价在 50 万左右，是 1990 年同等机器人价格的 1/3，如今四大家族机器人均价在 15 万～20 万[4]，同时机器人的性能得到了显著的改善，出现了多机器人协同工作的现象，机器人更多地采用视觉系统识别、定位物体，以便进行后续操作，且使用现场总线和以太网进行网络连接，便于更好地对机器人集成系统进行控制、配置和维护。

4. 智能化机器人阶段

随着信息技术和网络技术的不断发展，工业机器人进入智能化时代。与 ABB 的 FlexVision 3D、KUKA 的 KUKA_3D 等视觉传感器的结合赋予了工业机器人自主识别目标的能力，即便在光线较差的条件下也能通过软件算法估算机械臂与目标之间的位置，还能精确识别抓取位点，便于进一步处理和加工。搭载了视觉传感器的机器人可实现自主识别和抓取目标，在食品加工中还可以通过计算机图像技术识别腐烂、未熟、有瑕疵的原料和产品，并完成筛除。

随着应用领域的不断多样化，单纯按照程序预设的速度、力量有时难以适应加工需求，如何让工业机器人具备灵活调整力量的能力成为需要解决的问题，为此许多机器人开始装载触觉传感器[5]。ABB 和 KUKA 分别提供 Integrated Force Control 和 Force Torque Control 系统以满足客户需求，借助这些触觉传感器可以控制机器人末端处理器的力量以抓取光滑或易碎的物品，或进行工件切割。压力传感器的研究也在不断进步，例如，浙江大学的汪延成教授等开发了可黏附于末端处理器上的触觉传感器阵列，能够感知压力和目标物的滑动，从而便于机器人进行力量和抓取位置的调整。除了上述传感器外，人们为满足加工需求开展了将多种传感器引入工业生产中的研究，甚至完成了多传感器耦合应用。例如，A.FM Paijens 采用鼠标的光学原理开发了机器人的传感定位技术，使得非固定式的机器人即便在高速运动时也能确定自身在运行框架中的位置和方向，从而能够更快捷地完成下一次操作；基于红外、声波等原理的距离传感器能够让机器人确定目标物的位置，在提升处理准确性的同时不需要采用高度复杂、相对昂贵的计算机视觉定位，也可以与计算机视觉联用以进一步提升准确性；电子鼻等化学传感器能在果蔬采摘时鉴定果实的成熟程度，或是在食品加工中检测产品的品质等，与距离传感器等联用可以对劣质品进行筛除；KUKA 的 SeamTech Tracking 和 SeamTech Finding 可以帮助搭载了智能三角测量激光传感器的焊接机器人确定末端传感器（激光焊）的位置和识别焊缝的位置，从而快速进行下一步焊接任务。

总而言之，随着传感器的不断轻便化、小型化，生产行业可以根据自身具体需求为机器人搭载多种多样的传感器，赋予机器人更强的自主加工性能。为了便于控制，各个机器人厂商开发了各式各样的控制器，如 ABB 的 AC500 系列，安川机电的 DX200、YRC1000 系列，KUKA 的 KR C4 系列。根据需求，控制器可以内置于工业计算机中通过软件操作，也可以单独成机。新型的控制器不仅便于用户完成 PLC（可编程逻辑控制器）、CNC（计算机数值控制）等操作，且通常内置了安全装置以保障加工安全。智能化阶段不仅提升了人机交互的便捷性，也大大提升了工业机器人自主调节、自主加工的性能。

自 2013 年以来，全球工业机器人市场规模不断扩张，2018 年高达 168.2 亿美元。日本和欧洲是全球工业机器人市场的两大主角，并且实现了传感器、控制器、精密减速机等核心零部件完全自主化。ABB、库卡（KUKA）、发那科（FANUC）、安川电机（YASKAWA）4 家生产商占据着工业机器人主要的市场份额。

5. 我国工业机器人发展简况

我国工业机器人研究始于 20 世纪 70 年代，但由于基础条件薄弱、关键技术与部件不配套、市场应用不足等，未能形成真正的产品。随着世界机器人技术的发展和市场的形成，我国在机器人科学研究、技术开发和应用工程等方面取得了可喜的进步。20 世纪 80 年代中期，在国家科技攻关项目的支持下，我国工业机器人研究开发进入了一个新阶段，形成了我国工业机器人发展的一次高潮，高等院校和科研单位全面开展工业机器人研究[6]。以焊核、装配、喷漆、搬运等工作为主的工业机器人，以交流伺服驱动器、谐波减速器、薄壁轴承为代表的零部件，以及机器人本体设计制造技术、控制技术、系统集成技术和应用技术都取得了显著成果。从 20 世纪 80 年代末到 90 年代，国家“863”计划把机器人列为自动化领域的重要研究课题，系统地开展了机器人基础科学、关键技术与机器人零部件、目标产品、先进机器人系统集成技术的研究及机器人在自动化工程上的应用。在工业机器人选型方面，以开发点焊机器人、弧焊机器人、喷漆机器人、装配机器人、搬运机器人等为主，并开发了水下机器人、自动引导车（AGV）、爬壁机器人、擦窗机器人、管内移动作业机器人、混凝土喷射机器人、隧道凿岩机器人、微操作机器人、服务机器人、农林业机器人等特种机器人。同时完成了汽车车身点焊、后桥壳弧焊、摩托车车架焊接、机器人化立体仓库等一批机器人自动化应用工程，这是我国机器人事业从研制到应用迈出的重要一步[7]。我国工业机器人发展大事记见图 8.2。

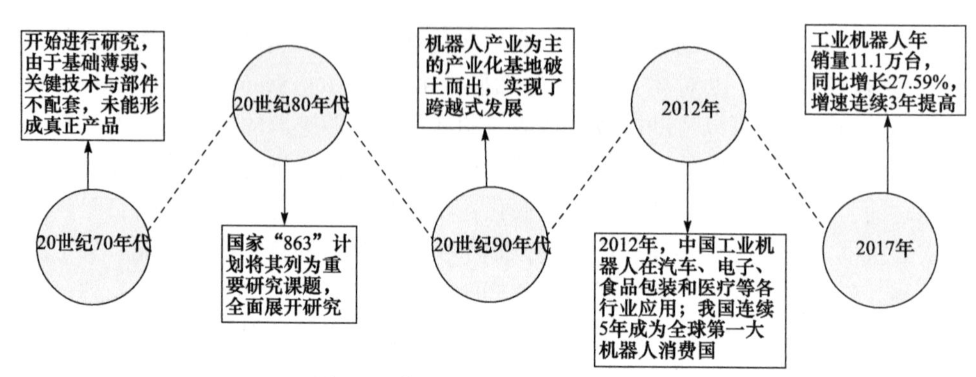

图 8.2 我国工业机器人发展大事记

我国工业机器人产业从无到有，由弱变强，实现了跨越式发展。我国工业机器人市场整体呈现快速增长趋势，6 年间在全球市场占比从 14.5%上升到 31.0%（图 8.3）。2017 年起中国制造业每万名员工安装工业机器人的数量即超过了全球平均水平（图 8.4）。2018 年我国制造业机器人密度超全球平均水平，达到 140 台每万名员工，同时作为全球工业机器人安装应用的最大市场，总量是排名第二的日本市场的近 3 倍（图 8.5）。

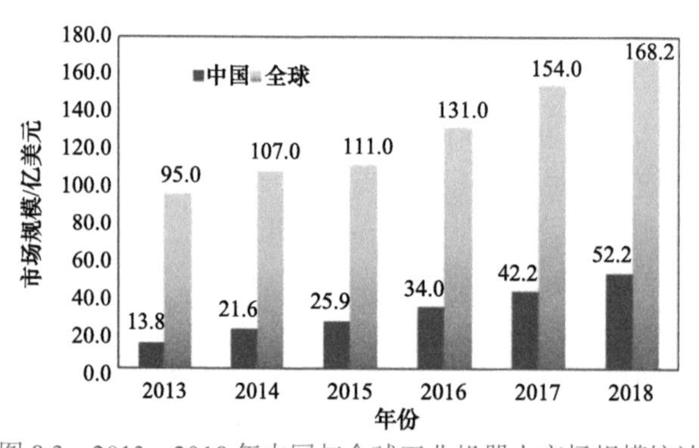

图 8.3 2013～2018 年中国与全球工业机器人市场规模统计

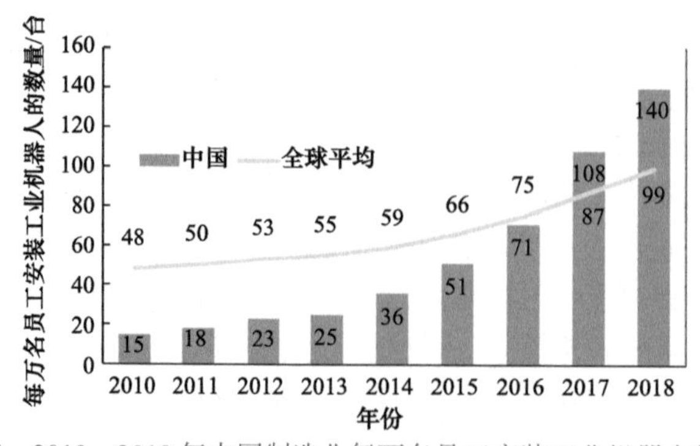

图 8.4 2010～2018 年中国制造业每万名员工安装工业机器人的数量

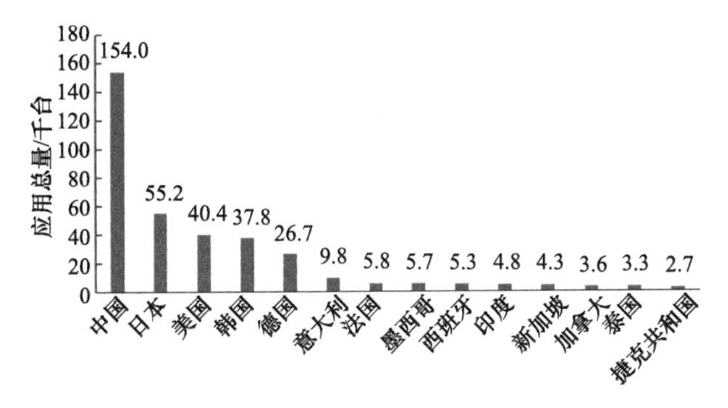

图 8.5　2018 年全球工业机器人安装应用市场排名

国际机器人联合会（IFR）公布的《World Robotics 2019 Industrial Robots》（2019 年全球机器人行业发展报告）显示，自 2013 年以来，中国已经连续八年成为全球第一大机器人消费国，但产业增长略微下降。2018 年，我国自主品牌工业机器人占市场份额略有增加，但还处在产业化的初期阶段，外资品牌还是占有绝大部分的市场。在应用的可靠性和性价比上，自主品牌与国际品牌相比均处于劣势。然而，国内机器人企业正以强劲态势抢占市场份额，2018 年，中国本土品牌工业机器人所占份额达到 32.2%，销售同比增长 16.2%，外资品牌工业机器人在中国销售同比下降 10.98%[8]。根据统计，2019 年上半年，以工业机器人四大家族 ABB、KUKA、安川电机、FANUC 为首的外企品牌占中国机器人行业 64.2%的市场份额，中国国产品牌占比 35.8%，其中广州起帆占有率为 10.2%，为国产机器人品牌的最大份额[9]。

8.1.3　工业机器人在食品产业领域的应用

食品产业是全球最大的规模化制造产业，同时也是劳动密集型产业。据联合国相关报告统计，到 2030 年全球 60 岁以上人口将突破 21 亿人。我国劳动力成本年增长 13%，人口老龄化导致的劳动力紧缺将成为食品产业最大的挑战。随着第四次工业革命（工业 4.0）的到来，工业机器人技术很快被引入食品工厂[10,11]。工业机器人的使用将彻底改变食品行业，使其最终走向智能制造的生产模式。应用到食品工业中的食品工业机器人可定义为：由计算机控制的高度自动化机械手，能连续不断、高精确度、可靠高效地完成重复性工作。食品工厂中采用工业机器人具有以下特点和优势：可替代重复劳动，使得食品生产效率提高；减少人员接触，使得食品卫生安全控制可靠；可适应特殊的高温和特殊环境条件，降低直接劳动力成本；可替代重载和复杂包装环节，减少人员受伤[12,13]。

工业机器人在食品领域应用的初期主要用于乳制品、饮料、巧克力和罐头食品的包装和码垛（图 8.6）。直到 1998 年，ABB 公司 FlexPicker 的推出彻底改变了食品行业，其成为世界上速度最快的抓取-放置（pick-and-place）机器人。自此，轻量化的机器人开始用于食品加工，并可以满足极高的卫生标准，取得了许多潜在效益，如减少工厂中的原料流动和车辆活动、提高运营效率以及显著减少运输步骤[14,15]。随后，食品工业机器人在食品行业中的应用迅速崛起（图 8.7），目前食品行业中使用的工业机器人已占全球工业机器人的 3%，其中欧洲食品行业的机器人数量远远超过 3 万个，占据了近乎一半的机器人供应量，成为全球食品工业机器人应用比例最高的区域。在中国，食品工业机器人的应用从 2016 年到 2018 年提升了 12 个百分点，但作为全球最大的工业机器人应用市场，中国食品工业机器人的应用还有很大的潜力（图 8.8）。

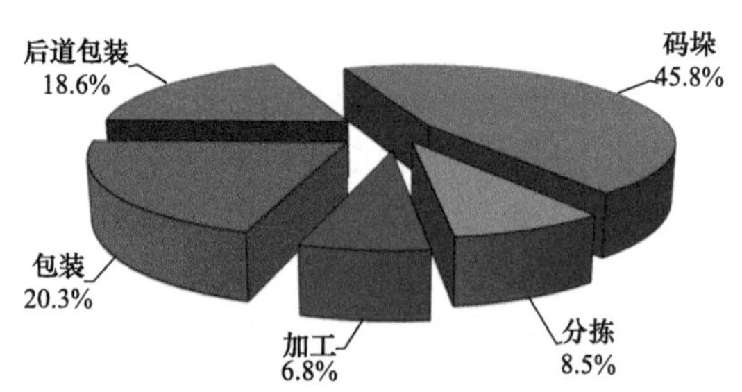

图 8.6 食品工业机器人的主要应用领域

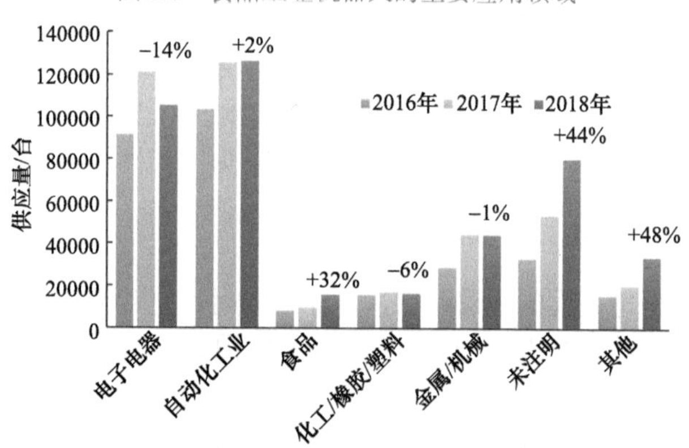

图 8.7 2016～2018 年全球食品和其他工业部门的机器人年供应量

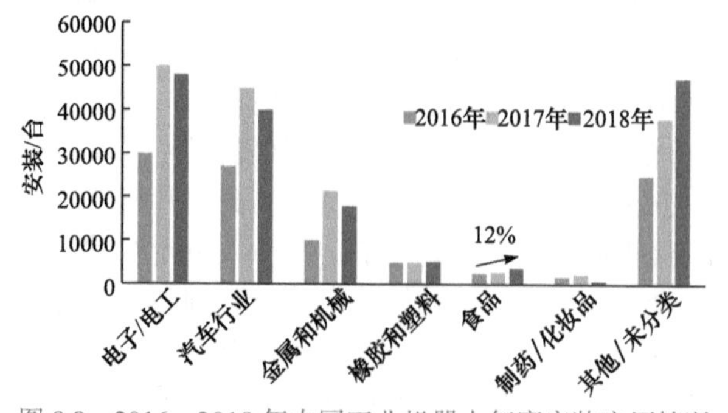

图 8.8 2016～2018 年中国工业机器人年度安装应用情况

8.2　食品工业机器人的类型与结构

随着工业机器人的快速发展，机器人也迅速进入食品产业，应用于食品工业的各个领域和制造环节，满足食品生产的多种应用需求。

8.2.1　食品工业机器人类型

食品工业中使用的机器人可以根据其布局方式、坐标系以及用途进行以下分类。

1. 按照布局方式分类

按照布局方式机器人可分为串联机器人或并联机器人。

串联机器人是一种具有开式运动链的机器人，其连杆和关节大多被设计成可独立平移和定方向的结构，各个连杆通过转动关节或移动关节按照一定的顺序依次连接形成一条开环，属于传统的机器人，也是当前工业机器人采用最多的结构（图 8.9）。然而由于其运动结构需要更多的驱动器，因此串联机器人能量效率利用不高[16]。串联机器人末端构件具有复杂多样以及任意活动性，因此相对并联机器人，具有更高的自由度，往往能实现空间作业运动。此外，串联机器人还具有结构简单、成本低廉等优点。如今国内外的串联机器人技术较为成熟，已开发出具备高精度、快速高效多功能化的串联机器人，并广泛应用于喷漆、装配、搬运等工业生产线上。

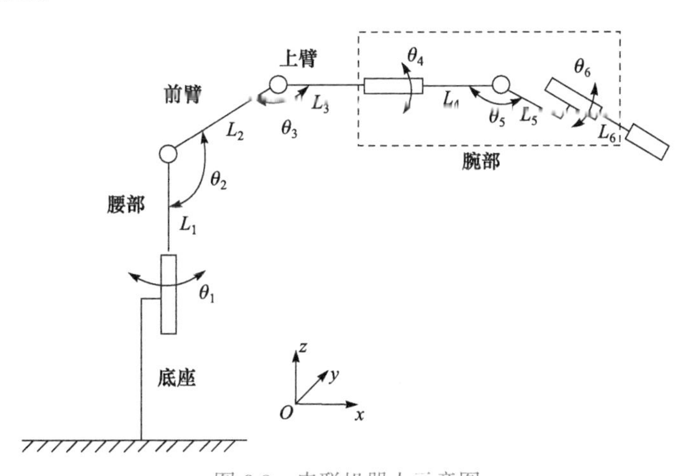

图 8.9　串联机器人示意图

并联机器人是末端执行器和基座之间通过两个或两个以上完全相同的独立运动链相连接，以并联方式驱动的一种具有闭链结构的机器人（图 8.10）。其结构的

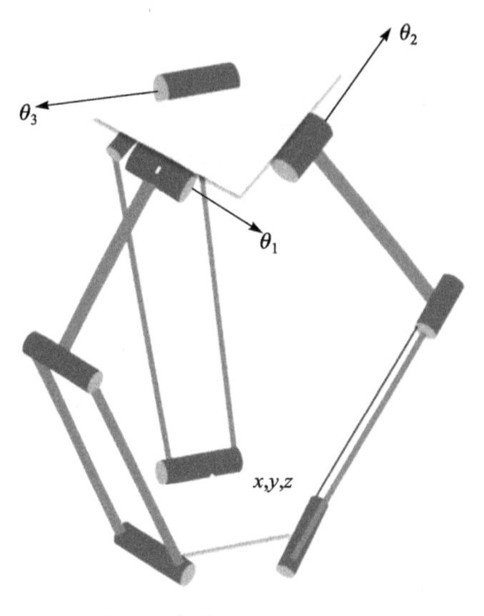

图 8.10 并联机器人示意图

共同特点是具有相同结构且对称的腿连接基座以及运动平台，且每条腿有一到两个串联运动链。并联机器人结构中腿的数目和驱动关节决定了其在运动空间的对称性。相对于串联机器人，并联机器人具有结构稳定、运动负荷小等优点，在需要高刚度、高精度或者大载荷而工作空间受限的领域有广泛的应用。例如，SCARA 机器人可用于紧凑的拾取和放置运动，而矩形机器人可在需要轻型物体高速灵活的应用中选择。

2. 按照坐标系分类

按照坐标系机器人可以分成以下类型（表 8.1），不同坐标系的食品工业机器人分别有其优点和局限性。

表 8.1 食品工业中不同运动类型的机器人

运动学分类	特性	结构特征	优点	缺点	应用范围
直角坐标机器人	手臂按直角坐标形式配置	通过 3 个相互垂直轴线上的移动来改变手部的空间位置	控制简单，高速度，高精度	占地面积大，工作空间小	多领域，特别适用批量的柔性化作业
圆柱坐标机器人	手臂按圆柱坐标形式配置	具有一个回转和两个平移自由度，动作空间呈圆柱形	结构简单，刚性好	空间利用率低	装卸、搬运
球坐标机器人	手臂按球坐标形式配置	由旋转、摆动和平移确定空间位置，动作空间形成球面的一部分	结构紧凑，空间体积较小	运动直观性差，结构较为复杂	拾取、放置、堆放物料
关节机器人	手臂按类似人的基座及手臂形式配置	运动由前后的俯仰及立柱的回转构成	运动灵活性好，占据空间最小	刚度和精度较差，驱动控制复杂	喷漆、装配、焊接、码垛

直角坐标机器人：是一种最简单的结构，其手臂按直角坐标形式配置，即通过三个互相垂直轴线的移动来改变手的空间位置，动作空间为长方体，其示意图见图 8.11。直角坐标机器人具有三个移动关节，可使末端操作器作三个方向的独立位移。直角坐标机器人的优点是在直角坐标空间内，空间轨迹易于求解；各轴线位移分辨率在操作范围内任一点均为恒定，控制简单，做直线运动，容易达到高定位精度。但其存在运动灵活性较差、本体占据空间大、操作灵活性差等缺点。

因简易及专用工业机器人往往采用这种结构形式，所以直角坐标机器人应用范围广，特别适用批量的柔性化作业。

圆柱坐标机器人：指机器人的手臂按圆柱坐标形式配置，即通过两个移动和一个转动来实现手部空间位置的改变。其空间位置结构主要由旋转基座、垂直移动和水平移动轴构成，动作空间呈圆柱形，其示意图见图 8.12。圆柱坐标机器人的优点是运动模型简单，结构不复杂，刚性好，采用液压驱动可输出较大动力。缺点是机器人在动作范围内，必须由沿轴线前后的方向进行空间移动，因此空间利用率低，且末端执行器离立柱轴心越远，线位移分辨精度越低。圆柱坐标机器人主要用于重物的装卸、搬运等作业。

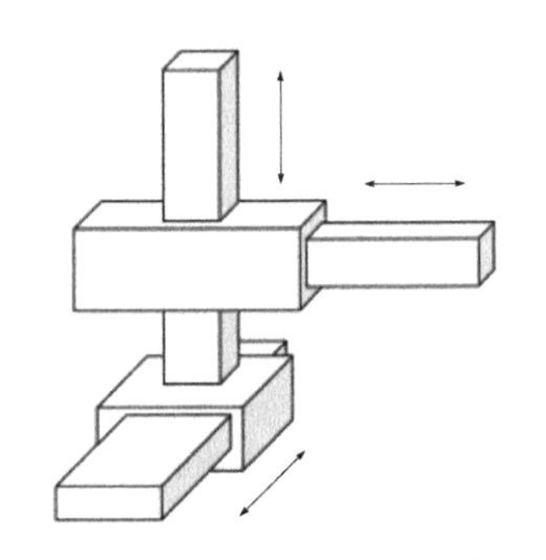

图 8.11　直角坐标机器人示意图

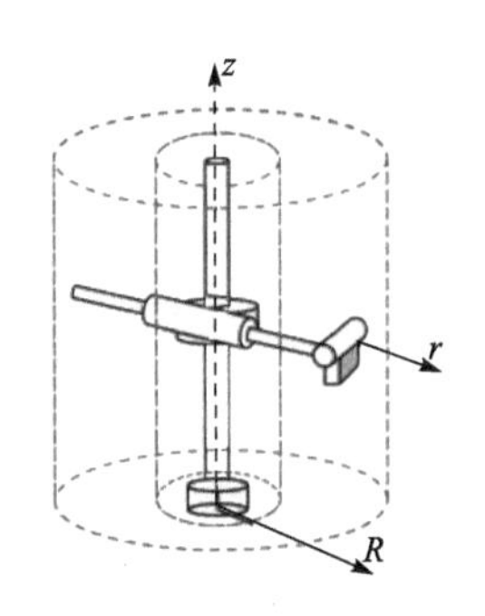

图 8.12　圆柱坐标机器人示意图

球坐标机器人：指机器人手臂按球坐标形式配置，其手臂的运动由一个直线运动和两个转动组成，空间位置由旋转、摆动和平移三个自由度确定，动作空间形成球面的一部分，其示意图见图 8.13。球坐标机器人的机械手能作前后伸缩移动、在垂直平面上摆动以及绕底座在水平面上转动。其优点是本体所占空间体积小于直角坐标和圆柱坐标机器人，结构紧凑，中心支架附件的工作范围大，伸缩关节的线位移可恒定。缺点是坐标复杂，轨迹求解较难，臂端的位置误差会随手臂的伸长而放大。球坐标机器人常见的应用是生产线中的物料搬运操作。

关节机器人：一般由多个转动关节串联起若干连杆组成，具有垂直于地面的基座，基座上身通过旋转关节与基座相连接，连杆通过平行于肩部的旋转关节连接到手臂，与手臂形成肘部，腕部可与抓取器形成连接，其示意图见图 8.14。关节机器人根据摆动方式不同可分为垂直和水平关节机器人，其结构与人体手臂非常相似，因此关节机器人具有运动耦合性强、运动灵活性强、工作空间大等优点，其缺点是控制复杂，运动学模型复杂。关节机器人的应用范围十分广泛，常见的有喷漆、装配、焊接、码垛等。

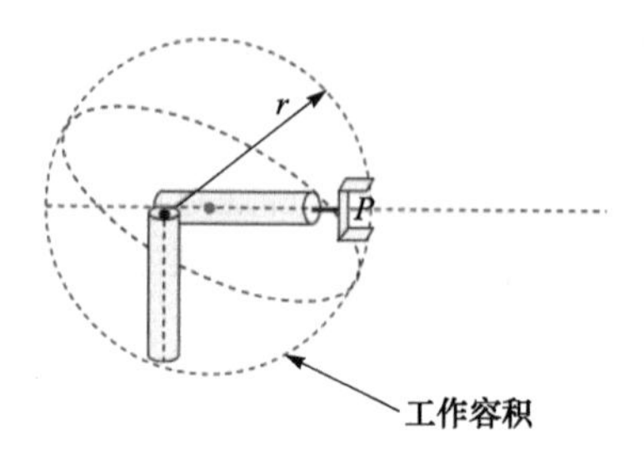

图 8.13 球坐标机器人示意图

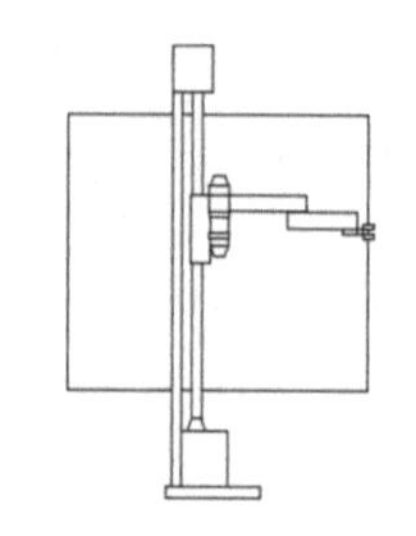
图 8.14 关节机器人示意图

3. 按照用途分类

食品生产中采用工业机器人主要是在以下四个生产环节。①生产流水线的关键瓶颈工序：规模化生产流水线中某一工序的减速或停止会导致整线的生产效率降低，某些瓶颈工序甚至可能导致整个加工线崩溃，造成产品损失。例如，馅饼填充过程需要操作人员连续高速运行，如果放慢速度或休息一下将导致生产线运行速度受阻，且产品质量（面团）发生变化。②危险或不利的生产环境：如生产中投放或卸载大质量的物料、在包装中装卸重物、在顶端堆垛等，以及在肉类加工中用于切割和屠宰的锋利刀具。其他不利的环境如加工设施中有潮湿或特定的温度控制（如冷冻库房、走入式烘房）等员工无法忍受的环境。③简单重复的过程：许多大规模的食品生产过程是简单和/或重复的，如包扎、充填、选别等，这些单调乏味的工作会使员工疲倦或无聊，从而影响加工和产品的质量。④产品类型多样化：随着消费者需求的多样化和个性化，生产商需提供更多的产品并快速响应市场需求，传统生产线不具备灵活性。采用工业机器人可以快速地组织高度灵活和可重构的系统，适应不同流程和批量产品的生产需求[17]。

目前，食品工业机器人已广泛应用于食品装卸、包装和标签、码垛和食品服务等工序，按照用途食品工业机器人可分为以下几种。

抓取和放置机器人：这类机器人包括用于挑选和放置食品以及准备食品的机器人。按照食品卫生安全的要求，这类机器人与食品接触的部件应防锈、耐洗，并能抵抗极端温度、高湿度、脏污和机械应力[18]。图 8.15 所示为抓取机器人。

包装和码垛机器人：这类机器人常用于饼干、饮料、意大利面、糖果和其他的单件或者组合件食品的包装和码垛，并可以完成堆叠[19]。图 8.16 为码垛机器人。

贴标机器人：专门负责食品的包装和标签，因为它是专门为食品加工和处理而设计的，所以要求是可洗的，而且夹持器可以直接接触食品。这类机器人可与仿真软件一起使用，这些软件工具的使用简化了视觉系统配置，可以满足高效高速拾取和计数的要求。图 8.17 为贴标机器人。

产品检查和检测机器人：通常使用多个摄像机来验证成品的预期质量，如检查零件上的标签。不合格的零件将被拒收并送至复查仓，而成品则通过传送带送至仓储。检查和检测还包括使用摄像机确证包装物品件数，以确保质量。图 8.18 为检测机器人。

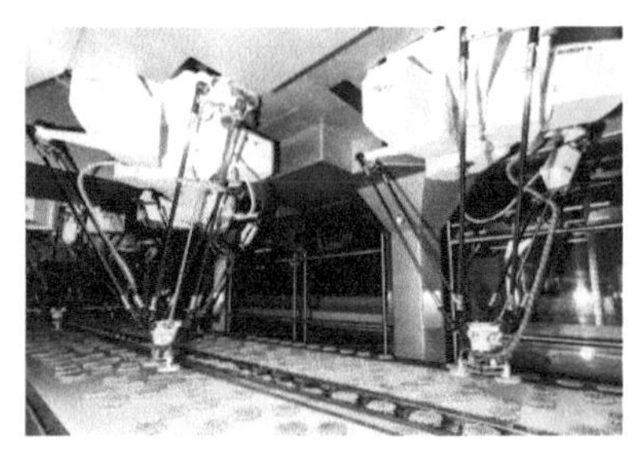

图 8.15　抓取机器人

图 8.16　码垛机器人

图 8.17　贴标机器人

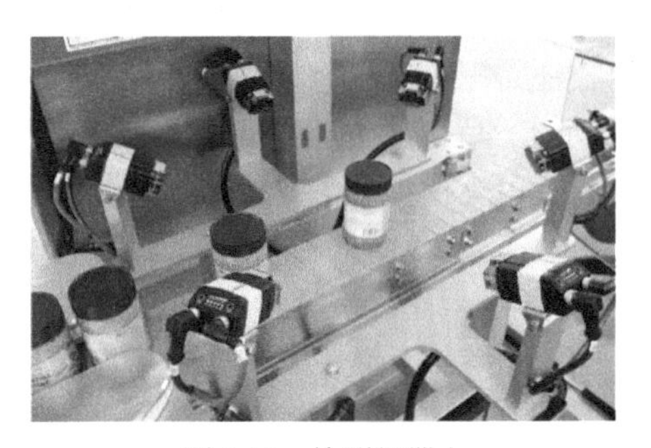

图 8.18　检测机器人

烹饪机器人：适用于高温的烹饪环境，可直接用来做饭，基于视觉的驱动控制不仅能提供干净整洁的操作，还能保护操作人员避免烫手，以防意外碰到热盘子[20]。图 8.19 为烹饪机器人。

服务机器人：最近研发的机器人常被用于餐饮配送、堂食服务等（图 8.20）。将机器人运用到这一领域体现了人们生活方式的改变，这一技术需要解决机器人-系统集成的概念，日本的寿司餐厅已经开始使用为顾客提供自动化食物供应的生产线和机器人。

图 8.19　烹饪机器人

图 8.20　服务机器人

8.2.2 食品工业机器人结构

食品工业机器人一般由执行机构和控制系统两大部分组成。执行机构包括动力装置、传动机构以及机械臂和机械手腕。其中，动力装置和传动机构用于驱动机械手的运动，而机械臂、机械手腕以及机械手腕末端连接的末端执行器用于完成机器人的作业与操作。控制系统是机器人中最核心的部分，主要完成信息的获取、处理、作业编程、规划、控制以及整个机器人系统的管理等功能[21]。

末端执行器是直接与食品物料相接触的部件，可以是抓取物体的钩爪，也可以是改变物体形状的工具，视应用场合和所夹持食品物料的物理性状、结构、大小而不同[22]。末端执行器的原理如图 8.21 所示，在食品加工过程中，末端执行器与被处理产品直接接触，因此必须符合必要的食品安全卫生标准。同时，末端执行器还需完成食品物料的快速处理和抓取操作，其材质要保持柔软，以免损坏要移动的产品。食品工业机器人末端执行器经历从微型到巨大、坚硬到柔软的演变过程，可支持各种工业机器人产品的驱动。

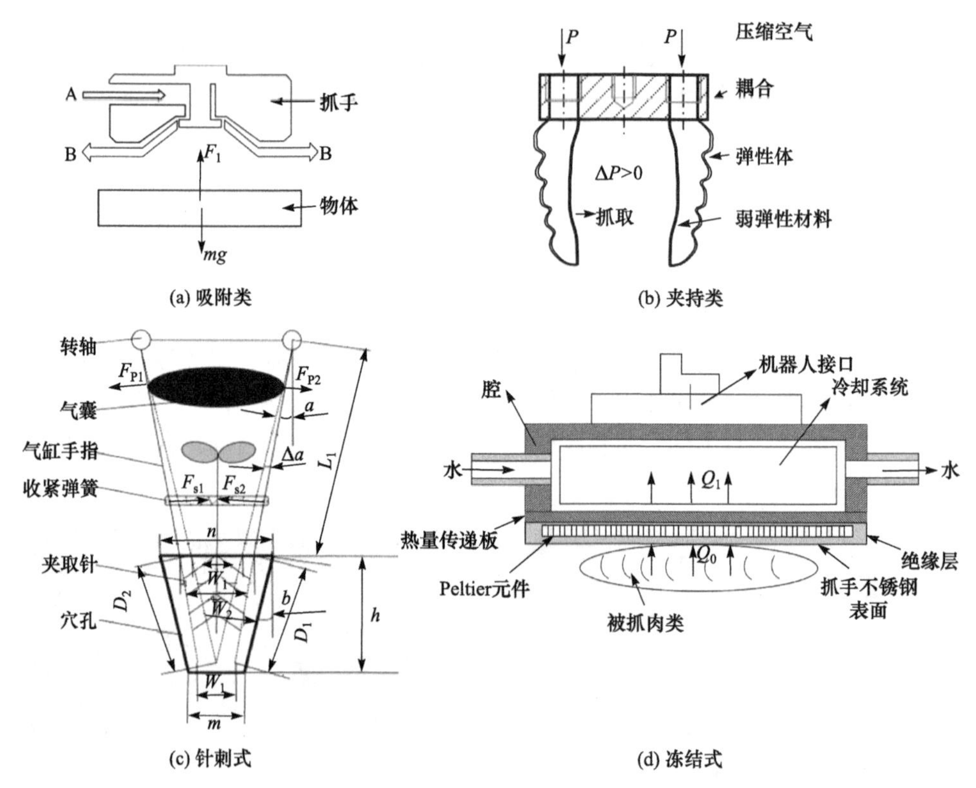

图 8.21 食品工业机器人主要末端执行器的原理图

末端执行器类型应由生产线和所处理的产品决定，选择时应考虑的因素包括：①灵活性，机器人需处理不同尺寸、形状的产品；②循环速度，要达到生产所需的速度；③卫生，末端执行器需易于清洁；④控制压力，传感器需及时反馈压力大小以便机器人末端执行器改变力道，避免损坏易碎物料[23,24]。

末端执行器可选用不同类型的驱动技术适用不同需求（表 8.2）。

表 8.2　末端执行器不同驱动方式的优缺点

种类	优点	缺点
真空机械手	可处理易碎产品/适于高速装载和卸载应用/可适应非均匀形状产品处理	精度较低，无法处理顶部有松散颗粒的产品（如蛋糕），在某些表面使用受限，如多孔材料、表面不平（即成角度或弯曲）的物体及脏污物体，能量效率较低
机电机械手	对易碎产品的处理灵敏度高/精度高/灵活性强，如可部分打开和关闭	成本高，尤其是由伺服系统驱动时，控制复杂性高，质量大
气动机械手	紧凑轻巧，高速，低成本	精度和灵敏度较低，不可部分打开或关闭，难以调整机械手压力
液压机械手	能够在很高的负载下执行操作	存在漏液和污染产品的风险，不适用于食品和饮料生产

对于现有的多种类型的食品机器人末端执行器而言，基于硬质材料的机械抓手往往柔顺性不足，缺乏对抓取压力、抓取物滑动情况等信息的感知能力，受抓取力的限制，夹持抓取会使食品损伤，但其在抓取质量较重的食品时有一定的优势[25]；真空吸盘式末端执行器易将液体或杂物吸入系统，存在潜在的污染；其他一些末端执行器专用性比较强，如伯努利吸盘适合轻而薄的片状食品，冻结式末端执行器适合冷冻食品。软体抓手在食品处理中具有很高的灵活性和柔顺性[26]，可以适应物体的轮廓，并且抓取力均匀分布可避免食品损伤，但在抓取质量较大或薄片状食品时受到限制，抓取速度慢，也使之无法适应现代化的大批量、高效率的食品生产要求（表 8.3）。

表 8.3　食品工业机器人主要的末端执行器形式

末端执行器分类	特征	优点	缺点	适用范围
吸附类末端执行器	利用食品两侧产生压力差抓取	稳定抓取，产生损伤小	易污染	果蔬采摘，物流
夹持类末端执行器	基于静摩擦力的接触式夹持	种类繁多，适应性广	结构复杂	各类食品处理
针刺式末端执行器	机械互锁，轻易抓取和传送	尤其适合柔软食品	食品表面留有孔洞	鱼、肉类食品处理
冻结式末端执行器	内部流体腔充当制冷元件	无机械接触部分	需冷水循环，耗资大	冷冻食品抓取

食品工业机器人的末端执行器已经发展为支持从微型到巨大、坚固到易碎的

各种产品的抓取。然而受食品形状、质量、表面特性、干燥度、黏性和硬度等多种因素的影响，机器人末端执行器在食品自动化生产中仍面临挑战，主要体现在以下几个方面。①柔顺性：对各种柔、脆、不规则形状食品的灵巧、柔顺抓取，一直是食品机器人末端执行器的设计难点。为减少食品损伤，一方面要求末端执行器的结构和材质有良好的适应性，另一方面要求食品的抓取过程有很好的柔顺性。②清洁卫生性：虽然食品机器人末端执行器绝大部分由非食品末端执行器演化而来，但并不是所有的末端执行器都适合食品这一类敏感性产品。食品行业一方面要求末端执行器材料本身符合食品安全要求，另一方面要求其结构便于保洁清洗，防止二次污染。③抓取速度与可靠性：末端执行器的抓取速度与其结构特性、抓取策略、驱动方式、控制系统以及食品特性等因素有关。对于大批量生产的食品行业，生产效率是一个十分重要的性能指标。末端执行器的工作效率和可靠性是制约食品机器人未来发展和推广应用的一个重要因素。④通用性：由于食品的形状、材质、质量、特性等千差万别，食品行业使用的机器人末端执行器基本都是专用的，这造成设备的通用性差以及使用成本增加。食品机器人末端执行器的通用性与系统成本、使用成本之间的矛盾是影响其实用性的原因之一[27]。

8.3 食品工业机器人的感知与控制

控制系统是机器人中最核心的部分，主要完成信息的获取、处理、作业编程、规划、控制以及整个机器人系统的管理等功能，机器人性能的优劣主要取决于控制系统的品质。机器人控制系统集中体现了现代高新技术和相关学科的最新进展[28]。

8.3.1 食品工业机器人的感知

食品工业机器人自主自行完成相应的工作，需具备相应的感知能力，为此工业机器人中有大量不同的传感器，承担不同的感知任务。机器人在食品工业中的应用对传感的要求越来越高，如全球定位、多自由度、人机交互和安全性等，这些因素都对传感器提出了诸多要求[29]。例如，在协作机器人中视觉传感器（高速摄像机）是不可缺少的一部分，可用于视觉伺服或应用于其他视觉引导机器人。CPS 需要一个基于视觉的地图系统，以便机器人可以对位置进行评估。此外，根据基于二维视觉的感知，制造商能够准确地跟踪产品，提高供应链管理、产品质量、诊断故障、优化生产等应用[30]。

机器人传感器根据检测对象的不同可分为内部传感器和外部传感器两大类。

（1）内部传感器通常由位置、加速度、速度及压力传感器等组成，主要监测食品机器人的自身状态。借助内部传感器，得到食品机器人中机械构件的位姿信息和速度等信息，这些信息是机器人开展下一步工作所必需的。

（2）外部传感器通常由视觉、激光、温度、质量传感器等组成，主要监测机器人的工作环境以及工作对象的特征。借助外部传感器，得到食品机器人在工作环境中的相对位姿、和工作对象之间的距离以及工作对象的状态等信息，该信息是机器人对食品进行加工处理的关键信息。

借助内、外部传感器的协同工作，实现对整体工作系统状态的监测，是食品机器人系统稳定工作的重要基础。食品机器人常用传感器见表 8.4。

表 8.4　食品机器人常用传感器

检测对象	传感器名称	主要分类	应用目的
食品机器人内部状态	位置传感器	接触式、接近式	检测机械构件的位置
	加速度传感器	压阻式、电容式、伺服式	检测机械构件的加速度
	速度传感器	接触式、非接触式	检测机械构件的速度
	力传感器	应变管式、膜片式、应变梁式	检测机械构件之间的作用力
外部环境及工作对象	视觉传感器	可见光、近红外、远红外、多光谱	获取环境和对象的纹理特征
	激光传感器	线激光、面激光、3D 激光	获取环境和对象的结构特征
	温度传感器	接触式、非接触式	获取环境和对象的温度特征
	重量传感器	光电式、液压式、电容式	获取对象的质量特征
	触觉传感器	接触觉、力-力矩、压觉、滑觉	获取环境和对象的触觉特征
	声音传感器	压电陶瓷、电容式、磁电式	获取环境和对象的音频特征
	味觉传感器	将气味通过气敏元件转换为电信号	获取环境和对象的味觉特征

食品机器人所携带的传感器因其检测的信息和针对的对象不同而有着不同的应用。下文将具体分析几种食品机器人中常用传感器系统在食品机器人中的应用。

1. 视觉传感器系统应用

机器视觉传感器系统采用电荷耦合元件（CCD）照相机将被检测的目标转换成图像信号，传送给专用的图像处理系统，根据像素分布和亮度、颜色等信息，转变成数字化信号，图像处理系统对这些信号进行各种运算来抽取目标的特征，如面积、数量、位置、长度，再根据预设的允许度和其他条件输出结果，包括尺寸、角度、个数、合格/不合格、有/无等，实现自动识别功能[31]。如日本某公司的“真空袋装药剂整列”机器人系统，可以在食品医药行业运用，能视觉定位、快速拾取、准确抓取，进而实现分拣整列的工序，该系统通过两台机器人吸盘装置不停地吸取对象。又如在生产饮料的自动化流水线上，应用视觉传感器通过计算每个像素的色调来识别颜色，可以进行饮料的液位检测、标签有无检测、瓶盖颜色区分检测等[32]。视觉传感器系统原理及应用见图 8.22。

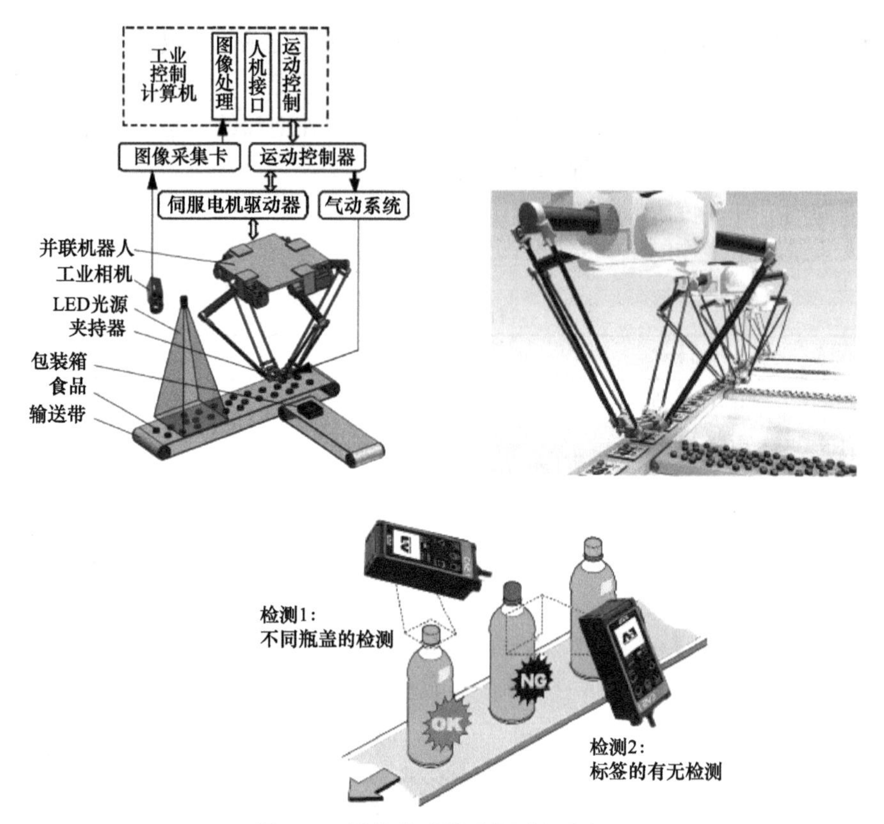

图 8.22 视觉传感器系统原理及应用

同时，借助视觉传感器系统可以实现机器人和工作对象之间相对位置的求解。视觉相机通过获取工作对象的纹理信息，判断对象的状态，进而根据操作对象和末端执行器之间的相对位置控制加工系统工作[33,34]。图 8.23 为一个基于视觉传感

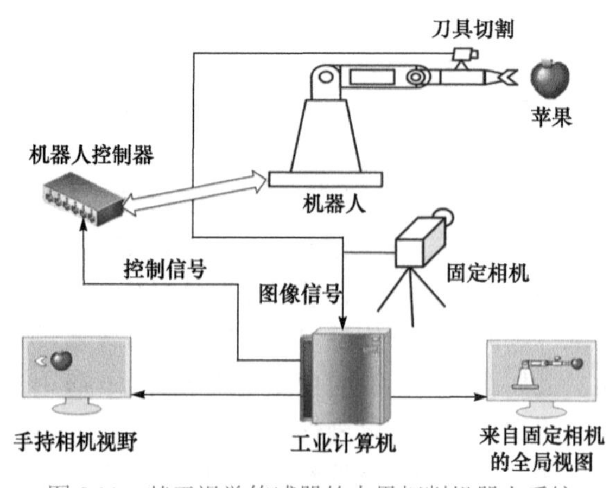

图 8.23 基于视觉传感器的水果切削机器人系统

器的水果切削机器人系统，视觉系统输出苹果和刀具的相对位置，指导刀具的下一步运动[35]。

2. 激光传感器系统应用

借助激光传感器系统也可以实现食品机器人的实时定位解算。通过激光传感器获取目标场景的结构特征信息，结合食品机器人当前的定位信息建立 2D/3D 激光地图，可以实现食品机器人的实时定位、获取移动式食品机器人在环境中的具体位姿。图 8.24 展示了基于激光传感器系统的激光导航移动机器人在智能工厂中的应用。

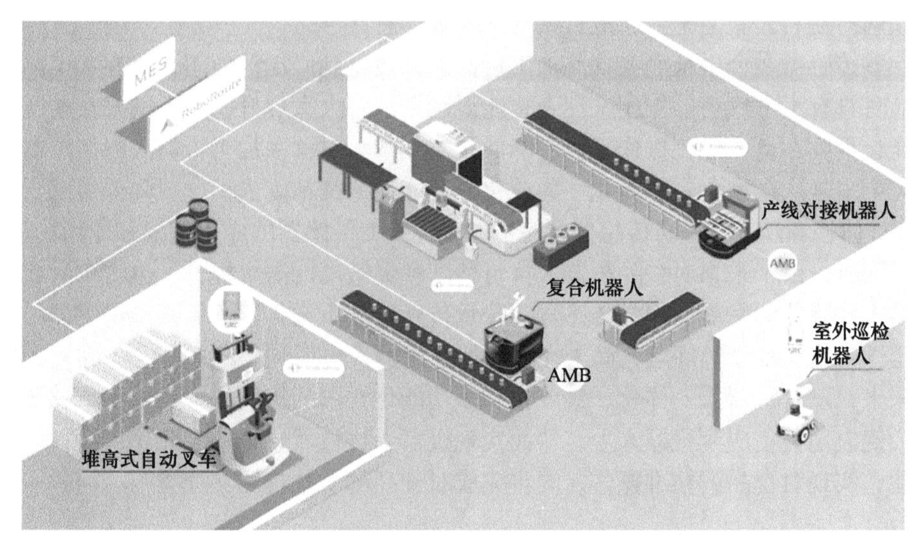

图 8.24　激光导航移动机器人在智能工厂中的应用

如图 8.25 所示，激光传感器由于其精度较高、稳定性较好的特点，也经常用于对工作对象的形貌轮廓检测，能够快速准确地获得对象的轮廓特征，用于后续分析与操作[36,37]。

3D激光轮廓传感器基于三角测量原理，图中α为激光与靶面之间倾角，h为被测物高度，h'为被测物在靶面的投影，u为物距，v为像距，由图中几何关系可得:

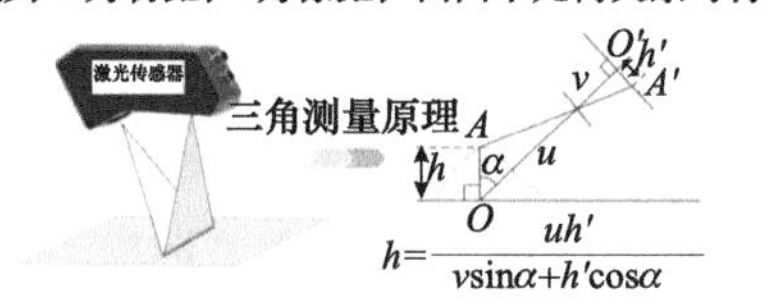

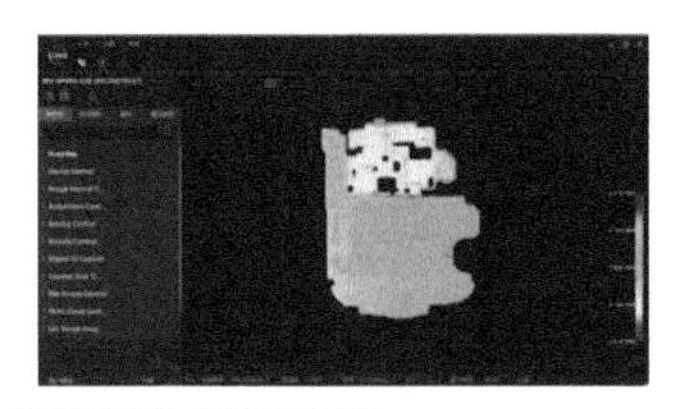

图 8.25　基于激光传感器的 3D 轮廓提取原理应用

3. 多传感器融合系统应用

多传感器融合技术广泛应用于食品工业机器人中。典型的应用是用于处理肉类和蔬菜的烹饪机器人。在智能烹饪系统研究中，使用无线电通信和计算机应用程序自动处理烹饪食物，整个烹饪设备使用了多个传感器，包括质量传感器、体积传感器、气味传感器、黏度传感器、盐浓度传感器、压力传感器和温度传感器等，可以自动监控和调节整个烹饪过程。借助质量、体积传感器控制食材的用量，借助温度传感器控制加工过程中的温度，借助气味、黏度传感器判断食物的烹饪程度。同时烹饪设备可以通过蓝牙、射频、近场和红外相互通信，计算机应用程序可以将烹饪食谱和特定的指令传输到烹饪设备中，从而真正地将烹饪过程实时传递给烹饪设备。此外，还可将烹饪机编写的烹饪食谱程序应用于虚拟烹饪机、物联网终端和云服务平台，进行数据交换和信息共享。

多传感器融合系统已在食品加工机器人领域得到广泛的应用，其在加工复杂食品时具有不可代替的作用，配合智能识别算法将大大提升机器人的操作精度、智能化程度、自主优化操作工艺，降低人工成本。对食品加工机器人的传感器的研究更多是从小型化、智能化、集成化、低能耗、高精度入手，以降低传感器的成本、体积和功耗，提高传感器本身的精度，扩大传感器的应用范围和应用场景。

同时，由于未来对食品机器人执行精度和灵敏度的需求提升，也将刺激食品机器人传感器的发展。嗅觉传感器、味觉传感器、听觉传感器等新型传感器，因稳定性、集成难度等问题，尚未在食品加工机器人中得到广泛应用[38]。在可预期的未来，随着机器人一体化、集成化和多功能化要求的提高，上述新型传感器将更大规模地被集成到机器人上，从而实现机器人执行器感知的多元化、操控的精确化，实现对食品的精准操作，同步完成对食品的质量检测和分类。

8.3.2 食品工业机器人的控制

与普通的控制系统相比，机器人控制系统具有以下几个特点：机器人的控制与机构运动学及动力学密切相关；一个简单的机器人至少有 3～5 个自由度，比较复杂的机器人有十几个甚至几十个自由度；把多个独立的伺服系统有机地协调起来，使其按照人的意志行动，甚至赋予机器人一定的“智能”，这个任务只能由计算机来完成；描述机器人状态和运动的数学模型是一个非线性模型，随着状态的不同和外力的变化，其参数也在变化，各变量之间还存在耦合。因此，机器人控制系统是一个与运动学和动力学原理密切相关的、有耦合的、非线性的多变量控制系统。由于它的特殊性，经典控制理论和现代控制理论都不能照搬使用，为此随着机器人技术的不断发展，机器人控制理论仍在不断的系统化完善过程中[39]。

1. 机器人的控制方式

目前机器人的控制方式主要有三种。①点位式：很多机器人要求能准确地控制末端执行器的工作位置，而路径却无关紧要。例如，在包装流水线中放置吸管、勺子等工作，都属于点位式工作方式。一般来说，这种方式比较简单，但是要达到高定位精度和高速也是相当困难的。②力控制方式：在切割、抓放物体等工作时，除要准确定位之外，还要求使用适度的力或力矩进行工作，这时就要利用力（力矩）伺服方式。这种方式的控制原理与位置伺服控制原理基本相同，只不过输入量和反馈量不是位置信号，而是力（力矩）信号，因此系统中必须有力（力矩）传感器。③智能控制方式：机器人的智能控制是通过传感器获得周围环境的知识，并根据自身的知识库做出相应的决策。采用智能控制技术，使机器人具有了较强的环境适应性及自学能力。智能控制技术的发展有赖于近年来人工神经网络、基因算法、遗传算法、专家系统等人工智能的迅速发展[40]。

2. 机器人的控制方法

食品工业机器人采用复杂算法满足对控制和灵巧性的需求，同时要求控制系统和方法能减轻干扰的影响来完成要求高精度、可靠性和可重复性的任务。基于线性控制理论的经典控制方法，如比例积分微分（PID）、线性二次调节器（LQR）和线性二次高斯（LQG）控制方法几十年来一直是工业机器人的主要控制方法。

近年来，基于现代控制理论和非线性控制理论的先进控制策略在多自由度机器人上得到了广泛的应用。由于机器人具有复杂的非线性动力学结构，模型参数具有不确定性，需要在有噪声和干扰的恶劣环境下进行实时控制，因此这些策略能够找到动机。AUTAREP 机械手采用平滑模型控制（SMC）方法，在有干扰的情况下，SMC 比 PID 性能好[41]。目前一些智能控制方案，包括人工神经网络、神经模糊控制、专家系统、学习控制系统等都进入到了食品工业机器人的控制中。

在运动控制方面,需要确保末端执行器在所有所需轴上能够有足够的自由度。在并联机械手中，末端执行器的运动要求在空间包络线范围内灵巧顺畅运动。但在像FlexPicker这样的Delta配置或仅三个平移自由度机器人中,灵巧性并不重要。但对于三个以上的平动自由度操作，灵巧度或定向空间运动的设计计算就非常重要[42]。Gogu[43]提出了非线性问题的闭环系统中运动学或自由度的快速计算分析技术，多自由度输出机器人的串行系统可以根据手臂的数量来分解运算。同时对于并联机器人，拉格朗日公式同样比牛顿-欧拉方法有效，但并联机器人中的封闭运动链使方程的推导复杂化。为了解决这个问题，Lin 和 Song[44]通过牛顿-欧拉和拉格朗日等不同的方法比较了闭环系统的逆动力学问题。结果表明，利用虚拟工作原理可以建立一个计算效率高的分析模型。

同时随着柔性制造和食品个性化生产时代的到来，食品工业机器人的产品快速转换成为新的要求，为此要求机器人技术能够最快地转换产品。目前机器人制造公司提供的软件工具通常可以预先运行此类模拟，以确定优化的解决方案。此外，为了更快、更容易地集成到现有或新的生产线中，在机器和机器人结构中添加了可重新配置的功能[45]。模块化设计更好地适应了生产制造的灵活性。

3. 智能机器人的认知与学习

食品工业机器人需要随着食品制造环境的变化不断发展，以适应工业 4.0 所预见的那样，从原材料到最终产品学习自我适应和优化性能。未来智能机器人的学习和发展除了通过有效生成场景的仿真设计外，还可以依靠机器人通过网络和物理进行传感数据融合通信来实现。通过网络环境物理系统构建，以及良好的人机界面（HMI），方便用户与机器人的交互，构成一个用于食品制造的网络物理生产系统（CPPS），其具有智能模块和子系统，高度自动化，以开发和锻炼自我学习能力。

8.4 食品工业机器人的应用与发展

随着机器人产业的发展和升级，工业机器人已经成功应用到食品加工的各个工序，从预处理到包装都有工业机器人的身影。

8.4.1 食品工业机器人在食品加工中的应用

1. 乳制品加工

机器人挤奶系统（robotic milking system，RMS）在欧洲的现代化奶牛厂已经得到了广泛的应用（图 8.26），能够减少 18%～30%的劳动力，与传统的挤奶方式相比减少了工人与奶牛之间的接触，且奶牛的健康状况、新陈代谢、生育能力等均不会受到影响，不会影响牛奶以及后续制成的奶酪等产品的品质。通过传感器还可以对奶牛的乳腺炎等疾病进行检测以保证奶牛健康[46]。

图 8.26 食品工业机器人在乳制品加工中的应用

2. 肉制品加工

利用机器人可以完成对猪、牛、羊的去毛、内脏去除、分割、剔骨、包装等工作（图 8.27），但因为猪牛羊的体征差异以及个体差异，机器人在准确识别位置进行分割和剔骨方面还有待进一步提高。澳大利亚西部的一个大型生猪屠宰场安装了激光指导的切割机器人，通过扫描精确地测量生猪的体型，使用机器人编程技术根据每头猪不同的体型，将猪按规定模式进行解剖。使用机器人切割猪肉，可以有效地降低加工过程中刀具对操作者的伤害风险，还可以减少废物的产生，降低人工操作的交叉污染[47-49]。

图 8.27　食品工业机器人在肉制品加工中的应用

3. 果蔬加工

由于果蔬尺寸、形状、颜色和脆性的不同，对传统的抓取器进行了针对性改进，避免了在抓取过程中的变形或损坏，在处理易破损产品时利用了具有增强的压力感测和灵敏度的机器人，同时应用计算机视觉传感技术等机器视觉解决方案，可以快速识别果蔬的表面损伤、瑕疵、果蔬的成熟度等，从而可以利用机械臂或者其他各种方法对残次品进行筛除，以保证后续产品的质量。食品工业机器人在果蔬加工中的应用如图 8.28 所示。

图 8.28　食品工业机器人在果蔬加工中的应用

4. 水产品加工

通过激光获得鱼类等食物材料的 3D 图像。经过算法分析，确定食材的特性信息，控制食材的切割路径，实现食材的定点切割。该技术应用于鱼类加工的分割，可以准确地实现鱼头、尾巴、腮等部位的固定点分离（图 8.29）。

图 8.29 食品工业机器人在水产品加工中的应用

8.4.2 食品工业机器人在食品包装与物流中的应用

食品工业中用于包装和码垛的工业机器人占比最高，主要是由于包装和码垛所面对的是结构化、形状规则、坚硬和密封的对象，从而复杂性降低。许多大型食品加工公司和包装机械制造商已成功地将机器人集成到许多不同的工序中，包括乳制品、家禽、烘焙、糖果、冷冻食品、零食和饮料等。这些应用中有些是能够利用机器人的灵活性完成全部工作的，但更常见的是部署机器人来协同传统的包装机完成包装工作[50,51]。

1. 拣选

拣选机器人通过计算机视觉智能识别系统和多功能机械手对形状各异、不同品类的食品进行拣选。食品原料在输送中经拣选机器人时，图像识别系统能“看到”物品形状，使机器人采用与之相应的机械手抓取，然后放到相应托盘上完成拣选[52]。目前抓取分拣机器人在食品饮料行业的应用逐渐增多，主要集中在后段包装中，如将小颗粒的巧克力、糖果或者盒装或者袋装的食品饮料快速抓取并放置到指定的分拣传输带或者包装盒中，这种机器人不仅像人的双手一样灵巧，而且有足够的判断能力[53]。

ABB FlexPicker 机器人被用于 Honeytop Specialty Foods 公司的 Honeytop 煎饼拣选自动化中，其每分钟可以拣选和堆叠 110 个煎饼，并准确放置在传送带上。安装在每个机器人前面的 4 GB 以太网摄像机可将每个煎饼的位置定位在下方移动的传送带上（图 8.30）。

娃哈哈集团有限公司针对乳饮料等吸管添加工作自动化需求[54]，开发设计了基于 Delta 并联机器人物料分选添加工作站（图 8.31），其配置机器视觉及传感技术，应用于散、乱、轻、小物料的分选及定向添加中，解决了吸管供给输送与饮料瓶组输送、吸管及瓶组位置识别、机器人吸管组抓取等问题，实现了全自动吸管添加工作，负载能力 0.5～5 kg，最高抓取速度⩾120 次/分，重复定位精度±0.05 mm，最大加速度⩾10 g，大大减轻了工人的劳动强度，提高了产品质量和生产效率。

图 8.30　食品工业机器人在食品包装物流中的应用

图 8.31　娃哈哈生产线上的物料分选添加工作站

2. 包装

包装机器人把零散的物品准确放置在包装袋或者包装箱内，不仅要求机器人具有一定的灵活性和准确度，而且要求机器人具备视觉和计算功能。食品产品包装有多种形式，根据物件的形状、材质、质量以及对洁净度的要求，包装程序较为复杂。目前包装的机器人主要有以下类型。

（1）装袋机器人：装袋机器人是机座固定回转式，机身可 360°旋转，由机械手完成包装袋的输送、开袋、计量、充填、缝袋和给出堆码，这是一种智能化较高的包装机器人。

（2）装箱机器人：类似装袋机器人，一般金属和玻璃包装容器的装箱用刚性包装箱机器人完成，对装箱包装（物品）的抓取有机械式和气吸式两种。它可整体移动对包装件进行抓取或吸附，然后送入指定位置上的包装箱或托盘中。它具有方向性和位置自动调节的功能，可实现无箱（托盘）不卸货和方向调节，这类机器人是一种较为成熟的机器人，在饮料、啤酒等食品包装领域应用很广，如图 8.32 所示。

Gerhard Schubert Gmbh 高度灵活的 TLM 包装机，用于大江生医股份有限公司旗下功能饮料的三种不同形式的包装，适用于两种不同的瓶子尺寸（50 mL 和 750 mL）和不同的包装单元组合（8 瓶、10 瓶或 12 瓶）。

图 8.32　食品工业机器人在饮料包装上的应用

针对礼品箱、小箱装大箱等人工装箱操作费时费力的问题，娃哈哈集团有限公司基于 100 kg 四轴机器人开发了机器人装箱工作站（图 8.33），设置 100 kg 四自由度串联机器人为核心执行单元，配套整理装置、多功能抓取器、空箱定位输送带，实现了小箱装大箱及普通产品码垛的双重功能，产能高达 7500 包/h。

图 8.33　生产线上的机器人装箱工作站

（3）灌装机器人：这是一种将包装容器充满液体物料后，进行计量、输盖、压盖（旋盖）和识别的机器人，它直接配置在食品物料生产主机的后部，实现其自动灌装，具有无瓶不输料、无盖不输瓶、破瓶报警和自动剔除等功能。

（4）包装输送机器人：这种机器人在包装工业中主要指塑料瓶包装输送用的机器人，是利用动力和特殊的构件实现瓶体（空瓶）的输送，将瓶桶中的包装瓶单件快速输出排列，然后给予一个特定（方向、大小）的力，使瓶体准确地在空中经过抛物线路线到达充填工件。这种机器人改变了传统的输瓶机构，使得输送速度加快、输送空间减小，是一种全新概念的包装机器人，它可借助空气动力学和特殊机械构件实现输送作业。

3. 码垛

1）桁架式码垛机器人工作站

针对饮料生产线自动化码垛/装箱需求及现场空间狭小的特点，通过桁架式码垛机器人配合吸盘式智能抓具，建立小空间桁架式码垛机器人工作站（图 8.34）。应用适用于狭小空间的输送和整列机构，实现狭小空间的纸箱输送、拉距、整列、栈板顶升、垛输送等功能。根据不同箱型码垛规则需求，建立纸箱码垛规划策略，开发全自动智能控制系统，实现机器人自动化整列和码垛，提高生产效率。采用物联网组网技术，配备智能远程模块，通过 OPCUA 服务实现云端对监控数据的采集、分析与处理，根据实际运行数据进行生产指导、发送报警信息或者确定备件更换，及时全面地了解设备的运行状况。

图 8.34　饮料生产线上的小空间桁架式码垛机器人工作站

2）串联机器人码垛工作站

针对大量的自动化重物码垛需求，开发的用于重载码垛搬运的四自由度串联机器人（图 8.35），相比普通的高速码垛机具有柔性高、占用空间小、码垛速度快的优点，既可以适应不同品种的产品码垛，又能够在紧凑的空间中完成生产线改造。通过搭配专用抓具、整列装置、栈板输送装置等，适用多种规格成品箱的码垛，能够完成成品箱的整列、抓取、码放及栈板的释放等动作。

图 8.35　生产线上的重载码垛搬运的四自由度串联机器人

8.4.3　食品工业机器人未来发展趋势

随着机械手末端操作器、视觉系统、传感器、高性能处理器、人工智能等机器人本体技术和辅助技术的不断发展，搭建具有复杂感知能力的智能控制系统和具有高精度、高灵活性机器人的难度逐渐降低，食品工业机器人将更加多样化，其应用范围也将不断扩大，将变得越来越安全，更快且更可靠，并且能够处理更多种类和更大数量的产品。可以预见未来在食品加工厂中将出现中高速自走式机器人和生产线上完成各项复杂工序的机器人，它们不分昼夜连续作业，将单个或多个的协作型机械臂以及灵巧的机械手和机器人集成，在既定加工程序的指引下完成大量原本需要人工完成的作业。与此同时，生产线上的各种装备也将逐渐实现机器人化或高度自动化，包括各类柔性物品的灵巧操作或柔性处理，最终出现大量无人值守工厂或智慧车间。

阻碍机器人应用于食品行业的一个重要问题是其要满足食品卫生和机器人清洁方面的相关法规。设备的有效清洁是食品加工技术的先决条件。我国、美国食品与药品管理局及欧盟的食品安全法规都要求对与食品直接接触的任何表面进行彻底消毒。为了满足这些条件，用于食品加工的机器人通常会设计使用环氧涂料（耐磨性和化学品耐受性更高）和用于润滑机械部件的食品级油脂，更多地使用塑料替代钢制部件（如盖和外壳），以及改进密封性以达到 IP67 防护等级，从而成为可冲洗的机器人。

在过去 5 年多的时间里，工业机器人产品中又增加了一个重要的新功能，即协作机器人，也称为 cobot。协作机器人是一种可以在没有工作单元或工业围栏的情况下与人类安全互动的机器人。它配备了附加的感应功能，可以快速识别其工作范围内可能会接触到的异物并立即停止运动，这使其可直接与人类一起工作，而不必担心造成伤害。与传统的工业机器人相比，协作机器人无须额外的设备（如笼框、光幕）即可运行，从而最大限度地减少了占地面积，并降低了辅助设备的成本[55]。为此，尽管目前协作机器人仅支持 10 kg 以下的有效载荷，但仍引起食品领域的广泛关注。

同时由于食品产业发展要求机器人不仅可替代某些重复的人工任务，还需支持和强化决策过程，因此机器人技术和人工智能技术的快速融合也促进了食品工业机器人的发展。目前利用深度学习算法，通过反复试验和测量误差来实现抓取随机放置的物品，可以确保准确率达到 90%。人工智能的潜在应用非常广泛。例如，通过预先安排维护和订购备件来识别具有高故障风险的机器人，以最大限度地减少停机时间；通过分析视觉系统和传感器数据来优化机器人的运动，以减少完成任务所需的时间；联网的机器人可一起学习，以减少学习新任务所需的时间。此外，将人工智能与机器视觉系统相结合使得机器人能够识别出有缺陷的产品，并将其从生产过程中移除，从而促进质量控制领域的重大发展。如图 8.36 所示，随着人工智能研究的逐渐成熟，食品工业机器人将应用到食品生产供应链的每一个环节，并将发掘出前所未有的全新应用领域[56]。

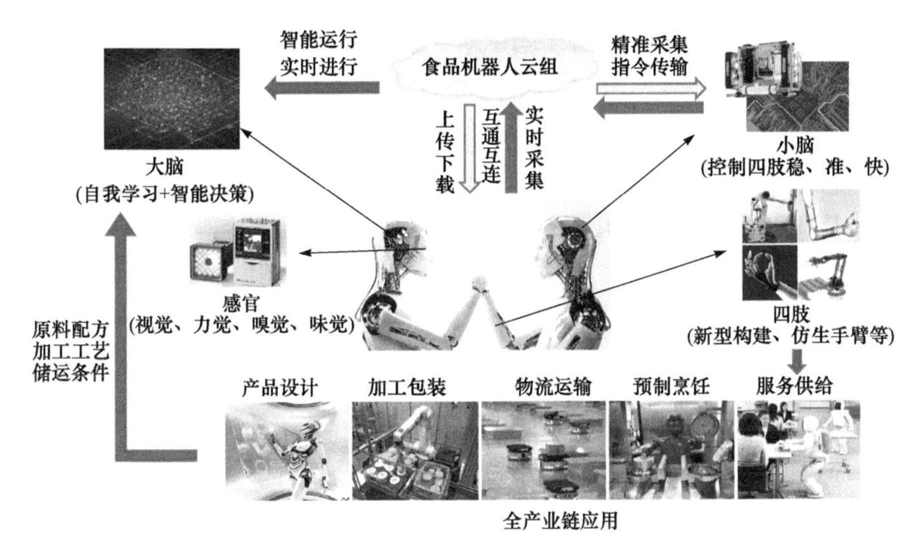

图 8.36　未来食品机器人的应用设想

未来应以“深度感知、智慧决策、自动执行”为主体指导框架，将仿生技术、传感技术、微电子技术、人工智能技术等集成应用于食品制造过程，开发具有自我运动规划、多轴联动、自主动作执行的新一代食品制造工业机器人，服务于食品加工、成型、包装、分拣、垛码等工序。通过自主感测以及可伸缩的纳米导电材料，创制柔软、可伸缩、可随意变形、可感知外在环境因子、肌肉运动等优势的柔性化机器人，更适应食品加工不同工序的需要。最后，系统地规划和选择最适合特定食品产业应用的工业机器人以确保其快速推广，成为食品工业机器人的未来发展趋势。

丁甜　刘东红（浙江大学）

参考文献

[1] 冯旭, 宋明星, 倪笑宇, 等. 工业机器人发展综述[J]. 科技创新与应用, 2019(24): 52-54.

[2] 孟明辉, 周传德, 陈礼彬, 等. 工业机器人的研发及应用综述[J]. 上海交通大学学报, 2016, 50(S1): 98-101.

[3] Domae Y. Recent trends in the research of industrial robots and future outlook [J]. Journal of Robotics and Mechatronics, 2019, 31(1): 57-62.

[4] 电子发烧友. 工业机器人发展趋势分析　价格将至 10 万将加大普及度[EB/OL]. http://www.elecfans.com/d/639793. html [2018-02-26].

[5] Wang T M, Tao Y, Liu H. Current researches and future development trend of intelligent robot: a review[J]. International Journal of Automation and Computing, 2018, 15(9): 1-22.

[6] 朴圣艮. 工业机器人的应用现状及发展[J]. 农家参谋, 2019(23): 137.
[7] Cheng H, Jia R, Li D, et al. The rise of robots in china[J]. Journal of Economic Perspectives, 2019, 33(2): 71-88.
[8] 宋慧欣. 市场增速放缓,国产工业机器人亟待突围[J]. 自动化博览, 2019(9): 3.
[9] 亿欧. 2019 年国产工业机器人在国内市场占比预计达到 40%? [EB/OL]. https://www.iyiou.com/p/123320.html [2020-02-11].
[10] Liu B, Zhang M, Sun Y, et al. Current intelligent segmentation and cooking technology in the central kitchen food processing[J]. Journal of Food Process Engineering, 2019(1): e13149.
[11] 智慧工厂编辑部. 工业机器人是未来工厂的标配[J]. 智慧工厂, 2019(11): 24.
[12] Ji W, Wang L. Industrial robotic machining: a review[J]. The International Journal of Advanced Manufacturing Technology, 2019, 103(1-4): 1239-1255.
[13] Kim S H, Nam E, Ha T I, et al. Robotic machining: a review of recent progress[J]. International Journal of Precision Engineering and Manufacturing, 2019,20: 1-14.
[14] Bogue R. The role of robots in the food industry: a review[J]. Industrial Robot: An International Journal, 2009, 36(6): 531-536.
[15] Bader F, Rahimifard S. Challenges for industrial robot applications in food manufacturing [C]. Proceedings of the 2nd International Symposium On Computer Science and Intelligent Control, 2018: 1-8.
[16] Wilson M. Implementation of Robot Systems: an Introduction to Robotics, Automation, and Successful Systems Integration In Manufacturing[M]. Oxford:Butterworth-Heinemann, 2014.
[17] Khan Z H, Khalid A, Iqbal J. Towards realizing robotic potential in future intelligent food manufacturing systems[J]. Innovative Food Science and Emerging Technologies, 2018, 48: 11-24.
[18] Masey R J M, Gray J O, Dodd T J, et al. Guidelines for the design of low-cost robots for the food industry[J]. Industrial Robot: an International Journal, 2010, 37(6): 509-517.
[19] Khare M D, Yadav S. Future of robotics in food industry[J]. International Journal of Recent Technology and Engineering, 2019, 8(2S11): 2234-2236.
[20] Lin X R, Li B, Zhao W. Research of quick-return mechanisms using for automatic cooking robot[J]. Materials Science Forum, 2009, 626-627: 435-440.
[21] Girão P S, Ramos P M P, Postolache O, et al. Tactile sensors for robotic applications[J]. Measurement, 2013, 46(3): 1257-1271.
[22] Chua P Y, Ilschner T, Caldwell D G. Robotic manipulation of food products–a review[J]. Industrial Robot: an International Journal, 2003.
[23] Wang Y, Wu X, Mei D, et al. Flexible tactile sensor array for distributed tactile sensing and slip detection in robotic hand grasping[J]. Sensors and Actuators A: Physical, 2019, 297: 111512.
[24] Yamaguchi N, Hasegawa S, Murooka M, et al. Selective grasp in occluded space by all-around proximity perceptible finger[J]. Robotics and Autonomous Systems, 2020, 127: 103464.
[25] Pettersson A, Ohlsson T, Davis S, et al. A hygienically designed force gripper for flexible handling of variable and easily damaged natural food products[J]. Innovative Food Science and Emerging Technologies, 2011, 12(3): 344-351.

[26] Wang Z, Or K, Hirai S. A dual-mode soft gripper for food packaging[J]. Robotics and Autonomous Systems, 2020, 125: 103427.
[27] Wang Z, Torigoe Y, Hirai S. A prestressed soft gripper: design, modeling, fabrication, and tests for food handling[J]. IEEE Robotics and Automation Letters, 2017, 2(4): 1909-1916.
[28] Padayachee J, Bright G, Reddy A. A review of safety methods for human-robot collaboration and a proposed novel approach[C]. Proceedings of the 16th International Conference on Informatics in Control. Automation and Robotics, 2019.
[29] Alatise M B, Hancke G P. A review on challenges of autonomous mobile robot and sensor fusion methods[J]. IEEE Access, 2020, (99): 1.
[30] 曹聪，卜令欣．传感器技术在机电一体化系统中的应用研究[J]．中国设备工程，2019(7): 139-140.
[31] 周博文．保健酒智能视觉检测机器人技术研究[D]．长沙：湖南大学, 2012.
[32] 乐利(中国)有限公司．OPTEX 视觉传感器应用于食品饮料行业检测[EB/OL]. http://optex.6li.com/optexnews/533.html. cn/xingyeyingyongjiejuefangan/1123.html [2016-05-05].
[33] Ali M H, Aizat K, Yerkhan K, et al. Vision-based robot manipulator for industrial applications[J]. Procedia Computer Science, 2018, 133: 205-212.
[34] Misimi E, Øye E R, Eilertsen A, et al. GRIBBOT-robotic 3D vision-guided harvesting of chicken fillets[J]. Computers and Electronics in Agriculture, 2016, 121: 84-100.
[35] Gongal A, Amatya S, Karkee M, et al. Sensors and systems for fruit detection and localization: a review[J]. Computers and Electronics in Agriculture, 2015, 116: 8-19.
[36] Paya L, Gil A, Reinoso O. A state-of-the-art review on mapping and localization of mobile robots using omnidirectional vision sensors [J]. Journal of Sensors, 2017, 20.
[37] Perez L, Rodriguez I, Rodriguez N, et al. Robot guidance using machine vision techniques in industrial environments: a comparative review [J]. Sensors, 2016, 16(3): 26.
[38] 宋爱国．机器人触觉传感器发展概述[J]．测控技术, 2020, 39(5):1-8.
[39] Xiao L, Gong J, Chen J. Industrial robot control systems: a review[C]. Proceedings of the 11th International Conference on Modelling, Identification and Control (ICMIC2019). 2020: 1069-1082.
[40] Billard A, Kragic D. Trends and challenges in robot manipulation[J]. Science, 2019, 364(6446): eaat8414.
[41] Islam R U, Iqbal J, Khan Q. Design and comparison of two control strategies for multi-dof articulated robotic arm manipulator[J]. Control Engineering and Applied Informatics, 2014, 16(2): 28-39.
[42] Khalid A, Mekid S, Hussain A. Characteristic analysis of bioinspired pod structure robotic configurations[J]. Cognitive Computation, 2014, 6(1): 1-12.
[43] Gogu G. Mobility of mechanisms: a critical review[J]. Mechanism and Machine Theory, 2005, 40(9): 1068-1097.
[44] Lin Y J, Song S M. A comparative study of inverse dynamics of manipulators with closed-chain geometry [J]. Journal of Robotic Systems, 1990, 7(4): 507-534.
[45] Moon Y M, Kota S. Generalized kinematic modeling of reconfigurable machine tools[J]. Journal

of Mechanical Design, 1998, 124(1): 47-51.

[46] Hejel P, Jurkovich V, Kovacs P, et al. Automatic milking systems-factors involved in growing popularity and conditions of effective operation[J]. Magyar Allatorvosok Lapja, 2018, 140(5): 289-301.

[47] Gray J O, Davis S T. Robotics in the food industry: an introduction//Caldwell D G.Robotics and Automation in the Food Industry[M]. Cambridge:Woodhead Publishing, 2013: 21-35.

[48] Purnell G, Further G I O, Higher E. 13-Robotics and automation in meat processing//Caldwell D G.Robotics and Automation in the Food Industry[M]. Cambridge:Woodhead Publishing, 2013: 304-328.

[49] Purnell G, Brown T. Equipment for controlled fat trimming of lamb chops[J]. Computers and Electronics in Agriculture, 2004, 45(1-3): 109-124.

[50] Dai J S, Caldwell D G. Origami-based robotic paper-and-board packaging for food industry[J]. Trends in Food Science and Technology, 2010, 21(3): 153-157.

[51] Beckhoff. Beckhoff TwinCAT 机器人运动学功能库和伺服技术提高了食品包装行业的效率[J]. 伺服控制, 2015,(Z1): 21-23.

[52] 刘子龙. 基于机器视觉的快速分拣食品包装系统研究[D]. 杭州: 浙江工业大学, 2015.

[53] 何志锋. ABB 机器人技术在包装行业中的应用研究[J]. 机电信息, 2014(27): 96-97.

[54] 张越. 娃哈哈: 从“软”饮料到“硬”装备的产业升级[J]. 中国信息化, 2016(1): 67-69.

[55] 刘洋, 孙恺. 协作机器人的研究现状与技术发展分析[J]. 北方工业大学学报, 2017, 29(2): 76-85.

[56] Iqbal J, Khan Z H, Khalid A. Prospects of robotics in food industry[J]. Food Science and Technology, 2017, 37(2): 159-165.

第9章 食品安全区块链

引言

食品安全关系人民群众身体健康和生命安全，关系中华民族的未来。目前食品安全形势逐渐向好，人民群众饮食安全呈现总体稳定的基本格局。随着人们收入的日益增长和生活水平的提升，食品安全问题也面临新的挑战。食品消费呈现出由“普通消费”向“优质消费”过渡的趋势，人们对“有机食品”“绿色食品”的需求逐渐增加，然而又缺少必要的手段来保证食品的品质；随着电子商务的发展以及销售业态的变革，食品供应链体系已经演化为一个具有复杂的多种因素且相互依存的网络体系，伴随着食品供应链的新技术和新工艺的广泛应用，也为食品安全带来诸多挑战；在我国各种利好政策、消费升级驱动下，中国进口食品产业快速发展，在如此激增模式下保障进口食品的品质，解决标签不统一、来源不明等问题是食品安全监管需要面临的新问题。

食品安全亟待新兴技术的支撑，探索“区块链+”在食品安全领域的运用显得尤为重要。区块链技术开创了食品产业的新时代，既有利于保障和改善食品安全状况，提高信息的透明度，也有利于提高溯源的效率，降低企业成本。当今食品的生产流通消费已实现全球化，任何一个环节出现问题，都会影响整个食品产业链条乃至全球食品的安全。本章在此大背景下酝酿而生，概述了区块链原理和概念，并分别介绍了区块链技术在食品供应链、食品物流体系、食品溯源、食品防伪、食品企业征信体系、食品产品信息和进口食品中的应用，最后展望了食品安全区块链当前和未来所面临的挑战。

9.1 区块链技术概述

探寻区块链的机制和发展，比特币永远是无法绕过的话题。区块链作为一种独立的技术出现，最早可以追溯到比特币系统。

9.1.1 比特币

2008年10月31日，一位自称中本聪（Satoshi Nakamoto）的人发表了“比特币：一种点对点的电子现金系统”一文，后也称之为“比特币白皮书”，其阐述了基于点对点（P2P）网络技术、加密技术、时间戳技术、区块链技术等的电子现金系统的构架理念。2009 年 1 月 3 日，中本聪发布了比特币系统并挖掘出第一个区块，被称作“创世纪区块”，并获得了 50 个比特币的奖励。如图 9.1 所示，从 2011 年起，随着一系列交易市场的建立，比特币的价格开始迅速攀升。现在比特币已成长为一个在全球有着数百万用户，数万商家接受付款，市值最高达千亿美元的货币系统。2017 年 12 月 17 日，比特币达到历史最高价 19850 美元。

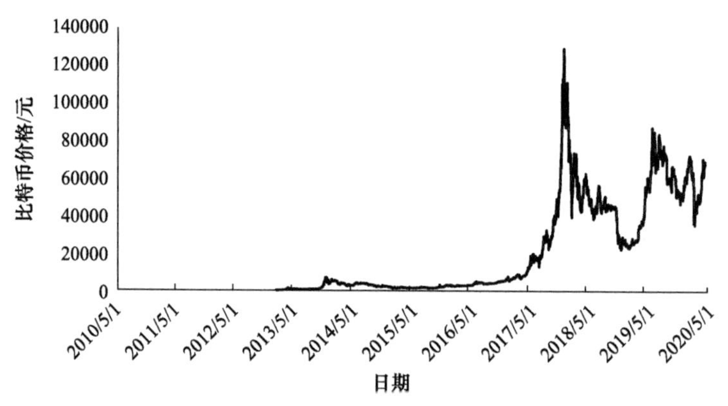

图 9.1 2010 年 5 月 1 日～2020 年 5 月 1 日比特币价格走势

资料来源：https://www.qkl123.com

比特币是一种基于去中心化，采用 P2P 网络及共识主动性、开放源代码，以区块链作为底层技术的加密货币。比特币作为一种加密货币，不受银行控制，不受政府控制，它是由分布式网络计算机通过预设程序解决负责问题而生成的。它也是一种总量恒定为 2100 万的数字货币，和互联网一样具有去中心化、全球化、匿名性等特性，交易系统的去中心化如图 9.2 所示。向地球另一端转账比特币，就像发送电子邮件一样简单，低成本，无任何限制。

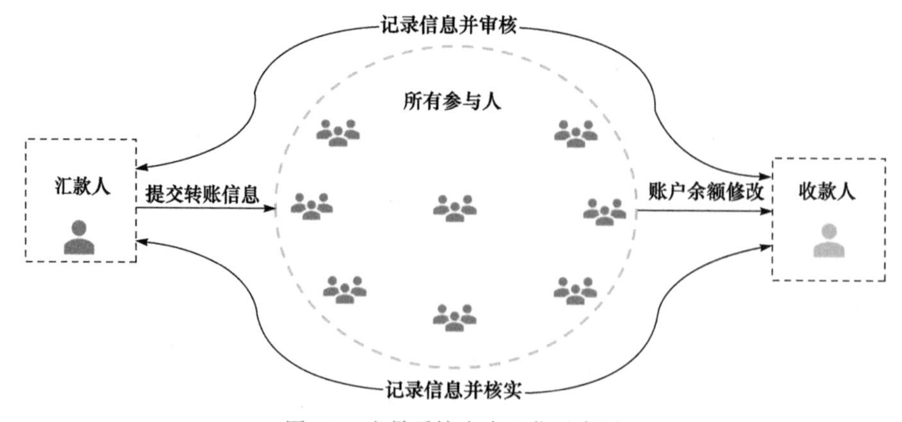

图 9.2 交易系统去中心化示意图

9.1.2　区块链

1. 比特币与区块链的关系

当前区块链受到空前的关注，几乎人人都在讲区块链，而谈论更多的是比特币等虚拟货币带来的经济价值，将比特币等虚拟加密货币作为区块链的概念使用，实际上虚拟加密货币仅是区块链的一种应用形式。

区块链是比特币的伴生技术。在比特币形成过程中，区块是一个一个的存储单元，记录了一定时间内各个区块节点全部的交流信息。各个区块之间通过随机散列（也称哈希算法）实现链接，后一个区块包含前一个区块的哈希值，随着信息交流的扩大，一个区块与一个区块相继接续，形成的结果就称区块链。比特币白皮书中关于区块链的示意图如图 9.3 所示。

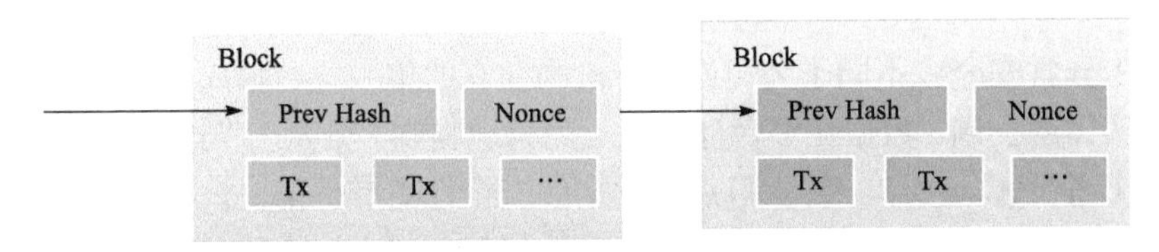

图 9.3　比特币白皮书中关于区块链的示意图

比特币白皮书发表两个月后，中本聪的理论步入实践，2009 年 1 月 3 日第一个序号为 0 的创世纪区块诞生。2009 年 1 月 9 日出现序号为 1 的区块，并与序号为 0 的创世纪区块相连接形成了链，标志着区块链的诞生。

作为比特币的底层技术，区块链在早期并未受到人们的关注。然而，当人们发现比特币在没有任何中心化机构运营和管理的情况下，依然保持稳定的运行，并且从未出现过任何问题，很多人开始意识到，比特币的底层技术或许有更强的优势，而且其不仅仅可以在比特币中运用，还能推广到许多领域中。在这种情况下，比特币的底层技术被人们抽象提取出来，并被称为“区块链”技术。

区块链这样一个去中心化的记账系统的发展潜力体现在这个系统可以承载的各种价值形式。它不仅可以记录每一笔交易，还可以通过编程来记录几乎所有对人类有价值的事物：出生和死亡证明、结婚证、所有权契据、学位证、财务账户、就医历史、保险理赔单、选票、食品来源以及任何其他可以用代码表示的事物。近年来，世界对比特币的态度起起落落，但作为比特币底层技术之一的区块链技术日益受到重视。

2. 区块链是什么

区块链，简单来说就是一种去中心化的分布式账本数据库。区块链技术本质上是一种数据库技术。在区块链中，信息或者记录被放在一个个的区块中，然后用密码签名的方式“链接”到下一个区块。这些区块链在系统的每一个节点上都有完整的拷贝，所有信息都带有时间戳，是可追溯的。每个区块把信息全部保存下来，再通过密码学技术进行加密，这些被保存的信息就无法被篡改。去中心化与传统的中心化的方式不同，这里是没有中心或者说人人都是中心。分布式账本数据库的记载方式不只是将账本数据存储在每一个节点，而是每个节点会同步共享复制整个账本的数据。

基于这些特征可以认为，区块链实现的是一种全新的信用系统。这个信用系统不基于任何法律法规，是用机器语言来实现的。在系统运作时，这种信用不受使用者的影响，也无法被破坏。借助互联网的传播，这个区块链系统能覆盖全球任何一个角落，并且是简单易用的，因此在任何与信用有关的场景，区块链都有其用武之地。

3. 区块链的特点

（1）异常安全：不同于公司或政府机构拥有的集中化数据库，区块链不受任何人或实体的控制，数据在多台计算机上完整地复制（分发）。与集中式数据库不同，攻击者没有一个单一的入口点，数据的安全性更有保障。

（2）不可篡改性：一旦进入区块链，任何信息都无法更改，甚至管理员也无法修改此信息。一个东西一旦出现就再也没法改变，这种属性对于人类目前所处的可以更改、瞬息万变的网上世界而言意义重大。

（3）可访问：网络中的所有节点都可以轻松访问信息。

（4）无第三方：因为区块链的去中心化，它可以帮助点对点交易，因此，无论您是在交易还是交换资金，都无须第三方的批准。区块链本身就是一个平台。

4. 区块链的应用领域

随着时间推移，越来越多的国家、政府组织、科技公司开始进入区块链领域，而区块链产业链也迅速完善。与当年互联网、机器人和人工智能等新型行业发展热潮相似，市场正在经历一个从“+区块链”到“区块链+”的大时代，从区块链的发现到现在，经历着从 1.0 到 3.0 的演变。

区块链 1.0 就是以比特币为代表的虚拟货币时代，原始目标是实现货币的去中心化与支付手段。虽然蓝图美好，但由于背后的推动力量较为分散，未能普及，还引发了一系列投资暴雷事件。区块链 2.0 一般指智能合约的引入。以太坊（ETH）是最典型的代表，其提供了各种模块让用户按自身需求来搭建应用，也就是合约，其是以太坊技术的核心，这个强大的合约编程环境实现了多种商业与非商业环境下的复杂逻辑。以太坊让区块链技术不止于发币，开启了区块链的多场景应用模式。区块链 3.0 指的是区块链在除金融行业外的行业应用。伴随可扩展性和效率的提高，区块链应用范围将超越金融范畴，拓展到身份认证、公证、审计、域名、物流、医疗、能源、签证等领域。

目前全球主要国家都已经开始围绕区块链技术在物联网、智能制造、供应链管理、数字资产交易等重点领域积极部署应用，目标是使其在金融、物流、信用、资产、食品安全、文化传播等各个领域都有所应用。区块链将助力“跨境支付”进一步简化流程以实现降本增效。目前跨境汇款业务涉及多国参与机构、复杂法律法规及汇率变动、流程复杂、到账时间长、费用较高、高成本和低效率等问题。通过区块链技术的分布式账本与智能合约，在跨国收付款人之间直接建立交互，可显著简化处理流程，实现交易信息实时共享、交易实时结算、全天候不间断服务、显著节约成本。区块链的应用价值见表 9.1。

表 9.1　区块链的应用价值

维度	区块链的价值	技术描述	记录的特征	区块链要求	应用
点	去中心化信任	去中心化账本记录某个信息	信息记录	无币区块链	防伪，溯源，认证
线	信息的沟通	记录某个信息的变化	以币为载体记录的 +/– 操作	有币区块链	BTC，支付，流通，资产化
面	逻辑的沟通	记录的某段图灵完备逻辑，以及变化	以智能合约为载体，记录逻辑执行、状态的变化	支持智能合约的有/无币区块链	ICO，加密资产，游戏
体	基于信任的大规模协作关系	可信信息、可信逻辑之间的交叉互通	以子链为载体，多个可信实体之间的交互	多链系统，跨链	征信体系

注：BTC 为比特币；ICO 为首次币发行。

9.2　食品安全区块链的应用

随着贸易全球化和食品生产工业化的发展，生产链和供应链的复杂化使得消费者更难获取终端产品的生产信息。因此，充分利用区块链本身分布式架构带来的公信力、不可篡改性，非对称加密体系保证的透明性，聚类形成的天然可信大数据、连续数据作为风险控制依据所带来的可溯源性等优势，可以针对性地解决目前食品溯源系统、食品安全信息发布、食品质量信息等面临的问题，成为未来解决食品安全问题的颠覆性技术。

9.2.1　“区块链+”食品供应链

1. 食品供应链的痛点

复杂的食品供应链由物流、信息流、资金流等共同组成，串联着农场、仓储、物流、加工、分销、零售和消费者等诸多结构。近年来假冒产品和产品质量丑闻的不断出现，从供应链的角度揭示了质量管理的重要性。据报道，中国制造业每年因供应链质量问题直接蒙受的经济损失超过1700亿元[1]。它们对下游供应链的负面影响，包括市场份额的损失和污染控制的成本在内，造成了超过1万亿元人民币的间接损失。如何解决供应链中的产品质量问题已经成为中国从战略层面提高制造力的关键。目前食品供应链管理（SCQI）面临着以下痛点。

（1）信息平台混乱。人人都有一本账是供应链体系里面的普遍现象。中国的食品供应链大多采用传统的表格、邮件、纸张等多重信息记录方式，容易导致信息传递紊乱和缺失、效率低下，且各方无法统一标准和接口，各个账本上记录的信息都被离散地保存在各个环节自己的系统内，形成信息孤岛。由于各个环节的参与方都是流转链条上的利益相关方，当账本信息不利于自身时，选择篡改账本或谎称账本信息等因各种原因丢失都会成为大概率事件。

（2）测试成本和技术局限。食品质量测试涉及的范围较广，不同成分的检测方法差异较大，越来越多新掺假手段和未知污染物，对检测方法和设备平台提出了更高的要求，随之而来的就是动辄几十万的检测设备和不菲的检测报告费用，让很多中小企业望而却步。另外，我国的检测水平和机构地区分布较不平衡，不少检验单位检验水平与现今社会需求还有着一定差距，容易导致食品检验上的脱节，这些都严重影响了供应链管理的细节和质量。

2. 区块链与供应链质量管理

区块链技术的出现为SCQI带来了创新的可能性。在比特币系统中，区块链已经展示了如信任机制[2]、分散式治理、可追溯交易等类似的特征[3]。区块链的应用有助于解决类似更多由信任和不透明机制引发的问题。

目前，各国的研究者已经提出了很多基于区块链的物流管理体系。除了供应链上的参与者外，各框架还主要包括区块链、智能合约系统和各种物联网传感器。区块链为供应链质量管理带来了新的机制和思路：区块链技术在IT系统中采用了人类社会治理中达成共识的少数服从多数的投票机制，且与中心化集权不同，将传统的集中式系统进一步发展为一个多中心、下放权力的系统，使不同的利益集团可以在同一系统中共享权力。在Chen等[1]提出的基于区块链的食品供应链管理体系中，框架和相应的系统架构由基于不同功能的四层组成，如图9.4所示。最底层是物联网（IOT）传感器层，在这一层全球导航卫星系统（GNNS）用于物流过程中的产品定位，射频识别（RFID）技术记录质量信息、资产信息和交易信息。考虑RFID的成本较高，在精度要求不是非常严格且数据种类不是很多的某些过程中，可以使用条形码替代。此外，可使用各种传感器来收集有关温度、振动、湿度等信息。考虑许多企业拥有自己的信息系统，还需要开发一些转换接口以提高从这些不同的信息系统中获取信息的效率[4]。第二层是数据层，包括区块链和加密的分布式账本，有四种数据：质量数据、物流数据、资产数据和交易数据。供应链中所有企业都会在链上保有一份数据副本，利用这些数据或信息，智能合约可用于执行质量控制的既定程序并提高供应链效率。第三层是合约层，从以上各层中收集数据不仅有助于数据共享，更旨在辅助质量控制管理和提高供应链效率。数据共享面临的最大问题就是隐私问题，由于竞争性企业在同一条供应链上运作，某些信息需要保密以保证自身的竞争优势。因此，可以使用虚拟的数字身份来控制对数据的访问权限，规避隐私问题。在实时收集有关质量的数据的基础上，智能合约可以执行实时质量监控，并利用物流数据，自动计划物流，自动分析最终客户的需求，并向制造商和供应商提供有关购买和生产的建议。最顶层是业务层，包括企业中的各种业务活动。供应链上的每个企业都可以在区块链和智能合约的支持下控制和管理产品质量，它们还可以根据智能合约提供的建议来决定购买和制造活动，以此提高企业的效率和利润。

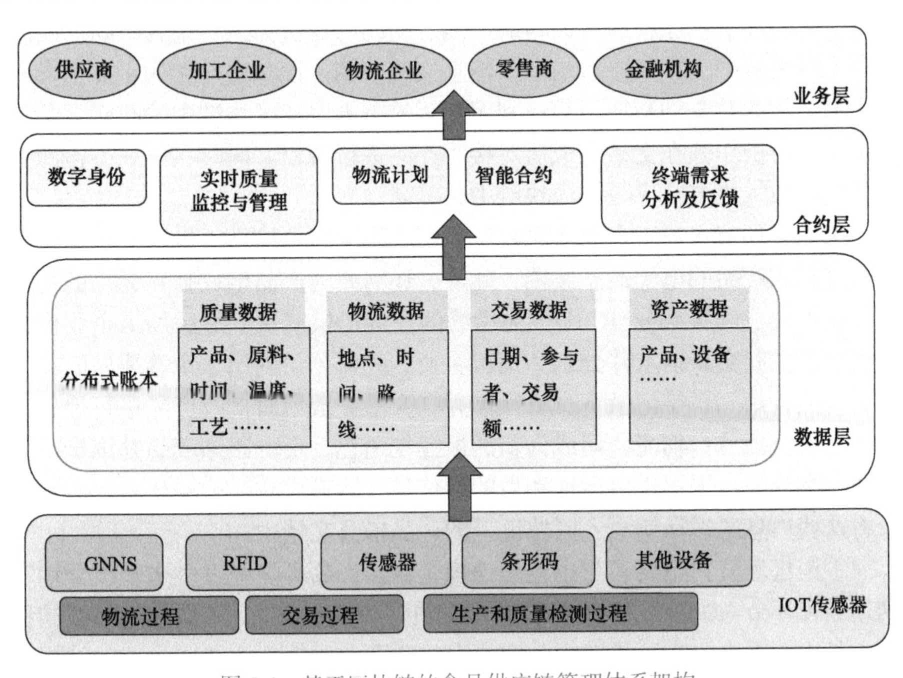

图 9.4　基于区块链的食品供应链管理体系架构

3. 区块链与食品供应链

在食品供应链溯源系统架构模式下，供应链上各个参与者按照流程顺序，可以把各自相关信息写入区块链中，如图 9.5 所示。

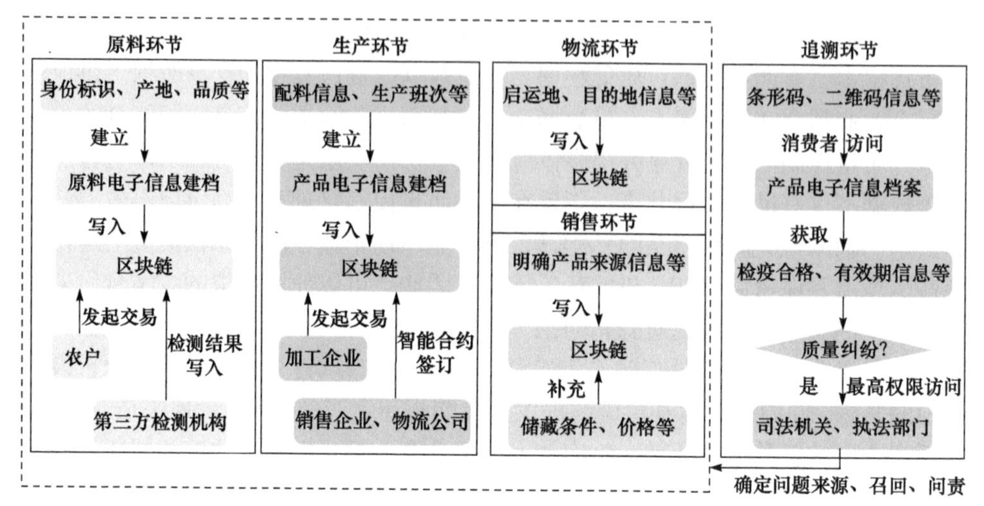

图 9.5 食品供应链中涉及的原料、生产、物流、销售和追溯环节

（1）原料环节：原料商将原料的产地、动物的身份标识、采收时间、品质情况等写入区块链中，完成原料的电子信息文档建档。此时农户作为主要担责方，发起交易请求，并分别和加工企业利用私钥签署内嵌在区块链中的智能合约，系统记录下交易操作并在交易完成后对接收产品进行授权。同时，第三方检测机构使用私钥将质量检测结果写入区块链中并签名。

（2）生产环节：加工企业需要将产品所使用的配料信息、生产班次、包装材料等信息写入产品的电子信息文档；此外，还需要为产品生成独一无二的物理标签，如条形码、二维码或 RFID，为后续的查询提供接口。最后加工企业作为当前担责方，发起交易请求并分别和销售企业、物流公司利用私钥签署内嵌在区块链中的智能合约，系统记录下交易操作并在交易完成后对接收产品进行授权。

（3）物流环节：物流公司成为新的被授权角色，负责跟进产品并维护产品信息文档。物流公司需提供启运地和目的地信息、运输方式、运输环境、参与人员等，将这些信息通过私钥写入区块链上的产品信息文档中。

（4）销售环节：主要参与角色是销售企业。产品可能经过多次多级分销，最后到达零售环节（如超市），故销售企业必须明确产品来源，依次与上一级销售企业利用私钥签署内嵌在区块链中的智能合约，下一级销售企业成为新的被授权角色，将产品来源信息写入产品信息文档。同时，零售商也应补充产品储藏条件、上架及售出时间、价格等情况，维护区块链中产品信息的完整性和时间连续性。

（5）追溯环节：当消费者购买产品后，可以通过产品包装上的条形码、二维码、RFID，访问到产品信息文档（指定权限），了解到检验检疫是否合格、产品是否过期等必要信息。当发生质量问题时，司法机关和执法部门通过私钥获得更高等级的权限，访问从农户到消费者整个链条的细节，从而确定问题来源并采取问责、召回等措施，及时控制危害。

在这样的模式下，可以将产品的全部信息储存在所有参与方的区块上，即一款产品的原料生产、物流、仓储、加工、检验检疫、分销等所有各参与方都分别拥有一个区块，产品在某一方流转时产生的任何信息都需要上链，加密后分发给各区块并记录存储，区块链的共识协议确保了虚假的信息不会被各区块同时认可和上链。在追溯时仅在一个区块上可以获取产品的所有信息，且保证未经过篡改，打通消费者与企业间的信任通道，完美解决食品供应链的追溯链条中各环节的信任问题；对企业而言，更迅速地追溯到食品问题的源头，不仅可以降低经济损失，还可以通过有针对性的产品召回来挽回消费者口碑。但区块链仅是数据分布式存储的一种方式，要将区块链应用于食品供应链的各阶段，仍需要多项新技术的合力。完整地记录产品流转会产生海量数据，保证信息记录的及时和高效需要物联网技术的辅助，完备的快速检测设备才能保证产品数据的科学性和不影响流转效率，二维码等电子标签降低了信息录入和获取的门槛，5G 技术保证了链上信息传输的速度和体量，多技术的相辅相成才能真正做到准确快速溯源。

9.2.2　“区块链+”食品物流体系

1. 食品物流管理的痛点

对于食品行业来说，原材料以及成品的流通过程是需要重点关注的内容。在复杂的食品行业中，一个产品的生产涉及多个实体或个人甚至组织内部的不同部门，恰当高效的物流管理系统应在考虑将时间和成本最小化的基础上协调所有提供产品或服务的各方，维持一个企业的正常运转，达到既定目标。

对于物流管理，最重要的就是在保证及时的情况下，为各方提供更多的信息，以提高体系的流转效率。同时，正确可信的信息流是物流管理的重要基础。在一个以信息为基石的互联网社会中，集中式模型仍然是开发与物流管理相关的工具的常规方法。集中式的模型在某些物流管理中有一定适用性，通常也更经济，可以减少一些资源浪费。但在面对一些需要成员间彼此信任，并共同达到目标的项目时，集中式模型可能会面临交易信息不准确、物流交易体系不健全、支付结算有风险等威胁。

（1）物流与交易信息不准确，缺乏货源的快速准确的发布平台。供需信息层层转发缺乏时效性、供需信息是否真实可靠难以鉴别、供需信息发生变化难以及时更新、客户资料信息不完整、供需信息佣金层层加收难以承负等都是制约食品物流发展的因素。

（2）物流信用体系尚未形成，难以保障物流实现诚信交易。目前存在物流信用认证体系难以建立、信用评估体系难以形成、信用管理体系难以统一、物流交易的效率与安全难以保障、物流生态的规模与效益无法扩大等问题。

（3）支付结算体系风险巨大，物流生态缺少可持续发展的支撑平台。理想的物流生态是以最低成本、最好服务实现商品资源的最优配置。目前常存在货主遇结算纠纷难以调节、车主缺少结算保障致使运费难以顺利结算等问题。

2. 基于区块链的物流管理模型

针对物流管理系统的信任问题，很多学者也在基于区块链技术去中心化的特点上，结合集中式模型的优点，提出了一些新的物流管理模型。如图 9.6 所示，Álvarez-Díaz 等提出了基于以太坊技术的机场行李转运管理模型[5]，该系统实现了集中化管理，但其信息是可验证的，并且不依赖于中央或外部实体。

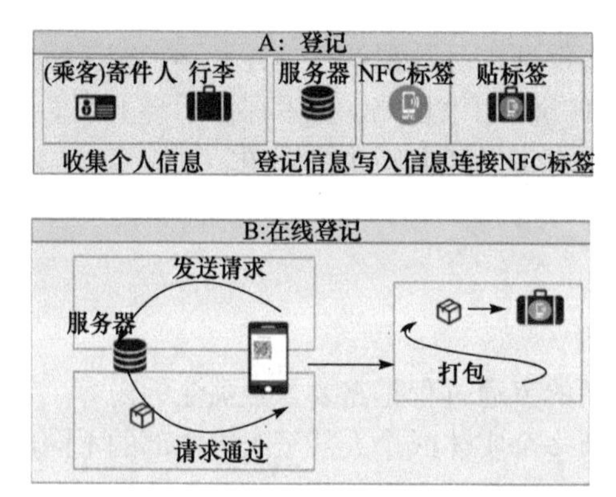

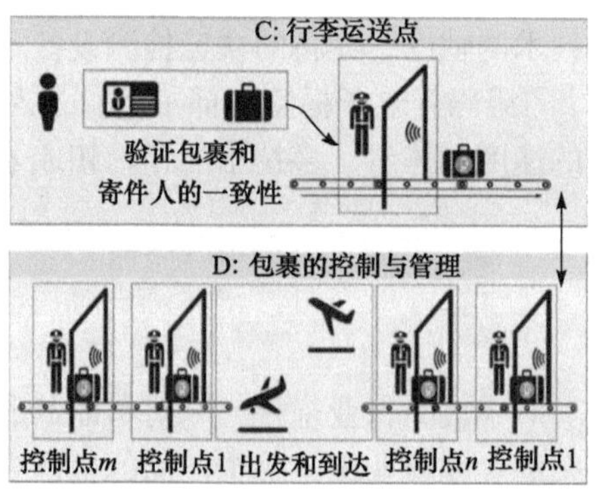

图 9.6 基于以太坊技术的机场行李的转运系统[5]

如图 9.6 所示，以太坊技术追踪的机场行李的转运系统的每个控制点都可以作为中介，在这种情况下，接收方和发送方通常是同一个人，有相同的外部账户（EOA），同时包裹也拥有 EOA。在发货（登记）时，必须对人员和包裹都进行注册，并为每个人分配一个地址，此过程等同于将它们转换为 EOA，尤其要注册该人员的基本信息及其与行李的联系。随后，EOA（包裹）直接进入行李运输阶段，将包裹放在第一个控制点的可信任中介中时，该操作将由控制点通过智能合约进行通知，在经过不同控制点的过程中，包裹 EOA 的状态已被不断更新。最后，行李的接收者即乘客本人想要取回行李时，必须验证其行李的状态与预期的对象经过智能合约处理后的状态相对应，从而达到保证信任和关闭智能合约的目的。

如图 9.7 所示，在企业交易背景下，即当交易为两方时，当甲企业想要将货物发送给乙企业时，中间人需要知道在哪里领取这个包裹以及在哪里交付，该信息会存储在符合用户要求的智能合约中，且因为是私人信息而被加密（除非有必要，否则任何人都不应知道其他人的地址）。甲企业需要写入包裹发货地址和收货地址，物流方 A 更新包裹的状态，当在合同交付中触发更新递交功能时，将自动在打包合同中调用更新状态功能，以更新打包合约中的状态信息，包裹的状态采用中间人 1 通过交付合同的值；下一过程中的中间人 2 重复类似过程；乙企业收到包裹后，对包裹状态进行验证，以完成和结束整个过程。这样类似的系统由于使用了分布式且由不可篡改的程序来执行合约，极大地提高了合同的可靠性，减少了传统方案中纠纷产生时的处理成本。同时简单的结构在面对用户快速增长时可以保持一定的灵活性。在解决了信任问题的基础上，因为合约在区块链上存储并执行，还减少了直接资源的浪费。区块链的不对称加密体系也维护了数据的私密性以及保证了参与者的真实性。

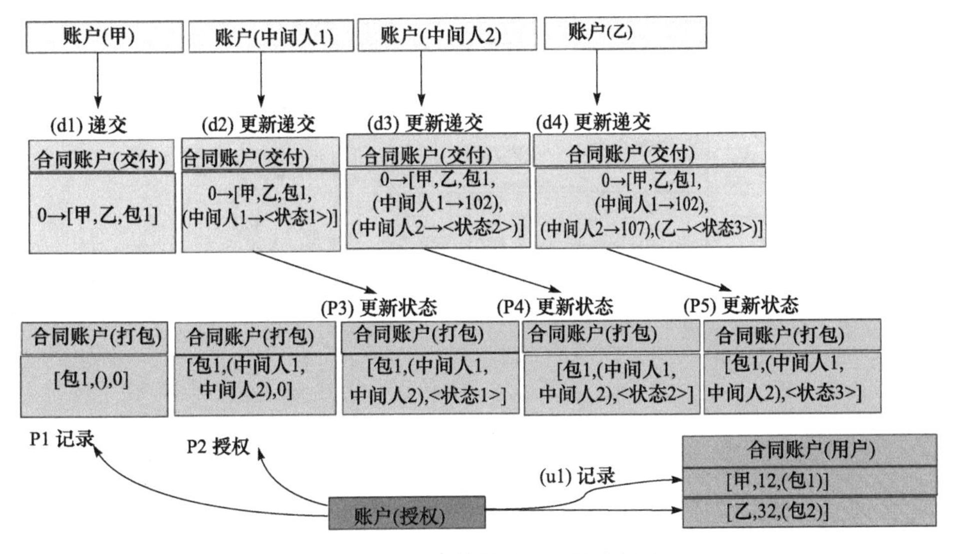

图 9.7　智能合约的交互结构实例[5]

9.2.3　“区块链+”食品溯源

食品溯源是指在食品生产、加工、分销环节中，追踪食品运转情况，对食品来源、应用及其所在处进行回溯和追踪的能力。在食品供应链中，参与活动的主体主要是原材料供应商、生产企业、加工制造企业、分销商、消费者。基于食品供应链，按照食品溯源“向前一步，向后一步”的原则，理论上可以实现在食品的生产、加工、配送、分销各环节中，对用于食品生产的相关食物、饲料以及可食用性的动物或物质进行追踪或回溯，即赋予食品可追溯性。结合国际食品安全质量保障标准，得出食品溯源体系概念框架。

如图 9.8 所示，在食品产供销的各个环节（包括种植、养殖、生产、流通以及销售与餐饮服务等）中，食品质量安全及其相关信息能够被顺向追踪（生产源头→消费终端）或者逆向回溯（消费终端→生产源头），从而使食品的整个生产经营活动始终处于有效监控之中[6]。食品安全追溯体系源于欧盟，当时是为了防止“疯牛病”而制定的一种措施，随后美国、加拿大、日本、中国等国家也纷纷引入。食品供应链溯源系统架构设计如图 9.8 所示。

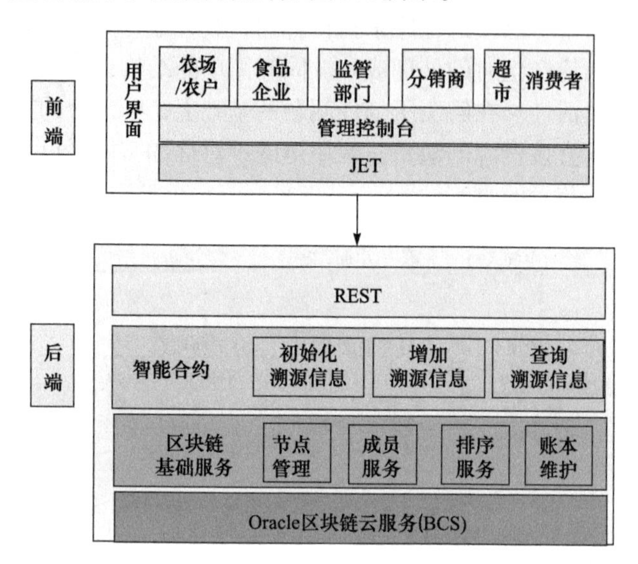

图 9.8 食品供应链溯源系统架构设计

注：JET 为 Javascript 扩展工具套件；REST 为表述性状态传递

1. 现代溯源体系的挑战

全面完善的溯源体系在落实过程中会有以下几个问题。

（1）以往溯源信息诉求还停留在生产日期、产品质量合格等级、添加物含量等方面的低层次阶段，而真正具有可追溯性的产品还应当记有产地情况、储运过程涉及的温度和湿度变化、工艺过程涉及的参与者与加工信息等高层次信息，这对信息自动采集技术、传感技术以及数据存储技术等方面都有挑战。

（2）中心化的食品溯源存在市场不规范、监管不健全等问题。目前存在乱贴溯源码、低价出售信息混乱溯源码等扰乱市场秩序的行为，监管系统若要提高其监管水平，应当加大监管部门查处力度。一条完整的食品溯源信息，不仅应有尽量详尽的环节记录，更重要的是保证信息的准确度，这需要各权威组织和政府机构介入并作为第三方信任中介。

（3）从整个追溯链看，不同部门的追溯代码不一致，也有可能导致产品在种植、养殖、生产、流通以及销售与餐饮服务等不同环节的代码不同，难以形成统一的追溯标准和技术。另外，大量食品在不同环节的追溯带来了海量数据，这不仅关系系统运行效率，同时也涉及中心服务器是否安全等问题。

2. 区块链溯源优势

区块链技术作为互联网时代下的最新技术，其去中心化、信息无法篡改以及底层开放等特性使信息更加公开透明，不仅消除了信息非对称性，扫除了消费者的信息盲点，还可以为我国食品溯源流通领域提供全新的发展思路，并不断补充与完善我国食品安全监管体系[7]。具体来说，区块链与食品溯源系统的结合有以下优势。

（1）区块链的去中心化特征有利于节约信息数据存储成本并提高其运行效率。在区块链体系下，由于每一个参与者都遵循相同的规则与机制，因此每一个节点都独立存在，呈现去中心化特征，不必依赖中心系统。没有中心数据库的管理，在相同的规则机制下每一个节点在写入与读取时可以直接存储在节点中，无须经过中心数据库的检验，因此其效率更高。

（2）区块链技术账本式分布可以降低企业在食品安全监管方面的成本，提高企业参与到国家食品安全管理中的积极性。区块链系统作为一种大型的网络基础设施，可以由政府部门或者食品行业中的大型企业进行建设。企业规模较小、资本不足的小型食品企业完全可以根据自身发展状况与国家要求，将自身生产的食品信息通过应用程序编程接口（API）或者商业 API 对接，完成信息的读取与存储，达到食品安全追溯与监管的目的。

（3）凭借区块链技术可以实现数据的交易与买卖，有助于拓宽企业融资路径，解决中小型食品企业的融资难问题。目前，区块链系统内的数据查询需要密钥进行检验，而企业或者社会相关主体想要获得密钥，必须通过购买等方式获取，间接实现了数据的购买与流通，这对增加区块链参与主体的收入来说具有重要意义。

3. 区块链溯源案例

大部分区块链溯源模型较为类似。首先所有参与者在注册时会自动生成一对公钥和私钥，公钥向区块链中全体成员广播发布，而私钥则用于交易签名，同时创建一个对应的信息档案，档案记录其企业信息、功能、地址、资格认证等必要信息。每个参与者都可以利用已注册 ID 登录用户界面，进入指定区块链网络。与公有链不同，该区块链系统的开发与维护工作须由可信任的单位来负责，并要有权威的组织机构来承担注册机构的职责。

2017 年，中南建设集团有限公司与北大荒集团携手成立了区块链大农场——善粮味道。基于区块链技术，通过“平台-基地-农户”的标准化管理模式，建立起了大米的高品质从原产地到餐桌的闭环生产-营销生态链，并已上市销售。2018 年，纸贵科技结合天水市的实际需要，基于区块链解决方案的“天水链苹”正式上线。企业利用区块链技术，将天水地区苹果的产地、果园、采摘时间、检测证书等环节的信息记录全部上链，实现从果园到餐桌信息的透明、可追溯，消费者仅需扫码就可知道这一个苹果的前世今生。2019 年 IBM 公司推出食品供应链区块链工具——IBM Food Trust。这款基于分布式账本技术追踪食品的供应链路径的应用一经推出，就快速获得了沃尔玛等食品零售商的拥护。且早在 2016 年，IBM 与沃尔玛就与清华大学合作测试区块链的追踪技术，该技术可将中国大宗肉品来源的追踪时间从数天缩短至数分钟。

4. 区块链溯源标准化

截至 2019 年底，全国区块链相关企业近 28000 家，基于区块链的供应链管理和溯源产品如雨后春笋般快速增长，但是目前各体系都有自身的区块链模式和架构，链上信息的覆盖面也不尽相同，相比传统台账模式导致的“信息孤岛”，市场上多而杂的区块链虽然解决了一定程度上的溯源问题，但也形成了一个个更大的信息孤岛，同时加重了消费者的应用和国家的监管压力。

区块链不是单个企业能够支撑起来的，它需要很多企业共同参与，为防止过大的泡沫和潜在的危害滋生，野蛮生长的区块链应用需要相关标准的规范。政府和企业层面均注意到以上问题并采取了一定措施。

（1）监管层面，2019 年区块链政策明显增加。各地方政府共出台 44 条鼓励区块链发展的相关政策，涉及 20 个省份，总数达到 78 份，其中政务、医疗、金融、智慧城市和食品安全成为地方政府最为看重的落地领域。

（2）企业联盟方面，2017 年，京东联合国家质量监督检验检疫总局、工业和信息化部、商务部、农业部以及众多品牌商共同成立“京东品质溯源防伪联盟”，同时运用区块链技术搭建“京东区块链防伪追溯开放平台”。 用户打开购物订单，通过“一键溯源”或直接扫描产品溯源码，即可获取溯源信息。2018 年，中国食品链公链（中食链）产业联盟正式成立，基于太一云超导网络和中国信息通信研究院，构建出行业垂直应用技术平台，兼用公有链和联盟链，推动不同平台间的互连互通与应用融合。同时该平台也提供构建各类场景应用的开发者界面、工具以及 API 接口，帮助开发社区模块化构建自己的应用。

9.2.4 “区块链+”食品防伪

食品欺诈（伪造）不仅会造成经济损失，更会对消费者健康造成威胁。区块链对于食品防伪提供的价值在于区块所记录的信息是不可篡改的，包括产地及环境信息、物流贸易信息、企业信用信息等，一旦出现问题，产品可根据回溯机制快速找回，极大地提高了链上各方的造假成本。

1. 区块链在食品防伪方面的应用

常遭到伪造的食品目前主要是高附加的产品，如酒类、水产品、保健品、中药材等。选择性加密这些产品的一些固有物理化学属性信息（微量成分、稳定同位素、细节形态等）并上链，通过区块链将其传输、保存并还原，在终端零售商和消费者节点验证，可以在一定程度上解决防伪标识与实物本体分离而造成的伪造篡改等问题。

常用的食品鉴定分析技术包括光谱学（拉曼、红外、紫外、荧光等）、质谱、稳定同位素测量、PCR 等方法[8]。基于不同的物理和化学原理、组成和结构的特点，一种产品具有不同的指纹特征，因此需要针对产品具体情况选择一种或几种技术将产品的几项指纹信息统一标准后，加密上链，分发给链上的监管者、生产者和消费者，进行成分随机验证，以保证产品生产和流通过程的真实性[9]。当然，针对具体数据的防伪模式需要注意提高消费者和生产者对产品标签的重视，通过透明、清晰的标签，保证其可追溯性、安全性和高效率[10]。

对于一般消费者，比较容易实现的是将产品简单的物理信息，如纹理、形态、颜色等作为区别标识，通过图片多点随机选择，利用区块链将其传输、保存并还原，在消费者节点验证，如通过产地和消费者节点的人参根须的照片等来验证是否被经销商更换。但一般工业化生产的食品在物理信息上几乎相同，且农产品、畜产品和海产品等在运输过程中的质量、色度等也会发生变化。当无法使用物理信息验证时，可将销售信息或产地信息与区块链挂钩，对某农田、水域等的合理产量进行上链加密，产品与产地挂钩，产量限制产地。例如，某酒厂每年产出的酒是有上限的，将每一单位商品比作一枚电子货币，类比数字货币中无法进行“双花攻击”（重复使用同一个电子货币套现）或支出超过本账户的货币余量，一件产品在严密监管的区块链中也无法进行两次销售，超出产量限制的“假酒”则不会通过共识协议上链或被验证，从而杜绝“贴牌假酒”的产生[11]。

针对使用图片等信息来验证产品与区块链上的信息是否相符需要占用大量的存储空间的问题，目前已有利用 AI 来学习现有大量的产品特征数据，“训练”机器进行产品真伪的识别，以在未来减少对区块链压力的尝试。如 2018 年清华大学团队推出的大闸蟹溯源小程序“蟹小鉴”，厂商在蟹农捕捞阳澄湖大闸蟹之后，对蟹的产地、特征照片进行采集，通过对大量阳澄湖螃蟹独有的蟹壳（青背）、蟹螯（金爪黄毛）和腹部（白肚）的特点进行机器学习和记忆，消费者可以简单地通过“AI 蟹脸识别”小程序确定产品是否为土生土长的阳澄湖大闸蟹，与链上记录的信息形成互补，确保每一只大闸蟹和产地等信息的前后一致性。

2. 区块链技术在食品防伪面临的挑战

区块链技术有密码学的加持，在数字空间中仿佛真正的铁链般牢不可破，但如何保证组成该链条的“材质”的质量是各种溯源技术真正需要面对的问题，即互联网与现实交互的接口问题[12]。传统的防伪技术侧重于把数字标签（二维码、RFID）或防伪措施更好地“藏”起来，但是这些防伪技术都无法从根本上解决防伪标识被复制和转移，继而进行造假的问题。基于区块链技术的防伪溯源面临同样的挑战，链上某个厂商（节点）故意用假货替换真货，用多个假货共享一套真实的产品信息，这样也会让溯源效果失效。

与此同时，食品安全与区块链结合后并不一定是万无一失的，尽管区块链可以快速提供溯源信息，但需要注意的是区块链仅可以保证信息提供者身份的正确性，并不能保证上链信息的准确性甚至是真伪，依然需要依靠现实中企业、协会和政府的管理机制，如将消费者的投诉内容和解决方案上链，将产品质量情况列入失信计算体系，企业和企业控制人信用分数上链等，严格反馈管理，透明政务，让企业不再敢制假售假。

9.2.5 “区块链+”食品企业征信体系

1. 区块链在企业信用评价体系的应用

近年来曝光的大量食品安全事件也暴露了当前食品安全管理体系中存在的诸多问题。在食品供应链中，有多个“利益相关者”充当了主要的贸易参与者，如原料供应商、食品生产者、分销商、零售商等，这些交易者倾向于选择性地提供在交易过程中对他们有利的食品信息，以获取更高利润，这就很容易导致食品欺诈和食品安全问题。与任何难以监管的领域一样，由于提供者的信息不可靠，监管者很难收集到可靠的信息来实施监管。由于食品整个供应链的复杂性和各环节之间的“信息不对称”，贸易的信用风险迅速增加。而作为要防患于未然的食品安全来说，各个环节的信誉至关重要。构造一个可靠的食品企业征信体系，可以帮助政府监管机构获得更多可靠和真实的信息[13]。

整个征信系统的流程可设计为都由智能合约自动运行。智能合约原指可以通过程序在没有第三方的情况下，触发某些条件后自动进行可信交易，这些交易可追踪且不可逆转。食品企业的征信体系中，交易者在进行交易后需要通过智能合约来评估交易伙伴。然后，系统收集交易信息，特别是有关交易者的信用评估信息。收集的信息经过培训的人工智能模型进行识别分析和处理。最后，系统生成信用评估结果，并将结果反馈给监管机构进行监督和管理。

在灵活变动的企业“信用分”的基础上，综合计算产品供应链上所用原料、设备、物流和仓储方等不同企业的信用分数，同样在智能合约的计算下得到单个产品的安全分数或等级，并及时向企业、监管方、资本市场和消费者预警，帮助生产企业及时实时地维护供应链质量，提醒监管者调整政策和监管力度，使消费者在超市复杂的货架上快速选择到当下最可靠的产品，对食品安全事件做到未雨绸缪。

食品企业信用评价体系中的不同角色（交易者和监管者）需要不同的身份验证和权限，且需要确保交易者可以对信用评估内容负责，同时确保交易者（或评估者）的匿名身份。食品信用评估系统一般采用联盟链的模式，如图 9.9 所示。Hyperledger 区块链是一个包括对等网络的联盟区块链，一方面，P2P 网络结构确保交易者的身份不会被泄露，其评论的内容也不会被泄露，更适合有效地进行信用评估，监管者还可以获得更可靠的信息来实施监管；另一方面，Hyperledger 平台上的交易者和监管者可以获得由证书颁发机构颁发的不同授权和许可。这意味着监管机构可以方便地获得最高权力来监督和管理食品供应链中的贸易商。

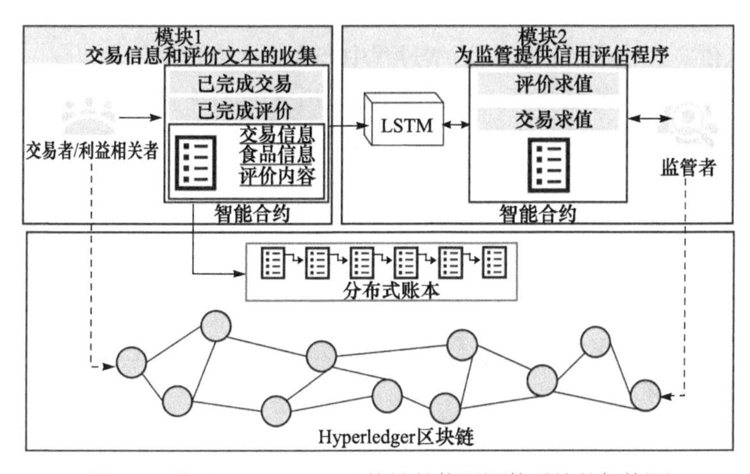

图 9.9　基于 Hyperledger 区块链的信用评估系统的架构[14]

每次交易后用户给出的评价是复杂且多样的，可以将区块链技术与一些深度学习模型，如长短时记忆神经网络（LSTM）等[15]相结合，对文字评价进行识别，转换为数字继而进行运算，训练有素的 LSTM 模型可以直接分析和处理所收集的有关交易者的信用评估文本，最后系统生成交易者的信用评估结果，并将结果反馈给监管机构。

目前很多国家正在尝试将一些替代数据（非信贷数据）纳入征信、金融服务范围，以完善社会信用体系。而对于食品企业来说，生意伙伴间对产品质量的评价可以在一定程度上反映出企业的经营状态，将区块链上的这类信息纳入征信体系，一方面可以帮助银行和其他机构进行预测企业或农场是否能够偿还贷款的辅助决策；另一方面可以减少政府的维护成本，杜绝人为更改和腐败的可能，进一步提高造假成本。

2. 区块链在食品企业征信体系应用的挑战

将区块链技术和深度学习网络相结合，用以收集和分析食品供应链中交易者的信用情况，这在程序上是可行的。但是食品供应链是极其复杂的，链上各方的地域、文化水平和生活习惯也不同，评价的表达方式各有特色，在深度学习网络对评价文本情感的分析上还有诸多难点尚待解决。除此之外，冗余的文本数据也是信息评价体系面临的问题之一，基于区块链的食品企业信用评价体系还有很长的路要走。

9.2.6 "区块链+"食品产品信息

1. 食品产品信息的痛点

食品的产品信息不仅包括产品的包装信息、标签信息等产品自身可见的信息，更有食品从供应、生产、销售到消费过程中产生的"隐形"信息。

消费者作为食品的购买者，是无法对食品生产的整个流程进行管理监督的，只能被动地通过厂家"预设"的现有信息查询到有限的食品信息。由于食品在生产过程中环节多跨度大，供应链上的各个环节发生信息数据断裂，沟通信息不对称且有延迟，许多不良商家与企业利用这一漏洞，从中谋取利润。因此，如何应对虚假的产品信息、斩断造假链条，就成了推动食品安全行业发展中所必须解决的问题。食品安全问题的产生从本质上讲是因为生产及流通过程中存在信息造假，而溯源系统上的缺陷又为不法分子打开了方便之门，问题产生的关键环节是食品信息的收集及存储。

1）食品供应链环节无法实现信息共享

目前市面上的食品信息溯源系统呈现各自为政的现象，各种食品溯源系统层出不穷，有各省份以行政区划的方式来搭建食品信息追溯管理的平台，也有各个企业自己搭建的平台，还有经销商电商的物流追溯平台等，在食品流通的各个环节，管理平台采用中心化运作，各平台之间各自为政，一切内容封闭化，难以实现各节点间信息共享和可信任化。这些都降低了信息传递的有效性，大量信息处于无法收集或无法访问的状态，供应链上不同主体之间难以相互信任，从而难以全链追溯和跨区域流通的追溯与监管，消费者权益无法得到保障。

2）食品信息安全性无法得到保证

食品信息的安全往往影响着食品的安全。然而对于食品生产者或经营者来说一旦已收集到的食品信息对其有不利的影响，或者为了非法利益，往往会企图攻击和修改食品信息。而如今的食品信息存储权限往往掌握在个体手中，这就意味着平台能够根据各成员的意愿随意对食品信息进行变更和删除，使得食品信息的安全无法得到有效的保证，时刻面临着风险。一旦食品信息的安全无法得到保证，信息被任意地篡改和盗用，就会使消费者对食品的信息产生不信任，追溯系统信用崩塌，也给监管带来困难。

2. 区块链在确保食品信息安全过程中的作用

未来食品的产品信息可以利用区块链技术实现食品信息共享。由于区块链采用的是分布式记账技术，允许节点共享底层数据信息，不再围绕一个中心享用数据，而是数个中心共同平等地共享数据。因此，借助区块链技术搭建的平台信息不再是不对称、不完全的，而是向所有参与者公开的。以往各个系统各自为战的现象，现在可以通过区块链的公有链和私有链，兼顾整体和个体而得到解决。区块链的分布式存储结构将供应链上各个节点所发生的信息生成带有时间戳的链式区块，将区块连接形成一条共享链条，所有网络成员都能够通过共享账本实时追踪到产品的信息。

未来食品信息系统可以利用区块链技术实现食品信息共治。区块链的去中心化，是以系统中的人人为中心，人人参与治理。区块链与食品信息系统结合可以通过共享数据关系满足整个产业链不同层面利害攸关者的知情权，为他们行使自己的监督权提供信息支撑。监管者则有机会被赋予特殊访问权限，可以对食品产业链上的安全信息实行全面、实时、个性的监测，从而实现食品安全的社会共治。

未来食品信息系统也可以利用区块链技术共识机制，防止食品信息被篡改。区块链中的共识机制避免了食品信息的安全掌握在个体手中。各成员参与维护各自所对应的区块链上的一个节点，由于共识机制算法的约束条件，如果网络成员需要更改信息，则需要满足系统所采用共识机制的要求才能操作。这就使得任何恶意欺骗行为都将被网络中其余参与节点所排斥和压制，从而保证食品信息的安全。

如图9.10所示，这是一个基于区块链技术的食品信息溯源系统方案流程结构。要达到对食品信息的安全保障，就必须对食品的生产、加工、储藏、运输、销售等环节的信息进行全程记录。未来可以通过区块链技术，将农牧场或农户的畜禽、瓜果和蔬菜等农产品以及鱼、虾、蟹等水产品的生产、加工、储运、产品信息、食品企业的出厂信息、监管部门的检验信息、超市的进货和上架信息等都录入系统中，利用区块链技术进行分布式存储，所有成员和消费者都可以通过查询端口随时查看食品生命周期的全程跟踪信息。另外，原产地认证信息、有机食品认证、生产许可证等信息也都可以放置于区块链网络中，利用区块链不可篡改的特点，保证查询到的信息的真实性。

9.2.7 “区块链+”进口食品

1. 我国进口食品现状

随着中国经济的飞速发展，居民生活水平的不断提升，进口食品逐渐成为中

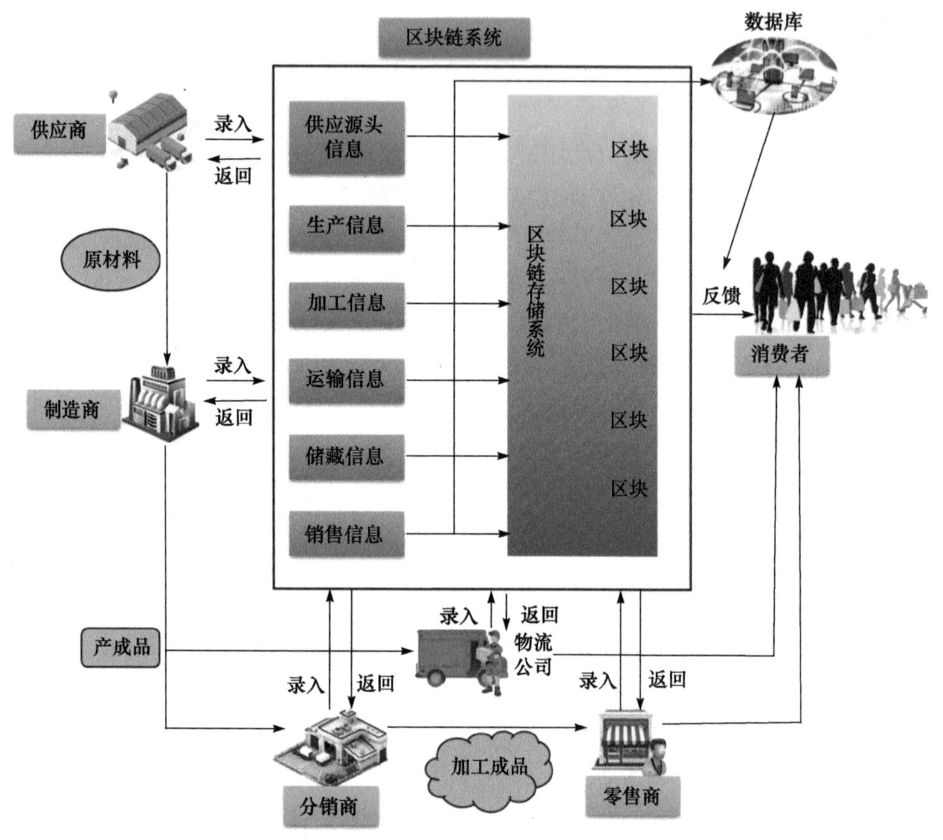

图 9.10 食品信息区块链方案流程结构

国百姓餐桌的重要组成部分。进口食品不再是奢侈的象征，而是已经逐渐融入居民的日常生活当中，并被越来越多的消费者所接受。如今各式各样的进口食品逐渐走俏，在家门口吃遍世界美食已经不再是梦想。以车厘子为例，在中国 5～6 月的成熟期过去之后，6～9 月北美洲车厘子接档上市，11 月～次年 1 月是智利车厘子的最佳赏味时期。消费者可以足不出户并在一年的各个季节品尝到新鲜的时令车厘子。

如图 9.11 所示，调查数据显示：2018 年 57.5%的消费者在进口食品上的消费金额占整体食品消费的比例超过了 10%。2009～2018 年 10 年间，进口食品规模以 17.7%的复合增长率高速增长，2018 年首次超过 700 亿美元。

线上渠道通过数字化高效对接供需双方，简化了传统进口贸易复杂冗长的供应链流程。在提升效率的同时，降低了中间成本，让进口食品更容易地被广大消费者所接受。此外，线上购物方便快捷，打破了时间和空间的限制，已经逐步成为消费者购买进口食品最重要的渠道。在国家利好政策、国民消费升级驱动下，中国进口食品电商产业快速发展，2017 年进口食品占进口商品的比例升至 6.8%，中国跨境电商零售进口渗透率从 2014 年的 1.6%迅速攀升至 2017 年的 10.2%，跨境电商进口消费者人数在 2015～2017 年增长了 10 倍，进口食品品牌及种类不断丰富，其中休闲食品最受欢迎。

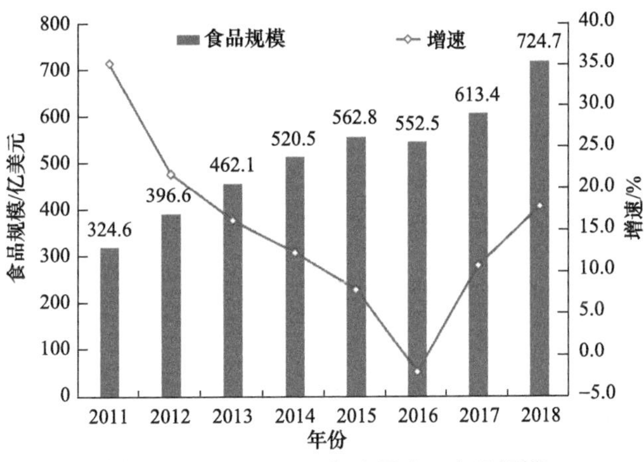

图 9.11 2011～2018 年中国进口食品规模

越来越多国家和地区的美食进入我国居民日常生活的餐桌，进口食品品种和来源越来越多元。1997～2017 年的 20 年间，中国进口食品来源国（地区）从 108 个增至 170 个，覆盖了全球 73.9%的国家和地区，中国进口食品的来源日益丰富，满足了消费者多元化的饮食需求。

2. 我国进口食品面临的问题

然而，进口食品是否就是高品质食品的代名词呢？事实上进口食品火爆的背后，乱象也层出不穷。

（1）存在大量国产食品冒充进口食品的情况。进口食品因品质和运输等因素往往价格高于国内食品，这成为许多不法商家的牟利动机。在许多进口食品店铺中，很多凉果类、坚果类食品都喜欢打着“美国”“泰国”“新西兰”等旗号销售。然而，这些产品却大多产自国内。这种“张冠李戴”混充进口食品的现象在市场上普遍存在。甚至在某些地区有山寨进口食品的一条龙服务，单从食品的外包装上基本无法分辨。生产厂家是否受到当地政府部门的监管，相关产品是否检测合格，检验标准是否合规等问题不仅给食品的监管制造了难度，同时也给食品安全带来了巨大风险。

（2）进口预包装食品中文标签问题。由于语言的差异，为了让消费者和生产者了解和掌握进口食品的产品信息，《中华人民共和国食品安全法》第六十七条规定，预包装食品的包装上应当有标签。然而实际过程中多数预包装食品进口时中文标签往往存在问题，如可能恶意标注或错标相关内容后通关，以牟取暴利；故意将进口红葡萄酒的糖度标低，冒充干红；故意将关键性活性成分或特殊营养成分含量标高，以提高其销售价格；故意漏标某些添加物质，以逃避抽样检验[16]等。

（3）进口食品相对难追溯，后续监管难。跨境商品生产地和消费地距离较远且中间环节繁杂，传统模式下消费者无法获取跨境产品的具体生产、物流信息，无法建立对产品的信任。另外，进口用于国内分装的食品，检验检疫部门只能确保进口时产品的安全卫生，后续的分装、产品标签等工作是由质检和工商部门管理的，中间无有效的衔接平台，信息无法互通，企业有可能利用这种信息的不对称，在最终产品上直接注明“原装进口”，混淆原装进口和进口分装食品。

3. 区块链在进口食品中的应用

区块链具有异常安全、不可篡改、可访问、无第三方等优势，如果能够在进口食品管理中发挥其优势，将有利于解决目前进口食品的行业痛点。例如，可以构建 “产地-具体生产-物流到港-检验检疫-分装管理-储运-销售终端标准化管理模式”，建立进口食品从原产地到消费者的闭环生产-营销生态链，这将在一定程度上解决信息造假、逃避监管和欺骗消费者的问题。

事实上进口电商由于其本身技术优势，在区块链与进口食品相结合的实践探索道路上走在了前列。例如，天猫国际在 2018 年 2 月就启用了区块链技术跟踪、上传、查证跨境进口商品的物流全链路信息，涵盖生产、运输、通关、报检、第三方检验等商品进口全流程，供消费者查询验证[17]。在《天猫国际跨境商品品质溯源体系评价研究报告》中，介绍了一批来自新西兰恒天然集团的鲜奶，在区块链技术的支撑下，构建了可信的追溯体系，并且做到了二维码高精度溯源，实现了一瓶一码的便捷查询，具体流程如图 9.12 所示。

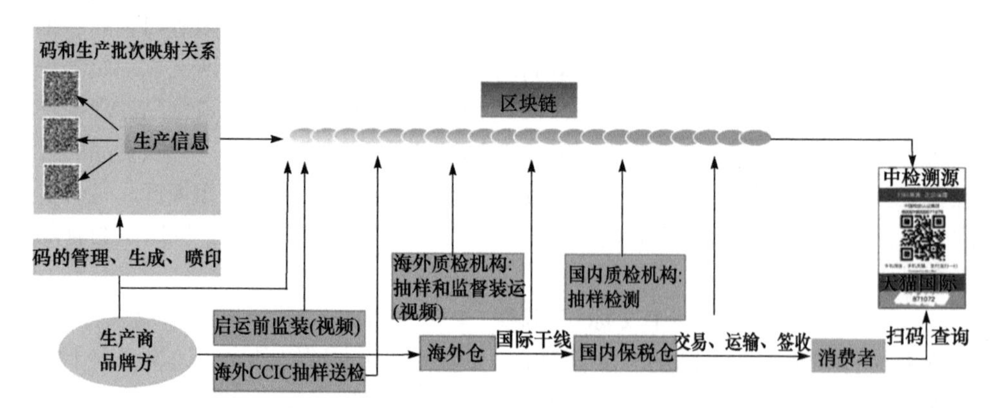

图 9.12　天猫国际基于区块链的进口食品溯源

CCIC 为中国检验认证集团

9.3　食品安全区块链的挑战

区块链技术的优势在于，它可以在几秒钟内方便地获取有关食品所含食物及其从农场到餐桌的食品来源的任何信息，从而防止掺假掺伪。同时，该技术还能帮助供应链满足客户对准确性的要求，从而改变业务流程，让全产业链变得透明和迅速。随着区块链技术的发展与众多区块链系统的上线，食品安全区块链的未来无疑是一片光明的。然而，区块链技术也不是“万金油”，并不是所有的食品安全难题都可以在区块链领域找到答案，食品安全区块链也面临着以下挑战[10]。

（1）食品安全区块链的标准化。如何实现各个链条的集成化和标准化是食品安全区块链技术的一个重要瓶颈。针对产品在种植/养殖、生产、流通以及销售与餐饮服务等不同环节需形成统一的区块链识别代码，便于实施统一的追溯标准和技术。

（2）世界各地的国家监管机构提出了许多重复或相互矛盾的要求。例如，针对过敏原、微量元素、农药限量等均有不同的法律法规。经济全球化意味着食品采购已在全球范围内进行，因此如何缩小各个国家地区的差异，降低响应时间是食品安全区块链未来发展所必须解决的问题。

（3）冗余和不完整的数据也限制了食品安全区块链技术的发展。现有的数据系统基于筒仓之间的消息，普遍存在数据格式差异性和数据不完整性问题。与此同时，对大量食品的不同环节的追溯带来了海量数据，这不仅关系系统运行效率，也涉及中心服务器是否安全等问题。

（4）目前区块链基础设施不够完善，难以应对高并发的网络流量。在吞吐量和计算力的限制、存储资源高度消耗的情况下，无法流畅高效地搭建区块链应用，落地的愿景难以真正实现。

（5）快速传感技术也制约了食品安全区块链的应用。应用于食品的快速、简便、廉价、准确的响应温度、湿度、振动等物理化学信息的传感技术尚未成熟，限制了食品安全区块链技术的应用。

（6）衔接上述挑战，缺乏可靠的记录也是问题之一。因此，需要大力开发电子数据管理系统。摆脱过多的人为错误，解决产品快速分类困难、追溯能力差等问题显得尤为重要。

克服以上挑战对于成功利用区块链来维持食品安全是至关重要的。未来几年，食品安全领域必将建立大量的区块链，最终将呈现一套完整的、互通的区块链系统。虽然各个公司的数据是经过加密的，但是区块链的开放性使它们更具革命性和创新性。与最近火热的互联网技术一样，围绕区块链技术将出现一系列新的应用技术。

谢云飞（江南大学）

参 考 文 献

[1] Chen S, Shi R, Ren Z, et al. A blockchain-based supply chain quality management framework [C]. Proceedings of the 2017 IEEE 14th International Conference on e-Business Engineering (ICEBE). 2017.
[2] Brosnan T, Sun D W. Improving quality inspection of food products by computer vision—a review [J]. Journal of Food Engineering, 2004, 61(1): 3-16.
[3] Yang Z, Yang K, Lei L, et al. Blockchain-based decentralized trust management in vehicular networks [J]. IEEE Internet of Things Journal, 2018, 6(2): 1495-1505.
[4] Huckle S, Bhattacharya R, White M, et al. Internet of things, blockchain and shared economy applications [J]. Procedia Computer Science, 2016, 98: 461-466.
[5] Álvarez-Díaz N, Herrera-Joancomartí J, Caballero-Gil P. Smart contracts based on blockchain for logistics management[C]. Proceedings of the Proceedings of the 1st International Conference on Internet of Things and Machine Learning, 2017.
[6] 李明佳, 汪登, 曾小珊, 等. 基于区块链的食品安全溯源体系设计[J]. 食品科学, 2019,40(3): 288-294.
[7] 肖程琳, 李姝萱, 胡敏思, 等. 区块链技术在食品信息溯源中的应用研究[J]. 物流工程与管理, 2018, 290(8): 83-85.
[8] Galvez J F, Mejuto J C, Simal-Gandara J. Future challenges on the use of blockchain for food traceability analysis [J]. Trac Trends in Analytical Chemistry, 2018, 107: 222-232.
[9] Zhang J, Zhang X, Dediu L, et al. Review of the current application of fingerprinting allowing detection of food adulteration and fraud in China [J]. Food Control, 2011, 22(8): 1126-1135.
[10] Gao W, Yang H, Qi L W, et al. Unbiased metabolite profiling by liquid chromatography- quadrupole time-of-flight mass spectrometry and multivariate data analysis for herbal authentication: classification of seven *Lonicera* species flower buds [J]. Journal of Chromatography A, 2012, 1245: 109-116.
[11] Podio N S, Baroni M V, Badini R L G, et al. Elemental and isotopic fingerprint of Argentinean wheat. Matching soil, water, and crop composition to differentiate provenance [J]. Journal of Agricultural and Food Chemistry, 2013, 61(16): 3763-3773.
[12] 谢潇. ZJ 地区进口食品可追溯体系构建研究 [D]. 杭州: 浙江工业大学, 2015.
[13] Tian F. An agri-food supply chain traceability system for China based on RFID & blockchain technology[C]. Proceedings of the 2016 13th International Conference on Service Systems and Service Management (ICSSSM), 2016.
[14] Mao D, Wang F, Hao Z, et al. Credit evaluation system based on blockchain for multiple stakeholders in the food supply chain[J]. International Journal of Environmental Research and Public Health, 2018, 15(8): 1627.
[15] Chen H, Li S, Wu P, et al. Fine-grained sentiment analysis of Chinese reviews using LSTM network [J]. Journal of Engineering Science & Technology Review, 2018, 11(1): 174-179.
[16] 牛秀敏. 我国进口食品安全监管问题研究[D]. 哈尔滨: 黑龙江中医药大学, 2016.
[17] 刘雪纯, 郑亚琴. 区块链技术在跨境进口电商中的应用研究——以天猫国际为例[J]. 武汉商学院学报, 2019, 33(4): 25-30.

第10章 未来食品安全风险防范技术与策略

引言

食品安全是人民追求美好生活的关键，民族昌盛和国家富强的重要标志。党的十八大以来，中央高度重视食品安全工作，习近平总书记在全国卫生与健康大会（2016年）上指出："要贯彻食品安全法，完善食品安全体系，加强食品安全监管，严把从农田到餐桌的每一道防线"。这些重要论述形成了习近平新时代食品监管战略思想，为深入强化食品安全控制指明了方向，提供了重要遵循。

现代生物技术、先进制造技术等新兴食品技术在给人类带来巨大经济效益和社会效益的同时，也打开了潘多拉的魔盒，未来食品安全进入当今的国际视野[1]。既要发展未来食品生命科学技术，同时又要将可能产生的风险降低到最低限度。基于这样的考虑，我们需要做好未来食品的风险防范工作，将未来食品风险程度降至最低。

为了实现这个目标，我们需要了解国内外食品安全研究现状、未来食品研发趋势，明确未来食品安全风险防范的目的与内容。本章将从以下4个方面对未来食品防范技术与策略进行综合阐述：①未来食品风险防范技术研究目的与内容；②未来食品风险识别；③未来食品风险感知；④未来食品风险防范策略。

10.1 未来食品风险防范技术研究目的与内容

10.1.1 未来食品风险防范要求

未来食品的风险，首先是食品的生物安全保障。目前，国内缺少此方面的标准规定，因此，需要加强此方面的研究，并提出相关的风险防范要求[2]。食品生物安全隐患主要来自新食品原料、新型生物制造技术以及制造过程中污染风险。例如，利用牛胚胎干细胞培养获得培养肉，培养肉在进入市场之前，所有生产环节均涉及生物技术及其安全性，需要建立相应的防范体系。生物技术具有广阔的应用前景，有助于解决食品短缺、疾病传播、环境污染等问题，但生物技术也是一把双刃剑，在发展和应用过程中一旦失控就会带来难以想象的后果。与世界先进水平相比，我国生物技术研发相对落后，在生物技术产品和标准上有较大的差距，生物安全原创技术上存在关键技术卡脖子情况。应实现生物样本数字化与安全存储，信息实时更新，快速检索，在线监控和安全传输，对精准溯源提供支撑，及时建立传播模型，加强预测技术，有针对性提高生物安全防御。

建立未来食品安全风险防范体系是实现2035人口健康发展的必经之路。对于新型食品原料、食品加工新工艺的风险需建立足够强硬的管理措施和技术保障。如今，我国食品安全科技创新体系逐步完善，主要体现为食品监测覆盖范围不断扩大，如食源性疾病监测网络哨点医院达3000余家，成立了国家食品安全风险评估中心及上百家农产品质量安全风险评估实验室。但我们也必须清醒地认识到，虽然近年来我国食品安全科技方面取得了重大成果，但面对我国2035人口健康发展的重大需求，我国食品安全科技创新的质量较为薄弱。

目前，我国食品安全状况与经济发展、社会进步、群众期待仍然有较大差距，风险高发和矛盾凸显的阶段性特征比较突出，现实情况依然严峻。现阶段，我国食用农产品安全出现的主要风险是长期以来粗放型的农业生产与工业化战略实施过程中引发的多种矛盾产生的长期累积(《2016年中国食品安全状况研究报告》)，加上新型食品生产技术应用，全球变暖等生态环境变化产生的环境效应及致病性耐药微生物变异，这都需要加强未来食品风险防范技术研究并建立国家保障措施。

因此，未来食品的风险防范不仅考验着未来食品的生产者，也对未来食品的开发者提出了更加严格的要求[3]。未来食品是正在兴起的新产业，因此必须使其规范发展，造福于消费者。

10.1.2 未来食品安全研究趋势研判

虽然目前我国食品安全形势总体稳定向好，但突出矛盾尚未根本解决。据不完全统计，2000年以来，我国发生的食品安全重大和较大事件高达100多起。随着全球气候变暖、工业化程度加剧和社会发展水平提高，未来5年食品安全风险将日益凸显：生态环境恶化带来的食品安全累积性效应，使食品安全源头污染严重；新型耐药性病原微生物的频发，使食品生物安全隐患不断出现；食品原料和加工中未知潜在毒性及化学性危害的协同毒性，使食品加工危害主动识别能力尤为薄弱；食品链各环节过程控制技术薄弱，电子商务等新的食品流通方式介入，使食品供应链安全国际化趋势等方面的新挑战日趋严峻。这些风险必将成为影响全球食品安全突发事件的新趋势、新挑战、新应对。

食品也是病毒的传播媒介之一，新型病毒发生也对我们未来食品安全保障体系提出更高的要求，在今后体系化建设中更应聚焦未知食品风险的防范。只有将未来食品的层层工序作为风险防范对象，建立一整套生产、制造、包装、储藏、运输食品的标准，才能保障未来食品的安全[4]。

10.1.3 未来食品风险防范重点内容和趋势分析

1. 环境效应与食品安全——食品安全源头潜在危害因子的发现、迁移与转化

由于环境污染、饮食习惯、科学的局限等多种原因，自然灾害造成的农业种植突发事件趋向严重与频繁。专家预测，气候变暖速率将越来越快，全球正在经历危险的气候变化，这将导致洪涝、干旱、高温热浪、森林火灾、低温雨雪冰冻、农林病虫害等灾害事件更加频繁。

最新监测显示，我国小麦病虫害总体形势严峻，其中条锈病在江汉、西南、西北麦区严重发生，为历史罕见。全国农业技术推广服务中心发布《2019 年小麦重大病虫害全程综合防控技术方案》，2019 年全国小麦主要病虫害发生面积 9 亿亩[①]，其中病害 4.8 亿亩，虫害 4.2 亿亩。赤霉病由镰刀菌属真菌引起，在给小麦产量造成损失的同时，还产生以脱氧雪腐镰刀菌烯醇（即呕吐毒素 DON）为主的多种真菌毒素，对人畜造成较大危害，食用病麦会引起眩晕、发烧、恶心、腹泻等急性中毒症状，严重时会引起出血、免疫力和生育力受损等，直接对人畜健康和生命安全构成威胁。

以食品生态环境与食品链的关系为切入点，利用农业环境科学、生物信息学、生物遗传学、分子毒理学、靶向代谢组学等多学科技术，研究环境中的有害污染物（病原微生物、重金属、真菌毒素、持久性有机污染物等）在食用农产品链中形成的分子基础及迁移转化过程，建立典型食品中重要环境污染物动态数据库；研究全球变暖、雾霾、臭氧层损耗等环境变化所导致的食用农产品应激和拮抗效应，以及原有代谢谱系调整产生的新型未知毒物，阐明环境变化累积效应与食品安全之间的互作关系。研究食品加工环境（水源、空气和接触表面）的引入、传递和变化规律，深入研究生态环境对食品原料组分与品质形成的影响，探索食品生境各因素对食品安全的影响和调控机制，揭示“食品-环境-健康”系统的本质，提出解决问题的技术措施和方法途径。

2. 新型病毒耐药性病原微生物的频繁暴发——食品供应链生物性污染识别与控制

进入 21 世纪以来，人类未知的新型病毒引发了数次大范围的公共卫生突发事件[5]。WHO 将细菌耐药性列为 21 世纪人类在健康领域面临的最大挑战之一，也是食品安全未来 5 年的关键问题。WHO 报告表明，全球每年暴发的食源性疾病中 70% 是由致病性微生物污染造成的，欧洲每年有 2.5 万人死于多重耐药菌感染，美国每年超过 200 万人感染耐药性细菌且平均 2.3 万人死亡，造成全球约 70 万人死亡。

应研究加工过程食源性病原微生物的耐受性，以及原有代谢谱系调整产生的

① 1 亩≈666.67m^2。

新型未知毒物，研究动物源食品中危害（病原微生物、真菌毒素等）的引入、传递和变化规律，阐明环境变化累积效应与食源性病原微生物之间的互作关系，提出解决问题的技术措施和方法途径。

3. 食品新业态与食品生物技术风险识别与防范——新兴食品制造中未知生物风险识别管控

以新型生物技术为主的新资源食品制造成为当今发展的热点。新型食品组分的特征、生产工艺、质量标准、使用范围和使用量、推荐摄入量、适宜人群、卫生学、毒理学等研究不足，人群暴露及其安全监管机构都要进行严格的安全性评价，最终确定新资源食品在一定摄入水平下作为食品的食用安全性，这是保障新食品安全的基础。

随着科学技术的不断进步，食品的加工和制作方式出现了巨大变化，新兴食品相继推出，成为全球制造商追捧的热点和未来食品产业发展的重要方向。以人造肉为例，为了缓解肉类农产品有效供给的压力，近年来以新型细胞工厂为基础的人造肉生产技术已经初具规模，人造肉生产与传统食品制造方式具有本质差异，涉及基因工程改造、新型反应器、新型工艺以及无食品安全使用史的组分。但目前尚无针对这类食品风险防范及控制技术与规范，推动新兴食品的安全性评估、风险防范研究将是未来食品安全控制的重要方向。应加强安全评价技术研究，加快政策法规制定，加强对新兴食品技术突破、产业化推进和应用政策的战略追踪和前瞻性研究，超前研判技术发展的战略路径、面临的问题和挑战，以及对未来世界农业革命的影响；加快研究新食品食用安全性，制订监管相关的政策和法规，完善技术研发、规模生产、市场准入、风险防范等新兴食品技术法规和监管体系，为食品工业新兴技术构建良好的发展环境。

4. 食品危害物主动侦测技术及核心部件对外依存度高——食品安全速测技术及装备

我国食品危害主动侦测技术产品发展迅速，但是用于食品安全危害物检测的抗体、复杂基质分离材料、食品安全快速检测等关键技术产品长期高度依赖进口。虽然我国食品安全快速检测试剂和装备基本实现了国产化，产品的市场占有率从“十五”末期的不到10%升至目前的50%以上，但我国食品质量安全快检技术产品在灵敏度、精准度、通量方面与国际同类产品还存在一定的差距。在食品危害物的非靶向筛查、精准识别、精确定量检测方面，核心技术设备基本依赖进口。我国快检产品以农兽药残留为主（占比 80%），对食源性致病菌等的核心检测试剂和标准物质严重缺乏。病原微生物快检有 70 多个厂家，生产的 8 种微生物的 84 个检测产品，包括 12 个美国分析化学家协会（AOAC）方法，而国产几乎没有。复杂基质分离材料国产产品占比不足 15%。

“鲜活性”是食品的重要特性之一，因此要求研发集约功能化、高通量、低成本的检测设备用于实现食品安全的在线监测和现场检测。基于免疫球蛋白组学、单细胞测序及新一代基因操作技术，辅助高通量功能性筛选的强有力手段，可获得高亲和力、高稳定性的新型生物识别材料。组学技术在我国蓬勃发展，相关论文数量在国际上领先，但是开展这些组学所用技术设备、数据模型、数据算法都依赖于进口。基于新型纳米磁珠、磁小体、多孔介质材料、有机金属框架等多种有机、无机材料，研制食品中危害因子同时提取、净化及浓缩等技术，并结合微电子、机械工程、3D 打印等技术开发适用于现场的小型化、自动化样本前处理仪器设备，有机整合生物传感、纳米探针等前沿检测技术及微电子器件、人工智能等先进信息处理技术，集成开发微流控芯片。

5. 食品链中多元危害的联合毒性效应与风险评估——食品安全限量标准制定科学化

当前食品安全限量标准制定基于单一危害摄入风险暴露分析，但实际上食品中多元危害并存且引发协同、拮抗或相加效应。为此，在单一危害评估的基础上，针对食品链危害的复杂性和多元性，综合运用组学和体外替代新技术，阐明多元危害协同作用效应产物与人体暴露水平的关系，建立多种化学危害物的联合作用的风险评估模型。通过分子流行病学和代谢组学手段，探索多种危害物协同作用机体应激效应及内源性代谢产物的形成、转移过程；整合代谢组学与计算生物信息学，建立典型危害物毒性作用和蛋白标志以及细胞代谢产物之间的联系，建立相关的蛋白组和细胞毒性数据库；发展食品链中风险暴露评估理论和方法，开发多元危害联合暴露基准剂量和暴露评估模型，建立风险表征模型，提出人群膳食风险控制措施，为限量标准的制订，掌握食源性疾病的变化趋势和制订食源性疾病控制对策提供重要依据。

10.2　未来食品风险识别

10.2.1　未来食品中无安全使用史的原料的安全性

随着现代消费者对健康、环保、节能意识的提高，为寻求解决全球食物供给和质量的最有效途径，“未来食品”的概念应运而生。未来食品使用的原料与传统食品的原料大有不同，未来以细胞工厂为代表的肉、奶、油等生物制造将替代许多食品传统供给方式[6]，食品原料也从传统的肉、蛋、奶变成了以动植物细胞组织为单位的新型原料。人造肉正是未来食品的热点之一，本节以人造肉为例，讨论未来食品中无安全使用史的原料的安全性。

人造肉的出现可以有效减少动物的屠宰，缓解肉类相关的道德和环境问题。

但类似人造肉等未来食品的安全性却无法保证。人造肉的安全涉及原料、生产加工、储存流通及烹饪加工等各方面(图 10.1)。植物性肉主要以大豆蛋白为原料，在我国消费市场较大，但口感和质地与传统肉类相差较大，原料安全性的监管仍需加强，如是否具有转基因成分等[8]。对于动物源的人造肉，安全性更受社会关注，长期大量食用后对人类健康、遗传等影响都存在未知因素。无论是人工培养肉还是植物性肉或者其他未来食品，都必须保证其安全性，其中原料的安全性是关键。

以人造肉为例，结合细胞培养肉生产流程(图 10.1)，未来食品原料的安全性主要需要注意以下几个方面：①肌肉细胞或其他细胞在培养繁殖过程中的稳定性，繁殖过程中可能引起细胞遗传不稳定，导致产生癌细胞；②培育细胞时若无法达到完全无菌环境，可能会使细菌和真菌侵入细胞；③无论是细胞培养肉还是植物性肉，未来食品的生产中，各种抗生素、激素和添加剂的使用仍是一大安全隐患。为了保证未来食品的安全性，可以从膳食暴露因素、营养因素、毒理学评价、致敏性因素和化学因素等方面来评价原料的安全性。

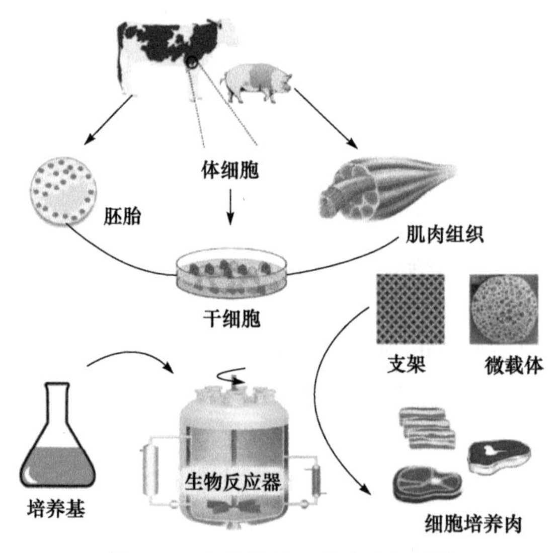

图 10.1 细胞培养肉生产流程图[7]

1. 膳食暴露因素

食品安全风险评估是食品中生物性、化学性和物理性危害对人体健康产生的已知的或潜在不良健康作用的可能性的科学评估过程[9]。膳食暴露评估是指“对经由食品或其他相关来源摄入的生物、化学和物理性物质进行的定性和/或定量评估”[10]。

进行膳食暴露评估，首先须明确评估的目的，人造肉膳食暴露评估是对其生物性、化学性、物理性致病因子的暴露量进行定性、定量评价。再选择最适宜的食物消费量和食品中化学物浓度数据。最后选择最合适的评估方法，并清晰表达所使用方法的可重复性及暴露评估中与化学物浓度相关联的假设[11]。考虑未来食品如人造肉等食品原料的不确定性及变异性，可选择概率性评估模型来评估，可通过分布特点来描述标量的不确定性和/或变异性，分析所有变量的可能值，再由发生概率来确定各种可能模型的结果。

2. 营养因素

自然界肉类的营养价值评估主要根据其蛋白质和脂肪成分，人造肉主要的营养价值也体现在其氨基酸、脂肪酸、矿物质和维生素含量上。从营养价值方面考虑，细胞培养肉在选择动物肌肉样本时要考虑其营养组成，在培养过程中添加合适的营养素来满足人体需求；植物性培养肉的原料主要是大豆蛋白，大豆蛋白在营养价值上与动物蛋白接近，在基因结构上最接近人体氨基酸[12]，为了使植物肉营养更丰富，口感更像传统肉类，还需添加脂肪、调味剂、结合剂和着色剂等。食物营养价值的评价有多种方法，较常采用的是营养质量指数法，该方法可以反映出某种食物供给人体热量足够时（人体无饥饿感时），其他营养素是否也足够满足人体需求[13]，可用此方法从蛋白质、脂肪、矿物质含量等方面综合评价人造肉或其他未来食品的营养价值。随着未来对其他新食品原料的研究，未来可能可以用叶子和藻类植物蛋白作为植物性肉的新原料。未来食品的原料选择将更加广泛，营养更加丰富，也更加环保。

3. 毒理学因素

食品毒理学是研究食品中有毒有害物质的性质、来源及其对人体损害的作用与机制，评价其安全性并确定这些物质的安全限量以及提出预防管理措施的一门学科[14]。未来食品，如细胞培养肉，在生产过程中可能带入高风险的生物外源物质或基因改造后形成的基因表达体，存在未知潜在毒性。新食品的安全性一般对具有安全使用历史的传统对应物进行毒理学评估，同时考虑预期和非预期的影响。

4. 致敏性因素

在基因工程技术发展迅速的今天，转基因食品的安全性是研究的热点，其中致敏性是重点考虑的因素之一[15]。人造肉也有一样的风险，如果培养肉的原料存在新的蛋白质，这些异性蛋白质就有可能引起食物过敏，因此要将致敏性因素纳入安全性评价中。

5. 化学因素

部分新食品原料的生产涉及一些新兴食品生产工艺，可能引入新的化学性危害物风险。如利用细胞工厂生产培养肉，使用的培养基种类主要有马氏血清、胎牛血清或者不含动物血清的新型培养基，还需要在细胞培养物中加入抗生素或抗有丝分裂剂，这些物质大多未经安全性评估，存在潜在安全隐患。此外，重金属污染、农药残留、兽药残留等化学性污染也可能出现在新食品原料中，并且这些危害物理化性质或毒性在新原料生产过程中是否会发生改变也需要进一步研究。目前，有害化学物质的检测常用化学发光免疫分析法（CLIA）[16]。

10.2.2 未来食品中新工艺的安全性

现阶段，未来食品的加工工艺难以在食品加工中运用，主要是因为安全性难以保证，对于采用了新的加工工艺的食品，应在以往食品安全卫生加工的基础上增加新加工工艺安全性的评估，如用于生产培养肉的生物反应器之前未用于食品生产，缺乏安全使用史的，在 3D 打印食品过程中如何避免细菌滋生等。考虑未来食品的特征以及制备技术，其安全性评估应将制造和生产中涉及的多种因素纳入考虑范围[17]。

1. 新工艺的细节

目前常见的未来食品有细胞培养肉和 3D 打印食品。

1）细胞培养肉的新工艺

细胞培养肉的工艺流程为在获得细胞种子后再进行扩增和分化，扩增和分化两个阶段决定了培养肉的规模化生产只能以分批培养的模式进行，如图 10.2 所示[18]。细胞扩增只能以干细胞的形式进行，即最终产品中所含的肌肉细胞数量取决于扩增结束时干细胞的数量。细胞培养成熟后可通过沉降、离心或差速离心等方式进行固液分离[19, 20]，再通过修饰使最终产品更接近肉的外观与口感。

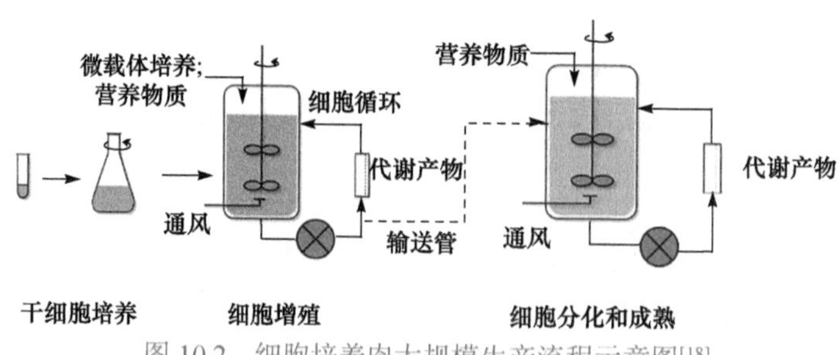

图 10.2 细胞培养肉大规模生产流程示意图[18]

2）3D 打印食品的工艺细节

3D 打印技术是由迅猛发展的快速成型技术催生而出的一项新兴技术。3D 打印技术又称为“增材技术”，按照分层制造、逐层叠加的原理[21]，通过特定的成型设备，将粉末、液体或者丝状材料打印成各种 3D 产品。3D 食品打印是依托于 3D 打印技术兴起的一类食品加工工艺。此项食品加工技术的问世，必然会颠覆以往的饮食理念，转变原本的食品加工方式。

A. 挤出型食品 3D 打印

通过数字化控制挤出过程，按照设定的路径一层一层地打印，最终得到 3D 食品。挤出型食品 3D 打印是食品打印的一种重要形式，可以实现数字化的 3D 设计和食品的营养控制。该打印方式操作简单，但是对食品物料的流动特性要求较高。

B. 粉体凝结型食品 3D 打印

粉体凝结型打印是食品 3D 打印中常用的另外一种打印形式，通过将粉末按照设定的模型逐层凝结，最终形成一个完整的 3D 打印模型，粉体凝结型食品 3D 打印工艺流程如图 10.3 所示[22]。该食品 3D 打印形式与挤出型打印形式相比，打印速度较快，并可打印出形状较为复杂的食品。

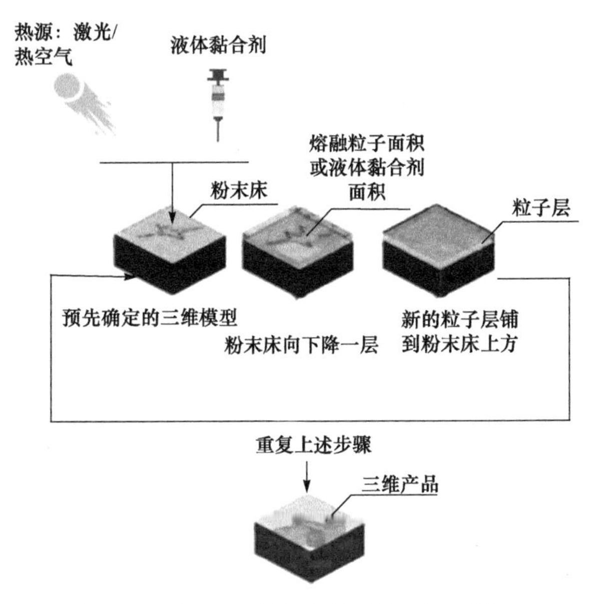

图 10.3 粉体凝结型食品 3D 打印工艺流程[22]

C. 喷墨打印

喷墨食品 3D 打印是在已有的食品上加入装饰，是二维打印在食品中应用的延伸[23]。装饰品原料在打印过程中需维持流动状态，流动的原料通过挤出喷嘴到原有食品上，喷墨食品 3D 打印不是整体逐层打印的，而是采用局部打印的形式，最终完成一个整体，打印速度较快，可实现工业化生产。

2. 营养因素

随着经济的发展，越来越多的人开始关注食品营养、身体健康，注重食品的个性化定制。营养健康和智能制造的大产业为食品 3D 打印开拓了一个新纪元。

食品3D打印作为一种可以数字化控制食品的原料组成以及口味变化的加工形式，越来越受到不同种人群的青睐，特别是孕妇、乳母、婴幼儿、老人、高血脂患者等特殊人群。利用 3D 打印技术制作不同人群所需的食品，可按照该人群所需的营养素配比进行原料配置，制定合理的膳食，但是由于打印的食品大多要通过热加工进行熟化，需要对原有的原料配方进行微调[24]。

同时，随着科技的发展以及前人的研究，在不同人群的膳食营养指南以及个人基因检测结果指导下，将食品 3D 打印技术和精准营养相配合，在满足视觉盛宴的同时，针对个性化的营养和能量需求，将各种原料进行营养和能量分析并科学配伍，实现精准营养的 3D 打印食品制造，将最大限度满足个性化营养健康的需求。

3. 毒理学因素

未来食品的生产不可避免地会带入一定量的非食品级的物质，即会在食品中引入高风险的生物或化学外源物质，存在未知潜在毒性，因此开展复杂生产体系下未来食品潜在毒性的评价体系研究，确定未来食品的检测指标体系，并建立安全防范技术标准是十分必要的。

4. 致敏性因素

致敏物质可分为天然过敏原物质和加工过程中产生的过敏原物质。在加工工艺的风险识别中把在加工过程中产生的过敏原物质作为重点讨论，加工过程中产生的过敏原物质指在加工过程中添加的食品添加剂、食品辅助剂或者食物原料本身产生的致敏性物质，还可能存在过敏原交叉污染，需要建立食品过敏风险控制体系，监测食品加工过程中的过敏原变化情况。

5. 化学因素

食物加工过程中产生的化学污染物主要从以下几个方面进行考虑。

1）非法食品添加剂和食品辅助剂残留

食品添加剂的使用有一定范围与限量标准，在加工过程中非法添加或过量添加食品添加剂可能会对消费者产生危害。食品辅助剂是指食品处理或加工过程中为了完成技术目的而使用的原料、食品或其他成分，使用时不可避免地造成最终产品的衍生物或其他非既定物质残留的物质。食品清洗剂和消毒剂指食品生产加工过程中为了保持良好的清洁卫生而在食品接触面使用的物质，该物质使用后可通过与食品的接触而残留于食品中。

2）生物毒素污染

食品加工过程中污染的生物毒素主要为各类产毒性微生物产生的有毒代谢物

质，如肠毒素、真菌毒素等。未来食品新工艺不可避免地存在微生物污染风险，如培养肉的培养载体富含营养物质，在生产过程中易受到微生物污染，微生物产生的生物毒素可能富集于培养肉中。

3）加工产生的化学危害物

传统食品加工工艺会伴随部分危害物的产生，如富含淀粉的食品经热加工可能产生丙烯酰胺。食品加工新工艺本质上离不开热处理等基本操作，部分新工艺还涉及发酵或细胞培养程序，需考虑新工艺加工过程中可能产生的危害物风险。

为了规范生产过程保证其安全性，必须进行使用材料及生产周期评估以确保其安全使用。因此，为了防止生产过程中使用载体污染物的引入，需要开展新工艺导致的最终产品中抗生素、增塑剂残留化学污染物的检测技术研究，确定最终存在的任何抗结块剂、载体溶剂、固体稀释剂或在食品制造过程中使用的沉淀助剂、过滤剂等，并建立标识和纯度规格以及样品标签和使用说明。最终，建立未来食品培养组分和载体的化学性风险指标体系，形成化学性风险预先防范原则和技术规范标准。

10.2.3　未来食品中基因改造的安全性

基因改造食品作为一种新事物，人们对它的不了解以及宣传力度不够使部分人群对它的安全性仍持怀疑态度。因此，为了确保消费者的安全，所有食品都必须经过一系列的安全检测。

1994 年，世界上第一种转基因食品——转基因晚熟番茄正式投放美国市场，开创了转基因作物商业应用的先河[25]。如今，转基因作物已经成为世界上许多国家研究和争议的热点议题。各国在加大研究力度的同时，也存在广泛的争议。赞同者认为转基因作物在解决目前人类所面临的粮食安全问题上发挥着巨大作用，是农业生产的一次新革命，而畏惧它的人则认为转基因作物的出现会带来难以预想的食品安全性和生态危机[26]。

在对未来食品基因改造的安全性进行风险识别的过程中，遗传修饰、营养、毒理学、致敏性、化学等方面的安全性评估成为基因改造食品是否能够大规模投入市场的重要考虑因素。

1. 遗传修饰因素

遗传修饰就是改变动植物原有的某些基因的结构或者引入新的基因。基因决定性状，有些生物性状是由单基因决定的，如对除草剂的耐受性，有些性状是由多种基因决定的，如食品的味道、质地等。

近几十年来，随着基因工程和分子生物学等学科的发展，人们可以主动地、有目的地改造基因或者将一种基因导入另一种生物内，改变生物原有性状。这种短时间、高效率的方法确实给人们的生活带来了好处，但这种优势是否会带来隐性的危害也是需要关注的[27]。例如，美国曾经对大豆进行基因修饰用作动物饲料，但遗传修饰大豆对人体有危害，因此不能保证这种大豆不会进入人的食物链中。

人们现在食用的食品与几十年前的食品原貌相比已经有了很大不同，人们摄入的亿万基因已经经过了无数次的遗传修饰，而经过遗传修饰的食品本质上并没有不同，自然界中同样存在对人体有害的成分，因此，应当在正确看待遗传修饰食品的同时，对遗传修饰食品进行严格的安全性评估。

2. 营养因素

转基因食品在营养上是否有所改变成为一个异常尖锐的问题。抗虫害、抗除草剂农作物制作的食品是目前最多的转基因食品，这些转基因食品与原始品种在营养成分、抗营养因子和化学性质方面的一致性是保证其食用安全性和营养等同的第一步[28]。

许多研究表明，抗虫害、抗除草剂基因修饰的食品中营养成分改变不大。如Padgette 等对一种含有抗除草剂基因的大豆进行了一系列的分析测试，包括蛋白质、脂肪等。结果表明，原始大豆和转基因大豆中蛋白质、灰分、水分、脂肪纤维、碳水化合物均无明显差异。两者的脂肪酸和 18 种氨基酸含量分析也没有明显差异，但另外有研究曾发现转基因大米与原型物相比水分含量有所不同。

基因改造后食品中营养素和其他对身体有益的成分产生了变化，因此，应对基因改造食品进行营养价值评定，主要是对其所含营养素的种类和含量及营养素的质量两个方面进行评定[29]。测定方法包括化学分析法、仪器分析法、查阅食物成分表等。在评价食品或某营养素价值时，营养素的质与量是同样重要的。食品的营养价值主要依靠动物喂养实验和人体试食临床观察等方法进行评估。

无论如何，从目前的文献资料来看，基因修饰食物营养成分似乎变化很小。如何针对其特点，对营养分析作更细致的研究比较，仍是营养学研究的一个重要任务。

3. 毒理学因素

转基因食品的毒理学评价包括新表达蛋白质与已知毒蛋白和抗营养因子氨基酸序列相似性的比较，新表达蛋白质热稳定性试验，体外模拟胃液蛋白质消化稳定性试验[30]。当新表达蛋白质无安全食用历史、安全性资料不足时，必须进行急性经口毒性试验，必要时应进行免疫毒性检测评价。新表达的物质为非蛋白质，如脂肪、碳水化合物、核酸、维生素及其他成分等时，其毒理学评价可能包括毒物代谢动力学、遗传毒性、亚慢性毒性、慢性毒性/致癌性、生殖发育毒性等方面。具体需进行哪些毒理学试验，采取个案分析的原则。

4. 致敏性因素

基因改造食品的安全性问题本身就是一个研究热点，其中，基因改造食品引入的过敏性问题也是人们关注的焦点之一。如果转入的是新蛋白质，那么产生过敏反应的可能性更高，尤其是儿童及过敏体质的人。例如，对巴西坚果过敏的人对转入巴西坚果基因的大豆也过敏。因此，致敏性问题成为基因改造食品安全性的重要考虑因素[31]。

目前，转基因食品致敏性评价一般采取综合、分步及个例分析的方法。FAO/WHO 建议，在进行致敏性评价[32]时应考虑以下标准：①转基因材料的来源，特别要注意是否含有已知致敏原；②分子量，大多数的致敏原分子量为 10000～40000；③序列同源性；④热稳定性；⑤消化稳定性；⑥食物中的分布情况。

常用的分析方法为国际食品生物技术委员会（IFBC）和国际生命科学学会（ILSI）制定的判定树分析法，由其对上市后的食品进行致敏性评价和检测等。

5. 化学因素

基因改造食品的安全性与食品本身的化学结构有着巨大的关系，以氨基酸为例，*D*-氨基酸抑制着细胞的生长，而 *L*-氨基酸是对细胞生长有益的。因而氨基酸和核苷酸分子等手性的差异带来的影响是十分重要的。英国的“反应停”事件就是由两种药物的手性相反被忽略造成的。*R*-（+）构型的药物能有效阻止女性怀孕早期的呕吐，而 *S*-（–）构型药物的摄入却导致大量畸形婴儿的出生。

相对于传统的非转基因食品，基因改造食品有可能会产生一些新的性质，如提高了对重金属离子的亲和力等。草甘膦[33]和 Bt 蛋白在分子官能团结构本质上决定了它们对土壤中的金属离子特别是重金属离子有天然的亲和力，会促使土壤中更多的金属离子进入植物体内，诱导 *D*-海因酶的活性增加而产生更多的 *D*-氨基酸。因此，转基因食品会在草甘膦/Bt 蛋白、重金属离子和 *D*-氨基酸等多个化学成分的含量与毒理性和非转基因产品相比表现出差异。转基因食品作为食品或饲料将会依食用量对人产生或急性或慢性的不可逆危害，对环境自然也会产生相应的累积性影响。基因改造食品的安全性不是实质等同的，需要进行严格的实验检测。

10.2.4　未知病毒的风险识别

与其他微生物相比，病毒在化学组分、结构、繁殖方式及对药物敏感性方面均有显著差异。对植物而言，病毒是仅次于真菌的第二大病原，由于其流行和暴发对粮食危害极大，且防治困难，故有植物癌症之称。而对于动物而言，病毒具有传播迅速、流行广泛、危害严重和发病率高的特点。无论是动物病毒还是植物病毒，其特定的核酸序列不同，因此可以利用 PCR 技术实现对未知病毒高效灵敏的筛分[34, 35]。

对于植物病毒可以采用第二代测序（NGS）技术测定特定病毒中的核酸序列。利用 NGS 的宏基因组学对植物病毒的研究最早来源于英国学者 Adams 等[36]。siRNA 是在 RNA 沉默机制中产生的一种具有序列特异性调控功能的分子。植物 RNA 沉默机制的主要功能之一是抗病毒。植物对病毒产生适应性免疫应答反应，会在被病毒浸染的植物细胞中产生与病毒相关的 siRNA，这些 siRNA 可用于检测植物中的 RNA 和 DNA 病毒，甚至可用于检测一些结构新颖的类病毒。siRNA 与已知病毒没有明显的序列相似性，因此，siRNA 高通量测序技术不依赖于已知病毒信息，可以检测样品群体中的全部病毒信息，适用于新病毒的发现。

对于动物病毒而言，可以采用罗氏公司的 454 技术（焦磷酸测序法），此技术为第二代测序技术，可实现边合成边测序。该技术不仅加快了测序的速度，同时是发现未知病毒的一把新利器。高通量测序技术的应用，使企业便于控制原材料的安全状态，并尽早制定出解决办法，防止食品安全事故的发生。

10.3 未来食品风险感知

10.3.1 未来食品毒理因素的评估

1. 国内外食品毒理因素风险评估现状

毒理学试验在人类健康风险评估中具有重要作用。毒理风险评估是毒理学家和风险评估师基于产品毒理及理化特性和特定的使用暴露场景进行的风险评估，从而判断该产品的安全性[37]。未来食品作为一种新型食品，目前还处于研发阶段，市场认可度还有待提升，因此为了确保未来食品的安全无毒无害，早日建立未来食品毒理风险评估体系至关重要。

20 世纪 60 年代以来，为了降低食品毒理因素产生的不良影响，世界各国陆续制定了多条法规条例，研究各种食品毒理学评价技术，完善毒理风险评估体系。美国食品及药物管理局 1979 年颁布《联邦食品、药品和化妆品法》，对各种化学物质安全性进行管理；国际经济与发展合作组织（OECD）于 1982 年颁布了《化学物品管理法》，提出了一整套毒理实验指南、良好实验室规范和化学物投放市场前申报毒性资料的最低限度，对新化学物实行统一的管理办法。自 1980 年以来，我国也陆续出台了多种法律条例和毒理学评价程序方法，1987 年颁布实施《化妆品安全性评价程序》，1991 年颁布实施《农药安全性毒理学评价程序》，1994 年颁布实施《食品安全性毒理学评价程序》（2003 年和 2013 年分别对其进行修订）。近年来也出版了多本食品毒理学专著[38]。经过 30 多年的建设，我国食品安全性毒理学评价水平飞速提升，不仅制定颁布了新资源食品、保健食品和转基因食品等的管理法规以及安全毒理评价的标准和技术规范，还发展了许多食品安全性毒理学评价的新方法和新技术[39]。

2. 食品毒理评价技术的应用

1）传统检测技术

传统食品毒理学检测是通过整体啮齿类试验动物（如小鼠等）毒理学数据建立剂量-反应关系的生物学机制模型，观察毒作用终点，以评估目标物对人类健康所造成的潜在风险，在此基础上，动物试验的替代试验正逐渐渗透到毒理学研究领域。1980 年以来，基于动物权益保护的“3R”原则，美国、欧洲、日本等相继成立了动物试验替代中心或研究机构，在体外试验方面，食品毒理学发展迅速，尽管体外试验尚不能代替体内试验，但在化学物的毒性筛选及作用机制的研究方面具有很大的优越性和发展前途[40]。

2）新型模式生物模型检测技术

目前在毒理研究领域应用较多的新型模式生物有斑马鱼、大型蚤和秀丽隐杆线虫等。与小鼠相比，这些模式生物具有易于培养，繁殖速度较快，后代数量众多，可以获得丰富的突变型等特点[41]。斑马鱼常用来研究重金属、芳香族化合物、杀虫剂、除草剂和雌激素等的急性毒性、发育毒性和内分泌干扰毒性[42]；大型蚤毒理试验可以找出毒物对蚤和哺乳动物毒性的相关性，对于快速评估化学物质的安全风险具有一定的科学意义和应用价值[43]；我国毒理学领域利用线虫已初步建立起较为完善的环境毒物毒性评估体系，多用于重金属、环境污染物和抗生素等的毒理评价[40]。近几年来，微流控技术以其高通量、易于微型化、自动化和集成化等特点也为模式生物的研究提供了一个良好的技术平台[44]。

3）器官芯片检测技术

微流控器官模型是结合细胞、生物材料和微加工以模拟组织和亚器官单位的活动和功能的工程化设备，利用微加工和流体技术控制细胞微环境，通过 3D 培养和动态流体操控，在体外模拟接近体内生理微环境的组织器官模型，进行相关的生物学研究[45]。如图 10.4 所示，目前包括心、脑、肝、肾、肺、肠等或多器官模型都已被开发出来并用于个性化医疗以及包括药效学、药代动力学、毒理学的药物评价研究。心脏模型能够模仿关键的机械性能，在接近体内的条件下用于毒性评价研究[46]；血脑屏障模型善于进行食品药物渗透性评估，用于神经毒性研究[47]；仿生肝模型可以模仿改善特异性的肝功能，用于急性肝毒性评估或线粒体相关毒性评价[48, 49]；基于体外透析和实时分析的肾脏芯片技术提供了研究肾对药物反应的手段[50]；微流控肺模型重现了肺复杂的生理和机械微环境，多用于研究肺的生理学毒性反应；体外肠模型模拟肠的结构功能，快速准确地预测口服药物的反应和研究肠道信号对病原体毒力的影响[51]。未来食品中含有多种未知风险，相对于传统实验，器官芯片可以提供一种更为精确的方法，弥补现有模型与人体的偏差和不足，有利于开发未来食品毒理学评价的体外模型的新技术和新体系。

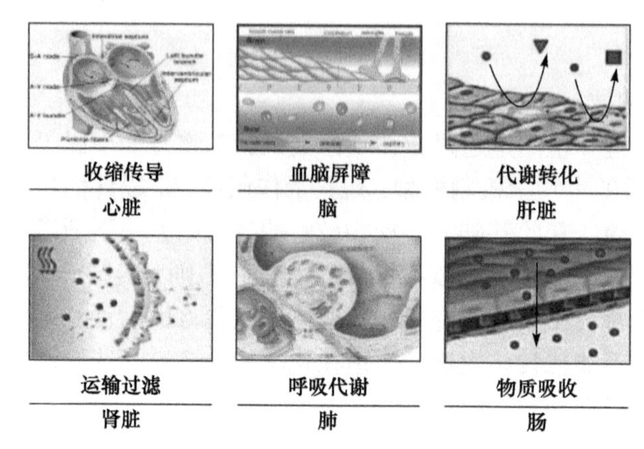

图 10.4 多器官人体芯片作用示意图

4）组学检测

如图 10.5 所示，基因组学、转录组学、蛋白质组学和代谢组学及多组学检测逐渐成为食品安全评价的重要手段。基因组学是食品毒理学中毒理组学的重要组成部分。通过对基因组学的分析，明确基因组学可以对食品中的全基因组表达变化情况加以检测，掌握食品中的生物体和化合物成分，借助生物学的相关信息，对食品中化合物的有毒物质进行鉴定和分析[52]。转录组学利用全部基因的表达调控、蛋白质功能等信息来解决生物学问题，不仅可以研究不同转录组样本中每个基因的表达水平变化，也包括转录组的定位和注释及每个基因在基因组中的功能和结构的测定，为疾病控制、新药开发和毒理评价提供新思路[53]。蛋白质组学检测主要是选择相应的基础性表达物质，还包括组织细胞和体液中蛋白表达情况等，通过对外源性化合

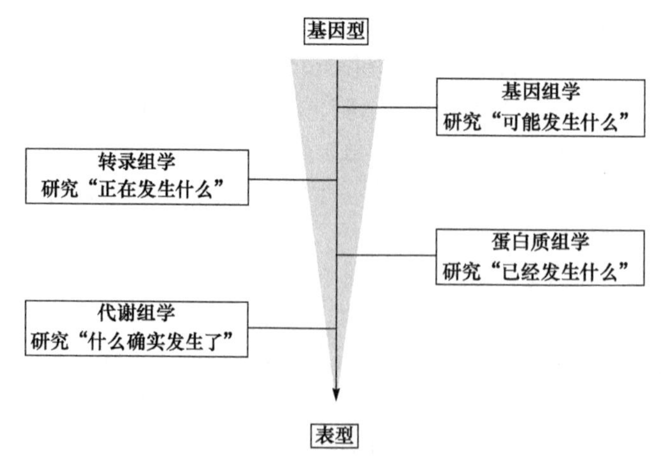

图 10.5 不同组学之间的逻辑关系图

物的比较与鉴定，从根本上实现对外源化合物蛋白中毒性作用机制的分析，明确毒素对人体基因代谢产生的具体影响。代谢组学一般分为系统整体代谢组和组织细胞代谢组，通过使用质谱、色谱和核磁共振等分离技术，充分提高检测物质的分析灵敏度和代谢物的鉴别能力，其在食品毒理学和食品营养学方面具有广泛的应用[54]。

3. 食品毒理评价技术未来发展趋势

1）传统和现代毒理学研究方法的结合

传统毒理学的研究主要是以整体动物试验和人体观察相结合。随着分子生物学和系统毒理学理论及方法的应用，使外源性化学物的毒性评价发展到体外细胞、分子水平的毒性测试与人体志愿者试验相结合的新模式，揭示由基因组序列和调控的改变到毒性表现的过程和机制，而传统的以动物为基础的毒理学研究将逐渐减少[55]。

2）采用多种方法结合起来评价化学物的毒性

研究食品毒理一般需要仪器分析、生态学、微生物学、病理学药理学、食品卫生学和数理统计学等方面的知识，归纳起来分为动物试验、体外试验、人体观察和流行病学研究（图 10.6）。未来食品作为一种新型食品，目前很多毒理资料并不清楚，其安全性在社会上也存在着较大的争议，为了更加方便准确地评价未来食品的价值，多种方法联合使用、综合评价毒性机理将是一个必然的趋势。

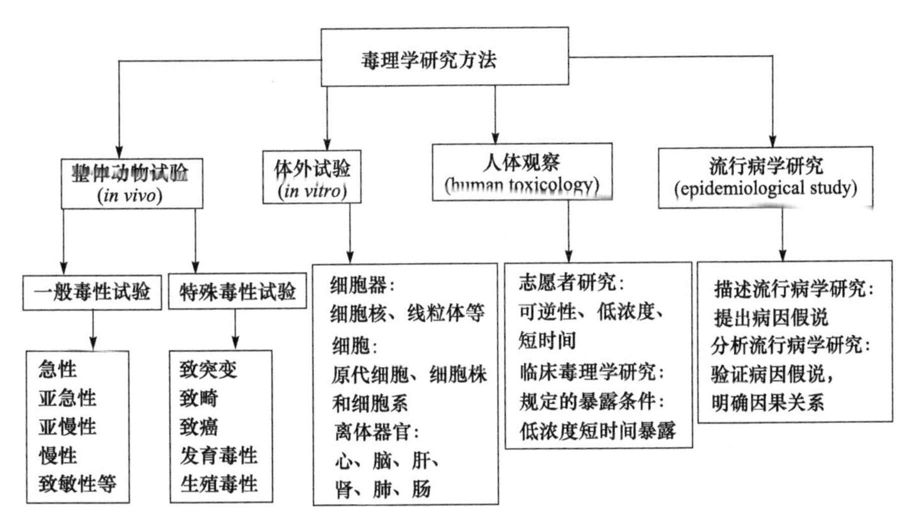

图 10.6 毒理学研究方法汇总

3）未来食品累积风险评估方法的建立

长期以来，毒理学研究多集中于单一化学物的毒性效应，仅对食品中某一种物质的毒性效应进行研究。欧洲毒理学与环境科学委员会也指出，“对于共同存在于一种环境中（如食品）且作用模式相同的许多化合物，如果仅对每一种物质进行单独研究和健康评价是有问题的”[56]。因此，针对未来食品多种未知风险同时暴露的累积风险评估依旧是毒理学界和食品安全领域的研究热点。

总之，毒理学与人们日常生活和生产劳动关系日益密切，如环境污染、生态环境的恶化、药物的不良反应、食品的安全性和兽药及农药的危害等。可以预见，要使未来食品更加快速顺利安全地被人类所接受，毒理学的研究将会起到非常重要的作用，为人类做出巨大的贡献。

10.3.2 未来食品致敏因素的评估

食品过敏是当今食品安全领域的重要问题之一，过敏被世界卫生组织列为21世纪重点防治的三大疾病之一，其中由食品引发的过敏疾病约占过敏总数的90%[57]。对于食品过敏人群，极小剂量的过敏原可引起剧烈的过敏反应，避免食用含有过敏原的食物是目前预防食品过敏的唯一措施。因此，对食品中过敏原的检测及食品包装上过敏原标识的管理是控制食品过敏风险的主要手段。

1. 食品过敏原检测技术的应用

根据检测目标物种类，目前应用最广泛的食品过敏原检测技术主要可分为两大类：基于蛋白质的检测技术及基于核酸的检测技术。

1）基于蛋白质的检测技术

根据检测原理，基于蛋白质的过敏原检测技术可分为免疫学分析法、质谱法。

目前比较常规的免疫学分析方法包括酶联免疫吸附法（ELISA）、放射免疫吸附法、蛋白印迹法等。ELISA是各国用于检测过敏原的标准方法，其基本原理为利用抗原抗体特异性反应，使用特殊的酶标记抗原或抗体，通过酶与底物显色反应产生的颜色深浅定性或定量反映样品中特定过敏原的含量。其中，夹心ELISA[图10.7（a）]及竞争性ELISA[图10.7（b）]是用于检测过敏原的典型方法。

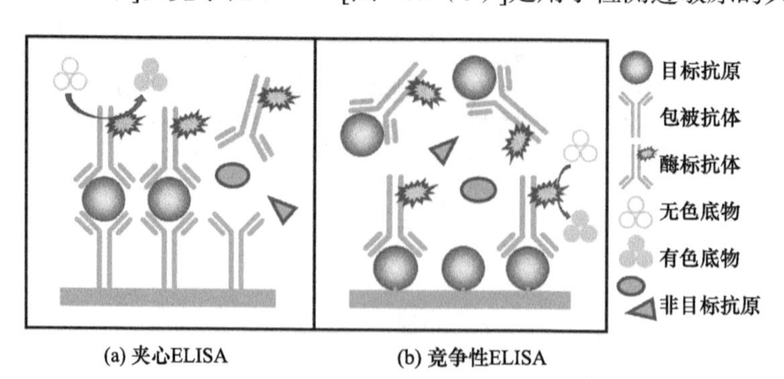

图10.7 两种ELISA原理示意图

夹心 ELISA 利用两种特异性抗体，可分别与目标抗原不同表位结合，从而形成夹心结构。竞争性 ELISA 将目标过敏原标准物质与固相载体结合，样品中的目标过敏原与包被过敏原竞争结合酶标抗体，底物显色反应强度与样品中过敏原含量呈反比。ELISA 存在一定固有缺陷，包括抗体间交叉作用引起假阳性，过敏原的抗原活性表位发生构象改变、变性或降解引起假阴性。

用于检测食品过敏原的免疫印迹法包括传统免疫印迹法（WB）、斑点印迹法及免疫层析法。WB 是检测特定蛋白质的常规方法，由聚丙烯酰胺凝胶电泳与免疫分析法结合而成，易出现假阴性结果。斑点印迹法是 WB 简化而成的检测手段，滴加样品提取液，将样品吸附到硝酸纤维素膜上，直接用特异性抗体进行分析。斑点印迹法属于定性或半定量检测方法，无法实现准确定量。

免疫层析法是在 ELISA 基础上建立而成的方法，具有检测快、准确性高、操作简单的优点，常制作成试纸条的形式。Masiri 等[58]开发了一种夹心及竞争形式的免疫层析法，可快速检测杏仁、腰果、椰子、榛子、豆奶中改性过敏原，灵敏度达 1 mg/kg。然而，免疫层析法一般难以准确定量样品中的过敏原。

质谱法检测过敏原具有 4 步基本流程：①筛选标志性肽段；②肽段特异性验证；③定向检测方法建立；④样品中食品过敏原的定量检测。质谱法的检测结果与蛋白质片段的构象无关，尤其适合食品加工过程中的过敏原定量检测。然而，质谱仪器昂贵，操作不便，成本高，难以满足商业化需求。

2）基于核酸的检测技术

若过敏性食品中天然含有较高量的 DNA，则 DNA 可作为过敏原的替代标志物。目前常用于检测食品过敏原的核酸检测技术主要有实时荧光定量 PCR（RT-PCR）技术、环介导等温扩增（LAMP）技术等。

RT-PCR 技术利用荧光物质，通过荧光信号强度，实时反映目标 DNA 片段的扩增情况，是 ELISA 方法的良好补充。然而，由于部分样品中存在杂质和抑制剂，PCR 可能出现假阴性，且检测成本较高，仪器昂贵，难以实现快速检测以及商业化推广。

LAMP 技术能在恒温条件下进行扩增反应，扩增效率高，具有简便、快速、成本低等优势。张懿翔等[59]建立了一种快速检测食品过敏原牡蛎成分的 LAMP 技术，可在 25～45min 内完成一次检测，可以检测出仅含 0.1%牡蛎成分的样品。LAMP 操作简单，适合现场快速检测。然而，基于核酸的检测技术检测的是过敏原蛋白对应的 DNA 片段，不能直接反映样品的致敏性。

2. 食品过敏原检测技术未来发展趋势

准确、高效、便捷的食品过敏原检测技术是实现未来食品过敏原管理制度所必不可少的。近年来，用于食品过敏原检测的新兴技术主要有生物传感器技术、生物芯片、基因工程抗体等。

1）生物传感器技术

生物传感器技术检测效率高、成本低、灵敏度高、操作方便，可制备成便携体积，实现现场快速检测。生物传感器可以将食品过敏原与抗体间相互作用力转化为可测量的物理化学信号，实现过敏原的定量检测，其可分为可视化传感器、电化学传感器及细胞传感器。

可视化传感器包括表面等离子共振（SPR）、表面增强拉曼光谱（SERS）、荧光传感器等。SPR 通过捕捉传感器表面折光率的变化来实现检测，常用纳米金修饰并固定生物感受器（抗体或适配体），以增强 SPR 信号，提高灵敏度，见图 10.8（a）。Ashley 等[60]利用纳米金传感芯片增强 SPR 信号，建立了一种用于检测 α-酪蛋白的 SPR 可视化传感器，最低检测限为 0.127 mg/kg。SPR 传感器不需要进行标记，能够实时直接检测样品中的过敏原含量。

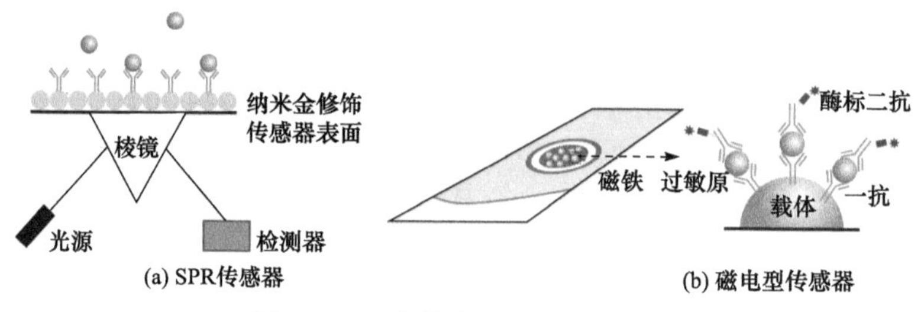

图 10.8 生物传感器检测示意图[61]

电化学传感器依靠生物化学感受器与电化学转导元件组合，实现目标物的检测，可分为安培型、伏特型等。安培型电化学传感器能够测量工作电极表面氧化还原反应产生或损耗的电流：将抗过敏原抗体固定在工作电极表面，一般还需用辣根过氧化物酶或碱性磷酸酶进行标记。Ruiz-Valdepenas 等[61]制备了一种高灵敏度便携式安培型磁电免疫传感器，如图 10.8（b）所示，能够检测食品中花生过敏原 Ara h 1 及 Ara h 2 蛋白的含量。电压型电化学传感器能够检测工作电极与响应电极之间的电势变化，这种电势变化能够反映食品样品中的过敏原含量。Eissa 和 Zourob[62]使用石墨烯修饰的丝网印刷碳电极，制备了一种无须标记的伏特型免疫传感器，能够检测牛奶过敏原β-乳球蛋白。

细胞传感器以活细胞作为传感元件，其利用细胞的高敏感性，具有实时、快速、动态、准确等优点，能检测和分析目标物的含量与危害，克服了基于蛋白质和核酸传统检测方法的缺点。蒋栋磊[63]利用肥大细胞对过敏原的敏感性，将肥大细胞固定在金电极进行 3D 培养，构建了一种可用于检测虾肌球蛋白的电化学肥大细胞传感器，最低检测限为 0.15 mg/L，进一步通过构建荧光质粒、转染细胞，构建了一种可检测鱼小清蛋白的荧光肥大细胞传感器，最低检测限为 0.35 μg/L。

2）生物芯片技术

生物芯片是构建在固相载体上的微小检测装置，可在一定条件下与待测样品发生生物杂交反应，在扫描仪器和计算机的辅助下对反应结果进行数据采集和分析，具有微量化、高通量、高效率和自动化等明显优势，可实现可视化快速检测。生物芯片主要包括蛋白芯片、基因芯片、细胞芯片等。Yin 等[64]采用夹心式检测方式，制备了一种能够同时定量检测样品中β-乳球蛋白、乳铁蛋白两种过敏原的蛋白质芯片。Wang 等[65]研制了一种基于硅的光学薄膜基因芯片，能够同时检测食品中 8 类过敏原，并在 30min 内显示检测结果。Jiang 等[66]模拟机体内免疫环境构建了巨噬细胞和肥大细胞共培养微流控芯片，芯片结构见图 10.9，该芯片能够准确实时监测细胞接收过敏原刺激时发生的过敏反应，包括释放炎性细胞因子、细胞阻抗变化，为生物芯片在食品过敏原监测中的应用提供了思路。

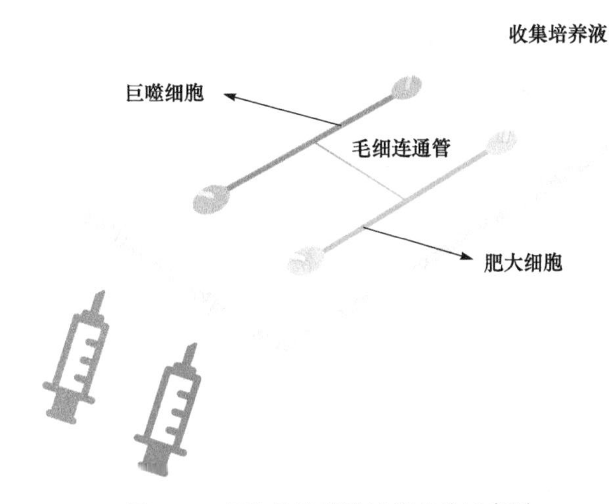

图 10.9 细胞共培养微流控芯片示意图

3）基因工程抗体

常用的传统抗体有兔源多克隆抗体、鼠源单克隆抗体等，但存在表位结合不确定、分子量较大、空间位阻大、制备复杂等缺点。基因工程抗体是一种通过在体外进行遗传操作，转染适当的受体细胞进行表达而得到的新型抗体，这种抗体遗传信息稳定，可用于食品过敏原的检测，推动过敏原免疫检测技术的发展。

纳米抗体是一种天然缺失轻链的重链抗体，具有亲和力高、稳定性强、溶解性好以及人源化简单等优点，可降低检测成本，缩短研发周期。Liu 等[67]使用纳米抗体建立了一种检测赭曲霉毒素 A 的竞争性 ELISA 方法，线性检测范围为 0.27～1.47 μg/L。可以推测，纳米抗体具有应用于食品过敏原检测的前景。

表位是食品过敏原致敏的物质基础，过敏原在加工过程中容易发生结构改变而表位保持良好的稳定性，导致传统抗体不能特异性识别这些过敏原。表位抗体能够特异性识别表位肽，提高检测准确性。Zhang 等[68]制备了贝类原肌球蛋白中一个 IgE 表位的单克隆抗体，并与原肌球蛋白多克隆抗体建立夹心 ELISA 方法，对虾及太平洋褶柔鱼原肌球蛋白的检测限分别为 0.09 μg/L 及 0.64 μg/L。

3. 肠道菌群对食品过敏评估的影响

人体胃肠道内表面上寄生着大量微生物，即肠道菌群，它们对人体先天性及适应性免疫反应的形成存在显著影响。近年来，有较多流行病学研究及动物实验研究发现，肠道菌群与食品过敏情况存在相关性。

研究显示，家里拥有较年长小孩或养有宠物的婴儿在 1 岁前患鸡蛋过敏的概率明显偏低，且胃肠道中瘤胃球菌（*Ruminococcus*）和颤螺旋菌（*Oscillospira*）的丰度升高[69]。对欧洲农村及城市地区人群的调查发现，童年生活在农村的人群患过敏症的概率更低[70]。这些研究表明，幼年暴露于微生物环境，有助于增加肠道菌群多样性，降低患食品过敏的风险。

动物实验发现了一些特殊的梭状芽孢杆菌，其具有预防食品过敏的能力。Feehley 等[71]将健康婴儿及牛奶过敏婴儿粪便中的微生物分别移植到无菌小鼠体内，发现移植了健康婴儿粪便菌群的小鼠未出现牛奶过敏，健康小鼠回肠中存在一种梭状芽孢杆菌，能够预防食品过敏。移植了此类梭状芽孢杆菌的无菌小鼠能够抵抗对鸡蛋及花生过敏原产生的系统性免疫反应[72]。此外，Rivas 等[73]研究发现，对比野生型小鼠，易过敏小鼠（IL-4 受体突变小鼠）肠道菌群存在显著差异，且使用鸡蛋过敏原（卵清蛋白）经口致敏易过敏小鼠会导致其肠道菌群组成出现明显改变。

现阶段研究认为，肠道菌群影响机体食品过敏情况的机制可能有 3 种：①部分肠道菌群具有抑制调节辅助型 T 细胞 2（Th2）免疫活性的作用，Th2 能够分泌 Th2 型细胞因子，这些细胞因子的过度表达会导致免疫系统被异常激活，出现食品过敏症状；②肠道菌群能够影响宿主免疫系统的调节机制；③肠道菌群能够增强肠道屏障功能，降低食品过敏原吸收率。

肠道菌群对食品过敏的影响是目前食品过敏领域热门研究方向之一，不同肠道菌群对食品过敏的影响及其机制目前尚不明确，仍需更为详细与深入的研究。

10.3.3 未来食品生物性污染的评估

1. 国内外食品生物性污染风险评估现状

食品生物性污染是指食品被致病菌或病原体污染的现象，食用被污染的食品，将会引起急性或慢性食物中毒，危害人体健康，甚至危及生命[74]。由于缺乏系统科学的监管手段，目前生物性污染已成为影响食品安全最主要的因素[75]。

1）生物性污染的分类

食品的生物性污染分为微生物、寄生虫及昆虫污染，其中微生物污染又包括细菌、真菌和病毒污染。食品中的生物性污染见表 10.1。

表 10.1　食品中的生物性污染

污染种类	特点及危害
细菌	最常见，可分为感染型和毒素型两类，病原菌引起消化道感染而造成的疾病称为感染型食物中毒，细菌大量繁殖产生毒素而造成的中毒称为毒素型食物中毒。主要症状有腹泻、呕吐、发热等
真菌	种类较多，形态、构造也较复杂，对食品安全危害最大的是霉菌。霉菌可使食品发生霉变，侵害肝脏、肾脏、大脑神经系统等器官，产生肝硬化、肝炎、急慢性肾炎、神经组织变性等
病毒	一般在食品中含量很低，存活力强，难以察觉但感染能力极强。除了病毒污染外，食物中抗病毒药物的残留同样引人关注
寄生虫	食用未经烹制全熟或是生食被寄生虫污染的食物易患食源性寄生虫病
昆虫	主要包括粮食中的甲虫、螨类、蛾类以及动物食品和发酵食品中的蝇、蛆等，多由于食物处理及保藏不当引起

2）生物性污染的特点

食品生物性污染具有急性中毒暴发性强、慢性中毒周期长、中毒频率高等特点，与其他污染因素不同的是，生物性污染物是活的生物，可以不断生长繁殖。有些病原体（如细菌、霉菌）可在食品中迅速繁殖；有些（如病毒、寄生虫）在食品中增殖不快，但可以大量存在且具有传染性[76]。污染还会随着食物链的传递而不断富集，且生物本身及其代谢过程、代谢产物等均会对食品原料、加工和储藏过程造成污染。

3）国内外风险评估现状

食品生物性污染的危害性质与程度取决于污染物的种类和数量，目前我国卫生部颁布的食品微生物指标有菌落总数、大肠菌群和致病菌 3 项，但由于细菌、病毒等的不断变异以及数量较多等，生物污染风险评估技术还需要加强[76]。目前国内外的关注均较缺乏，即使在发达国家，感染漏报率也高达 95%[77]。

传统的微生物检验法费时费力，且风险的识别依赖于微生物的富集培养，无法实现实时监测，因此许多食品的快速检测方法开始迅速发展。目前常用的快速检测方法可分为基于核酸序列的检测技术、生物传感器技术和基于免疫学的方法[78]。

但是造成感染性疾病的病原微生物种类日益复杂，常见的已知病原微生物的威胁不仅没有消除，更是出现了一些耐药性菌株，如葡萄球菌、肠球菌、铜绿假单胞菌等，加之一些新发现的新病原体和新型重组病原体的出现，给生物污染的风险评估带来了很大的困难，目前对于未知病原体的检测研究也较为缺乏。

2. 食品生物性污染检测技术的应用

1）传统检测技术

污染物的定性常采用培养观察法，部分污染物可通过显微镜甚至肉眼直接观察其形态特征进行定性分析。对于肉眼不可见或难以分辨的微生物可在一定培养条件下培养后，观察菌落特征。

生物培养检测法鉴定结果虽然准确可靠，但这种方法操作烦琐、耗时长，不能达到快速诊断检测的目的。此外，一些细菌是不能或很难被培养检测的，如嗜肺军团菌属和分枝杆菌属，而且生化培养技术检测灵敏度比较低（0.3～0.5），也不能提供病原微生物的潜在致病性信息或者相关毒性信息[79]。

2）基于核酸序列的检测技术

基于核酸序列的方法可以检测微生物细胞及其毒素，包括整合基因分析、多重 PCR 技术、变性梯度凝胶电泳技术（PCR-DGGE）、长度异质性聚合酶链反应（LH-PCR）以及 RT-PCR 技术等[78]。

核酸技术包括三个步骤：核酸提取、扩增和检测。其中，检测步骤由于直接显示检测结果而起着至关重要的作用。由于检测的趋势是简单、快速、可视化，因此在肉眼可以看到和识别结果的情况下，进行视觉检测是非常必要的[80]。

3）生物传感器技术

生物传感器是一种传感装置，能够将任何生物、生物衍生材料、仿生材料与物理化学检测器或换能器结合。生物传感技术中，有两个步骤是必需的：相互作用的生物识别元件（酶、抗体、核酸适配体等）及固定化方式（金吸附、抗生物素蛋白-生物素系统或自组装单层），其中以核酸适配体作为识别元件的传感器检测原理如图 10.10 所示。高效快速的生物传感检测技术，可以从源头检测控制食品中的微生物情况，有效减少食物损失[5]。目前已有较多关于固定化方式的优化，尤其是分子印迹、纳米材料与电化学传感的联用技术，在进一步提高实时检测速度的同时，提高了传感器的灵敏度和稳定性，减小了杂质的干扰[82]。

4）免疫学方法

免疫学方法是基于抗体和抗原特异性结合的原理进行检测的，食品研究中广泛使用的免疫学方法包括 ELISA、酶联荧光分析法（ELFA）以及免疫磁性分析（IMS）。其中，ELISA 是利用抗原抗体的特异性反应并结合颜色变化进行鉴定，是最通用的免疫测定方法，与 HPLC 联用时有较好检出限（0.01～0.1），但仪器成本高，费时费力，当前已有市售的 ELISA 试剂盒[83]。ELFA 相比 ELISA 更灵敏。IMS 是一种实验室方法，可以有效地从各种体液和原代培养细胞中分离细胞，用

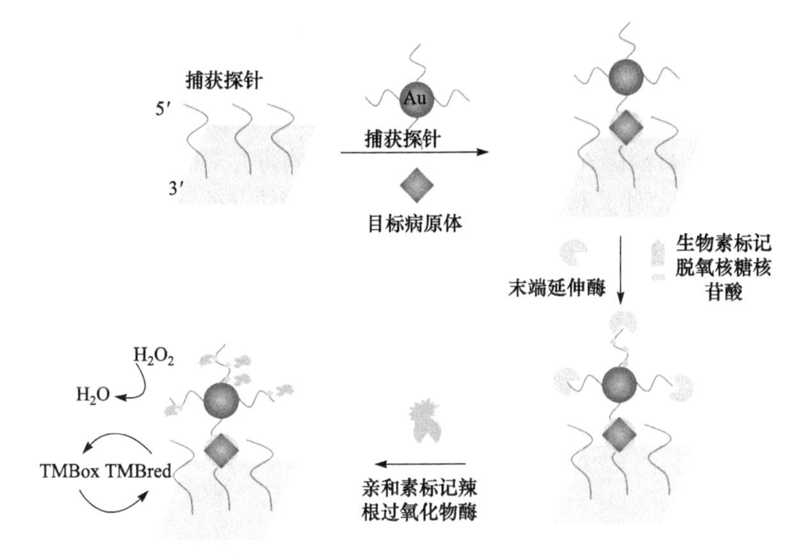

图 10.10 一种电化学核酸适配体传感器检测原理示意图[81]

来量化食物、血液或者粪便等样本的致病性[84]。不同检测技术因检测原理各异，而具有不同的检测特点，上述各检测方法优缺点见表 10.2。

表 10.2 各检测方法的优缺点对比

检测方法	优点	缺点
传统生物培养法	准确可靠	操作烦琐、耗时常、灵敏度低、无法得到基因相关信息
基于核酸序列的检测技术	操作简单、耗时较短	无法确定微生物的存活情况
生物传感器技术	快速、高效	灵敏度低、稳定性不好、易受杂质干扰
免疫学方法	耗时较短、灵敏度高	假阳性、检测量小

3. 食品生物性污染检测技术的未来发展趋势

1）快速准确、低成本的实时检测

随着科技的进步，便携式智能设备上的实时现场检测成为未来的研究方向之一，但因市场同类设备的匮乏其还有巨大的改进空间。传统检测方式不仅有着复杂而耗时的样品制备和检测步骤，同时也会带来大量的化学和生物废弃物。为了以可持续发展的方式应对日益增长的粮食需求，有必要开发低成本的快速检测技术，以优化食品生产过程[85]。

2）未知病原体的筛查检测

A. 基因芯片完成“一对多”的高通量筛查

目前，病原体快速检验方法多是一对一的检测方法，或是局限的一对多的方法。面对未来可能出现的新病原体，为做到快速识别，需要一对多的检测方法。基因芯片作为一种高通量技术，可以开发“一对多”的病原体通用检测新技术，其原理见图 10.11。目前国外已发展了用于检测已知病毒并对病毒进行分型鉴定的基因芯片技术。然而，对于未知病原体，目前还没有能快速确认与鉴定的技术。大规模特异性的探针设计复杂，要想充分发挥其高通量的优势仍然存在巨大的挑战[79]。

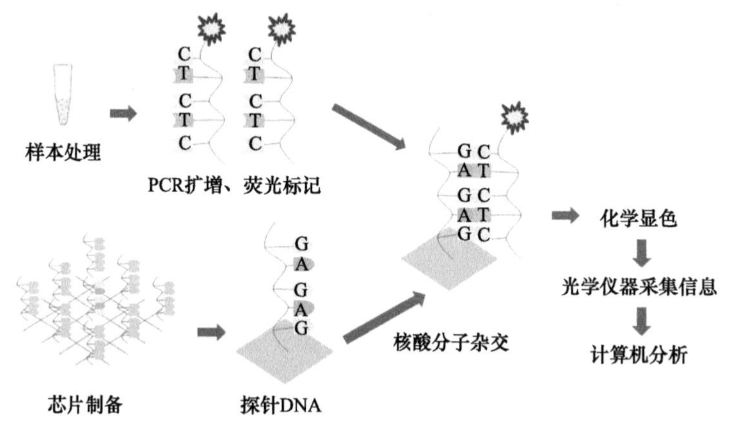

图 10.11 基因芯片技术原理

B. 通过基因组测序、生信分析推测新型毒素

传统的毒素发现往往是在病情发生后再分离、培养、鉴定毒素[图 10.12(a)]，这种方法获得的信息过于滞后，无可避免地会对健康和经济等造成影响。许多未知毒素的基因组可能跨越了不同的基因谱系，但发育树已存在于现有数据库中，如 NCBI 数据库目前已有近 10 万原核生物的部分或完整基因组。基因组数据的爆炸性增长，尤其是元基因组的快速发展，使得我们在毒素被实验分离或进行生物化学测试之前，甚至在一个含有毒素的物种被确认为病原体之前，就可以识别它们的编码基因。我们还可以通过生物信息学方法来开发一种持续自动地监视基因组数据库的技术[图 10.12(b)]，以先发制人地完成毒素鉴定[86]。Krueger 和 Barbieri[87]使用 PSI-BLAST 发现了沙门氏菌 SpvB 毒素。随后，Pallen 等[88]通过已知基因组确定了 20 多个其他假定的二磷酸腺苷-核糖基转移酶(ADP-ribosyltransferases，ADPRT)，之后通过生化手段进行了验证。

C. 聚焦耐药性致病菌的检测

近年来，抗生素耐药性问题逐渐发展成为世界上最紧迫的公共卫生问题之一。食品也不可避免地受到了影响，抗生素耐药基因在环境及食品运输中的传播途径如图 10.13 所示。消费者在食用该类食物时会面临着耐药性食源微生物污染带来的某些风险，尤其是病原菌的毒力和耐药性两大因素对人类的威胁不容小觑。

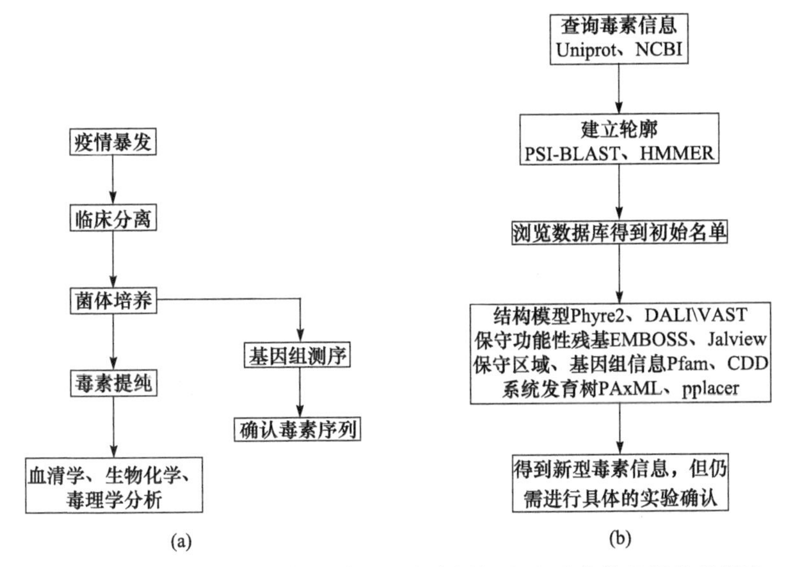

图 10.12　（a）传统微生物培养法鉴定流程与（b）生物信息学鉴定流程

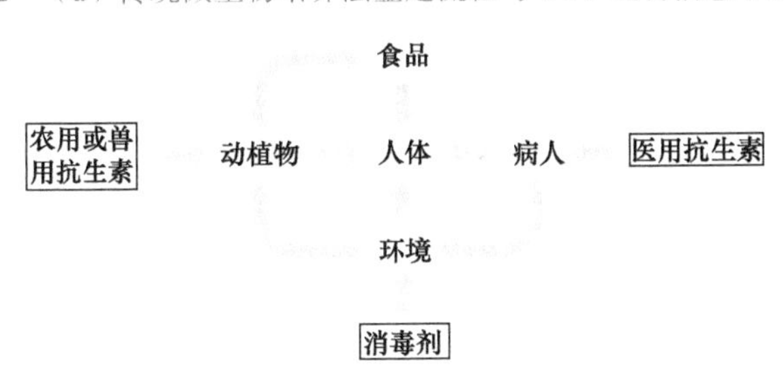

图 10.13　抗生素耐药基因传播途径

目前常规检验手段是耐药表型实验和 PCR 技术，耐药性实验至少需要 2～3d 才能得出结果，PCR 技术也存在工作量大、检测效率低、易污染等缺点。随着分子微生物学和分子化学的迅速发展，基因芯片在细菌耐药监测方面体现出极大的优势。结合 PCR 技术扩增目的基因，利用基因芯片可以检测相关的毒力基因和耐药基因，针对不同种类的基因检测芯片一直在研发和使用之中。近年来，器官芯片不断发展，同样在耐药性研究方面取得了一些进展，但多针对癌症药物，在食品中的研究较为缺乏。

10.3.4　未来食品化学危害物的评估

1. 国内外化学危害物风险评估现状

发达国家对食品化学危害物的风险评估较为严格。日本对《日本食品中农业化学品残留肯定列表制度》修改后，对检测限量要求更为严格。各食品、农产品涉及的限量标准成倍增加，并需系统性地确定具体危害及其控制措施，以保证食品安全[89]。

食品添加剂联合专家委员会、欧洲食品安全局等国际风险评估机构对霉菌毒素进行风险评估均是采用点评估方法，即通过人群中相关食品的消费量与霉菌毒素污染浓度，结合目标人群体重数据建立模型，得到平均暴露量或高端暴露量[90]。

随着全球食品安全监管以及溯源工作的开展，食品安全风险评估工作已经在我国持续开展了数年。为了最大限度地打破国外贸易技术壁垒，为风险管理者提供科学的决策依据，进行食品产品出口，尤其是未来食品的安全风险评估已是势在必行。我国食品安全法规定我国的食品安全风险评估由卫生部负责，并成立食品安全风险评估专家委员会开展评估，但普通消费者对此并不熟悉。因此，对此方面的研究仍需食品人深入探讨。

2. 食品化学危害物检测技术的应用

1）色谱/色谱-质谱联用技术

食品中存在的化学性污染种类繁多，色谱及色谱-质谱联用技术是目前最广泛地用于食品中多种化学污染同时检测的方法，如 QuEChERS-超高效液相色谱-串联质谱法可同时测定杧果中 14 种农药残留[91]，固相萃取-气相色谱法可用于检测甘蓝蔬菜中的马拉硫磷、氧乐果和治螟磷残留[92]等。随着提取、色谱、质谱技术的进一步发展，色谱/色谱-质谱联用检测技术的性能、应用范围将得到进一步提升，从而满足更多食品安全领域的需求。

2）免疫分析技术

免疫分析技术前处理简单、结果呈现快速，可实现现场检测。目前常用于食品中化学性污染检测的免疫分析技术可分为标记免疫分析技术、免疫传感器技术、仿生免疫等。标记免疫分析技术中最常用的方法为 ELISA。一般而言，ELISA 中一种抗体只能检测出单种物质，而广谱特异性直接竞争 ELISA 可快速筛选出多个阳性样品，同时结合高效液相色谱-串联质谱（HPLC-MS/MS）对阳性样品进行定性和定量检测，基于辣根过氧化物酶标记的单克隆抗体和固相萃取的直接竞争 ELISA 可同时分析 42 个样品，并进行 12 个有机磷农药的检测，在 40min 内完成检测[93]。纳米金也是免疫分析法中常用的标记技术，并常用于制备胶体金侧向流免疫层析试纸条，是一种低成本、易操作、快速测定和筛选的用户友好型测量工具[94]。此外，随着纳米技术领域的快速发展，纳米金结合生物条形码技术成为新的诊断工具，生物条形码技术利用磁场作用使“金纳米颗粒-目标物-磁纳米颗粒”复合物聚合，之后释放金纳米颗粒表面的寡聚核苷酸达到信号放大的目的，已逐渐用于蛋白质、核酸靶标和小分子化合物的超灵敏检测[95]。

仿生免疫技术通过设计并合成人工抗体代替天然抗体，以克服天然抗体存在的缺陷，从而形成具有更高灵敏度、准确性的免疫分析方法。聚合物材料[96]、分子印迹聚合物[97]等物质均可用作仿生抗体。

3. 食品化学危害物检测技术的未来发展趋势

1）生物传感器技术

应用于食品化学污染检测的传感器技术主要为免疫传感器，即基于转换器表面上的抗体和抗原之间相互作用的生物传感器。抗体或抗原都可以固定在换能器上，用以检测其对应的抗原或抗体。根据信号传导方式，免疫传感器可分为电化学传感器、SPR 传感器与多种新型免疫传感器。电化学传感器已用于呋喃丹、百草枯、硫磷农残等多种化学污染的检测[98-100]，可以实现快速高灵敏定量检测。SPR 生物传感器能够实时、原位和动态观测各种生物分子。SPR 方法基于与样品中分析物分子结合相关的折射率变化的光学测量，以识别固定在 SPR 传感器上的分子[95]。该技术已被广泛用于研究 DNA-蛋白质、抗体-微生物、抗体-抗原等之间的相互作用，也可用于化学污染物的检测。与常规 ELISA 方法相比，SPR 方法操作简单，检测快速，样品消耗低。新型免疫传感器种类多样，如光纤免疫传感器、免标记免疫传感器、晶体管免疫传感器、微悬臂梁免疫传感器、谐振器免疫传感器等[95]，新技术为传感器在食品安全检测中的应用提供了新的方向及更多的提升空间。

2）化学污染预测技术

目前，化学污染残留物检测中的预测技术种类很多，综合来说，预测技术主要是通过检测手段来确认食品内所有成分，再根据成分在正常环境下的变化表现以及变化后对食品整体质量的影响做出预测判断，确定食品保质期。此外，由于污染残留物质种类繁多，通常还需借助信息化手段生成智能逻辑，再通过智能逻辑代替人工进行判断，并结合人工校核，得到准确的检测结果。预测技术的出现为化学污染残留物检测提供了很大的发展空间[101]。

10.3.5　未来食品风险模型构建

通过查阅国内外与食品安全风险相关的模型，发现对未来食品安全风险建模是一个应用可拓理论进行食品安全风险建模的过程[102, 103]。

1. 可拓理论基础

可拓学以物元理论和可拓集合为理论基础，以现实中相互矛盾的问题为研究对象，旨在寻求内在的解决矛盾的机制。

1）物元理论

物元、事元和关系元作为可拓学的基本逻辑细胞，称为基元。物元用来描述物体的属性和特征；事元用来描述物与物之间的相互作用关系；关系元表示关系间的相互作用与影响。在可拓学中，将物元、事元和关系元按照一定方式组合，建立解决问题的模型。

2）可拓集合理论

可拓集合理论是将用文字或非数字表示的矛盾问题进行定量化处理，使其最终可以被计算机识别计算。可拓集合是描述将一个不拥有某种特性的事物转化为拥有该特性的事物的集合，通过数字进行定量描述该事物拥有该性质的程度[104]。正数表示转化后的事物具有该特征，负数表示事物不拥有该性质；不论正数、负数，其绝对值越大，表示转化后的事物偏离该性质的程度越高[105, 106]。

2. 基于可拓理论的食品安全风险建模

在未来食品风险建模中，N 表示待检食品的模型参数，C 表示选取的参数特征，V 表示参数特征的取值范围：

$$\boldsymbol{R}_j=\left(N_j,C_j,V_{ji}\right)=\begin{bmatrix} N_j & c_1 & v_{j1} \\ 0 & c_2 & v_{j2} \\ \vdots & \vdots & \vdots \\ 0 & c_n & v_{jn} \end{bmatrix} \tag{10-1}$$

其中，j 为所划的 j 个等级；N_j 为待检测食品第 j 个模型因子；$c_1,c_2,\cdots,c_n$ 为选取的模型参数的特征量；$v_{j1},v_{j2},\cdots,v_{jn}$ 分别为 N_j 关于 $c_1,c_2,\cdots,c_n$ 所选取的范围。

根据可拓原理，将模型参数的特征划分不同的等级，经典域代表各特征符合某一等级所满足的范围，假设有 n 个不同的特征，经典域 V_{jn} 所形成的基元矩阵为 $\boldsymbol{R}_j$：

$$\boldsymbol{R}_j=\left(N_j,C_j,V_{ji}\right)=\begin{bmatrix} N_j & c_1 & v_{j1} \\ 0 & c_2 & v_{j2} \\ \vdots & \vdots & \vdots \\ 0 & c_n & v_{jn} \end{bmatrix}=\begin{bmatrix} N_j & c_1 & <a_{j1},b_{j1}> \\ 0 & c_2 & <a_{j2},b_{j2}> \\ \vdots & \vdots & \vdots \\ 0 & c_n & <a_{jn},b_{jn}> \end{bmatrix} \tag{10-2}$$

其中，j 为所划分的 j 个等级；N_j 为第 j 等级的检测因子；$c_1,c_2,\cdots,c_n$ 为 N_j 的 n 个评价特征；$v_{j1},v_{j2},\cdots,v_{jn}$ 分别为 N_j 关于 $c_1,c_2,\cdots,c_n$ 所取的范围，即经典域；$<a_{jn},b_{jn}>$ 为该属性的取值范围，a_{jn} 表示上限值，b_{jn} 表示下限值。

食品风险评价受多个因素影响，不同因素的影响程度取决于各因素间的权重。这里选用层次分析法（AHP）[107]来确定权重。层次分析法是将影响决策结果的多个因素分为不同的层次，根据层次的定量分析评价本层元素与上层元素关系的一种方法[108]。它是根据网络系统理论以及多目标的综合评价方法，提出的一种可用于权重分析的方法，是一种定性与定量相结合的分析方法。

在单层次排序计算中，每一层次的元素相对于上一层元素的权重问题又可以简化为成对元素相互比较的问题，为此引入 1～9 标度法[109]。

1～9 标度法是根据人们对事物间影响程度的描述制定的一种判定方法，人们一般会用重要、非常重要、不重要等形容词来描述事情的重要程度。1～9 标度法主要是将人类的思维判断数量化。Santy 通过模拟实验发现，人们对事物的分辨能力通常定格在 5～9 级，具体定义如表 10.3 所示。

表 10.3　1～9 标度法[109]

标度	定义	含义
1	同样重要	两元素对某准则同样重要
3	稍微重要	两元素对某准则，一元素比另一元素稍微重要
5	明显重要	两元素对某准则，一元素比另一元素明显重要
7	强烈重要	两元素对某准则，一元素比另一元素强烈重要
9	极端重要	两元素对某准则，一元素比另一元素极端重要
2, 4, 6, 8	相邻标度中值	表示相邻两标度之间折中时的标度
上列标度倒数	反比较	元素 i 对元素 j 的标度为 a_{ji}，反之为 $1/a_{ji}$

通过求解判断矩阵的最大特征值，再归一化处理，所得到的元素就是本层因素相对于上层因素影响的权重排序，也称为层次单排序，为验证准确性，需要进行一致性检验。所谓一致性检验主要是检验层次排序的逻辑是否一致。

定义一致性指标 CI：

$$\mathrm{CI}=\frac{\lambda-n}{n-1} \tag{10-3}$$

其中，n 为阶数；λ 为矩阵特征值。CI 用来衡量一致性程度。CI=0，有完全的一致性；CI 接近于 0，有满意的一致性；CI 越大，不一致越严重。随机一致性指标 RI 通过表 10.4 查询获得。

表 10.4　RI 值对应表[109]

阶数 n	1	2	3	4	5	6	7	8	9	10
RI	0	0	0.58	0.90	1.12	1.24	1.32	1.41	1.45	1.49

一致性比率 CR：

$$\mathrm{CR}=\frac{\mathrm{CI}}{\mathrm{RI}} \tag{10-4}$$

当一致性比率的不一致程度在容许范围之内，有满意的一致性，即通过一致性检验。一般要求当一致性比率小于 0.1 时，通过一致性检验。

10.4 未来食品风险防范策略

10.4.1 未来食品的风险防范体系概述

在未来食品安全风险防范体系构建上，欧美等发达国家普遍以“风险分析”为基础来构建食品安全风险防范体系，其主要包含食品安全战略规划、内控环境、风险控制、信息科技(图 10.14)。从风险发生阶段而言，未来食品安全风险防范包括两个部分，一个是预防，另一个是控制。风险被发现后，人们为了避免损害扩大，自然会对风险进行控制，巨大的外力作用推动未来食品安全风险控制，而未来食品风险预防则困难得多。欧美等对这一块极其重视，风险分析已发展得相当成熟，食品生产加工企业作为防范主体，具有很高的风险防范自觉意识，技术措施在欧美食品企业中推行得甚好。政府在制定未来食品安全风险防范法律、法规、政策时，应专门将其他防范主体召集到一起开会，包括专家学者、社会中间层代表、消费者代表，在法律法规政策上顾及各方利益平衡，体现他们的初衷[110]。

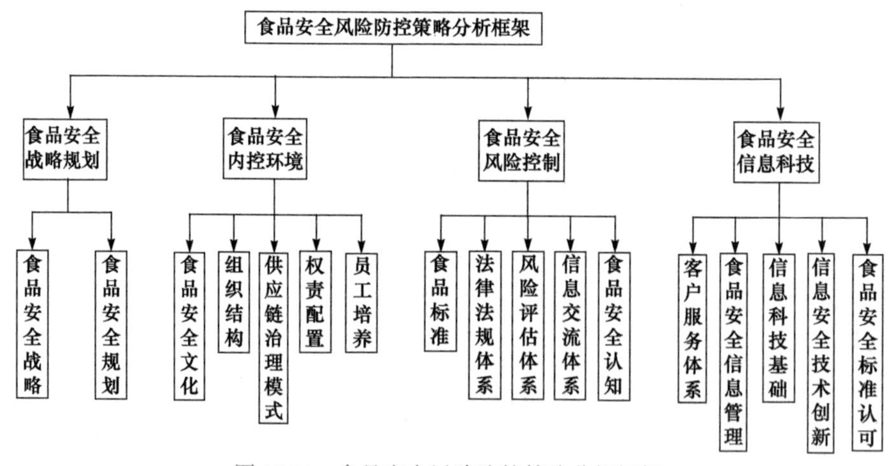

图 10.14 食品安全风险防控策略分析框架

10.4.2 生物毒素和致敏原国际规范

1. 生物毒素

最常出现重大安全问题的生物毒素为真菌毒素。关于食品和动物饲料中现有真菌霉菌毒素立法的国际询问已在 20 世纪 80 年代和 90 年代进行了几次，并已公布有关耐受性、法律依据、主管当局、官方分析和采样协议的详细信息。目前，至少有 77 个国家/地区对真菌毒素有特定法规。多年来，真菌毒素的耐受水平仍然存在很大差异。一些自由贸易区（欧盟、南方共同市场）正在协调各自成员国中真菌毒素的限量和规定。

所采取的措施主要是根据已知的毒性作用，对于某些真菌毒素（赭曲霉毒素 A、展青霉素、黄曲霉毒素），世界卫生组织和联合国粮食及农业组织的食品添加剂联合专家委员会（JECFA）对其危害进行了部分评估。它提供了一种评估添加剂、兽药残留和污染物毒性的机制。污染物可能对健康造成不利影响（危害识别）的定性指示通常包括在提交给 JECFA 进行评估的信息中。由 JECFA 进行的毒物学评估通常会得出一个临时耐受周摄入量（PTWD）的估计值。原则上，评估是基于毒理学研究中未观察到的效应水平（NOEL）的测定和安全系数的应用。安全系数意味着在动物研究中最低的 NOEL 除以 100，从动物到人类的推断为 10，个体之间的差异为 10，以达到可容忍的摄入量水平[111]。

2. 致敏原

欧盟把食品过敏原的来源分为两种进行管理，一种是有意加入的过敏原，如将过敏原成分作为食品成分或配料加入食品中；另一种是无意带入的过敏原，主要指因交叉污染带入的过敏原。欧盟颁布了相关法规分别对这两种情况进行管理，并对标识方式进行了规定。

1）食品原料中过敏原的标识管理

作为食品成分或配料有意加入食品中的过敏原物质的标识管理主要依据欧盟 2000/13/EC 有关食品标签、外观和广告指令的最新修订版。该指令是在欧洲食品安全局（EFSA）、科研机构及食品企业的共同推动下进行多次修改和完善形成的，其分别对需标注的致敏物质种类、豁免物质种类及标注方式进行了规定。

2）交叉污染引起的食品过敏原标识管理

欧盟对于交叉污染的管理很重视。在实际生产过程中，出于成本等因素的考虑，食品 A 和食品 B 可能会共用一条生产线。如果 A 或 B 中有一种是食品过敏原，则很容易在生产线中残留，且很难通过清洗生产线等简单的程序来彻底消除，微量的过敏原则会被间接带入另一种食品中。欧盟对交叉污染食品过敏原的管理包括制定相关法规减少过敏原残留及进行标识管理以警示消费者。

欧盟早在 1994 年就颁布了《含过敏原食品的生产和控制的特殊要求》，其规范生产线中含过敏原食品的生产过程。芬兰于 2005 年颁布了《受交叉污染影响的食品中过敏原警示标示指南》，英国也颁布了《过敏原管理和消费者信息指南》，用于引导消费者关注交叉污染引起的过敏原信息。

10.4.3 生产过程国际规范

HACCP 是一个确认、分析、控制生产过程中可能发生的生物、化学、物理危害的新质量保证系统方法。HACCP 是一种生产过程各环节的控制，从 HACCP 名称就可以明确看出，它主要包括危害分析（HA）及关键控制点（CCP）。HACCP 原理经过实际应用与修改，已被联合国食品法规委员会（CAC）确认。

目前 FDA 已经把 HACCP 作为整个食品工业的食品卫生标准，用这个标准来要求所有国内生产企业和出口的食品企业。为了帮助食品企业制定适合自己的规范，FDA 出台了《HACCP 指导程序》。这项程序已经把奶酪、早餐面食、新鲜和巴氏消毒的果汁等很多食品都纳入了规范的行列[112]。

欧盟公布了一系列法规以使所有成员国的法律一致，其中包括 3 部针对不同种类食品的法规（DIR91/493EEC《市场上渔业产品卫生规定》、DIR92/5EEC《欧盟内部肉和肉制品贸易中卫生问题的规定》、DIR92146EEC《市场中粗乳、加热乳、原料乳及乳制品的卫生规定》)，以及关于食品卫生的第四项横向法规（EU93/43/EEC《食品卫生条例》)。这项法令制定了食品卫生及加工程序的通用原则，用来作为欧盟成员国食品卫生立法标准化的框架。

10.4.4 农药残留和兽药残留多元危害风险防范

1. 农药残留

据统计，由于我国农药使用量大、使用方法不科学，生产成本增加、农药残留超标、环境污染等问题较严重。世界卫生组织公布的调查报告表明，残留农药在人体内长期蓄积滞留会引发慢性中毒，降低人体免疫力，其主要通过生物浓缩、蔬菜残留两个途径对人体健康造成潜在威胁，易诱发许多慢性疾病，如心脑血管病、糖尿病、损坏神经系统、癌症等，甚至通过胚胎和人乳传给下一代，危害子孙后代的健康[113]。

自欧洲食物内除害剂最高残余限量（MRL）新法例通过后，欧洲食品安全管理局便开始积极参与除害剂残余量评估工作[规例（欧洲共同体）第 396/2005 号]。在 MRL 设定过程中，EFSA 作为一个独立的风险评估机构发挥了新的作用，为欧盟范围内 MRL 的协调做出了重要贡献。目前，系统的 MRL 审查受到高度重视，并对本方案所涉及的农药进行风险评估[114]。

2. 兽药残留

药物残留不仅可以直接对人体产生急、慢性毒副作用，还可以通过环境和食物链的作用，间接地对人体健康造成危害，能引起细菌耐药性的增加。因此，减少和控制兽药残留的发生极其重要。动物性食品中的兽药残留对人的潜在的危害具体表现在以下几个方面。①急性中毒。如瘦肉精主要危害是可使人体出现肌肉震颤、心慌、战栗、头疼、恶心、呕吐等症状，严重的可导致死亡。②过敏反应。一些抗菌药物如青霉素、磺胺类药物及氨基糖苷类抗生素等能使部分人群发生过敏反应[115]。③耐药性增强。兽药残留过多时，动物体内的细菌就会形成一定程度的耐药性。当同种兽药再次投喂时就会产生相应的抗体，这种细菌形成的抗体对动物健康是一种阻碍，从而降低动物自身的抵抗力[116]。④三致作用，即致癌、致畸、致突变作用。药物及环境中的化学药品可引起基因突变或染色体畸变而对人类造成潜在危害[117]。

面对兽药滥用导致的多元危害，可以通过以下措施加以防范[118]。

1）加强兽药管理，科学、合理使用兽药

畜牧兽医行政管理部门应从根本上着手，制定完善、相应的法律法规，按照《兽药管理条例》加强兽药生产、经营、使用和进出口管理。所有兽药必须来自具有《兽药生产许可证》，并获得农业部颁发的《中华人民共和国兽医GMP证书》的兽药生产企业，或由农业部批准注册进口的兽药。

2）严格遵守休药期和兽药最高残留限量标准

在使用抗菌药、抗寄生虫药时，要严格执行农业部发布的《停药期规定》。有休药期规定的兽药用于食品动物时，饲养者应当向购买者或屠宰者提供准确、真实的用药记录。

3）建立并完善兽药残留监控体系和残留风险评估体系

我国政府有关部门已充分认识到控制兽药残留的重要性，加快了国家级、部级以及省地级兽药残留机构的建立和建设。使之形成自中央至地方完整的兽药残留检测网络结构至关重要。加大相关的立法工作，同时加大投入开展残留的基础研究和实际监控工作，初步建立起适合我国国情并与国际接轨的兽药残留监控体系，建立残留风险评估体系，通过国家实施兽药残留监控计划和各省市定期进行兽药残留抽样检测，以对兽药残留进行风险评估。

4）开展兽药残留检测的国际合作与交流

积极开展兽药残留的立法、方法标准化等工作以及加强与国际组织或国家的交流与合作，使我国的兽药监控体系、检测方法与国际接轨，保障我国出口贸易的顺利进行。

5）加大对开发低/无残留兽药的投入

低/无残留兽药的研发不仅要保证低残留量，还需注意兽药毒性、疗效等因素。开发低/无残留兽药可从根本上解决兽药残留的问题，降低企业加工成本，减轻政府监管压力，有助于绿色农业的建立。

10.4.5 混合污染控制体系

1. 农药残留混合污染

食品中农药残留联合效应风险评估成为近年来国际关注的焦点和研究热点。根据近年来欧盟食品中农药残留风险监测结果，有超过26%的食品中含有多种农药残留，其中1/3的样品含有4种以上的农药残留[119]。美国于1996年颁布的《食品质量保护法》要求对食品、水及环境等途径中的多种农药残留开展风险评估，并指导农药残留限量标准的制/修订。2000年以来，美国环境保护署（USEPA）发布了食品、饮用水等途径的有机磷类杀虫剂的累积性风险评估报告，指出了多种农药之间存在浓度相加的联合风险效应。欧盟（EC）396/2005农药最大残留限量法规规定在制定农药最大残留限量标准时应考虑多种农药残留的协同效应，并采用累积性风险评估方法开展多种农药的安全性评价[120]。

2. 毒素混合污染

真菌毒素混合污染危害人畜及农作物健康。混合污染物同时或先后暴露于生物体后引起的生理作用称联合毒性，其有3种基本表现形式，即相加作用、独立作用和相互作用。相加作用的前提是这些物质具有相同的作用模式（MoA）或相同的靶标细胞、组织或器官，即混合污染物的效应等于单独效应相加，包括浓度相加（CA）和剂量相加（DA）。独立作用（iIA）是指混合污染物的反应模式不同或作用于不同的靶标细胞、组织或器官，或者一种物质引起的毒性效应与另一种物质引起的毒性效应不相关。相互作用介于相加作用和独立作用之间，包括协同作用（混合污染物的效应大于单独效应相加）和拮抗作用（混合污染物的效应小于单独效应相加），具体还会表现为更加复杂的相互作用。例如，低剂量时表现为协同作用，高剂量时表现为拮抗作用，以及是否表现为协同或拮抗作用取决于每种物质在混合污染物中的相对含量。由于混合污染物中每种真菌毒素的MoA通常是未知的或者不完全明确的，且CA是最保守的，因此EFSA建议将CA应用于真菌毒素风险评估[121]。

10.4.6 完善未来食品安全法律法规体系

未来食品产业逐渐进入高速与多样化发展的时期，将不可避免地带来一系列潜在食品安全问题，对我国食品安全管理体系产生冲击，并提出更高要求。未来食品技术主要包含食品系统生物学与合成生物学等现代生物技术，以3D打印为代表的食品增材制造技术，区块链、智能制造等现代信息与管理技术。针对这些技术，我国食品安全法律体系也应进行相应改善。

1. 完善新食品原料管理体系

以人造肉为代表的生物合成新食品原料是未来食品主要发展趋势之一，可归为“新食品原料”。根据我国现行法律的要求，新食品原料需先进行安全性评估，由相关申报方提交该原料研制报告、安全性评估报告等资料。然而，目前安全性审查未考虑致敏因素、营养因素等，尚未形成系统性的食品风险评估体系。在此方面，我国可借鉴欧盟等的管理政策，如欧盟组建了特殊膳食、营养和过敏专业学科小组，对食品原料进行系统性风险评估，并结合我国实际国情形成适合我国的食品风险评估体系，推进新兴食品发展。

2. 增加新兴食品加工技术审查

以 3D 打印为代表的食品增材制造技术在一定程度上颠覆了食品配方和制造过程，具有精细化、定制化的特征，迎合了食品个性营养发展的需求，是未来食品研究热点之一[122]。但有报道显示，在 3D 打印过程中，食品材料可能出现色泽、质构等视觉指标的变化[123]，3D 打印是否会对食品营养价值及安全性产生影响尚未可知。随着食品加工技术的进一步发展，及时增加对新工艺风险评估的管理规定，有助于减少新兴技术所带来的隐患，保障我国食品安全。

10.4.7　未来食品审批制度

未来食品缺乏食用历史，存在难以预知的风险性。我国相关法律法规将新食品原料定义为在我国无传统食用习惯的以下物品：动物、植物和微生物；从动物、植物和微生物中分离的成分；原有结构发生改变的食品成分；其他新研制的食品原料，并规定利用新的食品原料生产食品应当向国务院卫生行政部门提交相关产品的安全性评估材料，国务院卫生行政部门组织审查，对符合食品安全要求的，准予许可并公布。

新食品原料安全性评估报告应当包括：①成分分析报告；②卫生学检验报告；③毒理学评价报告；④微生物耐药性试验报告和产毒能力试验报告；⑤安全性评估意见，按照危害因子识别、危害特征描述、暴露评估、危险性特征描述的原则和方法进行。

目前我国对于新食品的法律法规及审批制度存在一定的不足：一是对新食品的法律法规要求较为笼统，仅对转基因生物、新包装等设置了安全标准和相关规制，而将其他新兴食品原料统称为新食品原料，使新食品的管控对象存在漏网的可能，在安全标准的设置上难以以一覆全；二是新食品概念狭窄，将新食品的定义限于原料方面，未考虑新兴食品加工技术、食品添加剂等带来的不确定因素；三是风险评估系统性不足，目前，新食品只要通过了安全性评价，获得授权后在法律上与传统食品无异，且根据产品质量法规定，科学技术不确定带来的风险可以免责，导致此类风险的责任链条可能出现断裂[124]。

完善未来食品审批制度，首先应当将新食品相关立法进行梳理整合，就新食品原料、转基因食品、新型食品添加剂、新型加工技术等食品“新元素”进行专门立法，并在此基础上细分相关法规，避免出现立法分散导致的执法混乱，形成未来食品系统性管理体系。其次，应完善新食品的风险评估和安全检测的标准，目前我国对食品安全的关注多集中于直接危害，而新型食品带来的风险倾向于间接危害，对新食品的风险评估应结合营养、毒理、致敏、污染等多因素进行综合评价，接轨国际标准，建立一套覆盖“农场到餐桌”的风险评估标准。此外，制定审批标准还应根据新食品特征进行区分，必要时可进行专项风险评估。最后，还可加快落实先进检测手段的应用，制定新食品检测方法使用指南与相关技术标准，与风险评估标准相匹配，形成一套更为系统全面的未来食品审批制度。

孙秀兰（江南大学）

参考文献

[1] 朱康有. 确保生物安全就是守护生命安全[N]. 光明日报, 2020-03-10(2).

[2] 吴良如. 竹笋——大健康蓬勃发展背景下的未来食品[J]. 国土绿化, 2019(10): 23-25.

[3] Wilhelm M, Pesch B, Wittsiepe J, et al. Comparison of arsenic levels in fingernails with urinary as species as biomarkers of arsenic exposure in residents living close to a coal-burning power plant in Prievidza District, Slovakia[J]. Journal of Exposure Science and Environmental Epidemiology, 2005, 15(1): 89-98.

[4] Joint FAO/WHO Expert Committee on Food Additives. Evaluation of certain food additives and contaminants[J]. WHO Technical Report Series, 2007, 947: 159-168.

[5] 国防大学习近平新时代中国特色社会主义思想研究中心. 突发事件的新趋势、新挑战、新应对[N]. 光明日报, 2020-03-08(7).

[6] 牛晓鸣. 食品原料安全生产与控制研究[J]. 食品安全导刊, 2019(8): 31.

[7] Zhang G, Zhao X, Li X, et al. Challenges and possibilities for bio-manufacturing cultured meat[J]. Trends in Food Science and Technology, 2020, 97: 443-450.

[8] 张斌, 屠康. 传统肉类替代品——人造肉的研究进展[J/OL]. 食品工业科技. http://kns.cnki.net/kcms/detail/11.1759.TS.20191212.0845.002.html.[2020-03-29].

[9] 刘兆平, 李凤琴, 贾旭东. 食品中化学物风险评估基本原则和方法[M]. 北京: 人民卫生出版社, 2012.

[10] 袁玉伟, 王静, 叶志华. 食品中农药残留的膳食暴露与累积性暴露评估研究[J]. 食品科学, 2008(1): 374-378.

[11] 刘元宝, 王灿楠, 吴永宁,等. 膳食暴露定量评估模型及其变异性和不确定性研究[J]. 中国卫生统计, 2008(1): 7-9.

[12] Molina V, Médici M, de Valdez G F, et al. Soybean-based functional food with vitamin

B12-producing lactic acid bacteria[J]. Journal of Functional Foods, 2012, 4(4): 831-836.
[13] 王庆国. 食物营养质量指数图表的研究[J]. 海峡预防医学杂志, 2003(3): 8-11.
[14] 李兵霞, 王友升. 细胞毒理学在食品领域中的应用[J]. 食品科学, 2011, 32(17): 384-387.
[15] 贾旭东. 转基因食品致敏性评价[J]. 卫生毒理学杂志, 2005, 19(2): 159-162.
[16] 吴俊, 郑翔, 让蔚清. QuEChERS 方法在食品农药残留检测中的应用前景[J]. 实用预防医学, 2010, 17(3): 619-621.
[17] 王廷玮, 周景文, 赵鑫锐, 等. 培养肉风险防范与安全管理规范[J]. 食品与发酵工业, 2019, 45(11): 254-258.
[18] 李雪良, 张国强, 赵鑫锐, 等. 细胞培养肉规模化生产工艺及反应器展望[J]. 过程工程学报, 2020, 20(1): 3-11.
[19] Billig D, Clark J M, Ewell A J, et al. The separation of harvested cells from microcarriers: a comparison of methods[J]. Developments in biological standardization, 1983, 55: 67-75.
[20] Nienow A W, Rafiq Q A, Coopman K, et al. A potentially scalable method for the harvesting of hMSCs from microcarriers[J]. Biochemical Engineering Journal, 2014, 85: 79-88.
[21] 杜姗姗, 周爱军, 陈洪, 等. 3D 打印技术在食品中的应用进展[J]. 中国农业科技导报, 2017, 20(3): 87-93.
[22] Godoi F C, Prakash S, Bhandari B R. 3D printing technologies applied for food design: status and prospects[J]. Journal of Food Engineering, 2016, 179: 44-54.
[23] Lo C C, Saksa T A, Chiu A S P. Label-making inkjet printer: U.S. Patent 6,848,779[P]. 2005-02-01.
[24] Sun J, Zhou W, Yan L, et al. Extrusion-based food printing for digitalized food design and nutrition control[J]. Journal of Food Engineering, 2018, 220: 1-11.
[25] 毛新志. 转基因食品的伦理问题研究[D]. 武汉: 华中科技大学, 2004.
[26] 吴俣菲. 浅谈转基因食品的利与弊[J]. 现代食品, 2019,(22): 44-46.
[27] 刘经伟. 植物基因工程的风险评估与安全管理研究[D]. 哈尔滨: 东北林业大学, 2004.
[28] 王岩. 浅谈转基因食品的营养与安全分析[J].食品安全导刊, 2015(24): 47.
[29] 赵雅娇, 朱博峰. 转基因食品营养学评价及检测技术概述[J]. 食品安全导刊, 2017(21): 58.
[30] 胡海宁, 王晓云, 等. 转基因食品的毒理学评价概述[J]. 延安大学学报(自然科学版), 2016, 35(2): 45-49.
[31] 邬鸣, 张立实. 转基因食品的致敏性评价[C].首届中国西部营养与健康、亚健康学术会议论文集, 2005.
[32] 李慧, 李映波. 转基因食品潜在致敏性评价方法的研究进展[J]. 中国食品卫生杂志, 2011, 23(6): 587-590.
[33] 李婷, 寇向龙, 李金娟, 等. 草甘膦污染现状及检测技术研究进展[J]. 江西农业, 2019(22): 27-29.
[34] 韩焘, 原霖, 訾占超, 等. 未知病毒检测方法在动物病毒病诊断中的应用[J]. 中国畜牧兽医, 2013, 40(8): 164-168.
[35] 赵娜, 苗艳梅, 赵敏. 未知植物病毒分子生物学检测方法的研究现状[J]. 江苏农业学报, 2019, 35(1): 224-228.
[36] Adams I, Glover R, Monger W A, et al. Next-generation sequencing and metagenomic analysis:

a universal diagnostic tool in plant virology[J]. Molecular Plant Pathology, 2009, 10(4): 537-545.

[37] 齐丽娟, 张楠, 宁钧宇, 等. 风险评估中毒理学数据相关性评价体系研究进展[J]. 毒理学杂志, 2019, 33(3): 251-258.

[38] 蒋士强, 王静, 张作芳. 加强以食品毒理学为核心的安全风险评估建立完善的食品标准体系和安全链[J]. 食品安全导刊, 2011(7): 80-82.

[39] 胡海宁, 王晓云, 邹世颖, 等. 转基因食品的毒理学评价概述[J]. 延安大学学报(自然科学版), 2016, 35(2): 45-49.

[40] 曾迎新, 马玲, 邓瑛. 食品中化学物质风险评估与模式生物的研究和应用进展[J]. 2012, 26(3): 219-224.

[41] 张燕芬, 王大勇. 利用模式动物秀丽线虫建立环境毒物毒性的评估研究体系[J]. 生态毒理学报, 2008,(4): 313-322.

[42] 薛柯, 许霞, 薛银刚, 等. 基于斑马鱼全生命周期毒性测试的研究进展[J]. 生态毒理学报, 2019, 14(5): 83-96.

[43] 徐晓平, 李济源, 曹怀礼. 市政污水对大型蚤急性毒性评价研究[J]. 西安文理学院学报(自然科学版), 2017, 20(2): 97-101.

[44] Xiaojun F, Du W, Qingming L, et al. Microfluidic chip: next-generation platform for systems biology[J]. Analytica Chimica Acta, 2009, 650(1): 83-97.

[45] Chen D Y, Hyldahl R D, Hayward R C. Creased hydrogels as active platforms for mechanical deformation of cultured cells[J]. Lab on a Chip, 2015, 15(4): 1160-1167.

[46] 李忠玉. 基于微流控技术的体外毒理学评价新体系构建及初步应用[D]. 大连: 大连理工大学, 2017.

[47] Shao X, Gao D, Chen Y, et al. Development of a blood-brain barrier model in a membrane-based microchip for characterization of drug permeability and cytotoxicity for drug screening[J]. Analytica Chimica Acta, 2016, 934: 186-193.

[48] Chang S, Voellinger J L, van Ness K P, et al. Characterization of rat or human hepatocytes cultured in microphysiological systems (MPS) to identify hepatotoxicity[J]. Toxicology in Vitro, 2017, 40: 170-183.

[49] Danny B, Sebastian P, Elishai E, et al. Real-time monitoring of metabolic function in liver-on-chip microdevices tracks the dynamics of mitochondrial dysfunction[J]. Proceedings of the National Academy of Sciences of the United States of America, 2016, 113(16): 2231-2240.

[50] Clelia R, Patrick P, Aissa O, et al. Investigation into modification of mass transfer kinetics by acrolein in a renal biochip[J]. Toxicology in Vitro: An International Journal Published in Association with Bibra, 2011, 25(5): 1123-1131.

[51] Jeongyun K, Manjunath H, Arul J. Co-culture of epithelial cells and bacteria for investigating host-pathogen interactions[J]. Lab on a Chip, 2010, 10(1): 43-50.

[52] 王英雪, 王立新, 郑苗苗, 等. 基于毒理基因组学的 PBDE-209 和镉联合毒性效应研究[J]. 环境科学学报, 2019, 39(6): 2013-2023.

[53] 刘伟, 郭光艳, 秘彩莉. 转录组学主要研究技术及其应用概述[J]. 生物学教学, 2019, 44(10): 2-5.

[54] 冯丁山. 食品毒理学新技术应用进展[J]. 食品安全导刊, 2018(18): 88-89.
[55] 吴浩, 袁伯俊. 毒理学新技术与发展趋势[J]. 中国新药杂志, 2000(6): 367-370.
[56] 毛伟峰. 双酚 A、壬基酚和己烯雌酚对大鼠类雌激素效应的联合作用模式与累积风险评估方法学研究[D]. 北京: 中国疾病预防控制中心, 2019.
[57] 陈颖. 食物过敏与食品过敏原[J].食品安全质量检测学报, 2012, 3(4): 233-234.
[58] Masiri J, Benoit L, Meshgi M, et al. A novel immunoassay test system for detection of modified allergen residues present in almond-, cashew-, coconut-, hazelnut-, and soy-based nondairy beverages[J]. Journal of Food Protection, 2016, 79(9): 1572-1582.
[59] 张懿翔, 于媛媛, 宋春宏, 等. 环介导等温扩增技术快速检测食品过敏原牡蛎成分[J]. 食品安全质量检测学报, 2019, 10(7): 1804-1810.
[60] Ashley J, Shukor Y, D'Aurclio R, et al. Synthesis of molecularly imprinted polymer nanoparticles for alpha-casein detection using surface plasmon resonance as a milk allergen sensor[J]. ACS Sensors, 2018, 3(2): 418-424.
[61] Ruiz-Valdepenas M V, Campuzano S, Pellicano A, et al. Sensitive and selective magnetoimmunosensing platform for determination of the food allergen Ara h 1[J]. Analytica Chimica Acta, 2015, 880: 52-59.
[62] Eissa S, Zourob M. *In vitro* selection of DNA aptamers targeting beta-lactoglobulin and their integration in graphene-based biosensor for the detection of milk allergen[J]. Biosens Bioelectron, 2017, 91: 169-174.
[63] 蒋栋磊. 基于肥大细胞传感器检测食品过敏原蛋白技术研究[D]. 无锡: 江南大学, 2015.
[64] Yin J Y, Huo J S, Ma X X, et al. Study on the simultaneously quantitative detection for β-lactoglobulin and lactoferrin of cow milk by using protein chip technique[J]. Biomedical and Environmental Sciences, 2017, 30(12): 875-886.
[65] Wang W, Li Y, Zhao F, et al. Optical thin-film biochips for multiplex detection of eight allergens in food[J]. Food Research International, 2011, 44(10): 3229-3234.
[66] Jiang H, Jiang D, Zhu P, et al. A novel mast cell co-culture microfluidic chip for the electrochemical evaluation of food allergen[J]. Biosens Bioelectron, 2016, 83: 126-133.
[67] Liu X, Tang Z, Duan Z, et al. Nanobody-based enzyme immunoassay for ochratoxin A in cereal with high resistance to matrix interference[J]. Talanta, 2017, 164: 154-158.
[68] Zhang H, Lu Y, Ushio H, et al. Development of sandwich Elisa for detection and quantification of invertebrate major allergen tropomyosin by a monoclonal antibody[J]. Food Chemistry, 2014, 150: 151-157.
[69] Tun H M, Konya T, Takaro T K, et al. Exposure to household furry pets influences the gut microbiota of infant at 3-4 months following various birth scenarios[J]. Microbiome, 2017, 5(1): 40.
[70] Waser M, Michels K B, Bieli C, et al. Inverse association of farm milk consumption with asthma and allergy in rural and suburban populations across Europe[J]. Cinical and Experimental Allergy, 2007, 37(5): 661-670.
[71] Feehley T, Plunkett C H, Bao R, et al. Healthy infants harbor intestinal bacteria that protect against food allergy[J]. Nature Medicine, 2019, 25(3): 448-453.
[72] Atarashi K, Tanoue T, Shima T, et al. Induction of colonic regulatory T cells by indigenous

Clostridium species[J]. Science, 2011, 331(6015): 337-341.
[73] Rivas M N, Burton O T, Wise P, et al. A microbiota signature associated with experimental food allergy promotes allergic sensitization and anaphylaxis[J]. The Journal of Allergy and Clinical Immunology, 2013, 131(1): 201-212.
[74] 姚璐. 论食品安全监管中对生物性污染的防控[J]. 食品安全导刊, 2018, 15: 35.
[75] Faille C, Cunault C, Dubois T, et al. Hygienic design of food processing lines to mitigate the risk of bacterial food contamination with respect to environmental concerns[J]. Innovative Food Science & Emerging Technologies, 2018, 46: 65-73.
[76] 孙晶. 探析食品质量检测技术现状与创新[J]. 现代食品, 2018, 21: 27-28.
[77] 蒋炼娇. 食品安全的头号敌人——致病菌等生物性污染[J]. 食品安全导刊, 2016, 19: 27-30.
[78] Saima H, Lijuan X, Yibin Y. Conventional and emerging detection techniques for pathogenic bacteria in food science: a review[J]. Trends in Food Science & Technology, 2018, 81: 61-73.
[79] 牛超. 未知细菌病原体毒力、重组筛查体系研究[D]. 北京: 中国人民解放军军事医学科学院, 2010.
[80] Zhang M, Ye J, He J S, et al. Visual detection for nucleic acid-based techniques as potential on-site detection methods. a review[J]. Analytica Chimica Acta, 2020, 1099:1-15.
[81] 万莹, 王鹏娟, 苏岩, 等. 一种电化学核酸适体传感器检测癌胚抗原的方法[P]. 中国, 106468682B, 2019-07-26.
[82] Guo W, Pi F, Zhang H, et al. A novel molecularly imprinted electrochemical sensor modified with carbon dots, chitosan, gold nanoparticles for the determination of patulin[J]. Biosensors & Bioelectronics, 2017, 98: 299-304.
[83] Sun X L, Zhao X L, Tang J, et al. Development of an immunochromatographic assay for detection of aflatoxin B1 in foods[J]. Food Control, 2006, 17(4): 256-262.
[84] 高健. 微生物检测技术在食品安全检测中的应用与发展趋势[J]. 现代食品, 2017(13): 13-15.
[85] Kundu M, Krishnan P, Kotnala R K, et al. Recent developments in biosensors to combat agricultural challenges and their future prospects[J]. Trends in Food Science & Technology, 2019, 88: 157-178.
[86] Doxey A C, Mansfield M J, Montecucco C. Discovery of novel bacterial toxins by genomics and computational biology[J]. Toxicon, 2018, 147: 2-12.
[87] Krueger K M, Barbieri J T. The family of bacterial ADP-ribosylating exotoxins [J]. Clinical Microbiology Reviews, 1995, 8(1): 34-47.
[88] Pallen M J, Lam A C, Loman N J, et al. An abundance of bacterial ADP-ribosyltransferases-implications for the origin of exotoxins and their human homologues[J]. Trends in Microbiology, 2001, 9(7): 302-307.
[89] 戈玉婷. 浅谈速冻蔬菜生产企业食品质量控制[J]. 食品安全, 2018(9): 79-82.
[90] 田帅, 刘光磊, 叶耿坪, 等. 生鲜乳质量安全风险评估技术研究进展[J]. 中国奶牛, 2017(5): 45-48.
[91] 田金凤, 尚远宏. QuEChERS净化-超高效液相色谱-串联质谱法测定凯特芒[杧]果中14种农药残留[J]. 食品与发酵工业, 2020,46(9): 272-277.
[92] 吴亚. GC-FPD 法检测甘蓝蔬菜中的马拉硫磷、氧乐果和治螟磷残留[J]. 轻工科技, 2020,

36(2): 114-115.

[93] Xu Z, Deng H, Deng X, et al. Monitoring of organophosphorus pesticides in vegetables using monoclonal antibody-based direct competitive ELISA followed by HPLC-MS/MS[J]. Food Chemistry, 2012,131(4): 1569-1576.

[94] Shu Q, Wang L, Ouyang H, et al. Multiplexed immunochromatographic test strip for time-resolved chemiluminescent detection of pesticide residues using a bifunctional antibody[J]. Biosensors and Bioelectronics, 2017, 87: 908-914.

[95] 高思远, 李丽娅, 孟利. 农药残留免疫分析技术研究进展[J]. 食品工业科技, 2019, 40(22): 346-353.

[96] Li J, Lu J, Qiao X, et al. A study on biomimetic immunoassay-capillary electrophoresis method based on molecularly imprinted polymer for determination of trace trichlorfon residue in vegetables[J]. Food Chemistry, 2017, 221: 1285-1290.

[97] Qiurui L, Mingdi J, Zeliang J, et al. Development of direct competitive biomimetic immunosorbent assay based on quantum dot label for determination of trichlorfon residues in vegetables[J]. Food Chemistry, 2018, 250: 134-139.

[98] 韩恩, 周立娜, 闫景坤, 等. 基于免标记电化学免疫传感的蔬菜中农药残留检测研究[J]. 现代食品科技, 2014, 30(10): 268-273.

[99] Valera E, García-Febrero R, Pividori I, et al. Coulombimetric immunosensor for paraquat based on electrochemical nanoprobes[J]. Sensors & Actuators: B. Chemical, 2014, 194: 353-360.

[100] Jyotsana M, Neha B, Sanjeev B, et al. Graphene quantum dot modified screen printed immunosensor for the determination of parathion[J]. Analytical Biochemistry, 2017, 523: 1-9.

[101] 钟军华. 食品化学污染物残留检测研究进展[J]. 生物化工, 2019, 5(6): 107-109.

[102] 闫志军. 进出口食品安全监管中风险建模与决策支持的研究[D]. 太原: 太原科技大学, 2016.

[103] 刘世明, 陈建宏, 陈惠红. 基于可拓学的检验检疫风险预警模型研究[J]. 食品与机械, 2013, 29(4): 263-268.

[104] 陈荣淋. 基于可拓学和支持向量机理论的砂土液化势综合评价研究[D]. 厦门: 华侨大学, 2006.

[105] 张丽丽. 基于可拓学的不确定性推理模型及其应用[D]. 西安: 西安电子科技大学, 2007.

[106] 郭志强. 基于可拓理论的关联规则应用研究[D]. 大连: 大连海事大学, 2004.

[107] Omkarprasad S V, Kumar S. Analytic hierarchy process: an overview of applications[J]. European Journal of Operational Research, 2004, 169(1): 1-29.

[108] 赵红. 层次分析法在定量分析中的应用[J]. 中国公共安全(学术版), 2010(1): 134-136.

[109] Zhang Z, Liu X, Yang S, et al. A note on the 1-9 scale and index scale in AHP[C]// Yong S, et al. Cutting-edge Research Topics on Multiple Criteria Decision Making[M]. Berlin: Springer, 2009: 630-634.

[110] 陈捷. 我国食品安全风险防控法律问题研究[D]. 武汉: 华中农业大学, 2013.

[111] van Egmond HP. Worldwide regulations for mycotoxins[J]. Advances in Experimental Medicine and Biology, 2002: 257-269.

[112] 王梦娟, 李江华, 郭林宇, 等. 欧盟食品中过敏原标识的管理及对我国的启示[J]. 食品科

学, 2014, 35(1): 261-265.

[113] 樊永祥, 李泰然, 包大跃. HACCP 国内外的应用管理现状(综述)[J]. 中国食品卫生杂志, 2001, 13(5): 38-42.

[114] 常艳香. 果蔬农药残留的危害与对策[J]. 科教文汇, 2019, (31): 79-80.

[115] Hermine R, Brocca D, Dujardin B, et al. EFSA's contribution to the implementation of the EU legislation on pesticide residues in food[J]. EFSA Journal, 2012, 10(10): 1011.

[116] 刘明团, 檀学进, 王学梅. 兽药残留的潜在危害[J]. 山东畜牧兽医, 2019, 40(11): 51-52.

[117] 李总领, 李凌光, 陈沅，等. 探讨兽药残留的种类及危害[J]. 中兽医学杂志, 2019(5): 83.

[118] 尹景峰. 动物性食品中兽药残留的危害及其原因[J]. 山东畜牧兽医, 2019, 40(7): 55-56.

[119] 吴小娟. 兽药残留对动物性食品的影响及防范措施[J]. 兽医导刊, 2018, (18): 74.

[120] 陈晨, 钱永忠. 农药残留混合污染联合效应风险评估研究进展[J]. 农产品质量与安全, 2015, 5: 49-53.

[121] 武琳霞, 李培武, 丁小霞，等. 农产品真菌毒素混合污染与累积风险评估研究进展[J]. 食品安全质量检测学报, 2018, 9(14): 3551-3560.

[122] Nachal N, Moses J A, Karthik P, et al. Applications of 3D printing in food processing[J]. Food Engineering Reviews, 2019, 11(3): 123-141.

[123] Ghazal A F, Zhang M, Liu Z. Spontaneous color change of 3d printed healthy food product over time after printing as a novel application for 4d food printing[J]. Food and Bioprocess Technology, 2019, 12(10): 1627-1645.

[124] 周梦欣. 我国新型食品的安全保障法律规制研究[D]. 湘潭: 湘潭大学, 2017.

索　引